Atlas der topographischen Anatomie

Von Werner Platzer

290 meist mehrfarbige Abbildungen
Zeichnungen von Gerhard Spitzer

1982
Georg Thieme Verlag Stuttgart · New York

Univ.-Prof. Dr. med. univ. Werner Platzer
Vorstand des Institutes für Anatomie der
Universität Innsbruck
Müllerstraße 59, A-6010 Innsbruck

Prof. Gerhard Spitzer, Frankfurt/Main

CIP-Kurztitelaufnahme der Deutschen Bibliothek

Platzer, Werner:
Atlas der topographischen Anatomie / von
Werner Platzer. Zeichn. von Gerhard Spitzer.
– Stuttgart ; New York : Thieme, 1982.

Printed in Germany

Satz: Druckhaus Dörr, Inh. Adam Götz, Ludwigsburg, gesetzt auf Linotype System 5 (202)

Druck: K. Grammlich, Pliezhausen

ISBN 3-13-619601-5 5 4 3 2 1 0

Vorwort

Die topographische Anatomie führt den Mediziner erst endgültig in den Bauplan des menschlichen Körpers ein. Sie stellt die wesentliche Voraussetzung für jeden ärztlichen Eingriff dar. Je besser die Kenntnisse der Topographie sind, desto sicherer wird der Arzt in seiner Tätigkeit sein. Die beste Voraussetzung für die Erwerbung dieser Kenntnisse und für die Schulung des Vorstellungsvermögens ist es, sich selbst das Wissen am Präparat zu erarbeiten. Um dies zu unterstützen und um auch später nach dem Studium sich informieren zu können, wurde dieser Atlas geschaffen.

Von praktischer Bedeutung ist es die Variationsbreite, insbesondere des Gefäß- und Nervensystems, zu kennen. Daher wurden neben den präparatorischen Abbildungen eine Reihe von wichtigen Variationen dargestellt. Hinweise auf verschiedene klinische Methoden sollen dazu dienen, diese an der Leiche zu üben, um später bei ihrer Anwendung am Patienten eine größere Sicherheit zu gewinnen. Das Lymphgefäßsystem wurde textlich etwas ausführlicher abgehandelt und in den Abbildungen schematisch dargestellt, da es präparatorisch nur schwer freizulegen ist.

Ein Atlas soll und kann niemals ein Lehrbuch ersetzen. Er soll jedoch den optischen Eindruck vermitteln. Dies war auch der Gedanke, der zur Schaffung dieses Buches führte. Der Taschenatlas der Anatomie, aus dem eine Reihe von Abbildungen übernommen wurde, gab die Anregung dazu.

Die Abbildungen wurden in fünfjähriger Arbeit ausschließlich nach Originalpräparaten gezeichnet. Diese Präparate wurden von meinen Mitarbeitern und einige von mir selbst angefertigt.

Besonderer Dank gebührt Oberarzt Dr. med. univ. Herbert Maurer, der eine große Zahl von Präparaten selbst herstellte und in vielen fruchtbaren Gesprächen, auch mit dem Zeichner, mich wesentlich unterstützte. Unter seiner Leitung arbeiteten auch etliche Demonstratoren, die ausgezeichnete Präparate anfertigten, wofür Ihnen mein Dank und meine Anerkennung gebührt. Oberarzt Dr. med. univ. Axel Pomaroli, die Assistenzärzte Dr. med. univ. Karl-Heinz Künzel und Dr. med. univ. Paul Gritsch stellten auch einige Präparate her. Ihnen allen möchte ich an dieser Stelle danken.

Das beste Präparat kann aber nicht zur Geltung kommen, wenn nicht ein hervorragender Zeichner die bildliche Umsetzung besorgt. In Professor Gerhard Spitzer stand mir wieder ein Mann zur Verfügung, der mit großem Verständnis und meisterhafter Hand die Zeichnungen anfertigte. Ihm gebührt daher mein besonderer Dank.

Die werktätige Hilfe meiner Gattin, Frau Dr. med. univ. Liselotte Platzer war eine unerläßliche Voraussetzung und eine tatkräftige Unterstützung bei der Schaffung dieses Buches. Dafür gilt ihr mein Dank, der auch meinen Oberärzten Univ. Doz. Dr. med. univ. Sepp Poisel und Univ. Doz. Dr. med. univ. Reinhard Putz für das Lesen der Korrekturen gilt. Für Schreibarbeiten und Mitarbeit am Sachverzeichnis bin ich Frau Heide Fritz, Frl. Anna Mayrhofer und Frl. Aglaja Polakovics zu Dank verpflichtet.

Mein Dank gilt auch der Klinik für innere Medizin unter ihrem Vorstand Univ. Prof. Dr. med. univ. Herbert Braunsteiner und Herrn Dr. med. univ. Dieter zur Nedden, dem Leiter der Abteilung für Computertomographie an der Klinik für die Anfertigung der CT-Bilder.

Herrn Dr. h. c. G. Hauff und seinen Mitarbeitern, besonders Herrn A. Menge darf ich für die Ausstattung des Buches und das verständnisvolle Eingehen auf meine Wünsche danken.

Innsbruck, im November 1981 Werner Platzer

Inhaltsverzeichnis

Kopf und Hals 1

Regionen des Kopfes und Halses 2
Trigeminusdruckpunkte 4
Regiones faciales 4
Seitliche Gesichtsregionen 6
Fossa retromandibularis 8
Trigonum submandibulare 10
Fossa infratemporalis 12
Regio occipitalis, Regio nuchalis 16
Cavitas subarachnoidealis 18
Cavitas epiduralis 18
Spatia para- und retropharyngeum 20
Regio orbitalis 22
Orbita 24
Cavum tympani, Canales semicirculares . . 28
Nasennebenhöhlen 32
A. meningea media 34
Gehirn in situ 34
Kraniozerebrale Topographie 42
CT-Bild und Transversalschnitt durch den Kopf 44
Sinus durae matris 46
Gefäße und Nerven an der Schädelbasis . . 50
Regio mediana cervicalis 52
Regio thyroidea 54
Regio cervicalis lateralis 58
Trigonum caroticum 62
Regio sternocleidomastoidea 64
Trigonum scalenovertebrale 68
Pharynx, Larynx 70
CT-Bilder und Transversalschnitte durch den Hals 72

Brust und Rücken 75

Regionen des Thorax 76
Vordere Thoraxregionen, Brustdrüse . . . 78
Dorsale Thoraxregionen 82
Cavitas epiduralis 84
Mediastinum, Pleurahöhlen, Lunge 86
Herz 102
Diaphragma 110
CT-Bilder und Transversalschnitte durch den Thorax 112

Obere Extremität 119

Regionen der oberen Extremität 120
Trigonum clavipectorale 122
Regio axillaris 124
Plexus brachialis 126
Regio brachialis anterior 128
Foramina axillaria 132
Regio brachialis posterior 134
Regio cubitalis 136
Regio antebrachialis anterior 140
Regio carpalis anterior, Palma manus . . . 142
Canalis carpi 144
Palma manus 146
Dorsum manus, Foveola radialis 148
Schnitte durch die obere Extremität 150

Bauch- und Lendenbereich 155

Regionen im Bauch- und Lendenbereich . 156
Vordere Bauchregionen 158
Regio inguinalis, Canalis inguinalis 162
Leistenbrüche 168
Schenkelpforten, Schenkelbrüche 170
Paravertebrale Region im Lendenbereich . 172
Oberbauchorgane 174
Unterbauchorgane 188
Retroperitoneum 196
CT-Bilder und Transversalschnitte durch das Abdomen 200

Becken 207

Beckenorgane 208
Beckenbindegewebe 216
CT-Bilder und Transversalschnitte durch das Becken 218
Mediansagittalschnitte durch das Becken 226

Genital- und Dammbereich 229

Regionen 230
Regio perinealis 232

Untere Extremität 239

Regionen 240
Regio subinguinalis 242
Regio glutaealis 246
Regio femoralis anterior 250
Regio femoralis posterior 254
Regio genus posterior 256
Regio cruralis anterior 260
Regio cruralis posterior 262
Regio retromalleolaris medialis 264
Regio retromalleolaris lateralis 266
Dorsum pedis 268
Planta pedis 270
Schnitte durch die untere Extremität 274

Verwendete Abkürzungen 278

Verwendete Eigennamen 279

Literatur 280

Sachverzeichnis 281

Abb. 1 A, B Regionen des Kopfes und Halses von der Seite und von hinten
A Regionen von der Seite
B Regionen von hinten

Regiones capitis
1 Regio frontalis
2 Regio parietalis
3 Regio temporalis
4 Regio infratemporalis
5 Regio occipitalis

Regiones faciales
6 Regio nasalis
7 Regio oralis
8 Regio mentalis
9 Regio orbitalis
10 Regio infraorbitalis
11 Regio buccalis
12 Regio zygomatica
13 Regio parotideomasseterica

Regiones cervicales
14 Regio cervicalis posterior = Regio nuchalis
15 Regio sternocleidomastoidea
16 Regio mediana cervicalis
17 Fossa suprasternalis
18 Regio suprahyoidea
19 Trigonum submandibulare
20 Fossa retromandibularis
21 Trigonum caroticum
22 Regio cervicalis lateralis
23 Trigonum omoclaviculare = Fossa supraclavicularis major
24 Fossa supraclavicularis minor

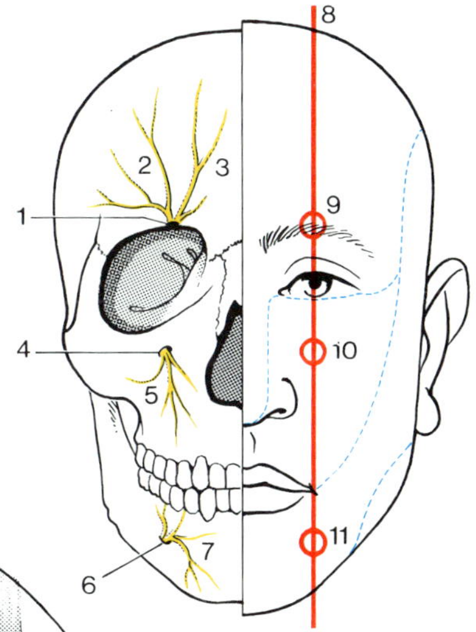
8
2
3
1
9
4
10
5
6
7
11

Abb. 2

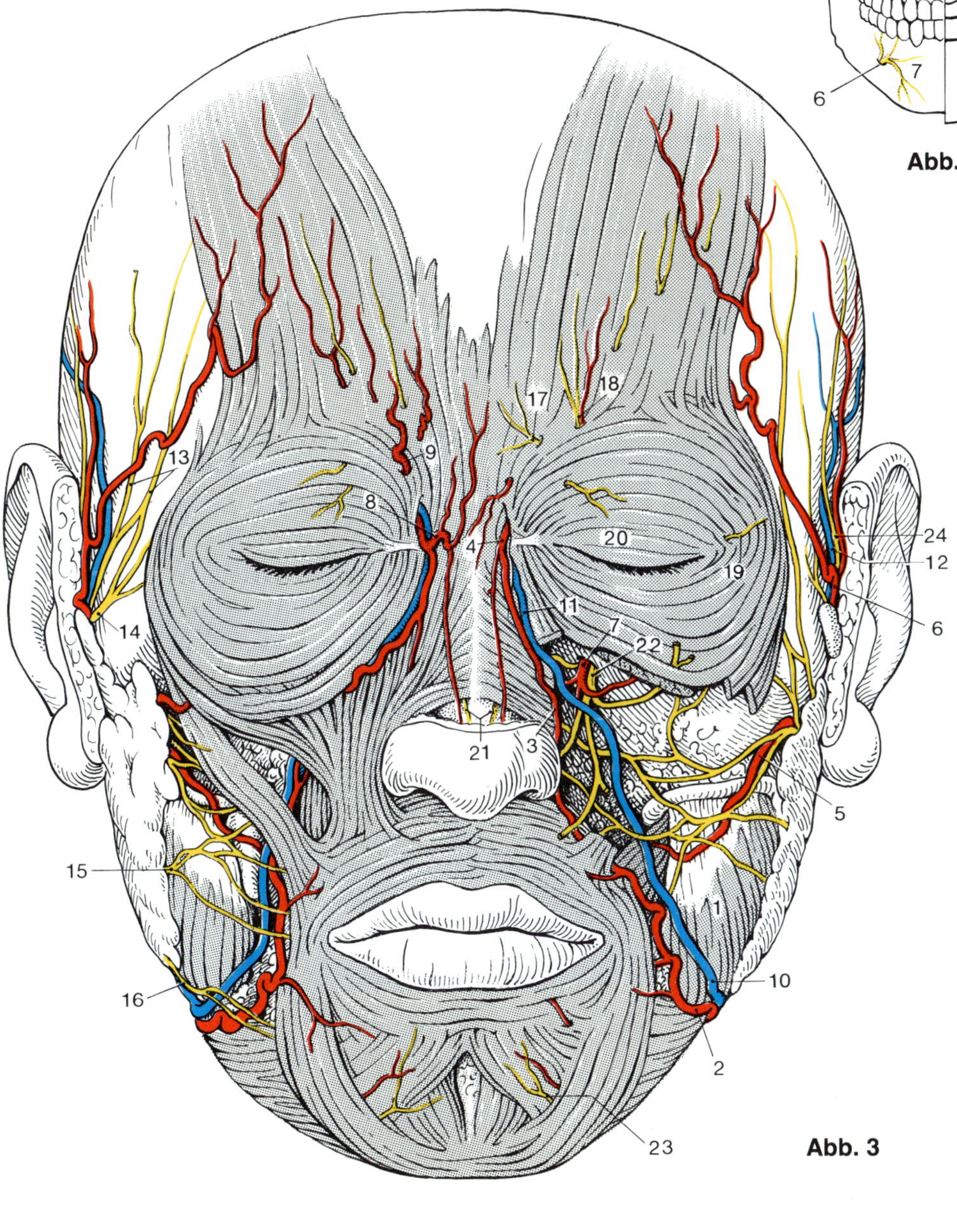
17
18
13
9
8
4
20
24
12
19
14
11
6
7
22
21
3
5
15
1
10
16
2
23

Abb. 3

Abb. 4 Seitliche Gesichtsregionen
Nach Entfernung der Haut wird die Pars superficialis der Glandula parotidea dargestellt. An den Rändern der Drüse werden die oberflächlichen Gefäße und Nerven sichtbar.

1 Glandula parotidea
2 M. masseter
3 Ductus parotideus
4 Corpus adiposum buccae
5 A. transversa faciei
6 A. temporalis superficialis
7 Rr. temporales des Plexus parotideus n. facialis
8 Rr. zygomatici des Plexus parotideus n. facialis
9 Rr. buccales des Plexus parotideus n. facialis
10 R. marginalis mandibulae des Plexus parotideus n. facialis
11 R. colli n. facialis
12 V. retromandibularis
13 V. facialis
14 A. facialis
15 A. labialis inferior
16 A. labialis superior
17 R. frontalis a. temporalis superficialis
18 R. parietalis a. temporalis superficialis
19 V. temporalis superficialis
20 N. auriculotemporalis
21 Nodi lymphatici parotidei superficiales
22 N. auricularis magnus
23 Platysma

Abb. 5 Entfernung der Pars superficialis glandulae parotideae, Darstellung des Plexus parotideus
Durch Abtragen des oberflächlichen Anteiles der Drüse wird der zwischen diesem und dem tiefen Teil liegende Plexus parotideus des N. facialis sichtbar.

1 Pars superficialis glandulae parotideae (Rest)
2 Pars profunda glandulae parotideae
3 Glandula parotidea accessoria
4 Ductus parotideus
5 Corpus adiposum buccae
6 V. retromandibularis
7 A. u. V. facialis
8 A. transversa faciei
9 A. u. V. temporalis superficialis
10 Rr. temporales
11 Rr. zygomatici
12 Rr. buccales
13 R. marginalis mandibulae
14 R. colli
15 N. auricularis magnus

Praktischer Hinweis

Der N. facialis teilt sich innerhalb der Glandula parotidea üblicherweise in einen oberen und unteren Ast. Der obere Ast entläßt die Rr. temporales und die Rr. zygomatici, der untere die Rr. buccales, den R. marginalis mandibulae und den R. colli. Die beiden Äste und deren Zweige verlaufen selten völlig getrennt, sehr häufig kommt es dagegen zu Verbindungen der Zweige untereinander, zur Ausbildung des Plexus parotideus.

Bösartige Geschwülste der Ohrspeicheldrüse führen zu Schädigungen des N. facialis bzw. seiner Äste.

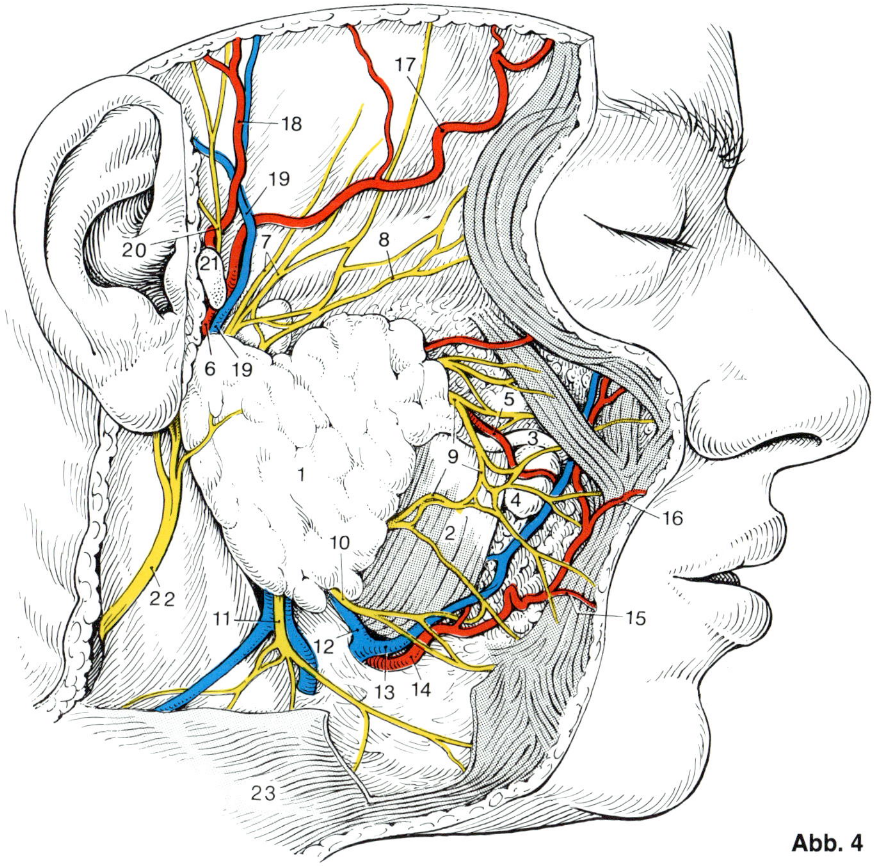
17
18
19
20
21
7
8
6 19
5
3
9
1
4
16
2
10
22
11
15
12
13 14
23

Abb. 4

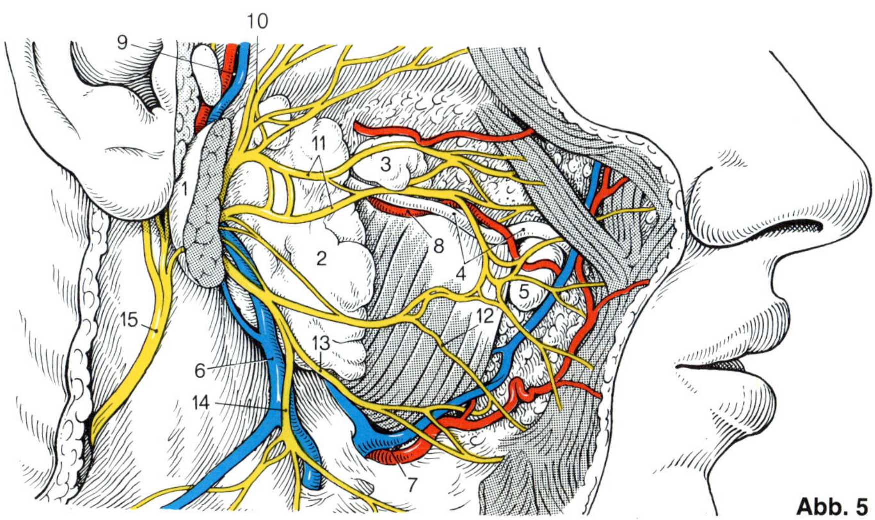
10
9
11
3
1
2
8
4
5
15
12
13
6
14
7

Abb. 5

Abb. 6 Fossa retromandibularis

Nach Entfernung der Glandula parotidea wird die vom Ramus mandibulae, dem Venter posterior m. digastrici und dem Tractus angularis fasciae cervicalis begrenzte Fossa retromandibularis sichtbar.

1 Ramus mandibulae
2 Tractus angularis fasciae cervicalis
3 N. facialis
4 N. auricularis posterior, R. auricularis
5 N. auricularis posterior, R. digastricus
6 N. auricularis posterior, R. stylohyoideus
7 Plexus parotideus
8 Rr. temporales
9 Rr. zygomatici
10 Rr. buccales
11 R. marginalis mandibulae
12 R. colli n. facialis
13 A. carotis externa
14 A. maxillaris
15 A. temporalis superficialis
16 A. transversa faciei
17 V. retromandibularis
18 V. temporalis superficialis
19 Vv. maxillares
20 V. facialis
21 V. jugularis externa
22 Begleitvenen der A. carotis externa
23 A. auricularis posterior
24 N. auriculotemporalis
25 N. auricularis magnus
26 Ansa cervicalis „superficialis"
27 Ductus parotideus (abgeschnitten)
28 N. buccalis
29 A. facialis
30 M. masseter
31 M. buccinator

Praktischer Hinweis

Die Fossa retromandibularis enthält einen Fortsatz der Glandula parotidea, der bis an die laterale Pharynxwand reicht.

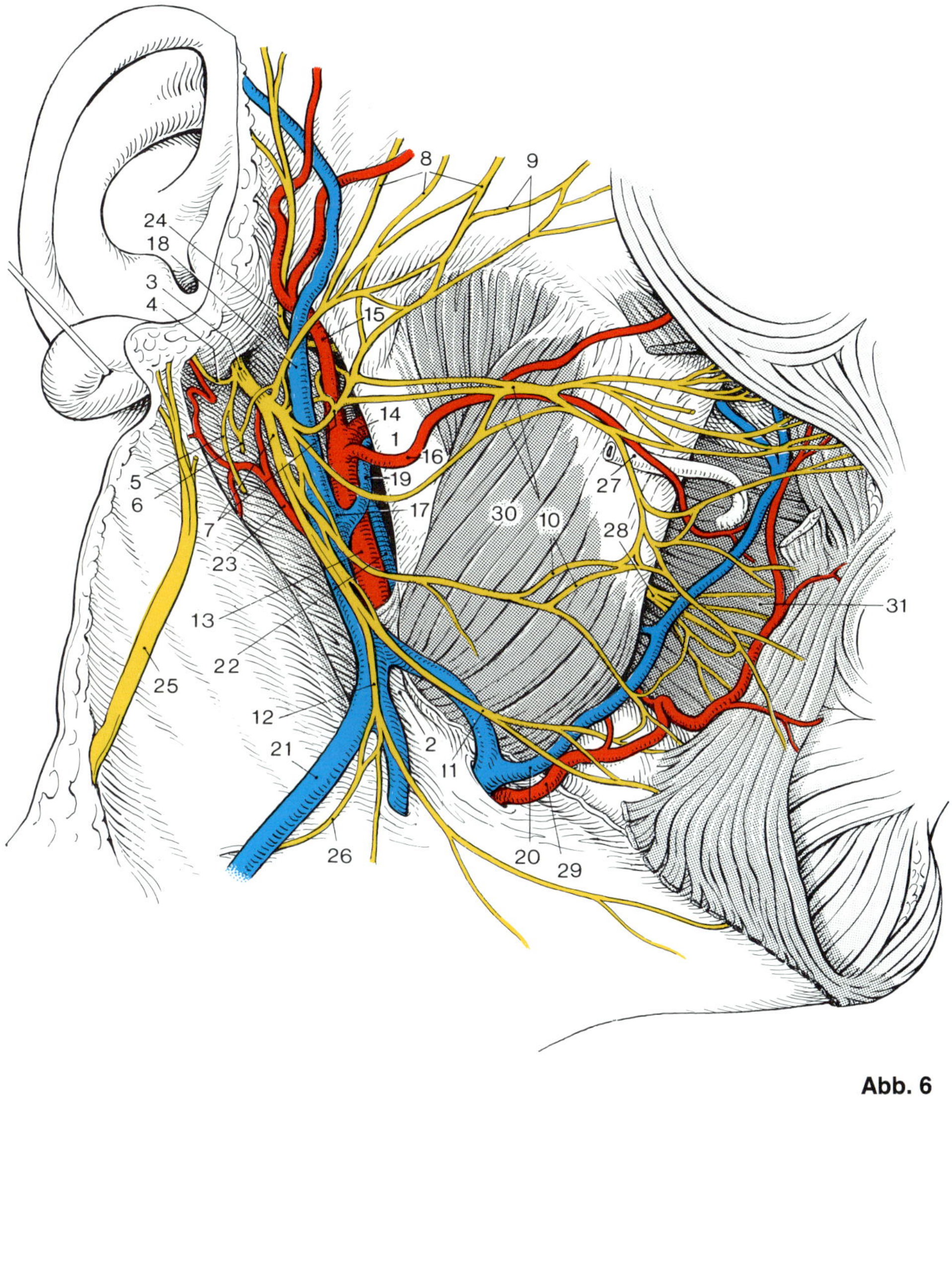

8
9
24
18
3
4
15
14
1
16
19
5
6
17
27
30
10
28
7
23
31
13
22
25
12
21
2
11
26
20
29

Abb. 6

Abb. 7 Trigonum submandibulare 1

1 Corpus mandibulae
2 Venter anterior m. digastrici
3 Tractus angularis fasciae cervicalis mit Septum interglandulare
4 Glandula submandibularis
5 Ductus submandibularis mit Processus uncinatus
6 M. mylohyoideus
7 A. u. V. facialis
8 A. u. V. submentalis
9 Nodus lymphaticus submentalis
10 N. mylohyoideus
11 N. lingualis
12 Ganglion submandibulare mit Rr. ganglionares und Rr. glandulares
13 N. hypoglossus mit V. comitans n. hypoglossi
14 Glandula parotidea

Abb. 8 Trigonum submandibulare 2 und Fossa retromandibularis

Darstellung der tiefen Schichte nach Durchtrennung des Venter anterior m. digastrici und des M. mylohyoideus. Aufsuchung der A. lingualis.

1 Venter anterior m. digastrici
2 Venter posterior m. digastrici
3 M. stylohyoideus
4 Lig. stylohyoideum
5 M. mylohyoideus
6 M. hyoglossus
7 M. geniohyoideus
8 M. masseter
9 M. sternocleidomastoideus
10 Glandula submandibularis (zurückgeschlagen)
11 Ductus submandibularis mit Processus uncinatus
12 A. carotis externa
13 A. palatina ascendens
14 A. u. V. facialis
15 V. jugularis externa
16 A. lingualis mit kleiner V. lingualis
17 N. hypoglossus mit V. comitans n. hypoglossi
18 N. lingualis
19 N. glossopharyngeus
20 Ganglion submandibulare mit Rr. ganglionares und Rr. glandulares
21 N. facialis
22 N. auricularis magnus

Praktischer Hinweis

Trigonum a. lingualis

Grenzen: N. hypoglossus (kranial)
Hinterrand des M. mylohyoideus (vorne)
Venter anterior m. digastrici (kaudal)

Der Boden wird vom M. hyoglossus gebildet. Nach Spalten des M. hyoglossus wird die A. lingualis, die manchmal von einer V. lingualis begleitet wird, sichtbar. Sie kann hier unterbunden werden.

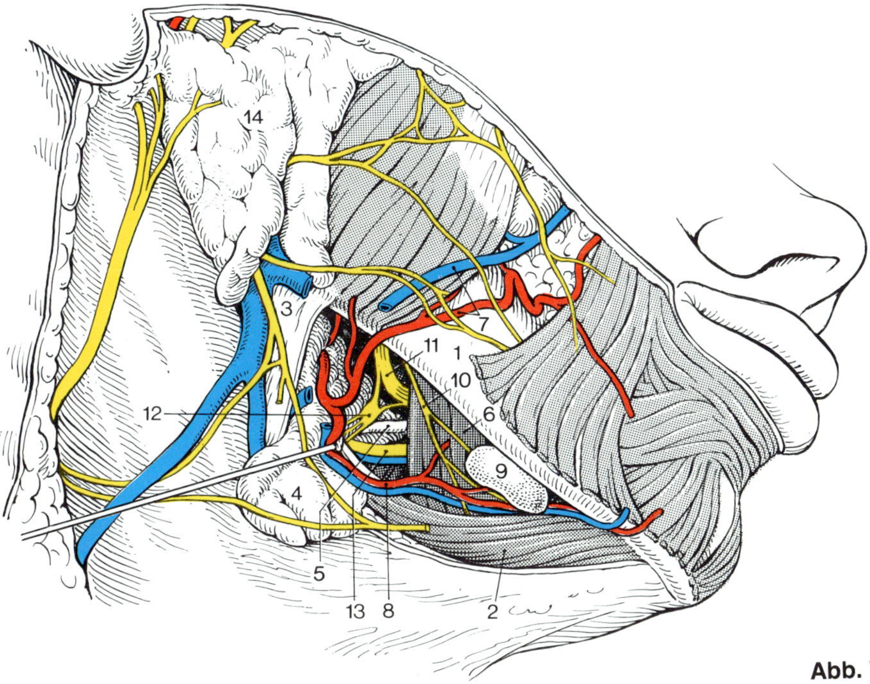
14
3
7
11
1
10
12
6
9
4
5
13
8
2

Abb. 7

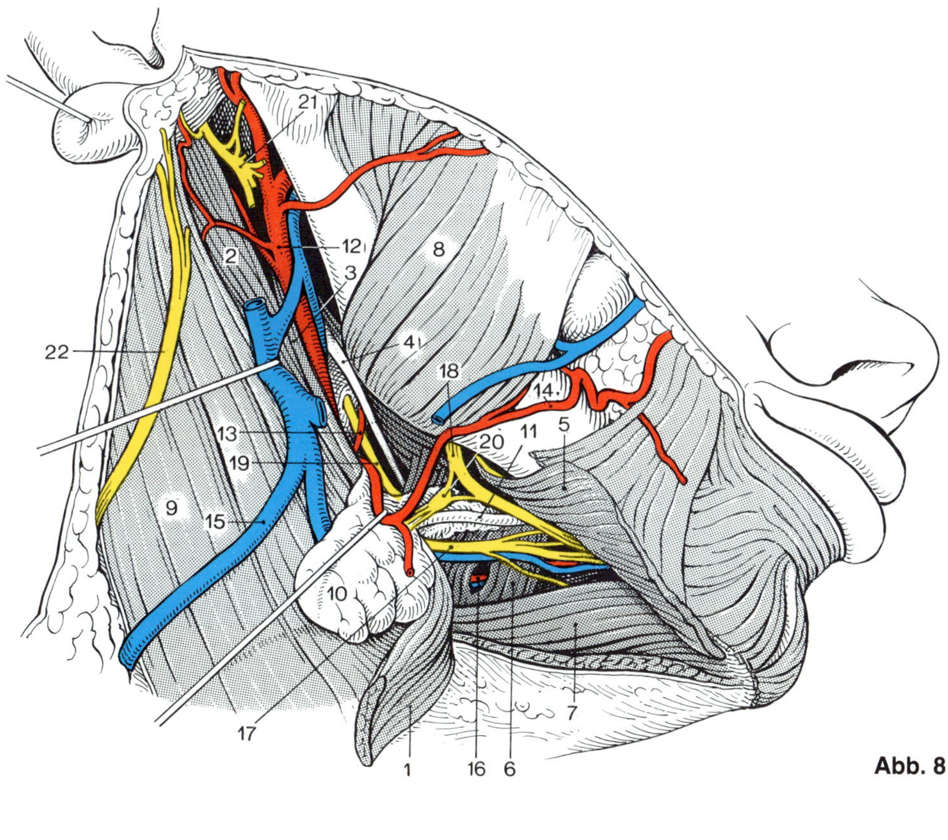
21
2
12
3
8
22
4
18
14
13
20
11
5
19
9
15
10
17
1
16
6
7

Abb. 8

Abb. 9 A–E Variationen des Verlaufes der A. maxillaris

A Verlauf der A. maxillaris lateral vom M. pterygoideus lateralis (häufigste Form)
B Verlauf der A. maxillaris medial vom M. pterygoideus lateralis
C Verlauf der A. maxillaris lateral vom N. alveolaris inferior und vom N. lingualis, medial vom N. buccalis
D Verlauf der A. maxillaris zwischen den Ästen des N. mandibularis
E Verlauf der A. maxillaris medial von allen Ästen des N. mandibularis

Abb. 10 Fossa infratemporalis 1

Durch Entfernung des Arcus zygomaticus und des Processus coronoideus sowie des vorderen Teiles des Ramus mandibulae wird die Fossa infratemporalis gut zugänglich.

1 M. pterygoideus lateralis
2 M. pterygoideus medialis
3 M. temporalis (zurückgeschlagen)
4 Raphe pterygomandibularis
5 M. buccinator
6 Tuber maxillae
7 A. maxillaris
8 A. buccalis
9 A. alveolaris superior posterior
10 A. alveolaris inferior
11 A. facialis
12 A. temporalis superficialis
13 N. alveolaris inferior
14 N. lingualis
15 N. buccalis
16 N. massetericus
17 Rr. alveolares superiores posteriores
18 N. auriculotemporalis
19 N. mylohyoideus und A. mylohyoidea
20 N. facialis

Abb. 11 Fossa infratemporalis 2

Darstellung des Verlaufes der A. maxillaris und ihrer Äste durch Entfernung des Processus condylaris mandibulae und Abtragen des M. pterygoideus lateralis.

1 M. pterygoideus medialis
2 M. temporalis (zurückgeschlagen)
3 M. buccinator
4 Lig. sphenomandibulare
5 Discus articularis
6 A. maxillaris
7 A. alveolaris inferior
8 A. mylohyoidea
9 A. auricularis profunda
10 A. tympanica anterior
11 A. meningea media
12 Rr. pterygoidei
13 A. masseterica
14 Aa. temporales profundae
15 A. buccalis
16 A. alveolaris superior posterior
17 A. facialis
18 A. transversa faciei
19 A. temporalis superficialis
20 N. mandibularis
21 N. auriculotemporalis
22 N. massetericus
23 Nn. temporales profundi
24 N. buccalis
25 N. lingualis
26 Chorda tympani
27 N. alveolaris inferior
28 N. mylohyoideus
29 akzessorische Wurzel des N. auriculotemporalis
30 Rr. communicantes cum nervo faciali
31 N. facialis
32 N. maxillaris

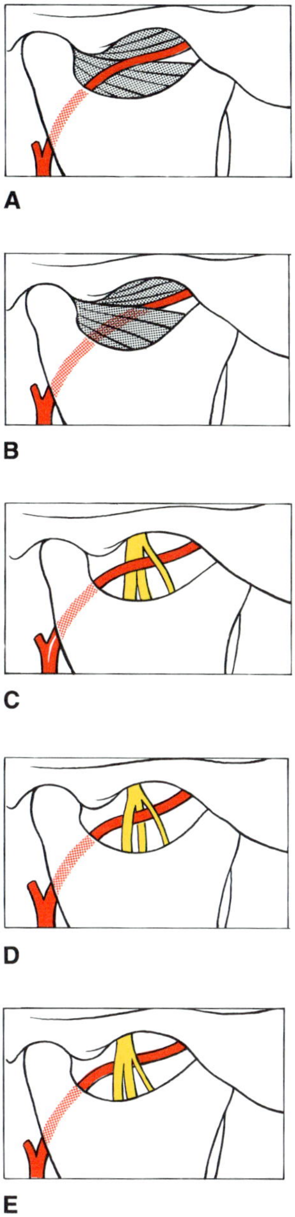

Abb. 9 A–E

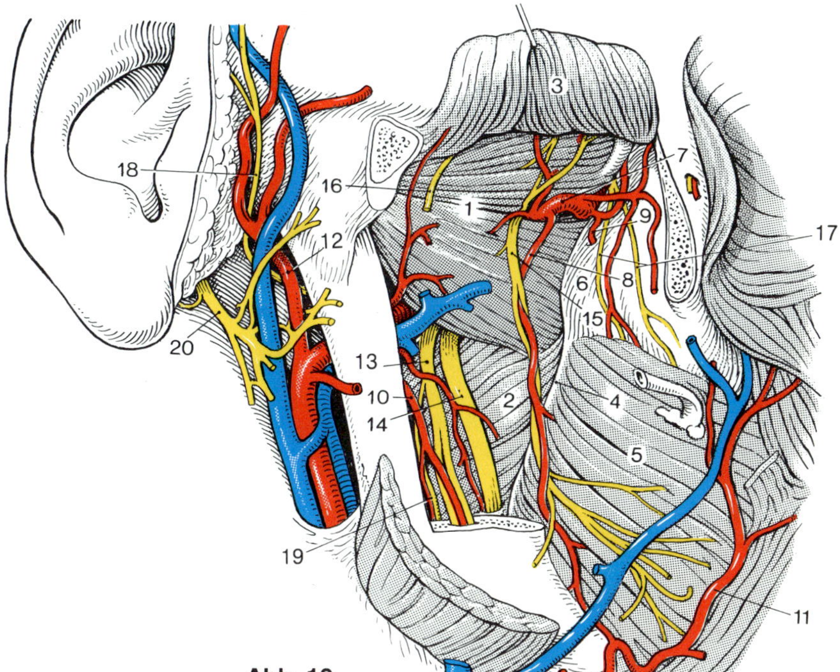

Abb. 10

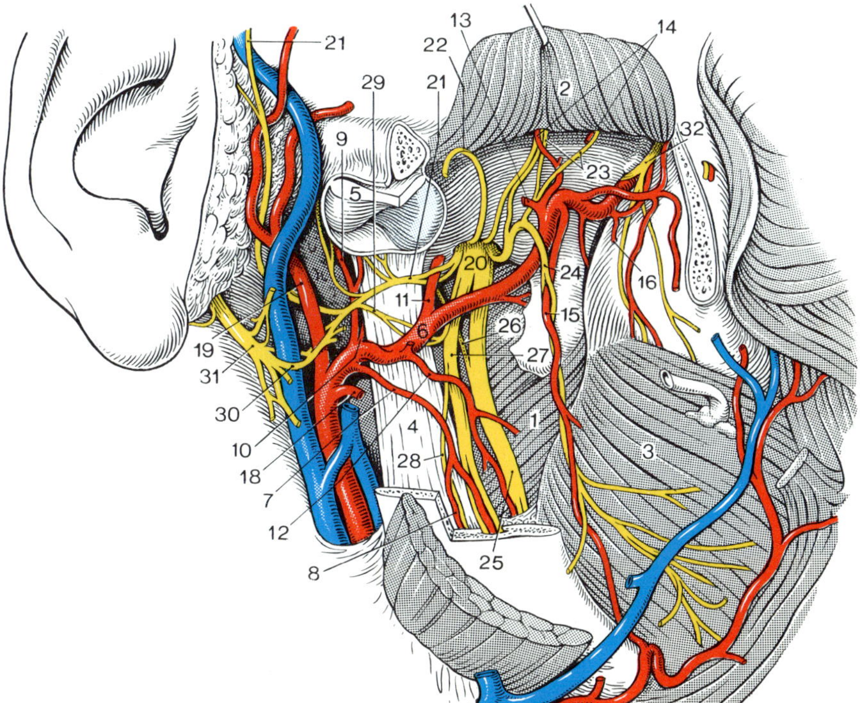

Abb. 11

Abb. 12 Fossa infratemporalis 3
Darstellung der parapharyngealen Gebilde nach teilweiser Entfernung der A. maxillaris.

1 M. buccinator
2 M. constrictor pharyngis superior
3 M. tensor veli palatini
4 M. stylohyoideus
5 Lig. stylohyoideum
6 Raphe pterygomandibularis
7 Lamina lateralis processus pterygoidei
8 A. carotis externa
9 A. carotis interna
10 A. maxillaris
11 A. temporalis superficialis
12 A. meningea media
13 A. pharyngea ascendens
14 A. palatina ascendens und V. palatina
15 A. buccalis
16 A. u. V. facialis
17 A. tympanica anterior
18 Nodus lymphaticus retropharyngealis
19 N. buccalis
20 N. pterygoideus medialis
21 N. lingualis
22 N. alveolaris inferior
23 N. auriculotemporalis
24 Chorda tympani
25 N. meatus acustici externi
26 N. facialis
27 Rr. communicantes cum nervo faciali
28 N. vagus

Abb. 13 A, B Fossa infratemporalis 4 und Schädelskizze
A Darstellung des Ganglion oticum durch Hochschlagen der Äste des N. mandibularis
B In der Schädelskizze sind Blickrichtung und Ausschnitt der Abb. **13A** eingezeichnet

1 M. tensor veli palatini
2 A. maxillaris
3 A. meningea media
4 Ganglion oticum
5 N. pterygoideus medialis
6 N. m. tensoris veli palatini
7 N. buccalis
8 Nn. temporales profundi
9 N. lingualis
10 N. alveolaris inferior
11 N. auriculotemporalis
12 Chorda tympani
13 R. communicans cum nervo auriculotemporali
14 R. communicans cum chorda tympani

Praktischer Hinweis

Die Fossa infratemporalis ist der klinische Zugangsweg zum Ganglion trigeminale. Bei Trigeminusneuralgien gibt es als eine der therapeutischen Möglichkeiten Eingriffe (Injektionen, Verschorfungen) am Ganglion trigeminale, wobei dieses durch das Foramen ovale erreicht wird.

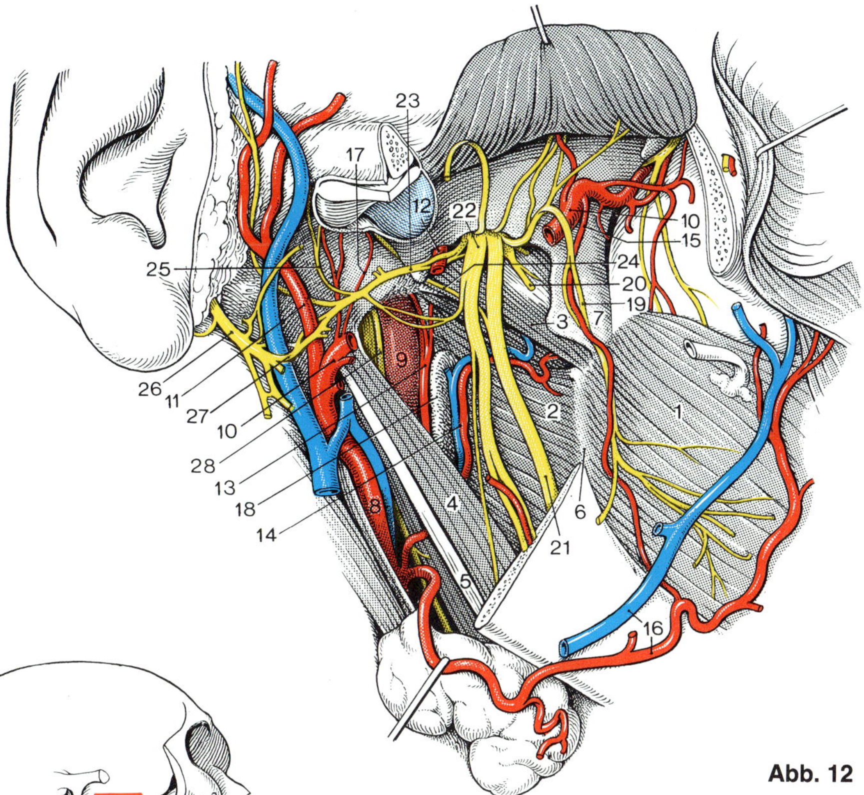

Abb. 12

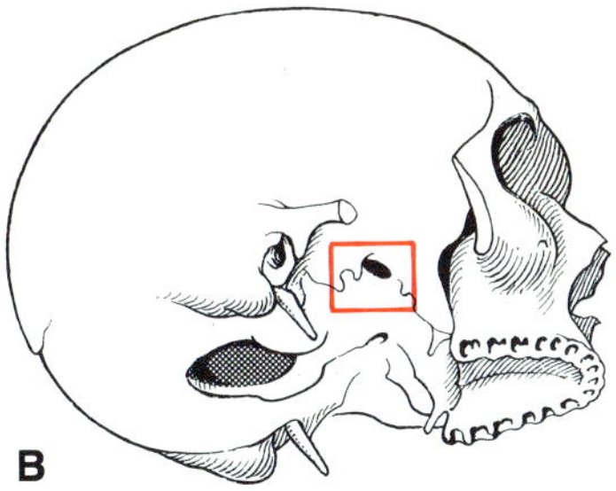

B

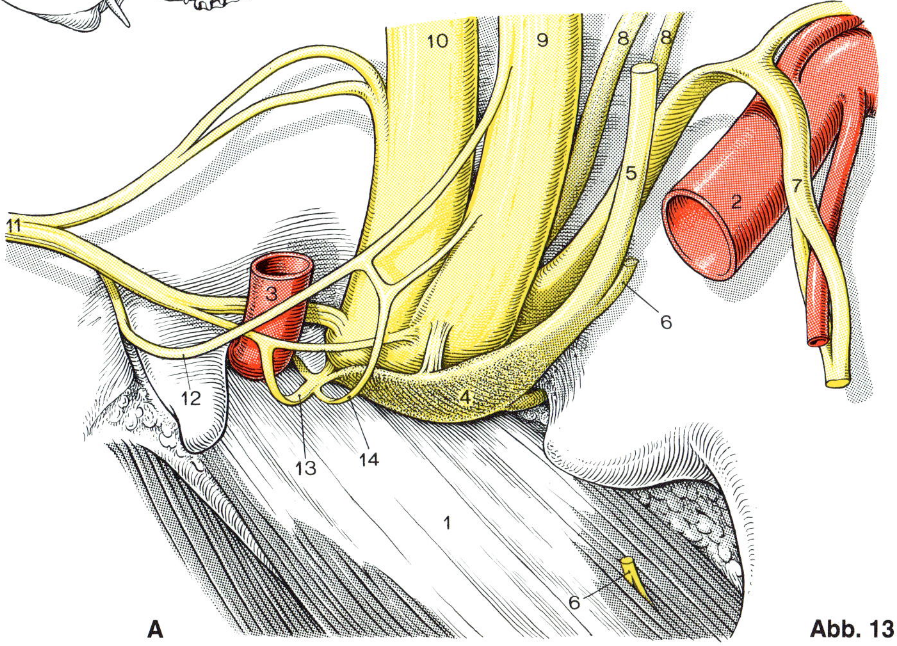

A

Abb. 13

Abb. 14 Regio occipitalis und Regio nuchalis
links: subkutane Schichte
rechts: subfasziale Schichte

1 Venter occipitalis des M. occipitofrontalis
2 Sehnenbogen zwischen M. sternocleidomastoideus und M. trapezius
3 M. sternocleidomastoideus
4 M. trapezius
5 M. splenius capitis
6 M. semispinalis capitis
7 A. occipitalis
8 V. occipitalis
9 V. azygos nuchae
10 N. occipitalis major
11 N. occipitalis minor
12 N. occipitalis tertius
13 N. auricularis magnus
14 R. posterior des N. auricularis magnus
15 Nodi lymphatici occipitales
16 Fascia nuchae

Abb. 15 Trigonum a. vertebralis

1 M. obliquus capitis inferior
2 M. obliquus capitis superior
3 M. rectus capitis posterior major
4 M. rectus capitis posterior minor
5 M. longissimus capitis
6 M. splenius capitis (abgeschnitten)
7 M. sternocleidomastoideus (zurückgeschlagen)
8 A. occipitalis
9 A. vertebralis (Pars atlantis)
10 R. muscularis a. vertebralis
11 Arcus posterior atlantis
12 N. suboccipitalis
13 N. occipitalis major
14 R. posterior des N. auricularis magnus
15 N. occipitalis tertius

Praktischer Hinweis

Subokzipitalpunktion

Zweck: Sie wird durchgeführt zur Entnahme von Liquor cerebrospinalis aus der Cisterna cerebellomedullaris.

Einstichstelle und Nadelrichtung: In der Medianen zwischen Protuberantia occipitalis externa und Processus spinosus des Axis in Richtung zur Nasenwurzel. Die Nadel wird zwischen den beiden Mm. recti capitis posteriores minores durch die Membrana atlanto-occipitalis und durch die Dura mater, die einen festeren Widerstand bietet, in die Cisterna cerebellomedullaris eingeführt. Die Einstichtiefe beträgt beim Erwachsenen etwa 4–5 cm.

Trigonum a. vertebralis

Aufsuchungsstelle der A. vertebralis, Pars atlantis.

Grenzen: M. rectus capitis posterior major (kranial und medial)
M. obliquus capitis superior (lateral)
M. obliquus capitis inferior (kaudal)

Inhalt: Pars atlantis a. vertebralis
Plexus venosus suboccipitalis
N. suboccipitalis
Arcus posterior atlatis

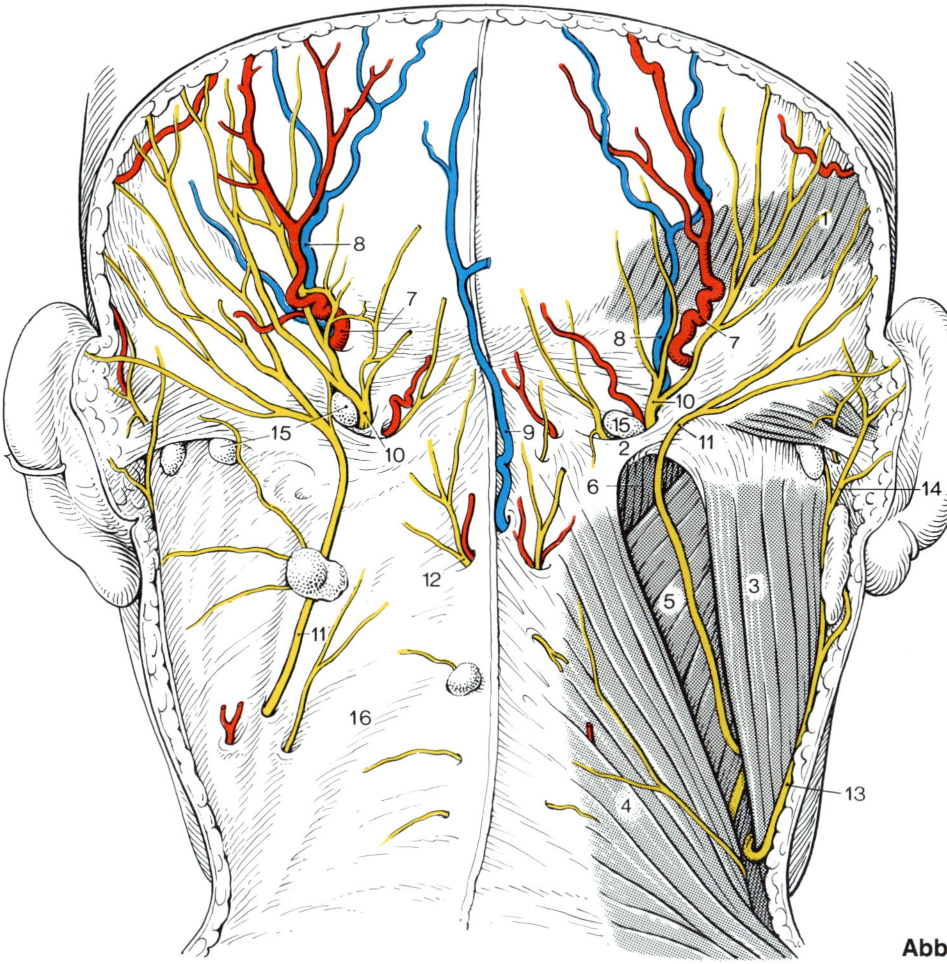
1
8
7
8
7
10
15
15
9
2
11
10
6
14
12
3
5
11
16
13
4

Abb. 14

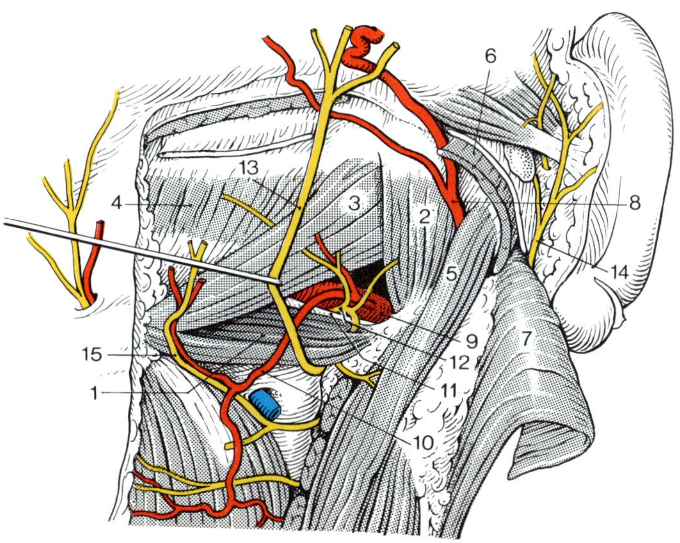
6
13
4
3
2
8
5
14
9
15
12
11
1
7
10

Abb. 15

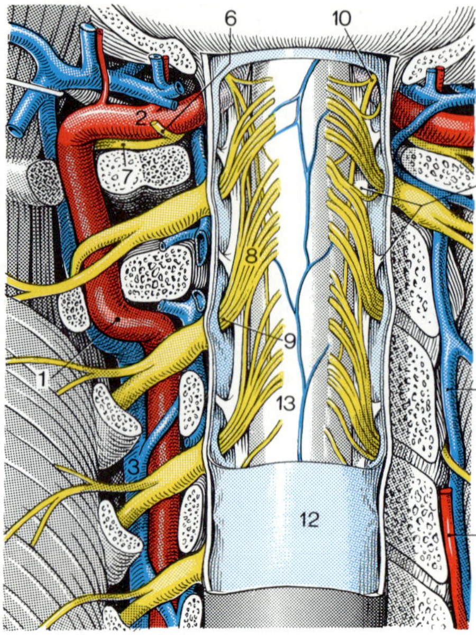

Abb. 16

Abb. 16 Eröffnung des Duralsackes im Übergangsbereich vom Kopf zum Hals. Teilweise Eröffnung der Cavitas subarachnoidealis

1 A. vertebralis, Pars transversaria
2 A. vertebralis, Pars atlantis
3 V. vertebralis
4 A. cervicalis profunda
5 V. cervicalis profunda
6 N. suboccipitalis (= R. dorsalis n. spinalis primi)
7 R. ventralis n. spinalis primi
8 Fila radicularia
9 Radix dorsalis
10 Radix spinalis n. accessorii
11 Lig. denticulatum (Teil der Pia mater spinalis)
12 Arachnoidea spinalis
13 Medulla spinalis und V. spinalis posterior

Abb. 17 Eröffnung des Wirbelkanales im Bereich der Regio nuchalis und der angrenzenden Teile der hinteren Schädelgrube

Rechts wurden die Wirbel im Bereich der Processus articulares durchsägt, links im Bereich der Processus transversi. Damit werden links sowohl die Pars atlantis als auch die Pars transversaria der A. vertebralis sichtbar. Darstellung der Cavitas epiduralis.

1 M. sternocleidomastoideus
2 M. splenius capitis
3 M. semispinalis capitis
4 M. splenius cervicis
5 Fascia thoracolumbalis
6 M. serratus posterior superior
7 M. rhomboideus major
8 M. trapezius
9 M. semispinalis cervicis
10 M. levator scapulae
11 M. longissimus capitis
12 M. obliquus capitis superior
13 Dura mater encephali
14 Dura mater spinalis
15 A. u. V. occipitalis
16 V. azygos nuchae
17 A. u. V. cervicalis profunda
18 Plexus venosus suboccipitalis
19 A. vertebralis (Pars transversaria) u. V. vertebralis
20 Plexus venosus vertebralis internus (posterior)
21 N. suboccipitalis
22 N. occipitalis major
23 Ganglion spinale secundum
24 R. ventralis n. spinalis secundi
25 N. occipitalis tertius
26 N. occipitalis minor

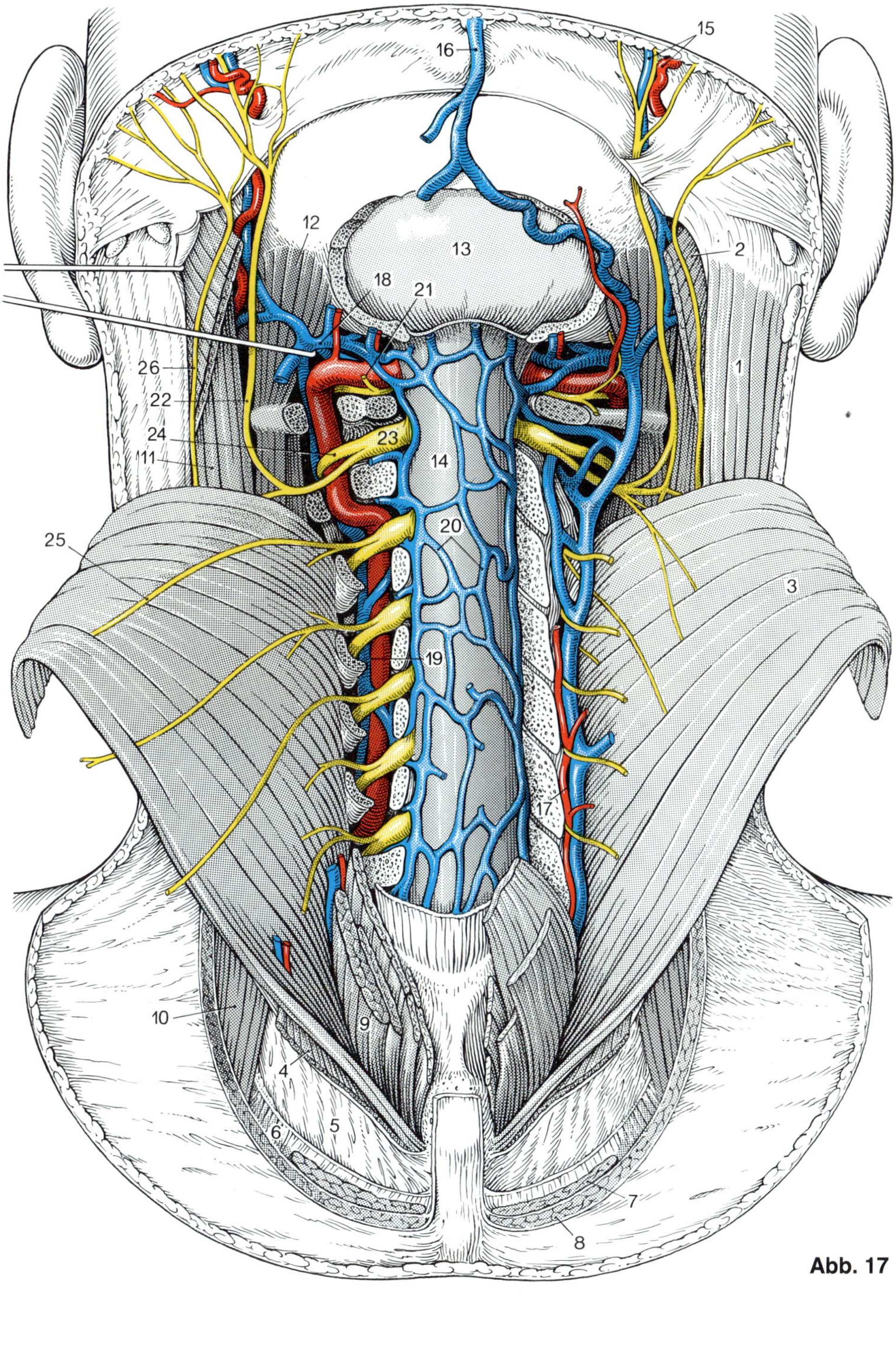

Abb. 17

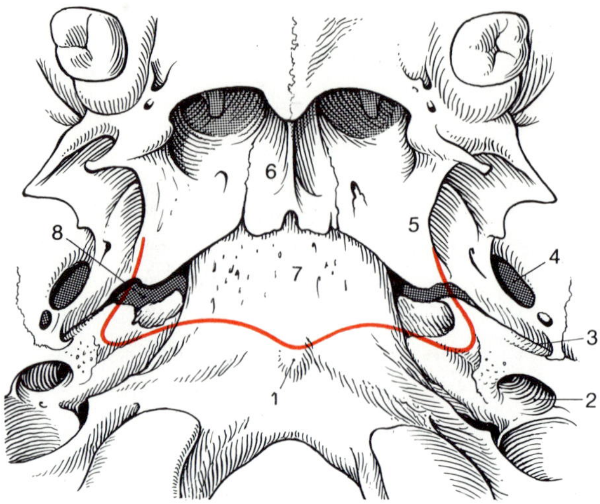

Abb. 18

Abb. 18 Anheftungslinie (rot) der Pharynxwand (der Fascia pharyngobasilaris) an der Schädelbasis
Die seitlichen Ausladungen, Recessus laterales pharyngei, berühren die medialen Wände der Tuben an deren Hinterflächen.

1 Tuberculum pharyngeum
2 Apertura externa canalis carotici
3 Sulcus tubae auditivae
4 Foramen ovale
5 Lamina medialis processus pterygoidei
6 Vomer
7 Corpus ossis sphenoidalis
8 Foramen lacerum

Abb. 19 Spatium retro- und parapharyngeum
Nach Entfernung der Wirbelsäule wird der Pharynx sichtbar. Ebenso kommen die Gefäße und Nerven seitlich und hinter dem Pharynx zur Ansicht.

1 Truncus sympathicus
2 Ganglion cervicale superius
3 N. jugularis
4 N. caroticus internus
5 A. carotis interna
6 Ganglion inferius n. vagi
7 N. vagus
8 N. hypoglossus
9 Glomus caroticum
10 R. sinus carotici
11 V. jugularis interna
12 N. laryngeus superior
13 R. externus n. laryngei superioris
14 R. internus n. laryngei superioris
15 Rr. pharyngei n. vagi
16 Rr. pharyngei n. glossopharyngei
17 N. glossopharyngeus
18 Durabrücke zwischen N. glossopharyngeus und N. vagus
19 N. accessorius
20 A. carotis externa
21 Bulbus superior v. jugularis
22 M. sternocleidomastoideus
23 Fasern der Rr. ventrales aus dem 1. und 2. Zervikalsegment, die sich dem N. hypoglossus anschließen
24 Radix superior ansae cervicalis „profundae“
25 A. pharyngea ascendens
26 Fascia pharyngobasilaris
27 Raphe pharyngis
28 M. constrictor pharyngis superior
29 M. constrictor pharyngis medius
30 M. constrictor pharyngis inferior
31 M. stylopharyngeus
32 N. facialis
33 Glandula thyroidea
34 Glandula parathyroidea superior dextra

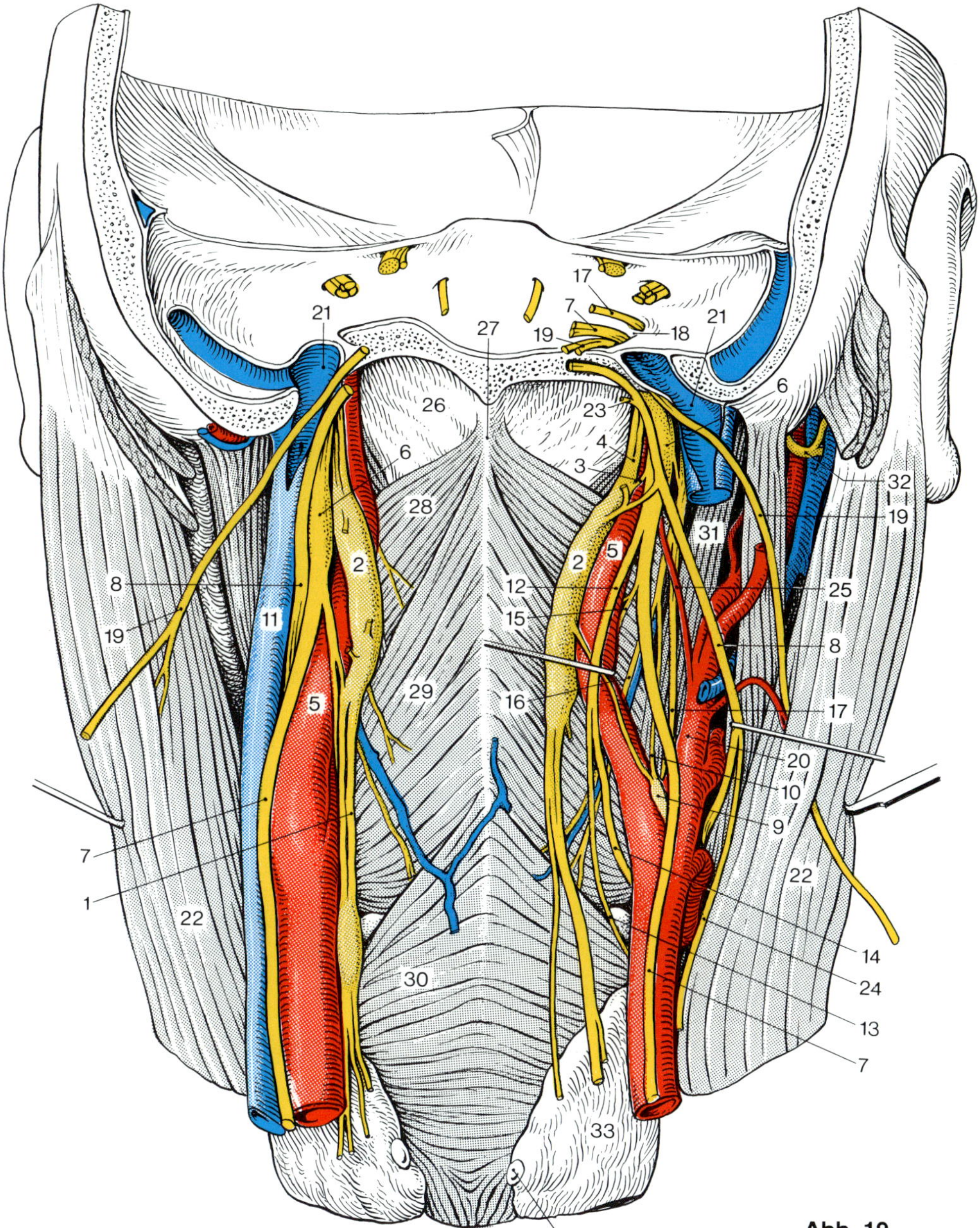
17
7
21
27
19
18
21
6
26
23
4
6
3
32
28
19
31
2
5
8
2
12
25
11
15
19
8
29
16
17
5
20
10
9
7
1
22
22
14
24
30
13
7
33
34

Abb. 19

Abb. 20 Regio orbitalis 1
Darstellung des Septum orbitale nach Entfernung des M. orbicularis oculi. Nach Abtragen der angrenzenden mimischen Muskulatur wird der Verlauf der in diesem Bereich vorhandenen Gefäße und Nerven sichtbar.

1 Septum orbitale
2 Lig. palpebrale (mediale)
3 Venter frontalis des M. occipitofrontalis (durchtrennt)
4 A. u. V. facialis
5 A. u. V. angularis
6 A. u. V. dorsalis nasi
7 A. u. Vv. supratrochleares
8 A. supraorbitalis
9 R. frontalis der A. temporalis superficialis
10 A. infraorbitalis
11 N. infratrochlearis
12 N. supratrochlearis (Zweige)
13 R. medialis des N. supraorbitalis
14 R. lateralis des N. supraorbitalis
15 Zweige des N. lacrimalis
16 N. infraorbitalis
17 R. nasalis externus

Abb. 21 Regio orbitalis 2
Nach Entfernung des Septum orbitale werden die Gefäße und Nerven im vorderen Bereich der Orbita sichtbar. Ebenso werden nach Durchtrennen des äußeren Schenkels des Lig. palpebrale (mediale) die abführenden Tränenwege freigelegt.

1 Tarsus superior
2 Tarsus inferior
3 M. tarsalis superior
4 M. levator palpebrae superioris
5 Laterale Ausstrahlung der Sehne des M. levator palpebrae superioris
6 Glandula lacrimalis, Pars orbitalis
7 Glandula lacrimalis, Pars palpebralis
8 M. obliquus bulbi superior
9 Trochlea
10 äußerer Schenkel des Lig. palpebrale (mediale)
11 M. obliquus bulbi inferior
12 Canaliculus lacrimalis inferior
13 Saccus lacrimalis
14 A. u. V. angularis
15 A. u. V. dorsalis nasi
16 A. u. Vv. supratrochleares
17 A. supraorbitalis
18 A. palpebralis lateralis der A. lacrimalis
19 N. infratrochlearis
20 N. supratrochlearis
21 R. medialis des N. supraorbitalis
22 R. lateralis des N. supraorbitalis
23 N. frontalis
24 Zweige des N. lacrimalis

Praktischer Hinweis

Tränenapparat

Bestandteile des Tränenapparates und Weg der Tränenflüssigkeit:

Glandula lacrimalis → Ductuli excretorii → Fornix conjunctivae superior → Vorderfläche des Bulbus (Rivus lacrimalis) →

→ Angulus oculi medialis (Lacus lacrimalis) ↗ Punctum lacrimale superius → Canaliculus lacrimalis superior ↘ Saccus lacrimalis
↘ Punctum lacrimale inferius → Canaliculus lacrimalis inferior ↗

→ Ductus nasolacrimalis → Meatus nasi inferior

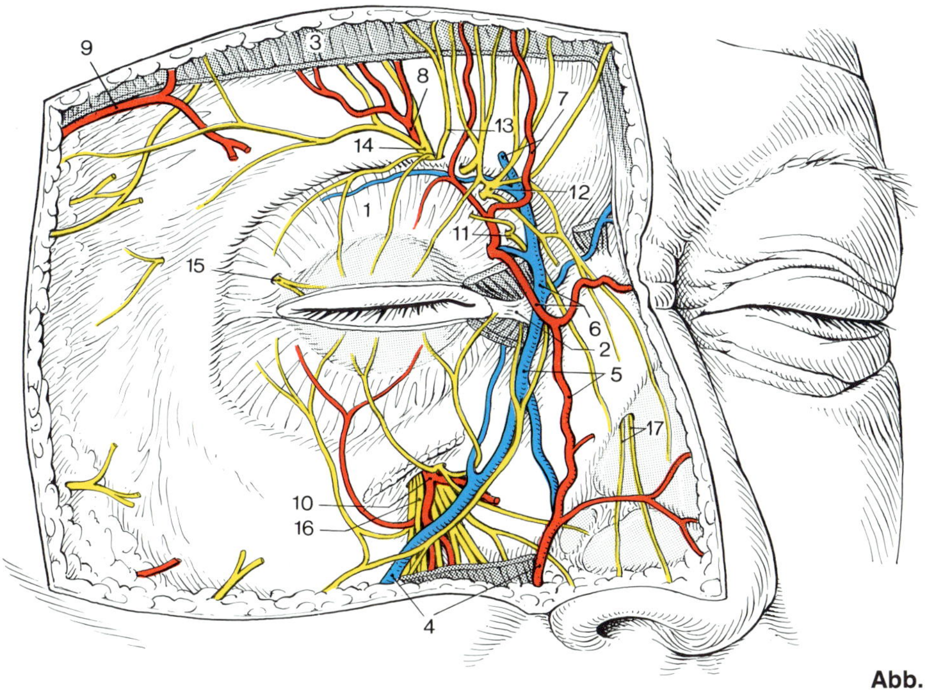
9
3
8
7
13
14
12
1
11
15
6
2
5
17
10
16
4

Abb. 21

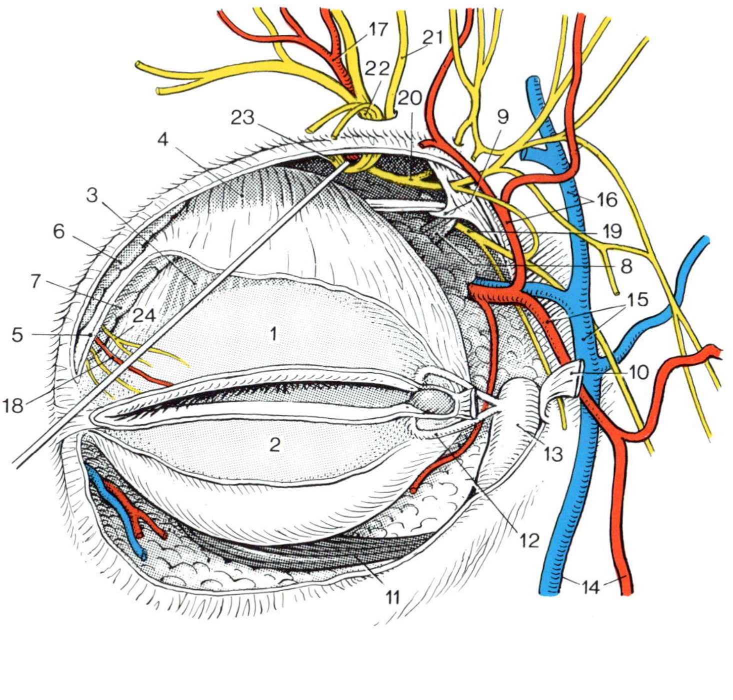
17
21
22
20
23
9
4
3
16
6
19
8
7
15
24
5
1
10
18
2
13
12
14
11

Abb. 20

Abb. 22 Orbita von oben 1

Nach Abtragen des Daches der Orbita und Entfernung der Periorbita können die Gebilde der Orbita in situ dargestellt werden.

1 N. opticus
2 N. trochlearis
3 N. frontalis
4 N. supratrochlearis
5 N. supraorbitalis
6 N. nasociliaris
7 N. u. A. ethmoidalis posterior
8 N. u. A. ethmoidalis anterior
9 N. infratrochlearis
10 N. lacrimalis
11 V. ophthalmica superior
12 A. lacrimalis
13 A. supratrochlearis
14 A. supraorbitalis
15 M. levator palpebrae superioris
16 M. rectus bulbi superior
17 M. obliquus bulbi superior
18 Trochlea
19 Glandula lacrimalis
20 N. oculomotorius
21 N. abducens

Abb. 23 Orbita von oben 2

Nach Durchtrennen der Mm. levator palpebrae superioris et rectus bulbi superior kommen der Bulbus oculi und der N. opticus zur Ansicht.

1 N. opticus
2 N. frontalis
3 N. supratrochlearis
4 N. u. A. supraorbitalis
5 N. nasociliaris
6 Radix nasociliaris
7 Nn. ciliares longi
8 N. u. A. ethmoidalis anterior
9 N. infratrochlearis
10 N. lacrimalis
11 N. abducens
12 N. oculomotorius
13 R. superior n. oculomotorii
14 R. inferior n. oculomotorii
15 Radix oculomotoria
16 Ganglion ciliare
17 Nn. ciliares breves
18 A. ophthalmica
19 A. lacrimalis
20 A. meningoorbitalis (VAR.)
21 Aa. ciliares posteriores breves
22 V. ophthalmica superior
23 M. levator palpebrae superioris
24 M. rectus bulbi superior
25 M. rectus bulbi medialis
26 M. rectus bulbi lateralis
27 Trochlea
28 Bulbus oculi

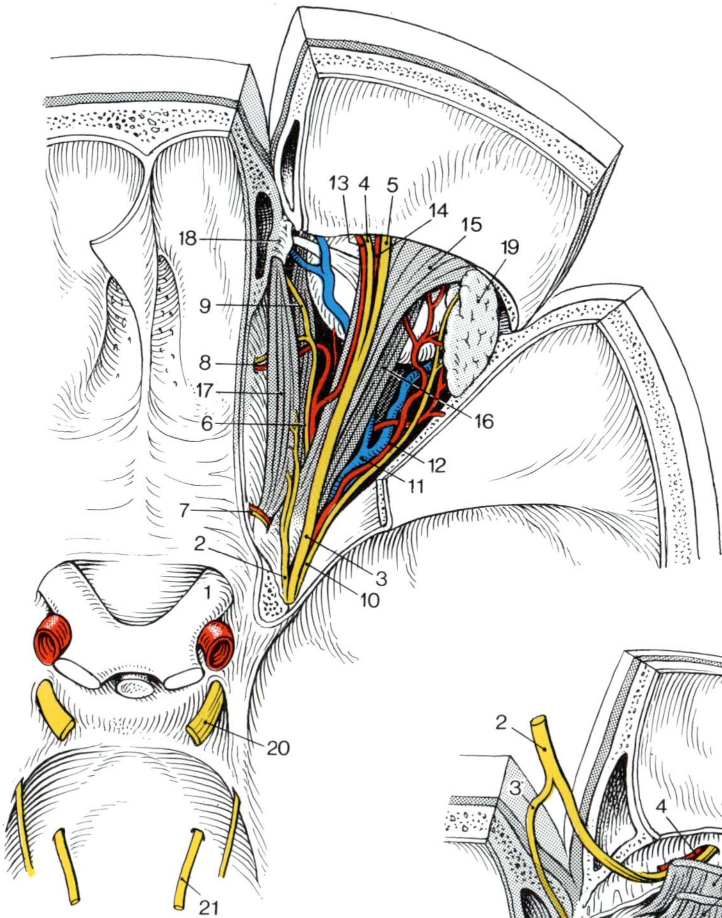
13
4
5
14
15
19
18
9
8
17
6
16
12
11
7
2
3
10
1
20
21

Abb. 22

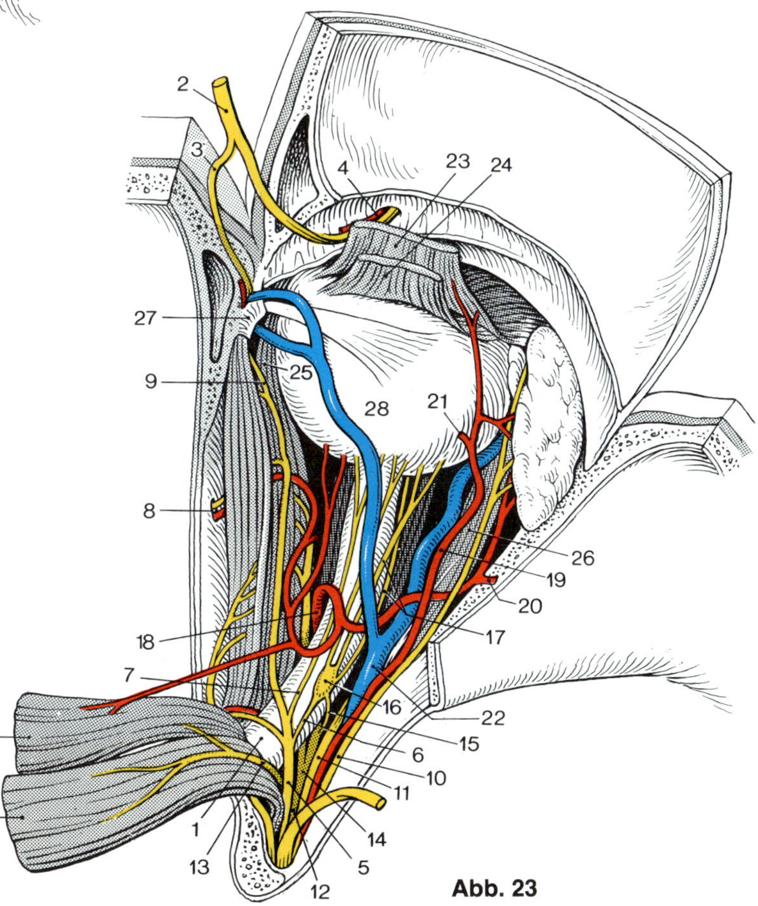
2
3
4
23
24
27
9
25
28
21
8
26
19
20
17
18
7
16
22
15
23
6
10
11
24
14
1
13
5
12

Abb. 23

Abb. 24 Orbita von der Seite

Nach Entfernen der lateralen Wand der Orbita und Durchtrennung des M. rectus bulbi lateralis werden der N. opticus und der Bulbus oculi sichtbar.

1 Ganglion trigeminale
2 N. ophthalmicus
3 N. maxillaris
4 N. mandibularis
5 N. oculomotorius
6 N. trochlearis
7 N. frontalis
8 N. lacrimalis
9 N. nasociliaris
10 ein N. ciliaris longus
11 Ganglion ciliare
12 Radix oculomotoria
13 R. communicans cum n. zygomatico
14 N. infratrochlearis
15 N. supratrochlearis
16 N. supraorbitalis
17 N. zygomaticus
18 Nn. ciliares breves
19 N. infraorbitalis
20 Ganglion pterygopalatinum
21 Rr. ganglionares (Nn. pterygopalatini)
22 Rr. alveolares superiores posteriores
23 N. opticus
24 A. ophthalmica
25 V. ophthalmica superior
26 A. lacrimalis
27 Aa. ciliares posteriores breves
28 A. u. V. supratrochlearis
29 M. levator palpebrae superioris
30 Trochlea
31 M. obliquus bulbi inferior
32 M. rectus bulbi lateralis
33 M. rectus bulbi inferior
34 M. rectus bulbi medialis
35 M. rectus bulbi superior
36 M. obliquus bulbi superior
37 A. carotis interna
38 Glandula lacrimalis

Abb. 25 Schematischer Längsschnitt durch den Canalis opticus

1 N. opticus
2 A. carotis interna
3 Dura mater
4 Periorbita
5 Vagina externa nervi optici

Abb. 26 Bild A, B Orbita von vorne mit Anulus (Annulus) tendineus communis

A Darstellung der durch die Fissura orbitalis superior und den Canalis opticus durchtretenden Gebilde und der im Anulus (Annulus) tendineus communis entspringenden Muskeln

B Medialer und lateraler Abschnitt der Fissura orbitalis superior

1 N. opticus
2 Aa. ciliares longae und Nn. ciliares longi
3 N. nasociliaris
4 A. u. N. ethmoidalis anterior
5 N. frontalis
6 N. trochlearis
7 R. communicans cum nervo zygomatico
8 N. lacrimalis
9 A. frontalis
10 A. ophthalmica
11 V. ophthalmica superior
12 V. ophthalmica inferior
13 N. abducens
14 R. superior n. oculomotorii
15 R. inferior n. oculomotorii
16 A. u. V. centralis retinae
17 M. levator palpebrae superioris
18 M. rectus bulbi superior
19 M. rectus bulbi lateralis
20 M. rectus bulbi inferior
21 M. rectus bulbi medialis
22 M. obliquus bulbi superior
23 Anulus (Annulus) tendineus communis
24 Zweig des R. inferior n. oculomotorii für den M. obliquus bulbi inferior

---

Praktischer Hinweis

Fissura orbitalis superior

Grenzen: Ala major und Ala minor. Unterteilung durch den Anulus (Annulus) tendineus communis

Durchtretende Gebilde:

Mediale Abteilung:
N. oculomotorius
N. nasociliaris
N. abducens

Laterale Abteilung:
N. trochlearis
N. frontalis
V. ophthalmica superior
N. lacrimalis

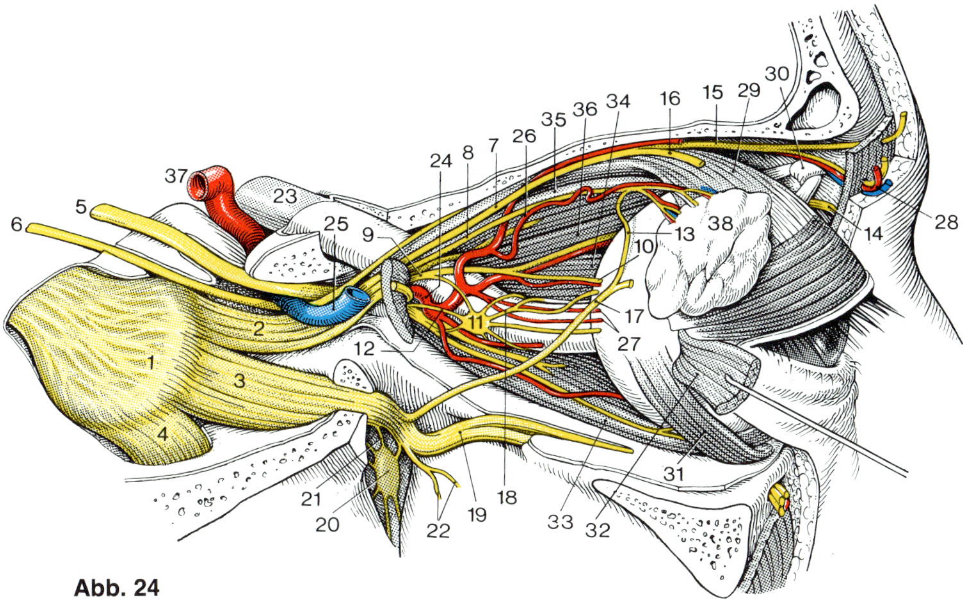

Abb. 24

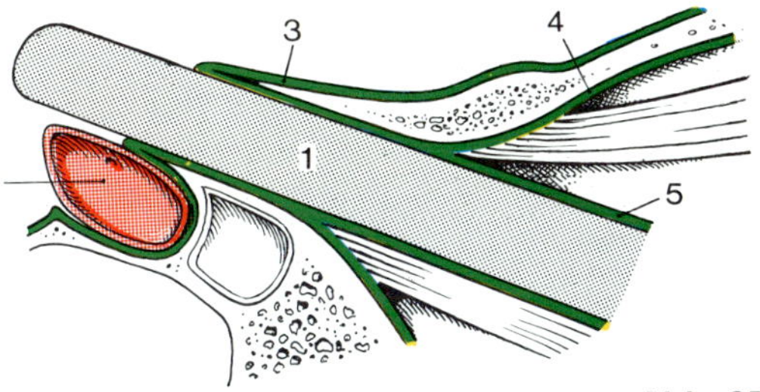

Abb. 25

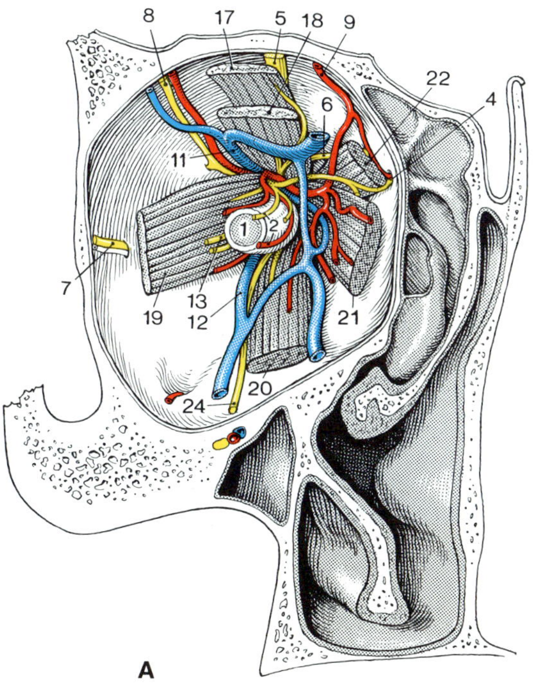

A

Abb. 26

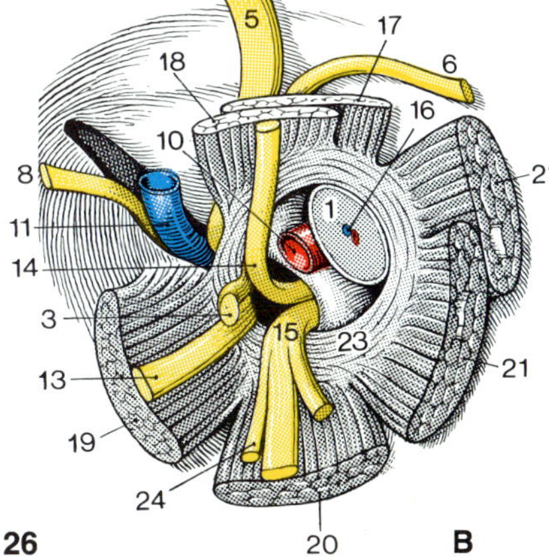

B

Abb. 27 Cavum tympani von lateral und hinten
Nach Entfernung der Ohrmuschel, Eröffnung des Meatus acusticus externus sowie der Cellulae mastoideae soll das Cavum tympani sichtbar und der Canalis facialis eröffnet werden.

1 Membrana tympani
2 Meatus acusticus externus
3 N. facialis
4 Chorda tympani und A. tympanica posterior
5 R. communicans cum nervo vagali
6 Eminentia pyramidalis
7 Incus, Crus breve
8 Prominentia canalis semicircularis lateralis
9 Glandula parotidea
10 N. auriculotemporalis
11 A. u. V. temporalis superficialis
12 M. temporoparietalis
13 M. temporalis
14 M. splenius capitis
15 M. sternocleidomastoideus
16 M. digastricus

Abb. 28 Bogengänge und M. stapedius von lateral und hinten
Nach weiterem Abmeißeln des Knochens und Durchtrennen des N. facialis können die Bogengänge dargestellt werden. Ebenso wird der M. stapedius mit seiner Innervation sichtbar.

1 Membrana tympani
2 Meatus acusticus externus
3 N. facialis (durchtrennt)
4 Chorda tympani und A. tympanica posterior
5 R. communicans cum nervo vagali
6 Eminentia pyramidalis
7 M. stapedius und N. stapedius
8 Incus, Crus breve
9 Stapes
10 Canalis facialis
11 Canalis semicircularis lateralis
12 Canalis semicircularis anterior
13 Canalis semicircularis posterior

Abb. 29 Blickrichtung und Knochenentfernung für die Abb. 27 und 28
(rot umrandet)

1 Meatus acusticus externus
2 Processus mastoideus
3 Processus styloideus

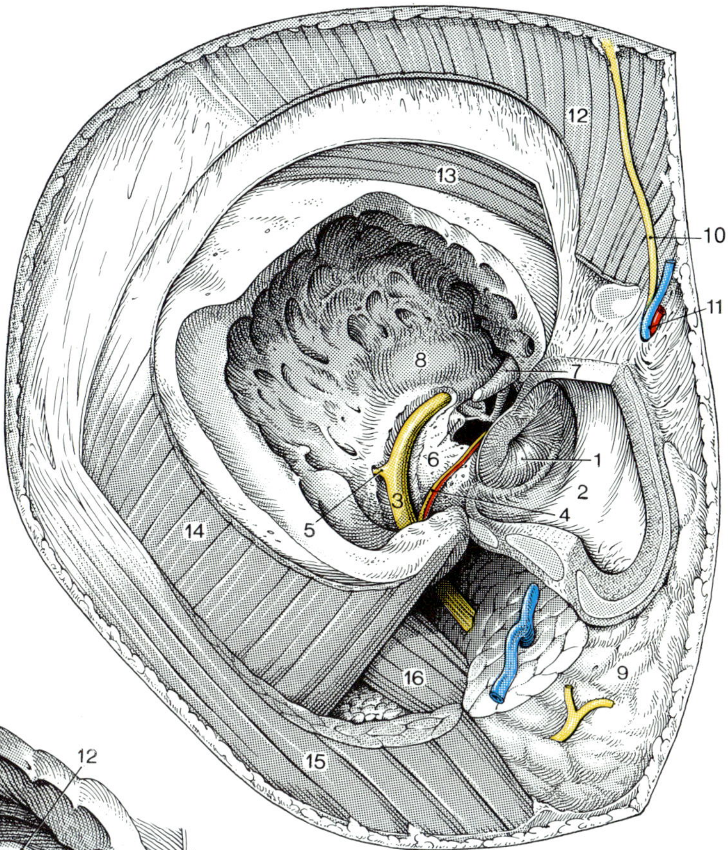

Abb. 27

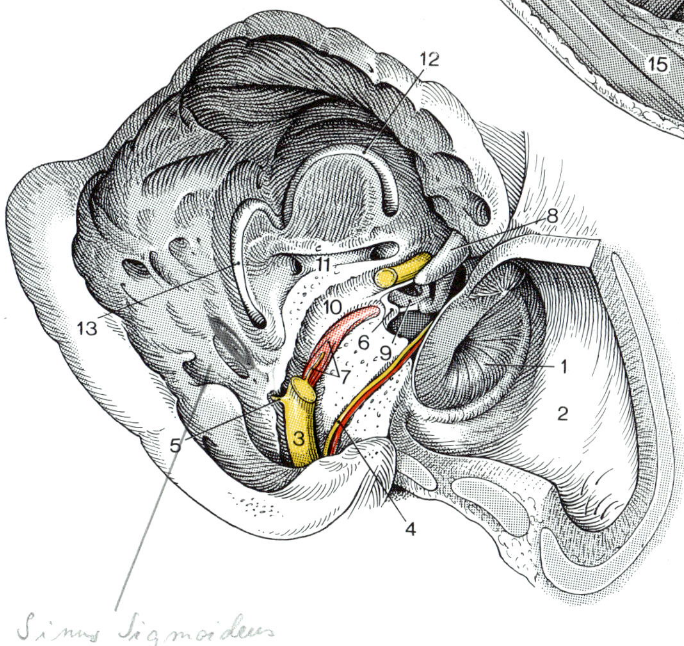

Abb. 28

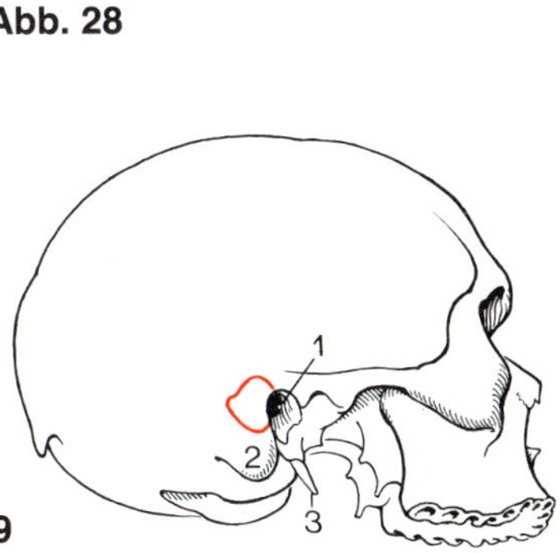

Abb. 29

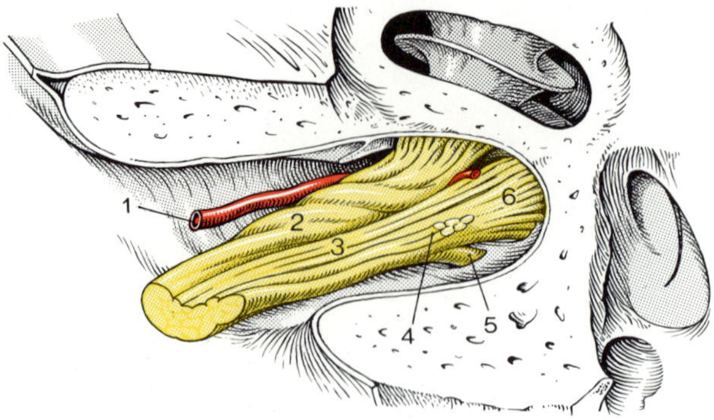

Abb. 30

Abb. 30 Fundus meatus acustici interni
Darstellung der Nerven nach Entfernung der Crista transversa und der oberhalb dieser verlaufenden Nerven.

1 A. labyrinthi
2 N. cochlearis
3 N. vestibularis
4 N. utriculoampullaris (durchtrennt)
5 N. ampullaris posterior (nahe dem Foramen singulare)
6 N. saccularis

Abb. 31 Mittel- und Innenohr von oben 1
Eröffnung des Cavum tympani, Darstellung der drei Bogengänge und der Nerven im Meatus acusticus internus.

1 Cavum tympani
2 Caput mallei
3 Corpus incudis
4 Membrana tympani
5 Antrum mastoideum
6 Lig. incudis posterior
7 M. tensor tympani
8 A. tympanica superior und N. petrosus minor
9 N. petrosus major
10 Ganglion geniculi
11 N. facialis
12 N. utriculoampullaris
13 Pars inferior des N. vestibularis
14 N. cochlearis
15 Saccus endolymphaticus (eröffnet)
16 Canalis semicircularis anterior
17 Canalis semicircularis posterior
18 Canalis semicircularis lateralis
19 Duraschnittrand
20 A. u. V. meningea media

Abb. 32 Mittel- und Innenohr von oben 2
Entfernung des N. facialis und des N. utriculoampullaris. Eröffnung der Cochlea und des Vestibulum. Vollständige Darstellung des lateralen Bogenganges nach Entfernung des vorderen und Teilen des hinteren Bogenganges.

1 Articulatio incudomallearis
2 Caput mallei
3 Corpus incudis
4 Membrana tympani
5 Chorda tympani und A. tympanica anterior
6 N. facialis (durchtrennt)
7 M. tensor tympani
8 Basis stapedis
9 Canalis semicircularis lateralis
10 Canalis semicircularis posterior
11 Ampulla ossea posterior
12 Recessus cochlearis vestibuli
13 Lamina spiralis ossea (primaria)
14 Lamina spiralis secundaria
15 Lamina spiralis ossea in Basalwindung der Schnecke
16 Crista transversa am Fundus meatus acustici interni
17 N. saccularis
18 N. ampullaris posterior
19 N. cochlearis
20 A. labyrinthi

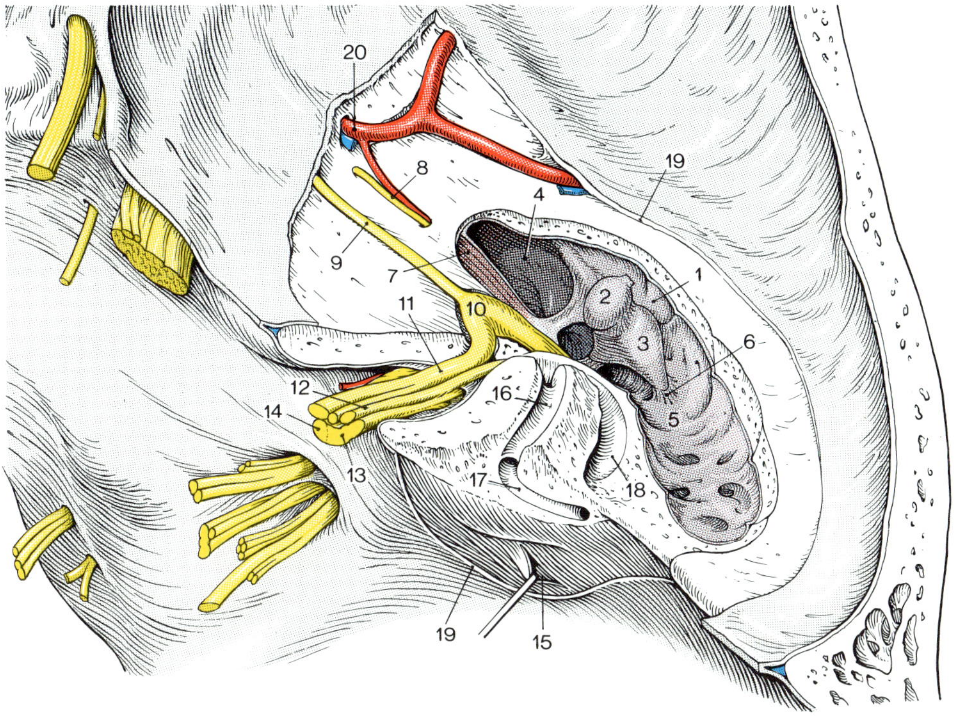
20
8
19
4
9
7
1
2
11
10
3
6
12
16
14
5
13
17
18
19
15

Abb. 31

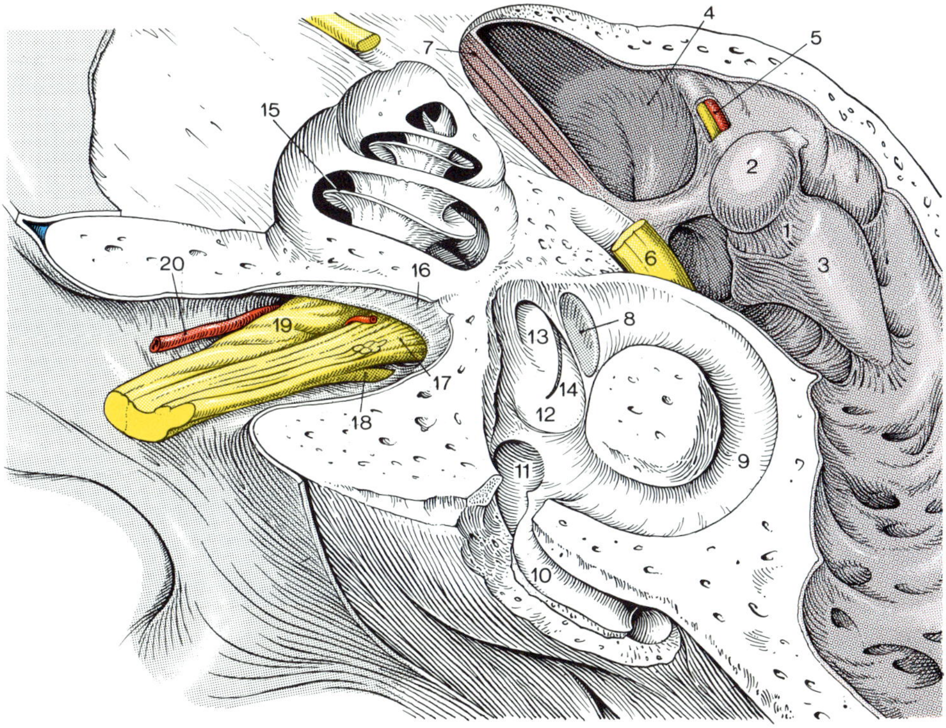
4
5
7
15
2
1
6
3
20
16
19
8
13
17
14
12
18
11
9
10

Abb. 32

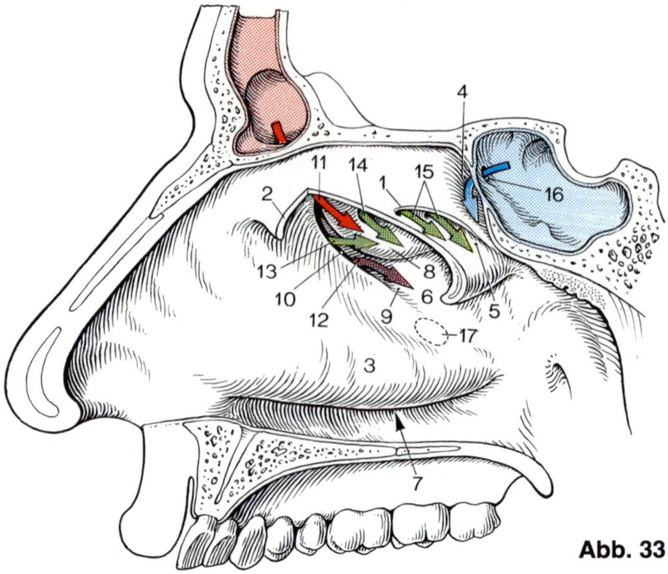

Abb. 33

Abb. 33 Schematischer Paramedianschnitt
Darstellung der Ausmündungen der Nebenhöhlen der Nase.

rot	Sinus frontalis
blau	Sinus sphenoidalis
grün	Sinus (Cellulae) ethmoidales
violett	Sinus maxillaris

1 Schnittfläche der Concha nasalis superior
2 Schnittfläche der Concha nasalis media
3 Concha nasalis inferior
4 Recessus spheno-ethmoidalis
5 Meatus nasi superior
6 Meatus nasi medius
7 Meatus nasi inferior
8 Bulla ethmoidalis
9 Infundibulum ethmoidale
10 Hiatus semilunaris
11 Mündung des Sinus frontalis in den Hiatus semilunaris
12 Mündung des Sinus maxillaris in das Infundibulum ethmoidale
13 Mündung der vorderen Siebbeinzellen in den Hiatus semilunaris
14 Mündung der mittleren Siebbeinzellen oberhalb der Bulla ethmoidalis in den Meatus nasi medius
15 Mündung der hinteren Siebbeinzellen in den Meatus nasi superior
16 Mündung des Sinus sphenoidalis in den Recessus spheno-ethmoidalis
17 Hiatus maxillaris accessorius

Abb. 34 Projektion der Nasennebenhöhlen von der Seite
Aus Gründen der Übersichtlichkeit werden nur die Nebenhöhlen einer Seite dargestellt.

rot	Sinus frontalis
blau	Sinus sphenoidalis
grün	Sinus (Cellulae) ethmoidales (vordere, mittlere, hintere)
violett	Sinus maxillaris

Abb. 35 Projektion der Nasennebenhöhlen von vorne

rot	Sinus frontalis
blau	Sinus sphenoidalis
grün	Sinus (Cellulae) ethmoidales (vordere, mittlere, hintere)
violett	Sinus maxillaris

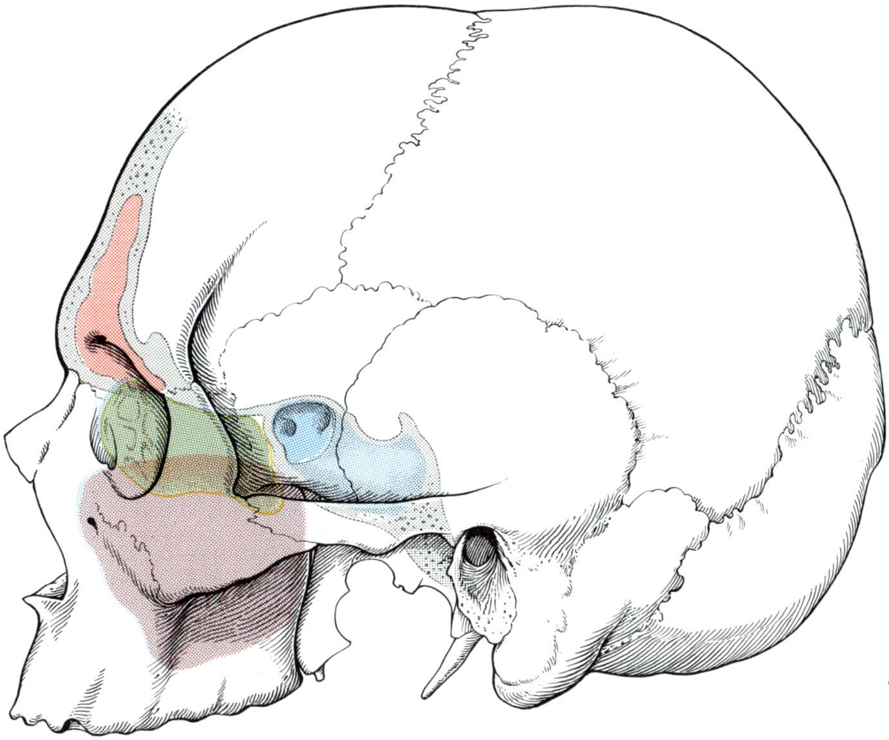

Abb. 34

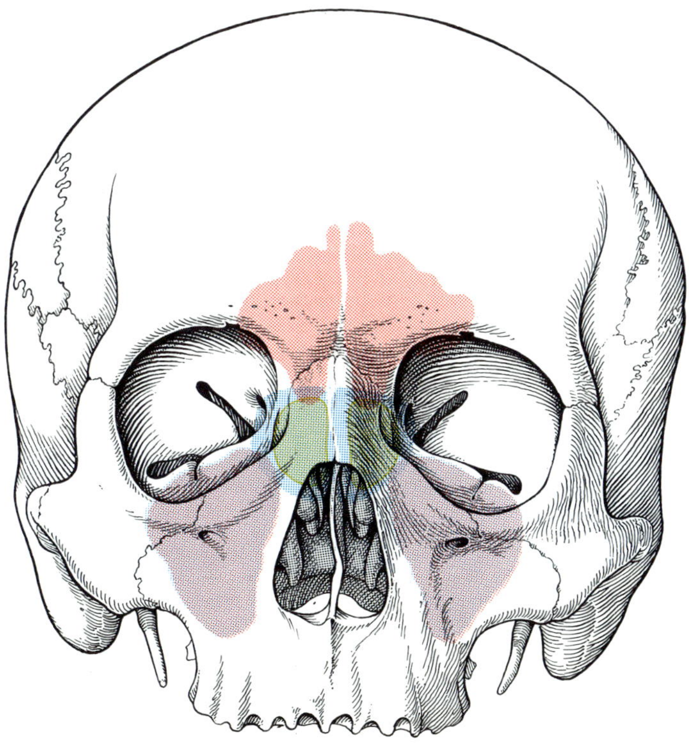

Abb. 35

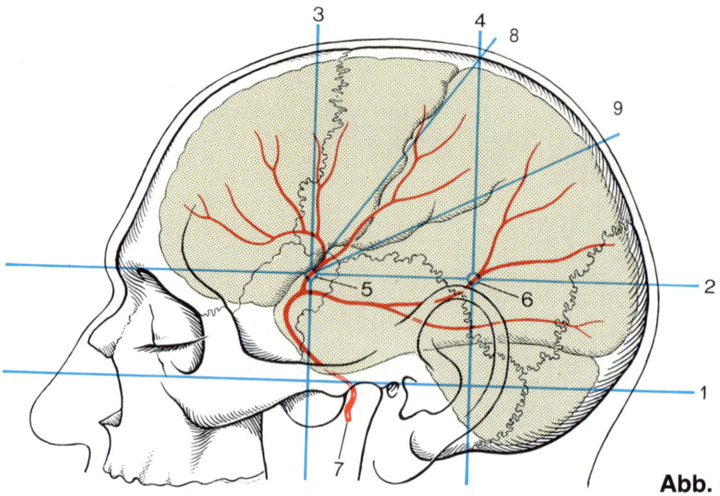

Abb. 36

Abb. 36 Projektion der A. meningea media auf die Außenfläche
Aufsuchung der Äste der A. meningea media mit dem Schema nach Krönlein.

1 Deutsche Horizontale (Unterrand der Orbita – Oberrand des Meatus acusticus externus)
2 Parallele zur deutschen Horizontalen durch den Margo supraorbitalis
3 Senkrechte durch die Mitte des Jochbogens
4 Senkrechte durch den Hinterrand des Processus mastoideus
5 Aufsuchungsstelle des R. anterior a. meningeae mediae
6 Aufsuchungsstelle des R. posterior a. meningeae mediae
7 A. meningea media
8 Linie von Punkt 5 zum Schnittpunkt der Linie 4 mit Schädeldach = Verlauf des Sulcus centralis
9 Linie von Punkt 5, den Winkel zwischen Linie 2 und Linie 8 halbierend = Verlauf des R. posterior des Sulcus lateralis

Abb. 37 Gehirn in situ von oben 1
Darstellung der periostalen Fläche der Dura mater und Eröffnung des Sinus sagittalis superior sowie der Lacunae laterales.

1 Sinus sagittalis superior
2 Lacunae laterales
3 Granulationes arachnoideales
4 R. anterior der A. meningea media
5 Zweige des R. posterior a. meningeae mediae

Abb. 38 Gehirn in situ von oben 2
Nach Entfernung der Dura mater wird auf der linken Seite die Arachnoidea dargestellt. Auf der rechten Seite wird nach Entfernung der Arachnoidea die Gehirnoberfläche mit den Gefäßen sichtbar.

1 Sinus sagittalis superior
2 Lacuna lateralis
3 Granulationes arachnoideales
4 Vv. cerebri superiores
5 A. cerebri media (Pars terminalis)
6 V. anastomotica superior
7 V. anastomotica inferior
8 Gyrus praecentralis
9 Gyrus postcentralis
10 R. posterior des Sulcus cerebri lateralis
11 Gyrus supramarginalis
12 Gyrus angularis
13 Gyrus frontalis superior
14 Gyrus frontalis medius
15 Gyrus frontalis inferior

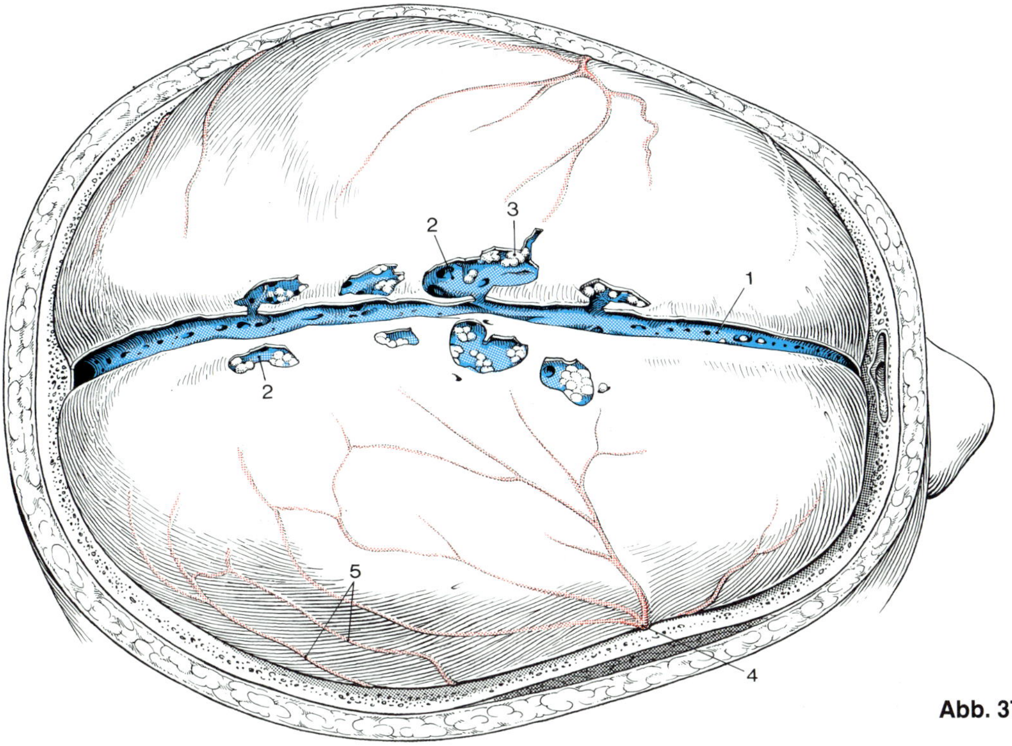

Abb. 37

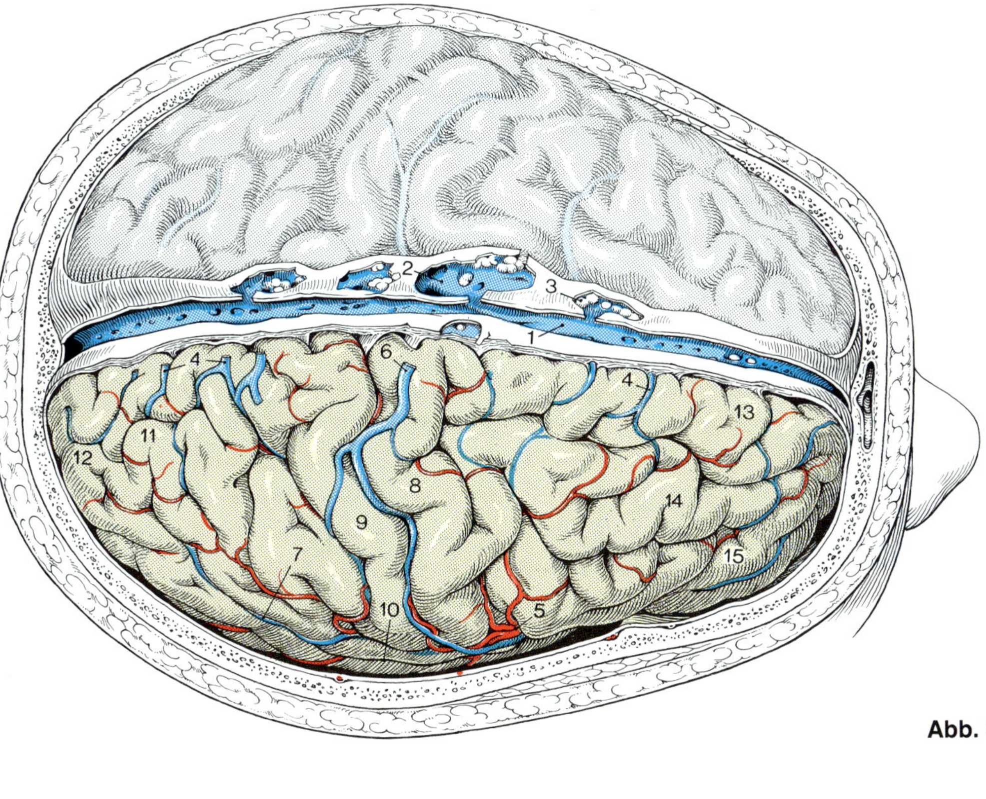

Abb. 38

Abb. 39 Gehirn in situ von oben 3
Darstellung des Corpus callosum und des Cornu frontale, der Pars centralis und des Cornu occipitale des rechten Seitenventrikels.

1 A. cerebri anterior
2 A. callosomarginalis
3 R. frontalis anteromedialis der A. callosomarginalis
4 Truncus corporis callosi
5 Caput nuclei caudati
6 Plexus choroideus ventriculi lateralis
7 Lamina affixa
8 Falx cerebri
9 Sinus sagittalis superior
10 Sinus sagittalis inferior

Abb. 40 Gehirn in situ von oben 4
Abtragen des Corpus callosum, Eröffnung beider Seitenventrikel.

1 Pars insularis der A. cerebri media
2 A. callosomarginalis
3 R. frontalis anteromedialis der A. callosomarginalis
4 Genu corporis callosi
5 Cornu frontale ventriculi lateralis
6 Pars centralis ventriculi lateralis
7 Cornu occipitale ventriculi lateralis
8 Cornu temporale ventriculi lateralis
9 Caput nuclei caudati
10 Septum pellucidum
11 Cavum septi pellucidi
12 Lamina affixa
13 V. thalamostriata superior (durchscheinend)
14 Corpus nuclei caudati
15 Plexus choroideus
16 Corpus fornicis
17 Commissura fornicis
18 Crus fornicis
19 Calcar avis
20 Bulbus cornus occipitalis
21 Eminentia collateralis
22 Hippocampus
23 Putamen

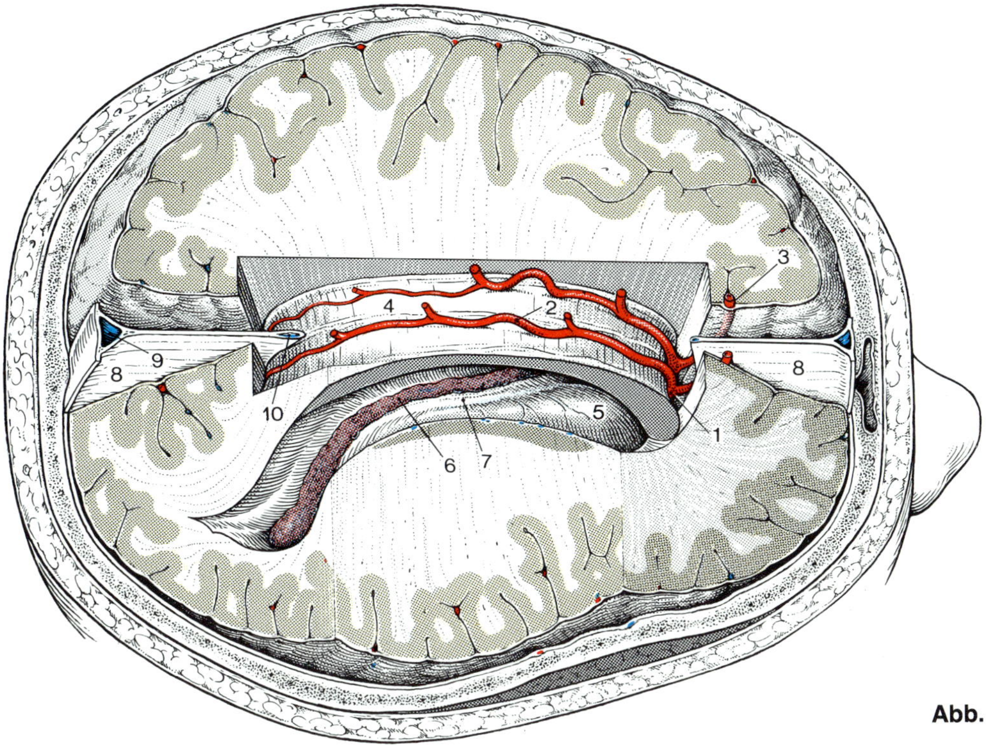

Abb. 39

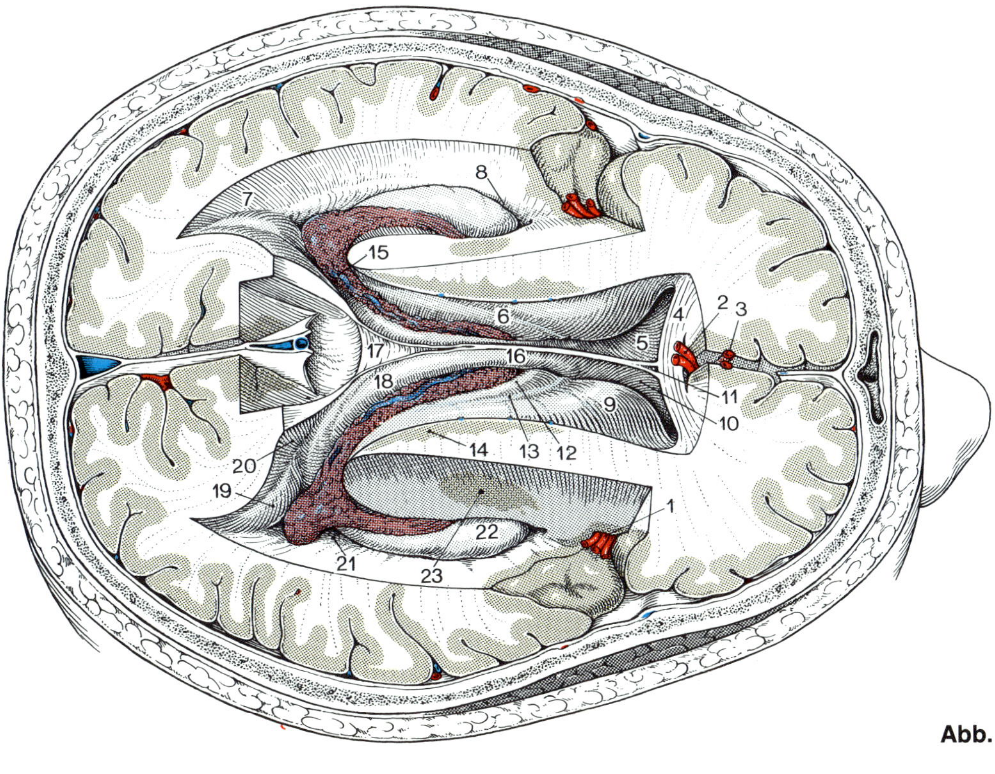

Abb. 40

Abb. 41 Gehirn in situ von oben 5

Freilegung des Ventriculus tertius und Darstellung des Tentorium.

1 Corpus pineale
2 Ventriculus tertius
3 Taenia thalami
4 Columnae fornicis
5 Nucleus caudatus
6 Putamen
7 A. cerebri media
8 A. temporalis anterior (Ast der A. cerebri media)
9 A. callosomarginalis mit R. frontalis anteromedialis
10 A. cerebri posterior
11 V. cerebri interna
12 V. basalis
13 Sinus transversus (durchscheinend)
14 Vv. cerebri inferiores
15 Sinus petrosus superior (durchscheinend)
16 Sinus sagittalis superior
17 Tentorium
18 V. cerebri media profunda
19 Bulbus olfactorius
20 Sinus tentorii (durchscheinend)

Abb. 42 A Gehirn in situ von oben 6
B A. carotis interna (Pars cerebralis)

A Der Circulus arteriosus und das Mittelhirn in der Incisura tentorii im Querschnitt

B Durchtrennung des N. opticus zur Darstellung des Abganges der A. ophthalmica aus der A. carotis interna

1 A. carotis interna
2 A. cerebri anterior
3 A. cerebri media
4 A. communicans posterior
5 A. cerebri posterior
6 A. basilaris
7 A. communicans anterior
8 Aa. centrales anteromediales
9 A. choroidea anterior
10 A. cerebelli superior
11 Aa. mesencephalicae (in der Fossa interpeduncularis)
12 N. opticus
13 Tractus opticus
14 N. oculomotorius
15 N. trigeminus
16 N. abducens
17 N. trochlearis
18 Pedunculus cerebri
19 Substantia nigra
20 Nucleus ruber
21 Aquaeductus mesencephali
22 A. ophthalmica

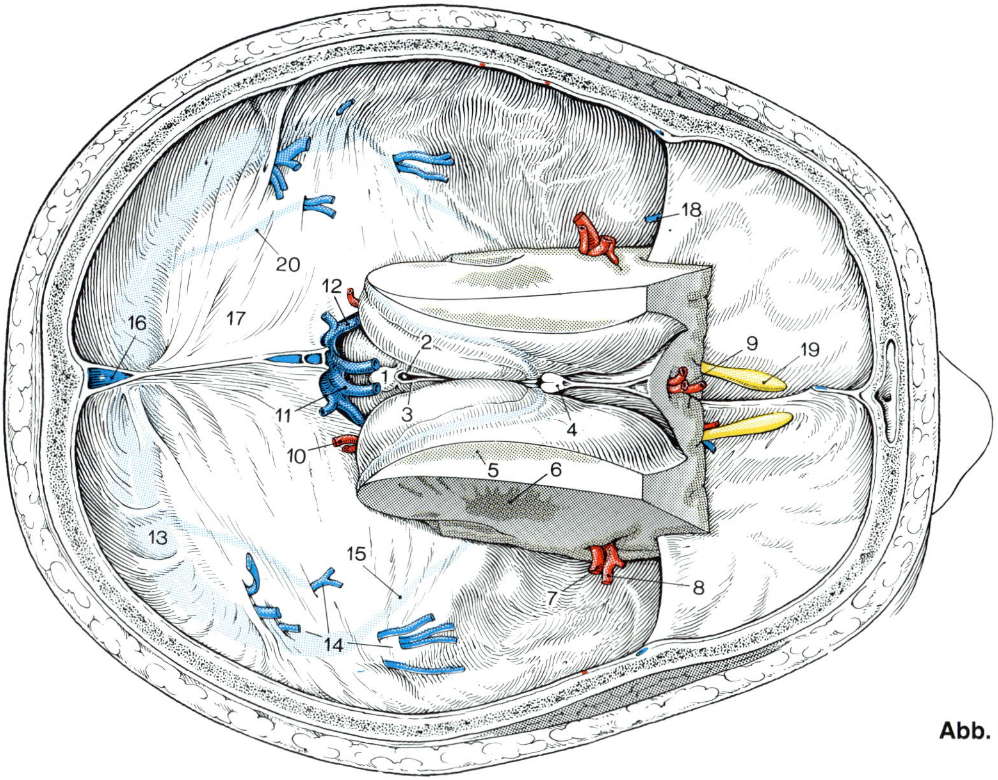
1
2
3
4
5
6
7
8
9
10
11
12
13
14
15
16
17
18
19
20

Abb. 41

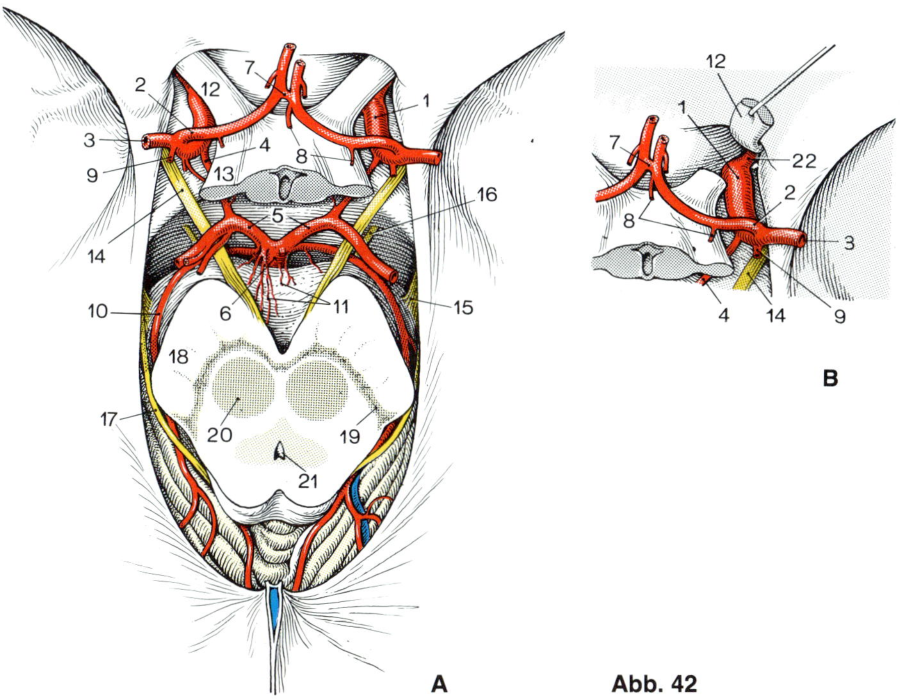
1
2
3
4
5
6
7
8
9
10
11
12
13
14
15
16
17
18
19
20
21
A
1
2
3
4
7
8
9
12
14
22
B

Abb. 42

Abb. 43 Gehirn in situ von oben 7

Nach Entfernung des Tentorium kommt rechts die Arachnoidea zur Ansicht, während links die Kleinhirnoberfläche nach Entfernung der Arachnoidea sichtbar ist.

1 Lobulus quadrangularis
2 Culmen
3 Lobulus simplex
4 Declive
5 Lobulus semilunaris superior
6 Folium
7 Fissura prima
8 Ast der A. cerebelli superior
9 Vv. hemispherii cerebelli superiores
10 Confluens sinuum
11 Sinus transversus
12 Sinus petrosus superior
13 Vv. cerebri inferiores
14 V. cerebri media profunda
15 V. cerebri media accessoria (VAR.)
16 N. opticus
17 N. oculomotorius
18 N. trochlearis
19 Fossa interpeduncularis
20 Pedunculus cerebri

Abb. 44 Gehirn in situ von oben 8

Nach Entfernung des Kleinhirns kommen die Kleinhirnstiele zur Ansicht. Außerdem werden die Hirnnerven sichtbar.

1 Fossa rhomboidea
2 Pedunculus cerebellaris cranialis
3 Pedunculus cerebellaris caudalis
4 Pedunculus cerebellaris medius
5 Lamina tecti
6 Tectum mesencephali
7 Tegmentum mesencephali (= Partes dorsales pedunculorum cerebralium)
8 Substantia nigra
9 Pedunculus cerebri, Pars ventralis (= Basis pedunculi cerebralis)
10 N. opticus
11 N. oculomotorius
12 N. trochlearis
13 N. trigeminus
14 N. abducens
15 N. facialis
16 N. vestibulocochlearis
17 N. glossopharyngeus
18 N. vagus
19 N. accessorius
20 A. carotis interna
21 A. basilaris
22 A. cerebri posterior
23 A. cerebelli superior
24 A. cerebelli inferior anterior
25 A. cerebelli inferior posterior
26 A. labyrinthi
27 V. cerebri media profunda
28 V. petrosa
29 Vv. hemispherii cerebelli inferiores
30 Confluens sinuum
31 Sinus transversus
32 Lig. denticulatum

Abb. 45 Circulus arteriosus

Nach Entfernung des Hirnstammes und des Chiasma opticum wird der Circulus arteriosus mit allen zuführenden Arterien sichtbar.

1 A. carotis interna
2 A. cerebri media
3 A. cerebri anterior
4 A. communicans anterior
5 A. communicans posterior
6 A. cerebri posterior
7 A. hypophysialis superior
8 A. basilaris
9 A. cerebelli superior
10 Aa. pontis
11 N. abducens
12 A. cerebelli inferior anterior
13 A. labyrinthi
14 A. vertebralis
15 A. spinalis anterior
16 A. spinalis posterior
17 A. cerebelli inferior posterior
18 Infundibulum
19 Medulla oblongata
20 V. petrosa
21 N. trigeminus
22 N. trochlearis
23 N. facialis
24 N. vestibulocochlearis
25 N. glossopharyngeus
26 N. vagus
27 N. accessorius
28 Radices spinales nervi accessorii
29 Fila radicularia nervi hypoglossi
30 Lig. denticulatum

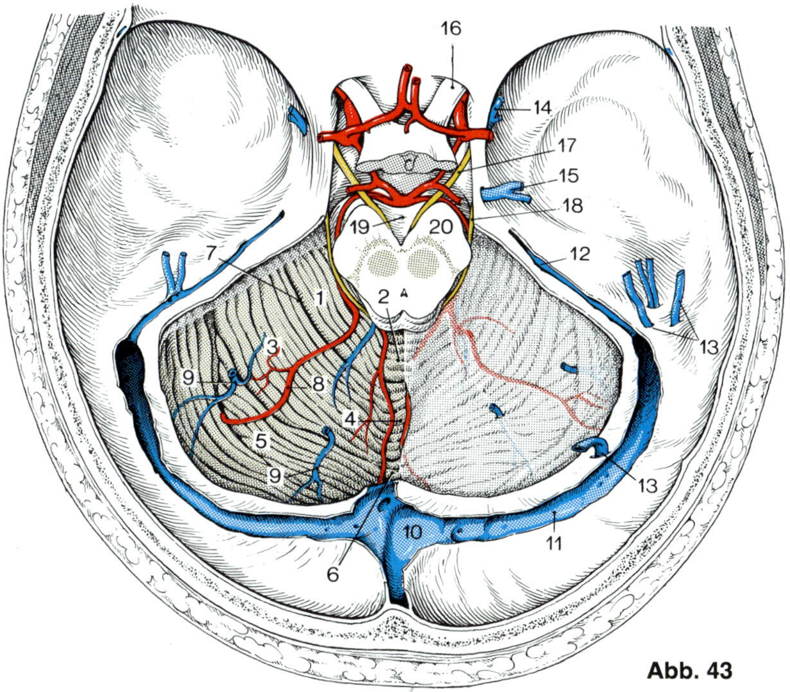

Abb. 43

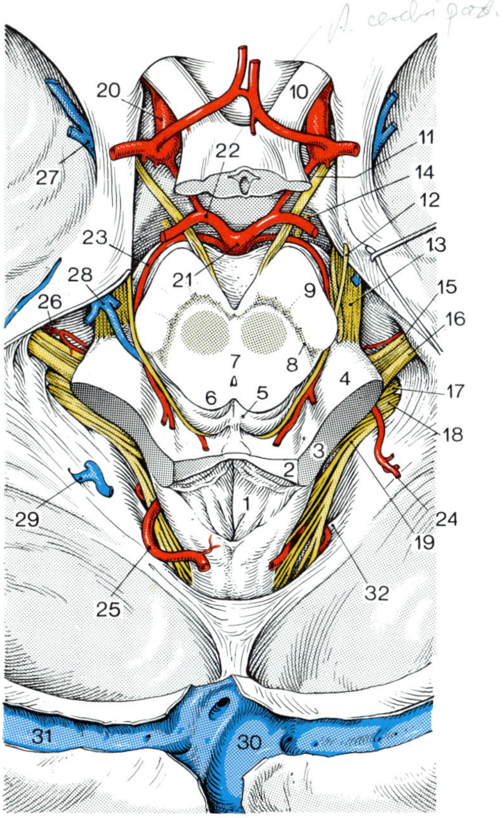

Abb. 44

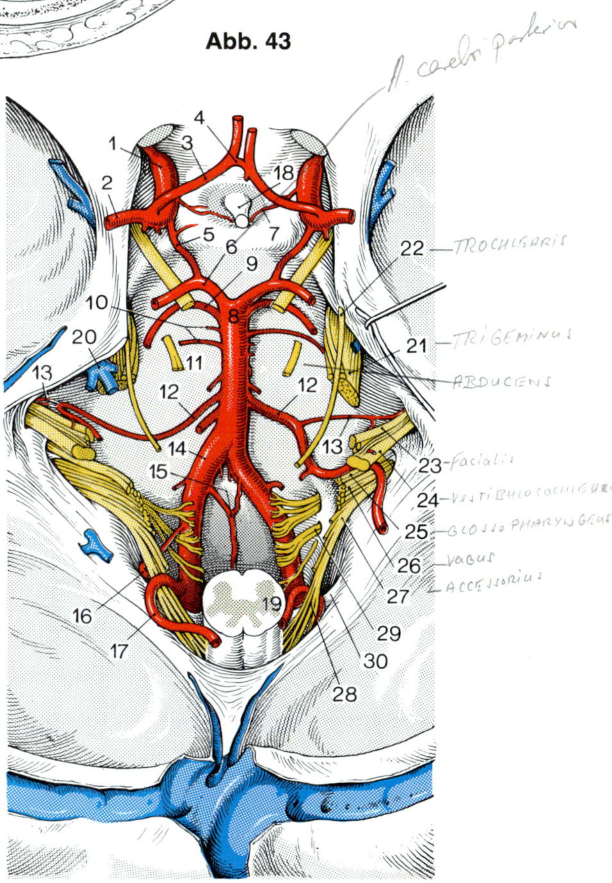

Abb. 45

Abb. 46 A, B Kraniozerebrale Topographie in der Ansicht von der Seite und von vorne

A Ansicht von der Seite

B Ansicht von vorne

Projektion der Sinus durae matris, des Ventrikelsystems und der Oberfläche des Gehirnes auf die Außenfläche.

Sinus durae matris

1 Sinus sagittalis superior
2 Sinus sagittalis inferior
3 Sinus rectus
4 Confluens sinuum
5 Sinus transversus
6 Sinus sigmoideus
7 Bulbus venae jugularis superior
8 Sinus occipitalis
9 Plexus basilaris
10 Sinus petrosus superior
11 Sinus petrosus inferior
12 Sinus cavernosus
13 Sinus sphenoparietalis

Ventrikelsystem

14 Cornu frontale ventriculi lateralis
15 Pars centralis ventriculi lateralis
16 Cornu occipitale ventriculi lateralis
17 Cornu temporale ventriculi lateralis
18 Ventriculus tertius
19 Aquaeductus mesencephali
20 Ventriculus quartus

Gehirnoberfläche

21 Sulcus lateralis, R. posterior
22 Sulcus centralis
23 Gyrus praecentralis
24 Gyrus postcentralis
25 Gyrus supramarginalis
26 Sulcus temporalis superior
27 Gyrus angularis
28 Pars opercularis gyri frontalis inferioris

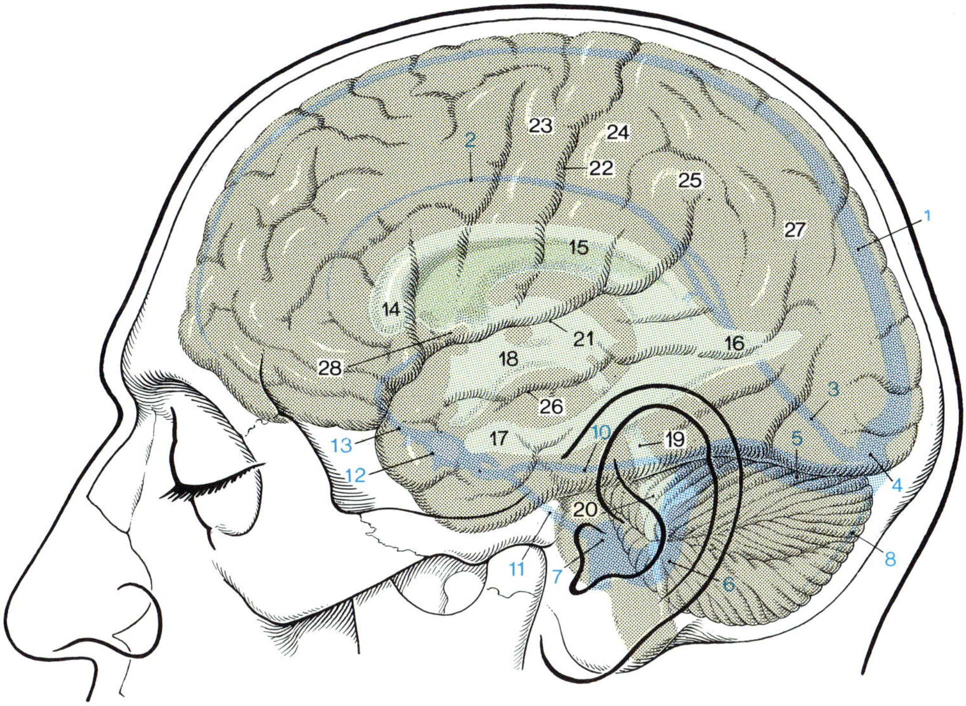
23
24
2
22
25
1
27
15
14
21
16
28
18
3
26
13
10
17
19
5
12
4
20
11
7
6
8

A

Abb. 46

B

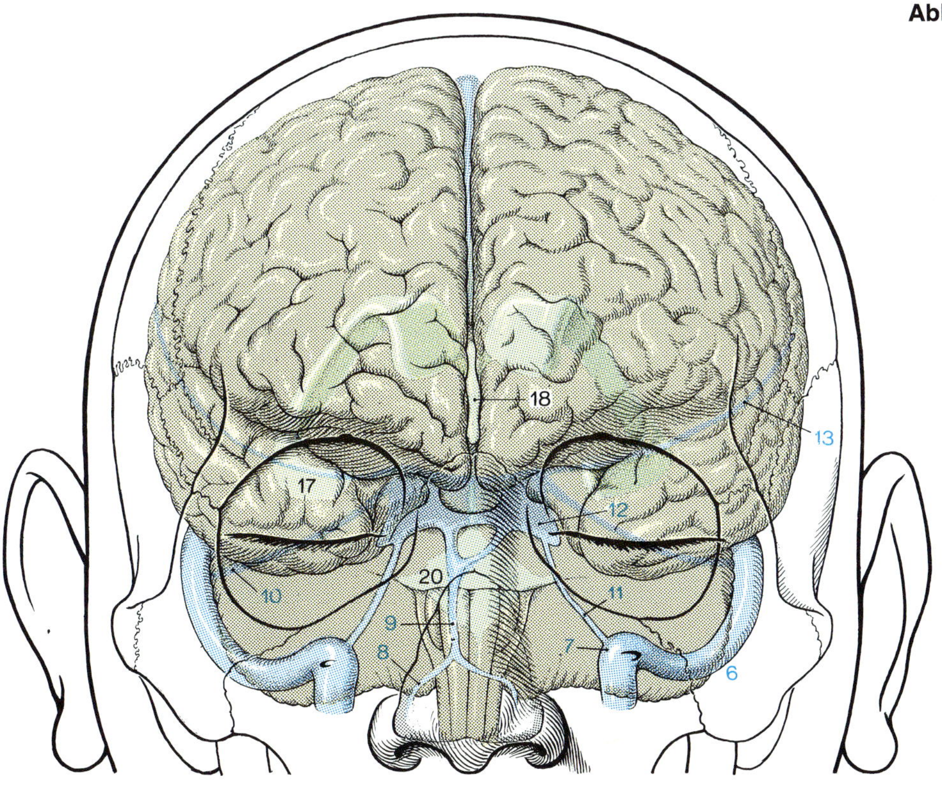
18
13
17
12
20
10
11
9
7
8
6

Abb. 47 CT-Bild durch den Kopf in Höhe des N. opticus
Schichtdicke 4 mm.
Gleiches Präparat wie in Abb. **48**

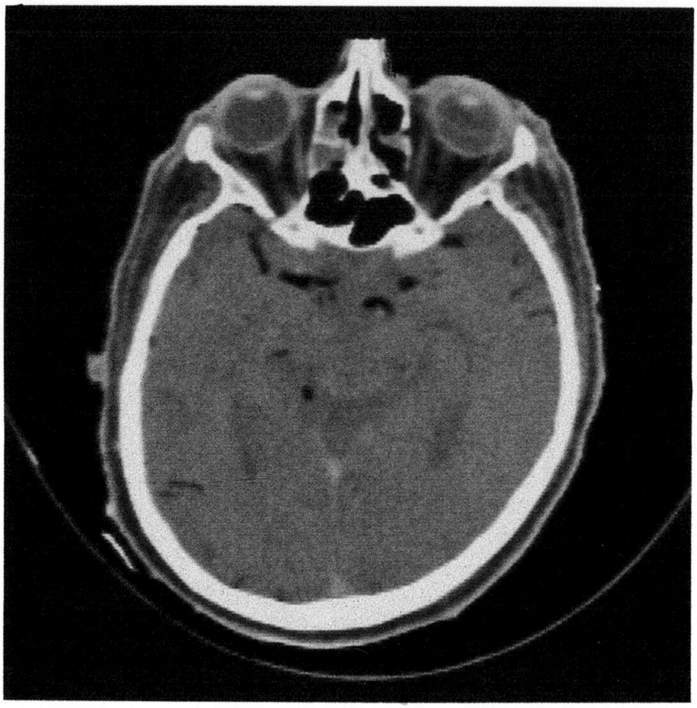

Abb. 47

Abb. 48 Transversalschnitt durch den Kopf in Höhe des N. opticus, von oben gesehen
Der Schnitt wurde nach dem Original gezeichnet (mit zerstörtem Glaskörper). Damit kann dieser Schnitt mit dem CT-Bild, das vom selben Präparat vorher aufgenommen wurde, verglichen werden.

1 Cellulae ethmoidales
2 Sinus sphenoidales
3 Cartilago septi nasi
4 Tarsus superior
5 Glandula lacrimalis
6 M. rectus bulbi lateralis
7 M. rectus bulbi medialis
8 N. opticus
9 M. temporalis
10 Sinus sphenoparietalis
11 Recessus opticus ventriculi tertii
12 Chiasma opticum
13 Tractus opticus
14 Pedunculus cerebri
15 Substantia nigra
16 Nucleus ruber
17 Aquaeductus mesencephali
18 Corpus amygdaloideum
19 Plexus choroideus ventriculi lateralis
20 Hippocampus
21 Corpus geniculatum laterale
22 A. cerebelli superior
23 A. cerebri posterior
24 Vermis cerebelli
25 Sinus rectus
26 Falx cerebri
27 Sinus sagittalis superior

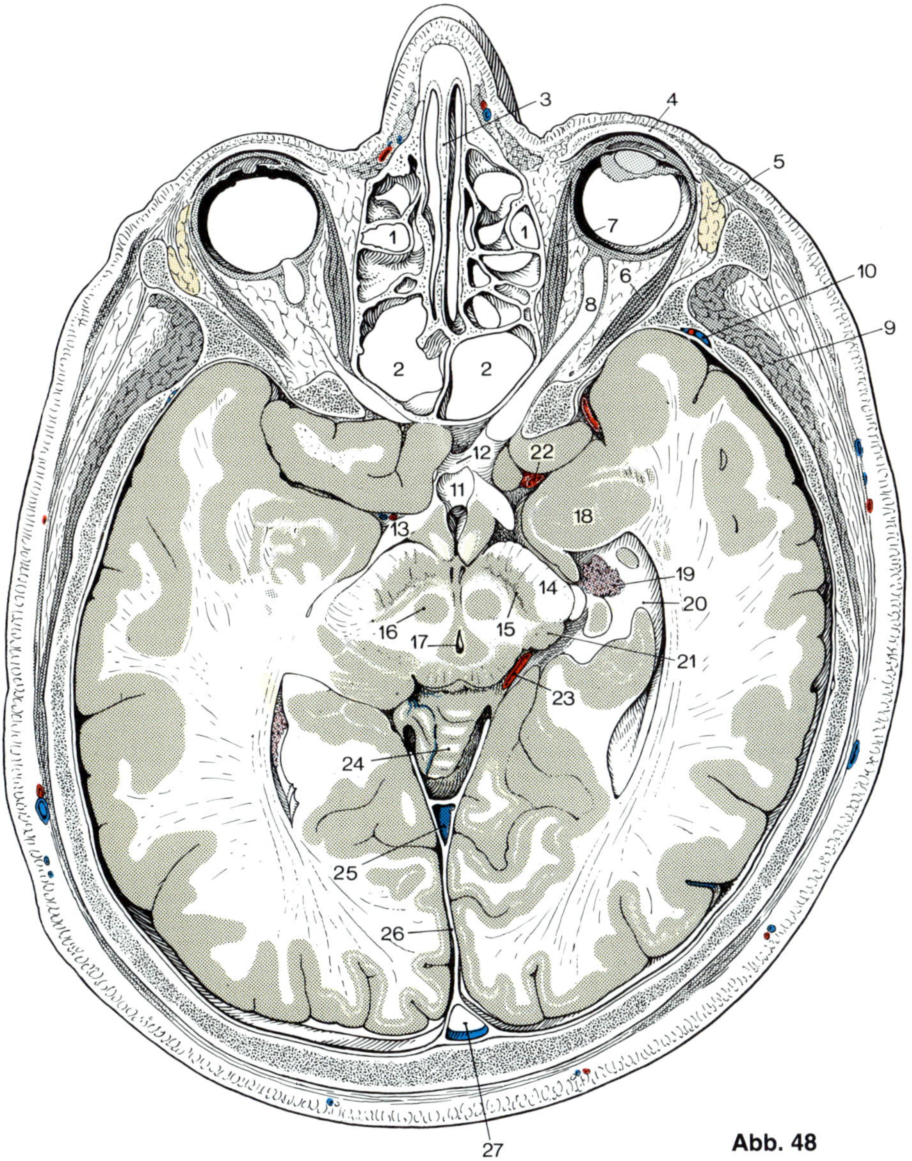

Abb. 48

Abb. 49 Schädelbasis und eröffnete Sinus durae matris

1 Tractus olfactorius
2 N. opticus
3 N. oculomotorius
4 N. trochlearis
5 N. trigeminus
6 N. abducens
7 N. facialis
8 N. vestibulocochlearis
9 N. glossopharyngeus
10 N. vagus
11 N. accessorius
12 N. hypoglossus
13 A. ethmoidalis anterior und N. ethmoidalis anterior
14 A. carotis interna
15 A. vertebralis
16 Lig. denticulatum
17 N. petrosus major
18 N. petrosus minor
19 A. meningea media
20 V. cerebri media profunda
21 V. petrosa
22 Sinus sphenoparietalis
23 Sinus intercavernosus anterior
24 Sinus intercavernosus posterior
25 Sinus cavernosus
26 Plexus basilaris
27 Sinus petrosus inferior
28 Sinus petrosus superior
29 Sinus transversus
30 Sinus sagittalis superior
31 Sinus occipitalis
32 Confluens sinuum
33 Sinus sigmoideus
34 Sinus marginalis
35 Saccus endolymphaticus

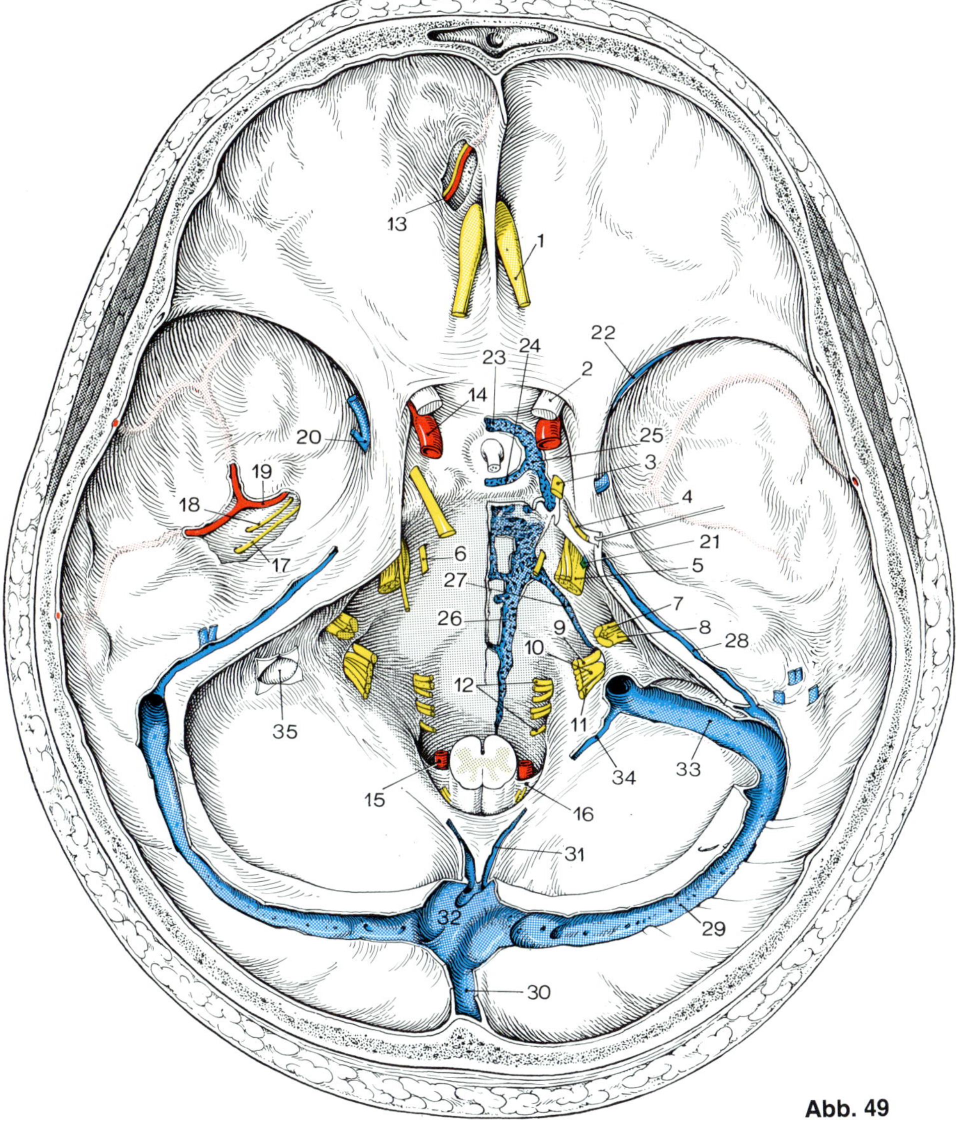
13
1
22
23
24
2
14
20
25
19
3
18
4
21
17
6
5
27
7
26
9
8
28
10
12
35
11
34
33
15
16
31
32
29
30

Abb. 49

Abb. 50 Sinus cavernosus

Links sind die Gebilde, die in der Wand verlaufen, dargestellt, rechts ist der Sinus cavernosus eröffnet und sein Inhalt zur Ansicht gebracht.

1 A. carotis interna (Pars cerebralis)
2 A. carotis interna (Pars cavernosa)
3 N. oculomotorius
4 N. trochlearis (umgeschlagen)
5 N. trigeminus
6 N. abducens
7 Ganglion trigeminale
8 N. ophthalmicus
9 N. maxillaris
10 N. mandibularis
11 R. tentorii
12 Radix motoria n. trigemini
13 N. petrosus major
14 N. petrosus minor
15 A. hypophysialis superior
16 A. meningea media
17 Sinus intercavernosus posterior
18 Sinus intercavernosus anterior
19 Sinus petrosus inferior
20 Sinus petrosus superior
21 Plexus basilaris
22 Impressio trigemini
23 „Lig. petrolinguale"

Abb. 51 A–C Arterienvarietäten an der Schädelbasis

(nach Originalpräparaten)

A und **B** zeigen jeweils eine gut ausgebildete A. trigemina, die im Sinus cavernosus aus der A. carotis interna entspringen. Im Bild **A** entspringt die A. trigemina aus der A. carotis interna unmittelbar nach dem Eintritt in den Sinus cavernosus. Sie verläuft lateral vom N. abducens und gelangt über den Apex partis petrosae zum Clivus. Sie beteiligt sich an der Bildung der A. basilaris.

B zeigt eine A. trigemina, die aus dem nach vorne verlaufenden Teil der A. carotis interna entspringt, das Dorsum sellae in einem eigenen Foramen durchbricht und medial des N. abducens den Clivus erreicht, um sich hier an der Bildung der A. basilaris zu beteiligen.

C zeigt eine A. hypoglossica, die, aus der Pars cervicalis a. carotis internae entspringend, durch den Canalis hypoglossalis den Clivus erreicht. Sie bildet bei rudimentären Aa. vertebrales die A. basilaris.

1 A. carotis interna (Pars cavernosa)
2 A. trigemina
3 A. carotis interna (Pars cerebralis)
4 A. ophthalmica
5 „Lig. petrolinguale"
6 Impressio trigemini
7 Processus clinoideus posterior
8 N. abducens
9 Clivus
10 N. trigeminus
11 N. facialis
12 N. vestibulocochlearis
13 N. glossopharyngeus
14 N. vagus und N. accessorius
15 A. hypoglossica
16 Fila radicularia n. hypoglossi mit Plexus venosus canalis hypoglossalis

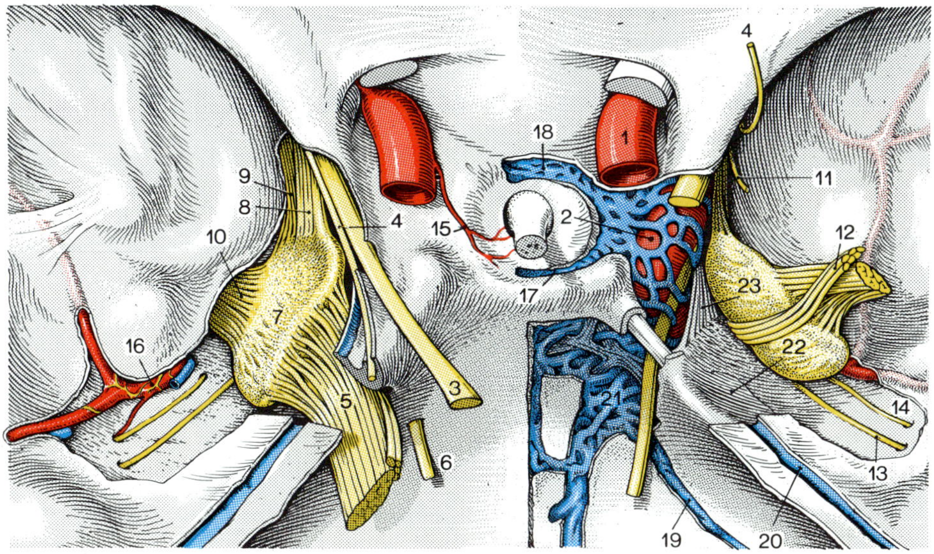

Abb. 50

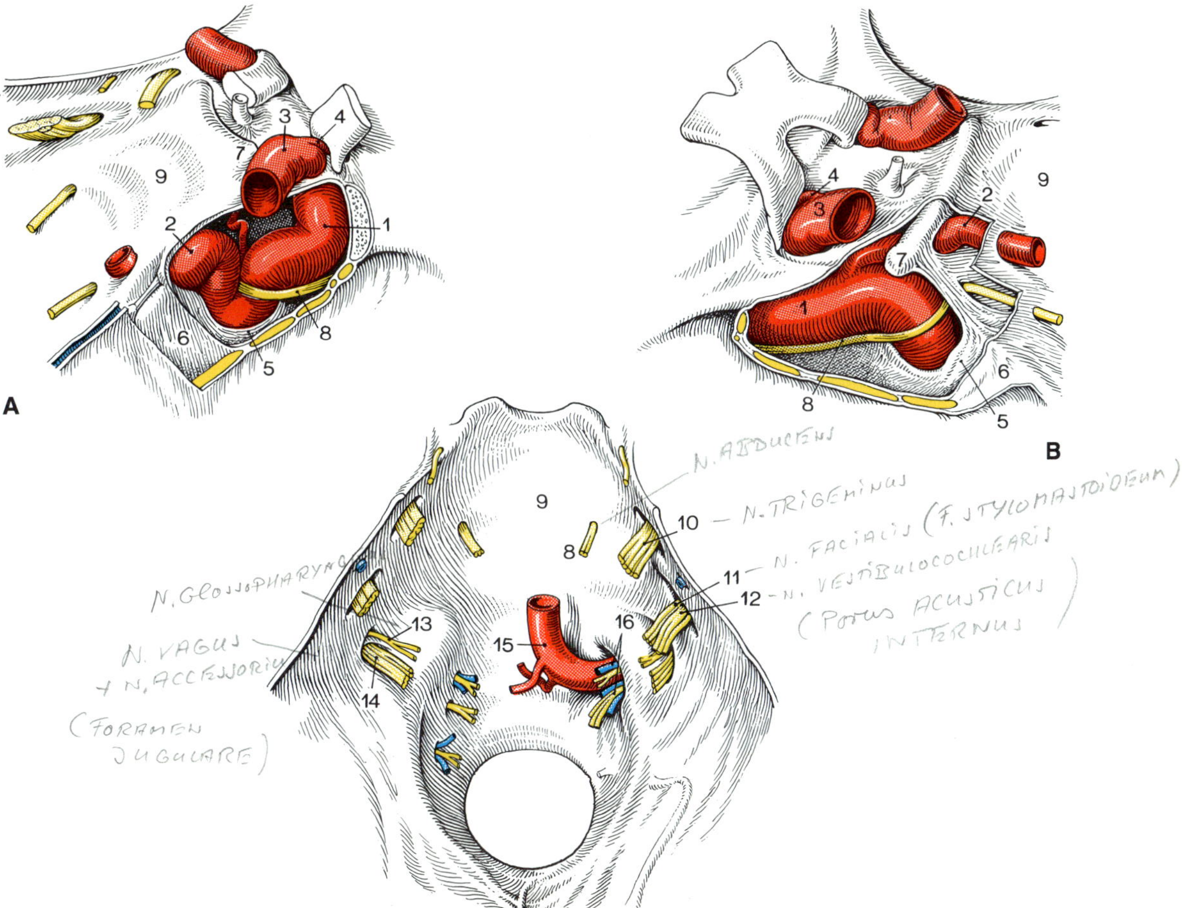
A
B
C
N. ABDUCENS
N. TRIGEMINUS
N. FACIALIS (F. STYLOMASTOIDEUM)
N. VESTIBULOCOCHLEARIS
(PORUS ACUSTICUS INTERNUS)
N. GLOSSOPHARYNG
N. VAGUS + N. ACCESSORIUS
(FORAMEN JUGULARE)

Abb. 51

Abb. 52 Durchtrittstellen der Gefäße und Nerven durch die knöcherne Schädelbasis
A linke Hälfte der Schädelbasis von innen
B linke Hälfte der Schädelbasis von außen

Lamina cribrosa → Nasenhöhle
1 Nn. olfactorii
2 A. ethmoidalis anterior

Canalis opticus → Orbita
3 N. opticus
4 A. ophthalmica

Fissura orbitalis superior → Orbita
lateraler Abschnitt
5 V. ophthalmica superior
6 N. lacrimalis
7 N. frontalis
8 N. trochlearis
medialer Abschnitt
9 N. abducens
10 N. oculomotorius
11 N. nasociliaris

Foramen rotundum → Fossa pterygopalatina
12 N. maxillaris

Foramen ovale → Fossa infratemporalis
13 N. mandibularis und Plexus venosus foraminis ovalis

Foramen spinosum → Fossa infratemporalis
14 R. meningeus n. mandibularis
15 A. meningea media

Canalis caroticus → Außenfläche der Schädelbasis
16 A. carotis interna
17 Plexus sympathicus caroticus
Plexus venosus caroticus (nicht gezeichnet)

Hiatus canalis n. petrosi majoris → Canalis facialis
18 N. petrosus major

Hiatus canalis n. petrosi minoris → Cavum tympani
19 N. petrosus minor
20 A. tympanica superior

Foramen magnum → Canalis vertebralis
21 Medulla oblongata
22 Radices spinales nn. accessorium
23 Aa. vertebrales
24 A. spinalis anterior
25 Aa. spinales posteriores
26 V. spinalis
Ligg. denticulata (nicht gezeichnet)

Canalis hypoglossalis → Außenfläche der Schädelbasis
27 N. hypoglossus
28 Plexus venosus canalis hypoglossi

Foramen jugulare → Außenfläche der Schädelbasis
29 N. glossopharyngeus
30 N. vagus
31 R. externus n. accessorii
32 Sinus petrosus inferior
33 V. jugularis interna
34 A. meningea posterior

Porus acusticus internus → Meatus acusticus internus
35 A. u. V. labyrinthi
36 N. vestibulocochlearis
37 N. facialis

Foramen stylomastoideum → Canalis facialis
37 N. facialis
38 A. stylomastoidea

Fissura petrotympanica → Cavum tympani
39 A. tympanica anterior
40 Chorda tympani

Foramen palatinum majus → Canalis palatinus major
41 A. palatina major
42 N. palatinus major

Foramina palatina minora → Canales palatini minores
43 Aa. palatinae minores und Nn. palatini minores

Canalis incisivus → Nasenhöhle
44 N. nasopalatinus

Canalis condylaris → Innenfläche der Schädelbasis
45 V. emissaria condylaris

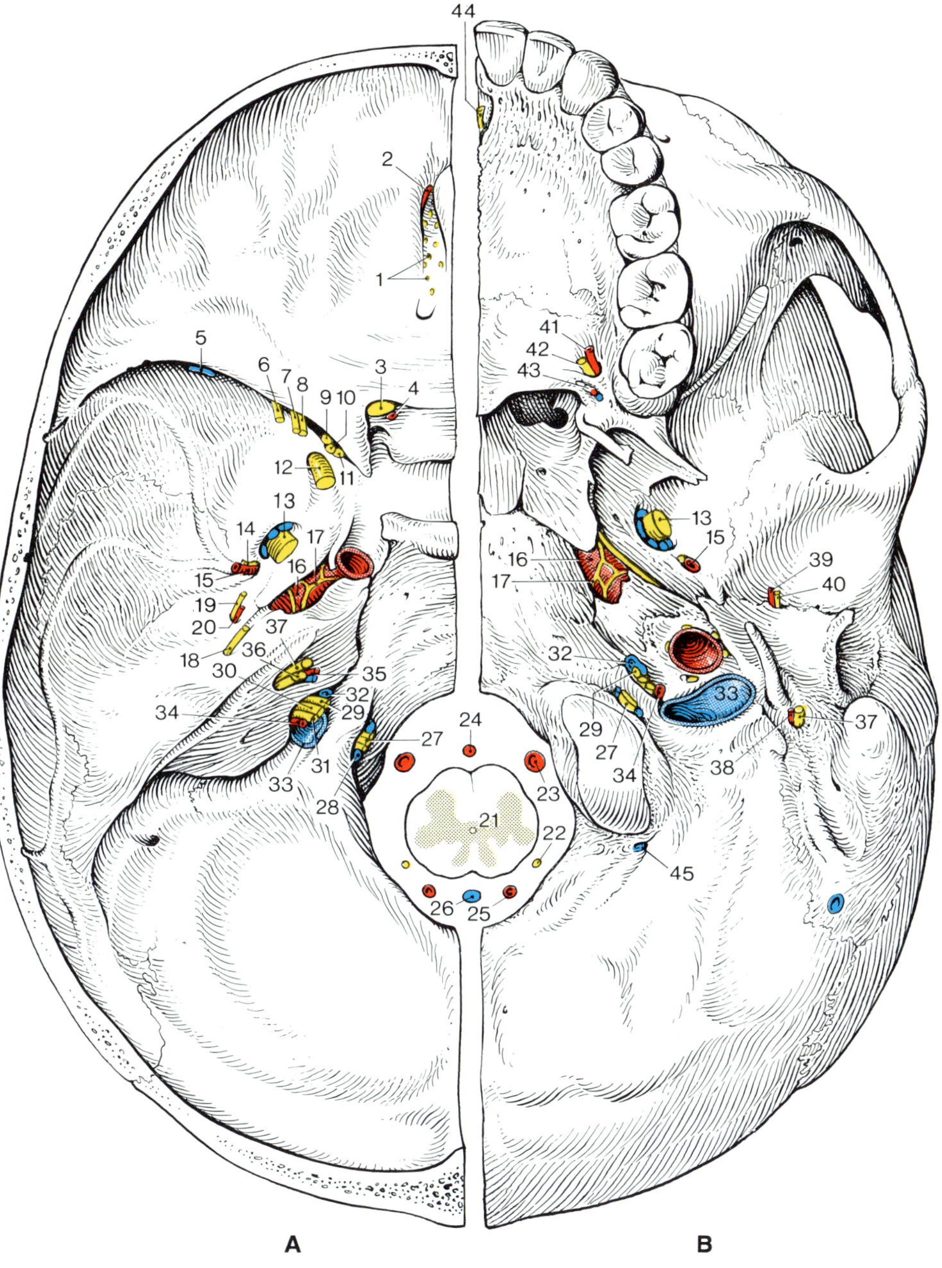
44
2
1
5
6
7
8
3
9
10
4
12
11
13
14
17
16
15
19
20
37
18
36
30
35
34
32
29
27
33
31
28
24
23
21
22
26
25
41
42
43
13
15
16
17
39
40
32
33
29
27
34
37
38
45
A
B

Abb. 52

Abb. 53 Regio mediana cervicalis 1

Zur Darstellung des Spatium interfasciale wird die Fascia cervicalis superficialis gespalten.

1 Platysma
2 Fascia cervicalis superficialis (= Lamina superficialis fasciae cervicalis)
3 Fascia cervicalis media (= Lamina praetrachealis fasciae cervicalis)
4 Mm. sternocleidomastoidei
5 Arcus venosus juguli
6 V. jugularis anterior (paramediana)

Abb. 54 Regio mediana cervicalis 2

Darstellung der Glandula thyroidea nach Entfernung der Fascia cervicalis media.

1 Glandula thyroidea
2 M. sternohyoideus
3 M. omohyoideus
4 M. thyrohyoideus
5 M. sternothyroideus
6 M. cricothyroideus
7 Cartilago thyroidea
8 Lig. cricothyroideum
9 Membrana thyrohyoidea
10 Lig. interclaviculare
11 Trachea
12 Truncus brachiocephalicus
13 Plexus thyroideus impar
14 N. laryngeus recurrens
15 V. jugularis anterior (paramediana) in situ belassen
16 A. carotis interna
17 A. thyroidea superior
18 A. laryngea superior und R. internus n. laryngei superioris
19 V. thyroidea superior
20 N. laryngeus superior
21 R. externus n. laryngei superioris
22 Ansa cervicalis „profunda“
23 Radix superior ansae
24 N. hypoglossus
25 N. thyrohyoideus
26 V. jugularis interna

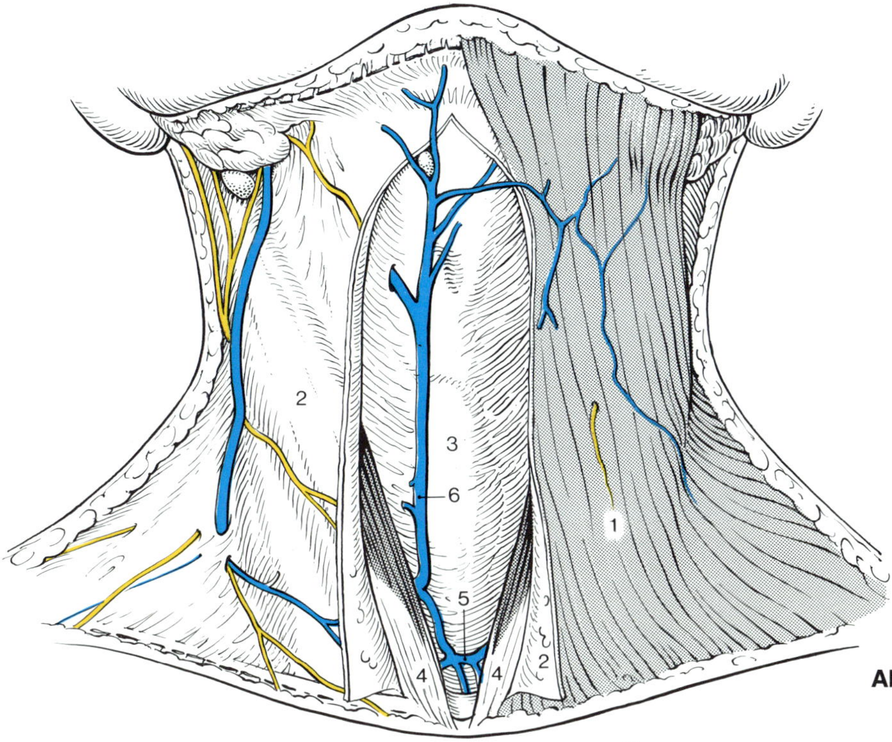
2
3
6
1
5
4
4
2

Abb. 53

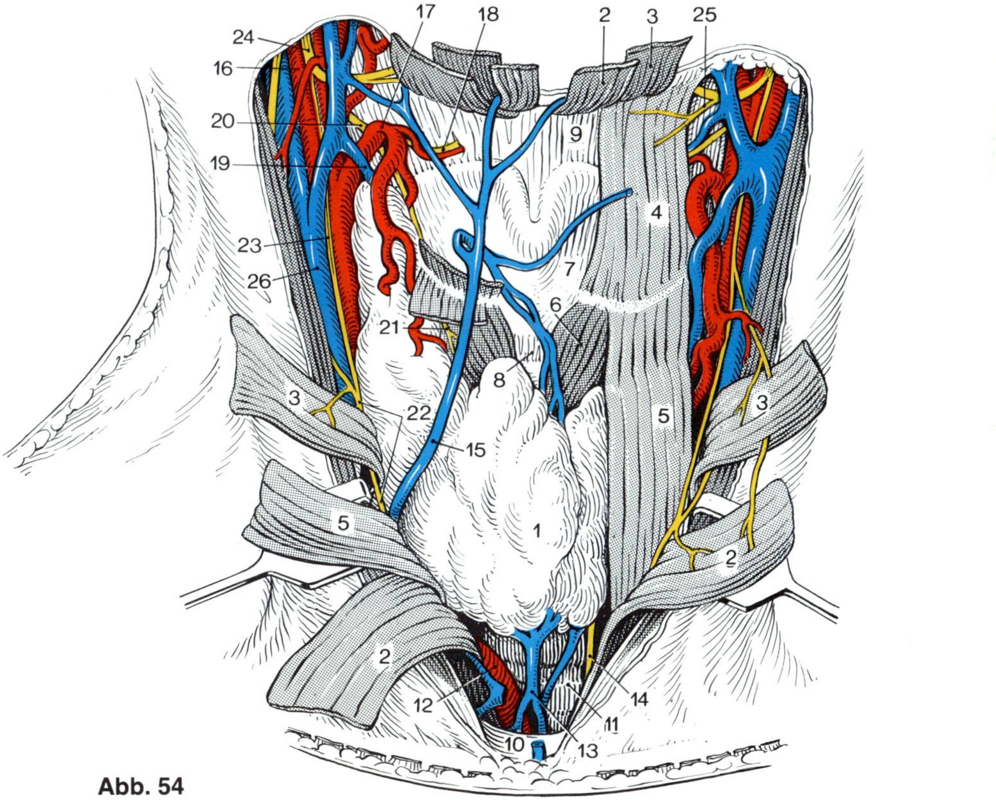
17
18
2
3
25
24
16
20
9
19
4
23
7
26
6
21
8
3
5
3
22
15
5
1
2
2
14
12
11
10
13

Abb. 54

Abb. 55 Lymphknoten und Lymphabflüsse der Regio thyroidea

1 Glandula thyroidea
2 Cartilago thyroidea
3 Membrana hyothyroidea
4 Manubrium sterni
5 V. jugularis interna
6 V. subclavia
7 V. cava superior
8 Ductus thoracicus
9 Nodus lymphaticus infrahyoideus
10 Nodi lymphatici praelaryngeales
11 Nodi lymphatici paratracheales
12 Nodi lymphatici praetracheales
13 Nodi lymphatici jugulares anteriores et laterales
14 Nodi lymphatici supraclaviculares
15 Nodi lymphatici mediastinales anteriores

Abb. 56 Lagevarianten des N. laryngeus recurrens zur A. thyroidea inferior (nach Lanz-Wachsmuth)
A–C
A Der N. laryngeus recurrens verläuft *vor* den Ästen der A. thyroidea inferior (27%)
B Der N. laryngeus recurrens verläuft *hinter* den Ästen der A. thyroidea inferior (36%)
C Der N. laryngeus recurrens verläuft *zwischen* den Ästen der A. thyroidea inferior (32%)

1 Truncus brachiocephalicus
2 A. subclavia
3 A. thyroidea inferior
4 N. vagus
5 N. laryngeus recurrens

Abb. 57 Varietäten der A. thyroidea inferior (eigene Befunde)
A–C
A Verlauf der A. thyroidea inferior dorsal von der A. vertebralis
B Frühzeitige Teilung der A. thyroidea inferior in einen R. ventralis, der *vor* und einen R. dorsalis, der *hinter* den großen Gefäßstämmen verläuft
C Ursprung der A. thyroidea inferior direkt aus der A. subclavia

1 Truncus brachiocephalicus
2 A. subclavia
3 A. carotis communis dextra
4 A. thyroidea inferior
5 R. ventralis a. thyroideae inferioris
6 R. dorsalis a. thyroideae inferioris
7 A. vertebralis
8 V. jugularis interna

Abb. 58 Regio thyroidea 1
Darstellung der Glandula thyroidea mit allen Zu- und Abflüssen.

1 Glandula thyroidea, Isthmus
2 Lobus dexter glandulae thyroideae
3 Lobus sinister glandulae thyroideae
4 Polus superior
5 Polus inferior
6 Cartilago thyroidea
7 Lig. cricothyroideum
8 A. thyroidea superior
9 A. thyroidea inferior
10 A. carotis externa
11 Truncus thyrocervicalis
12 A. subclavia
13 A. carotis communis
14 Truncus brachiocephalicus
15 A. u. V. suprascapularis
16 V. jugularis interna
17 V. thyroidea media
18 Plexus thyroideus impar
19 V. brachiocephalica sinistra
20 V. thyroidea superior
21 V. facialis communis
22 Angulus venosus sinister
23 V. subclavia
24 Ductus thoracicus
25 Plexus brachialis
26 Ansa cervicalis profunda
27 N. laryngeus recurrens
28 N. laryngeus superior
29 R. internus n. laryngei superioris und A. laryngea
30 R. externus n. laryngei superioris
31 N. vagus
32 M. cricothyroideus
33 M. scalenus anterior
34 M. scalenus medius
35 Trachea

Praktischer Hinweis

Die **Lymphe** des oberen Schilddrüsenanteiles erreicht unter Zwischenschaltung von praelaryngealen Lymphknoten über Lymphgefäße entlang der Vasa thyroidea superiora die Nodi lymphatici (l.) jugulares anteriores superiores. Die Lymphe aus dem mittleren Bereich der Seitenlappen gelangt über Lymphgefäße entlang der V. thyroidea media zu den jugularen Lymphknoten. Die Lymphe der unteren Pole der Seitenlappen und des unteren Teiles des Isthmus erreicht zunächst prae- und paratracheale Lymphknoten. Dann gelangt sie entweder zu den unteren jugularen Lymphknoten oder entlang des Plexus thyroideus impar zu den Nodi l. mediastinales anteriores.

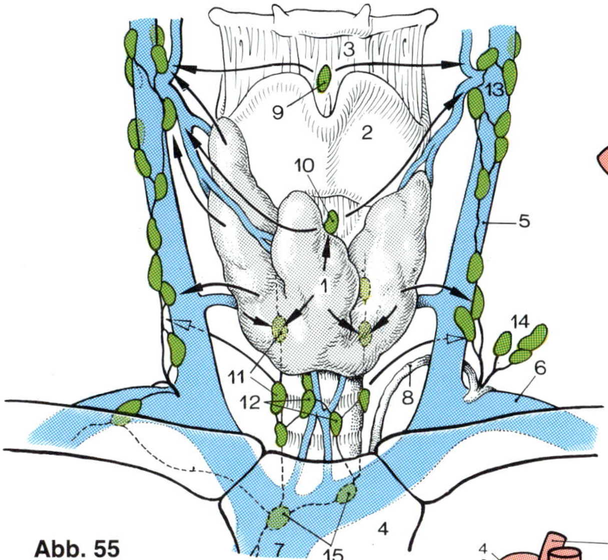

Abb. 55

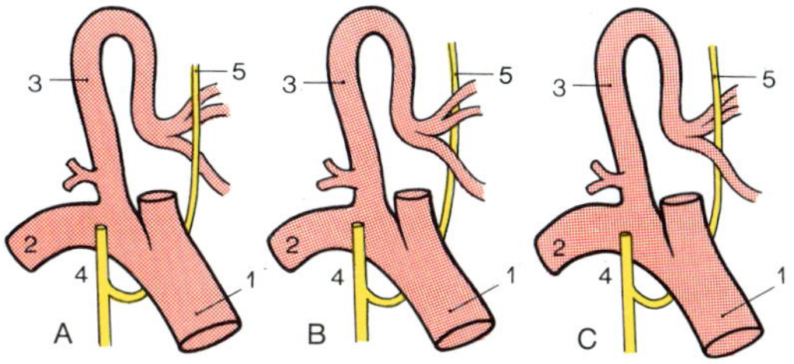

Abb. 56

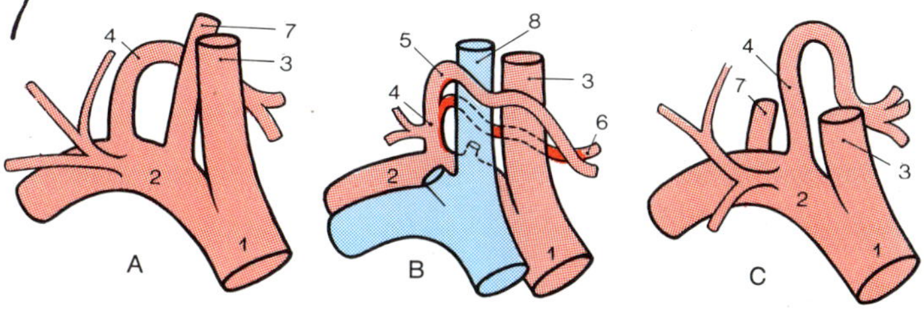

Abb. 57

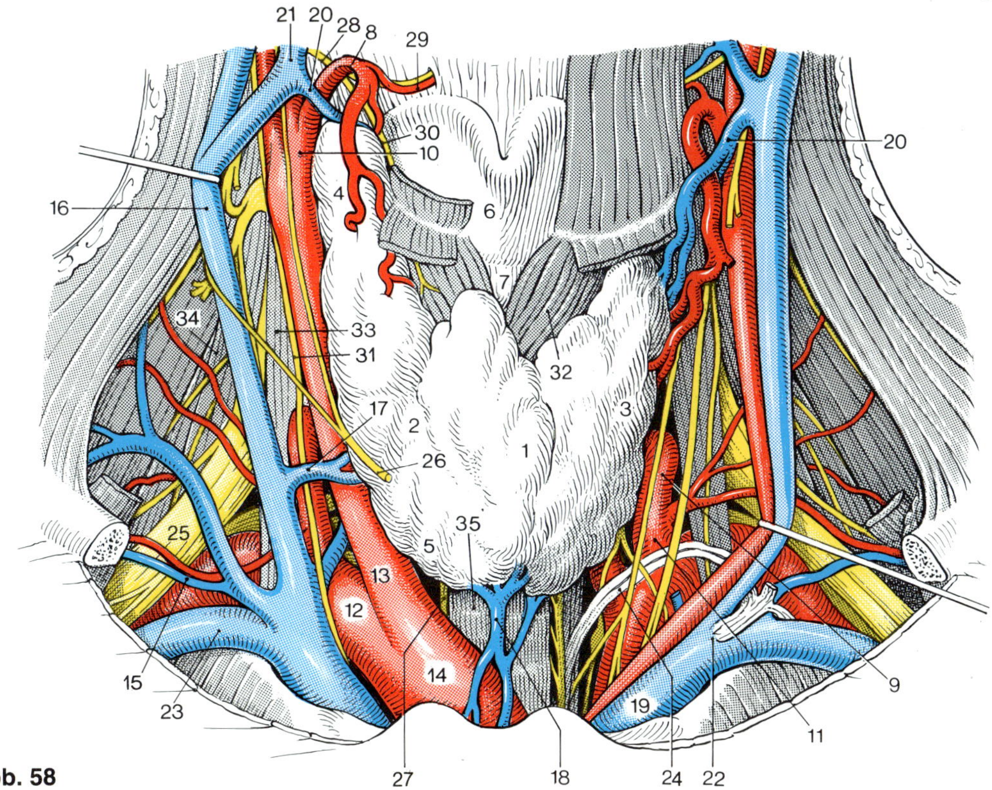

Abb. 58

Abb. 59 Regio thyroidea 2

Durch Abtragen eines Teiles der Glandula thyroidea werden der periphere Teil der A. thyroidea inferior und der N. laryngeus recurrens sichtbar.

1 Glandula thyroidea
2 Lig. cricothyroideum
3 Trachea
4 Oesophagus
5 M. cricothyroideus
6 Arcus aortae
7 Truncus brachiocephalicus
8 A. carotis communis sinistra
9 A. subclavia sinistra
10 A. vertebralis
11 A. thyroidea inferior
12 A. thyroidea superior
13 V. jugularis interna
14 V. brachiocephalica dextra
15 V. brachiocephalica sinistra
16 V. cava superior
17 V. thyroidea superior
18 V. thyroidea media
19 Plexus thyroideus impar
20 N. vagus
21 N. laryngeus recurrens
22 Ganglion stellatum
23 Truncus sympathicus

Abb. 60 Mediansagittalschnitt durch Larynx und Trachea

Die Zugangswege bei Notfalloperationen zu Larynx und Trachea sind durch drei Pfeile dargestellt.

roter Pfeil = Coniotomia (Koniotomie)
schwarzer Pfeil = Tracheotomia superior
blauer Pfeil = Tracheotomia inferior

1 Cartilago thyroidea
2 Cartilago cricoidea (Arcus cartilaginis cricoideae)
3 Glandula thyroidea (Isthmus)
4 Manubrium sterni
5 Fascia cervicalis superficialis
6 Fascia cervicalis media
7 Arcus venosus juguli
8 Plexus thyroideus impar
9 Trachea

Abb. 61 Koniotomie

1 Cartilago thyroidea
2 Lig. cricothyroideum
3 Arcus cartilaginis cricoideae
4 Glandula thyroidea (Isthmus)
5 M. cricothyroideus

Abb. 62 Tracheotomia inferior

1 Trachea
2 Plexus thyroideus impar
3 Fascia cervicalis media mit M. sternohyoideus
4 V. jugularis anterior
5 Fascia cervicalis superficialis

Praktischer Hinweis

Bei der *Koniotomie* wird das (elastische) Lig. cricothyroideum, der mediane Anteil des Conus elasticus, quer durchtrennt. Damit kommt es zum Klaffen des Schnittes.

Bei der *Tracheotomia inferior* ist auf den Arcus venosus juguli mit den Vv. jugulares anteriores im Spatium interfasciale zu achten. Nach Durchtrennen der Fascia cervicalis media ist der Plexus thyroideus impar zu schonen und die Trachea unterhalb des ersten Trachealringes in der Längsrichtung zu eröffnen.

Ebenso ist der von links nach rechts aufsteigende Truncus brachiocephalicus zu beachten, der manchmal sehr hoch liegen kann.

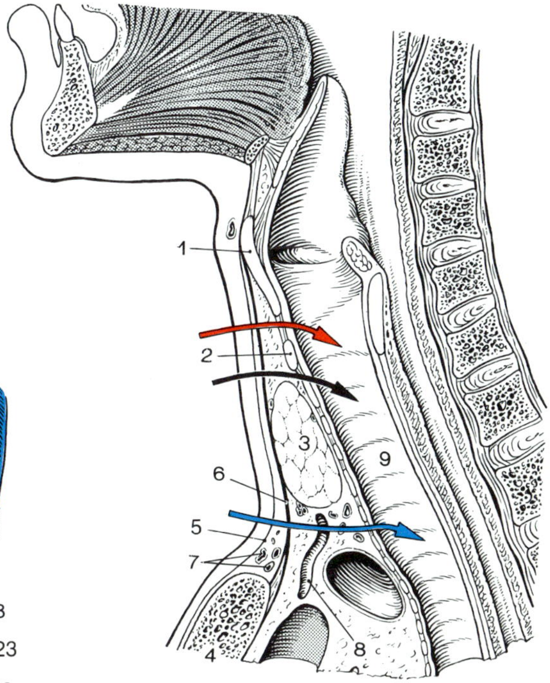

Abb. 60

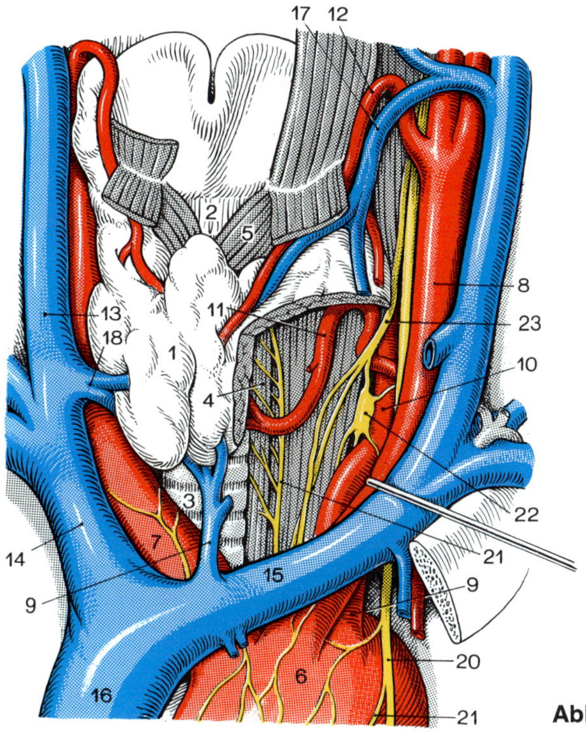

Abb. 59

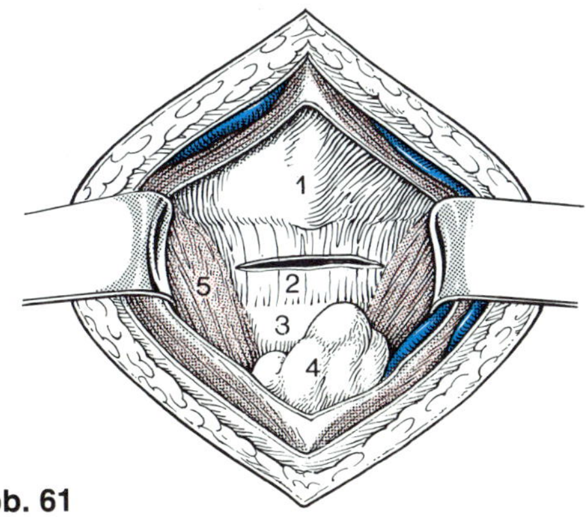

Abb. 61

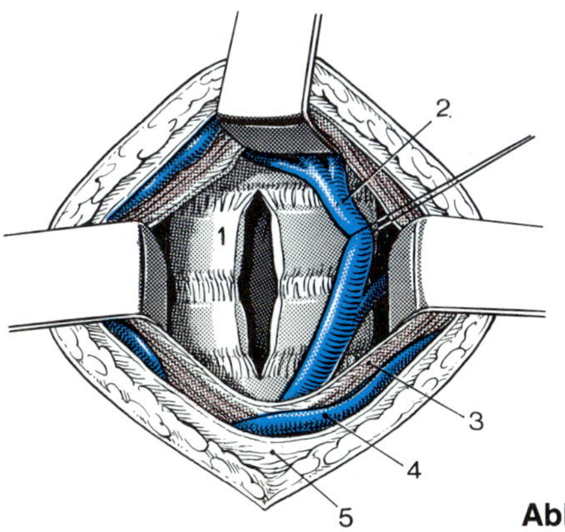

Abb. 62

Abb. 63 Lymphknoten und Lymphabfluß in der oberflächlichen seitlichen Halsregion

1 M. sternocleidomastoideus
2 M. trapezius
3 Venter inferior m. omohyoidei
4 Nodus lymphaticus submentalis superficialis
5 Nodi lymphatici submentales profundi
6 Nodi lymphatici parotidei superficiales et profundi
7 Nodi lymphatici mastoidei
8 Nodi lymphatici occipitales
9 ein Nodus lymphaticus cervicalis superficialis lateralis
10 Nodi lymphatici cervicales superficiales laterales (subkutan liegend)
11 Nodus lymphaticus jugulo-omohyoideus

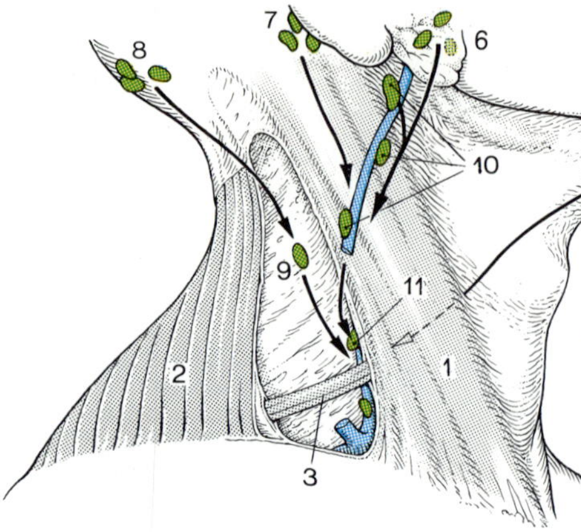

Abb. 63

Abb. 64 Regio cervicalis lateralis 1

In der subkutanen Schichte der Regio cervicalis lateralis wird das Punctum nervosum (Durchtrittsstellen der sensiblen Äste des Plexus cervicalis durch die Faszie) sichtbar.

1 Clavicula
2 N. occipitalis minor
3 N. auricularis magnus
4 R. anterior des N. auricularis magnus
5 R. posterior des N. auricularis magnus
6 N. transversus colli
7 V. jugularis externa
8 R. colli n. facialis
9 Ansa cervicalis „superficialis“
10 Nn. supraclaviculares mediales
11 Nn. supraclaviculares intermedii
12 Nn. supraclaviculares laterales
13 Fascia cervicalis superficialis

Abb. 65 Regio cervicalis lateralis 2

Darstellung der Gebilde zwischen Fascia cervicalis superficialis (= Lamina superficialis fasciae cervicalis) und Fascia cervicalis media (= Lamina praetrachealis fasciae cervicalis).

1 Clavicula
2 M. sternocleidomastoideus
3 M. trapezius
4 Fascia cervicalis media
5 Fascia cervicalis superficialis
6 N. occipitalis minor
7 N. auricularis magnus
8 N. transversus colli
9 Nn. supraclaviculares mediales
10 Nn. supraclaviculares intermedii
11 Nn. supraclaviculares laterales
12 R. trapezius
13 R. externus n. accessorii
14 V. jugularis externa
15 V. cervicalis superficialis
16 A. cervicalis superficialis
17 ein Nodus lymphaticus cervicalis superficialis lateralis

Praktischer Hinweis

Die **Lymphe** der oberflächlichen Kopfgebiete wird zu Lymphknotengruppen geführt, über die sie in drei Lymphbahnen zu den tiefen Halslymphknoten im Bereich der V. jugularis interna gelangt.

Die Nodi lymphatici (l.) occipitales, die die dorsale Gruppe bilden, sammeln die Lymphe von Hinterkopf und oberer Nackengegend. Von diesen gelangt die Lymphe direkt oder unter Zwischenschaltung von oberflächlichen Halslymphknoten zu den Nodi l. cervicales profundi, insbesondere zum Nodus l. jugulo-omohyoideus.

Die zweite, mittlere Gruppe, umfaßt die Nodi l. parotidei superficiales et profundi und die nahe dem Kieferwinkel gelegenen Nodi l. cervicales superficiales superiores. Sie sammeln die Lymphe von der Ohrmuschel, der benachbarten Kopfhaut, der Nasenwurzel, den Lidern und der Glandula parotidea. Von diesen Knoten erfolgt der Abfluß der Lymphe entlang der V. jugularis externa zu den Nodi l. cervicales profundi.

Die vordere Gruppe besteht aus den Nodi l. submentales. Sie sammeln die Lymphe von den Lippen, vom Zahnfleisch und der Zungenspitze. Der Abfluß erfolgt zu den Nodi l. cervicales profundi.

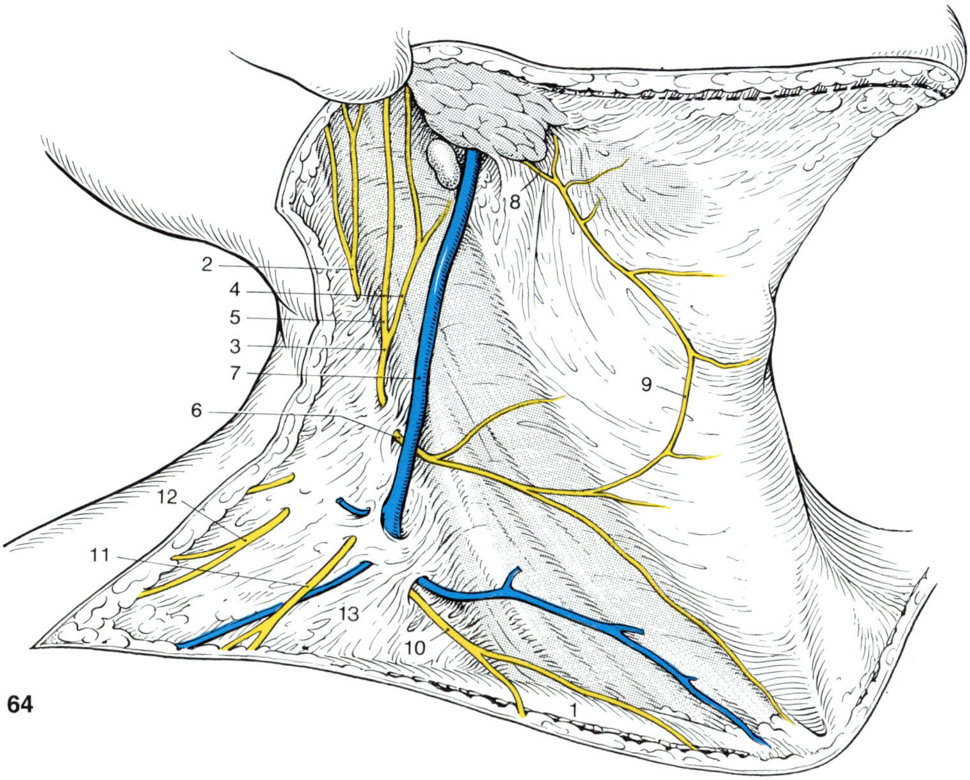

Abb. 64

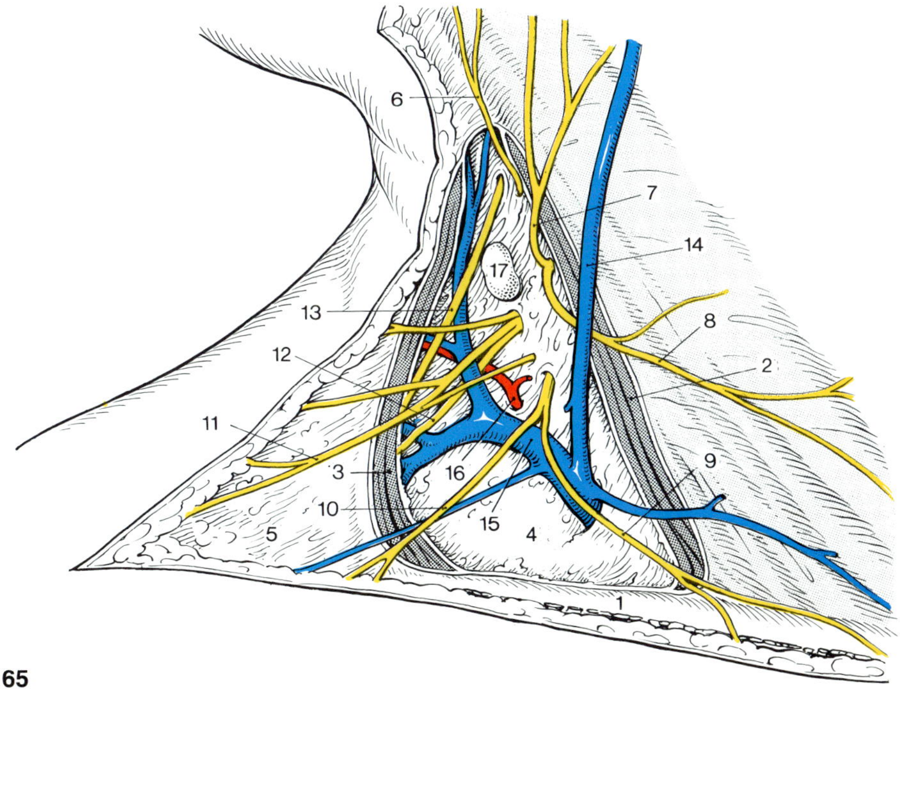

Abb. 65

Abb. 66 Regio cervicalis lateralis 3
Nach Entfernung der Fascia cervicalis media wird ein Spatium interfasciale sichtbar, in dessen vorderem unterem Bereich das Trigonum omoclaviculare zur Darstellung kommt.

1 Fascia cervicalis media (= Lamina praetrachealis fasciae cervicalis)
2 Fascia cervicalis profunda (= Lamina praevertebralis fasciae cervicalis)
3 M. trapezius
4 M. sternocleidomastoideus
5 Clavicula
6 M. omohyoideus, Venter inferior
7 V. cervicalis superficialis
8 V. jugularis externa
9 V. jugularis interna
10 V. subclavia
11 V. suprascapularis
12 A. suprascapularis
13 A. cervicalis superficialis

Abb. 67 Regio cervicalis lateralis 4
Darstellung der tiefen Halsmuskeln und des Plexus brachialis nach Entfernung der Fascia cervicalis profunda (= Lamina praevertebralis fasciae cervicalis).

1 Fascia cervicalis media
2 M. omohyoideus, Venter inferior
3 Fascia cervicalis profunda
4 M. sternocleidomastoideus
5 Clavicula
6 M. trapezius
7 V. cervicalis superficialis
8 V. jugularis externa
9 V. jugularis interna
10 V. subclavia
11 A. u. V. suprascapularis
12 A. cervicalis superficialis
13 M. scalenus anterior
14 M. scalenus medius
15 M. scalenus posterior
16 M. levator scapulae
17 M. splenius cervicis
18 Plexus brachialis
19 A. subclavia
20 A. scapularis dorsalis
21 N. phrenicus
22 N. suprascapularis
23 N. thoracicus longus
24 N. dorsalis scapulae
25 Nodi lymphatici cervicales profundi

Praktischer Hinweis

Scalenuslücke

Grenzen:
M. scalenus anterior
M. scalenus medius
1. Rippe

Durchtretende Gebilde:
Plexus brachialis
A. subclavia

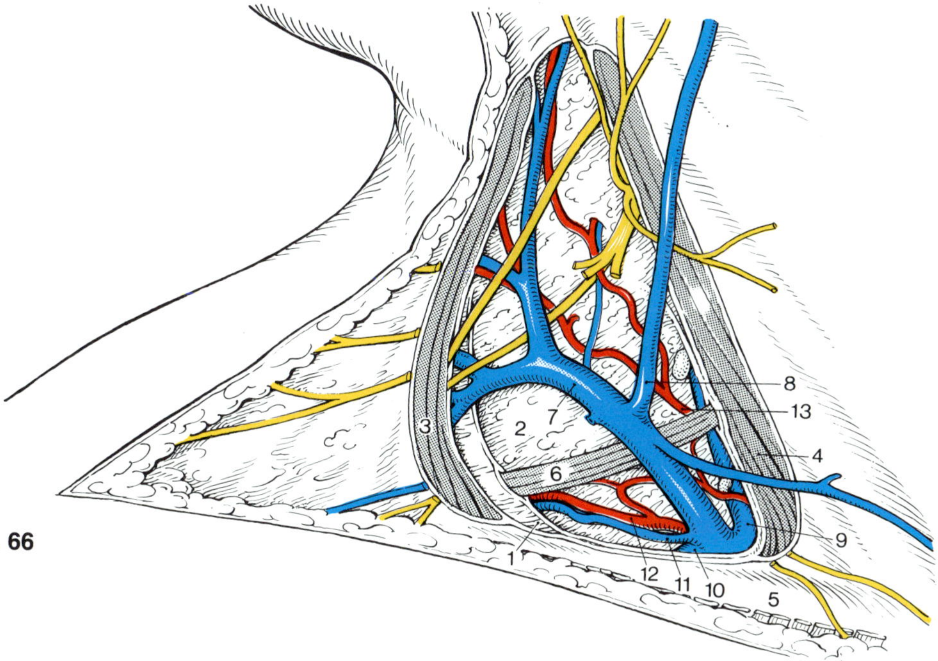
1
2
3
4
5
6
7
8
9
10
11
12
13

Abb. 66

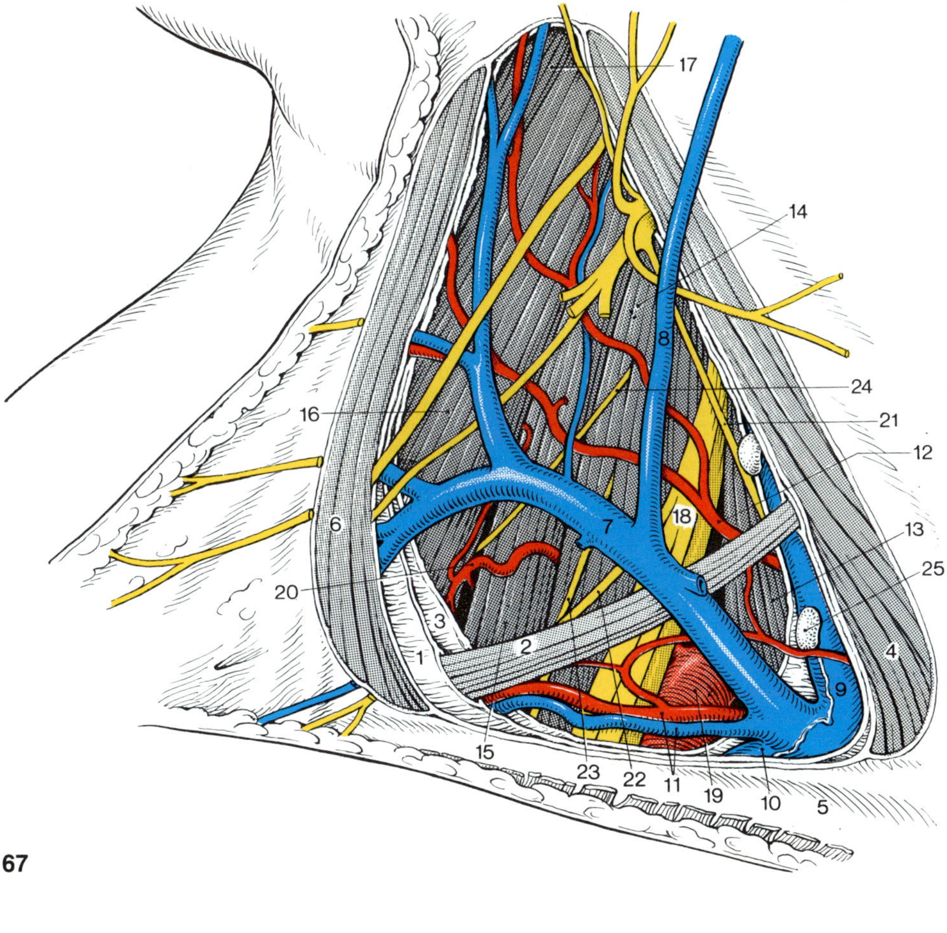
1
2
3
4
5
6
7
8
9
10
11
12
13
14
15
16
17
18
19
20
21
22
23
24
25

Abb. 67

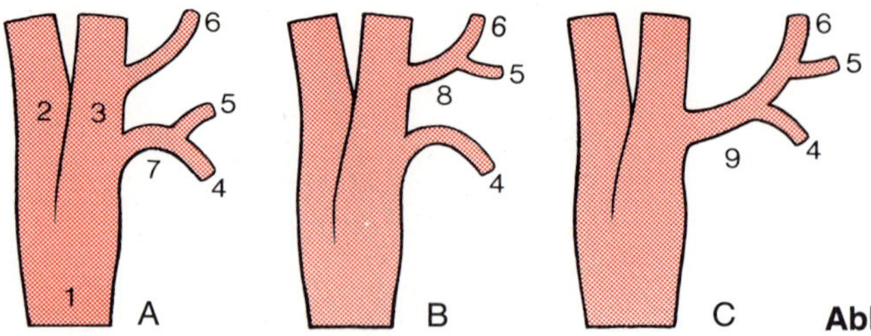

Abb. 68

Abb. 68 A–C Variationen der ventralen Äste der A. carotis externa (nach Poisel und Golth)

A Truncus thyrolingualis (4%)
B Truncus linguofacialis (23%)
C Truncus thyrolinguofacialis (0,6%)

1 A. carotis communis
2 A. carotis interna
3 A. carotis externa
4 A. thyroidea superior
5 A. lingualis
6 A. facialis
7 Truncus thyrolingualis
8 Truncus linguofacialis
9 Truncus thyrolinguofacialis

Abb. 69 Trigonum caroticum

Das Trigonum caroticum wird vom M. sternocleidomastoideus, dem Venter posterior m. digastrici und dem Venter superior m. omohyoidei begrenzt. Nach Entfernung der Fascia cervicalis superficialis werden die Gefäße und Nerven sichtbar. Die Aufteilung der A. carotis communis findet sich meist in Höhe des 4. Halswirbels.

1 M. sternocleidomastoideus
2 M. omohyoideus, Venter superior
3 M. digastricus, Venter posterior
4 M. stylohyoideus
5 Os hyoideum
6 V. facialis
7 V. comitans n. hypoglossi
8 V. thyroidea superior
9 V. jugularis interna
10 A. carotis communis
11 Sinus caroticus
12 A. carotis interna
13 A. carotis externa
14 A. thyroidea superior
15 Glandula thyroidea
16 A. laryngea superior
17 A. sternocleidomastoidea
18 A. lingualis
19 A. facialis
20 M. hyoglossus
21 N. hypoglossus
22 Glomus caroticum
23 R. sinus carotici
24 Radix superior ansae cervicalis „profundae"
25 R. thyrohyoideus
26 Radix inferior ansae cervicalis „profundae"
27 Ansa cervicalis „profunda"
28 R. internus n. laryngei superioris
29 N. vagus
30 Truncus sympathicus
31 Ganglion cervicale superius
32 R. externus n. accessorii

Abb. 70 A–E Variationen der Lage der A. carotis interna zur A. carotis externa (nach Faller)

A A. carotis interna liegt dorsolateral von der A. carotis externa (49%)
B A. carotis interna liegt dorsal von der A. carotis externa (21%)
C A. carotis interna liegt dorsomedial von der A. carotis externa (18%)
D A. carotis interna liegt ventromedial von der A. carotis externa (9%)
E A. carotis interna liegt medial von der A. carotis externa (3%)

1 A. carotis communis
2 A. carotis interna
3 A. carotis externa
4 A. thyroidea superior

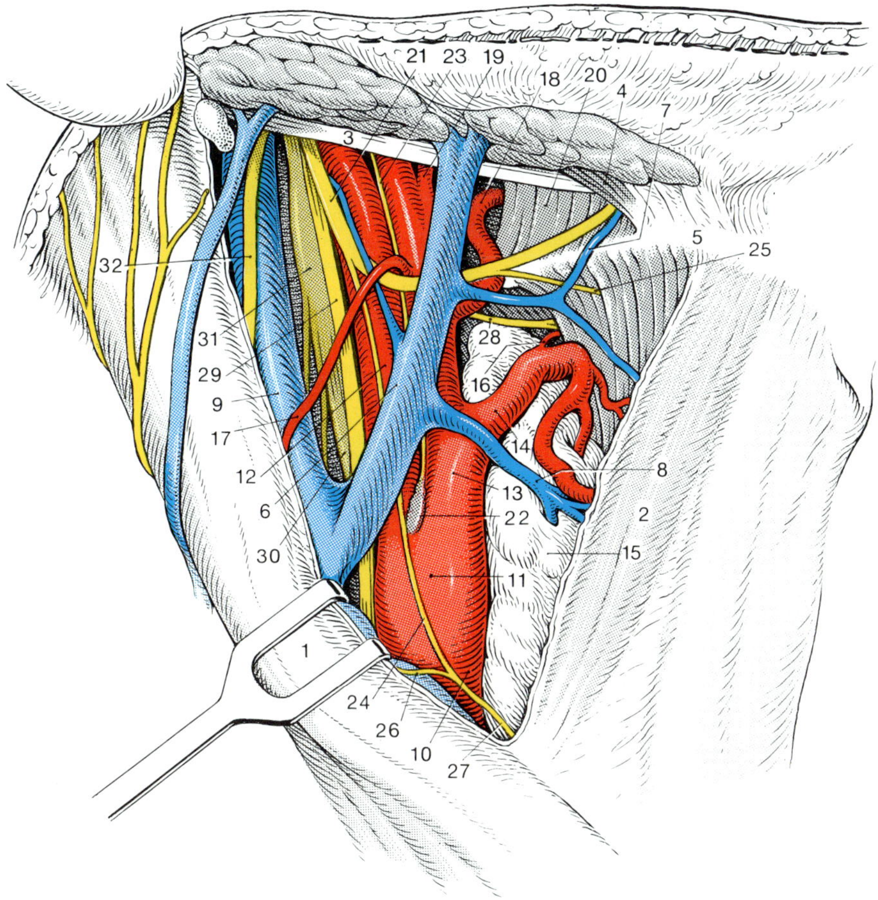
21
23
19
18
20
4
7
3
5
25
32
31
28
29
16
9
17
14
8
12
13
6
22
2
30
15
11
1
24
26
10
27

Abb. 69

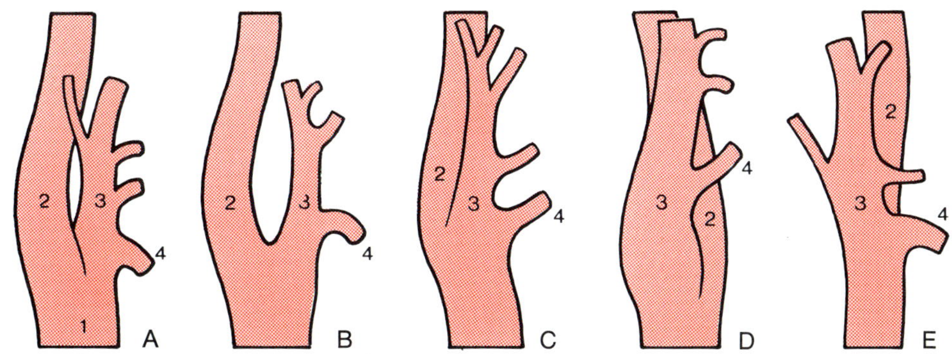
2
3
4
1
A
2
3
4
B
2
3
4
C
4
3
2
D
2
3
4
E

Abb. 70

Abb. 71 Lymphknoten und Lymphabflüsse im Bereich der Regio sternocleidomastoidea und des Trigonum submandibulare

1 Glandula submandibularis
2 Glandula parotidea
3 Venter posterior m. digastrici
4 M. stylohyoideus
5 M. mylohyoideus
6 M. hyoglossus
7 M. omohyoideus, Venter superior und Venter inferior
8 M. scalenus anterior
9 A. carotis communis
10 V. jugularis interna
11 V. facialis
12 V. subclavia
13 Angulus venosus dexter
14 Nodi lymphatici jugulodigastrici
15 Nodi lymphatici submandibulares
16 Nodi lymphatici retropharyngeales
17 Nodus lymphaticus infrahyoideus
18 Nodus lymphaticus praelaryngealis
19 Nodi lymphatici jugulo-omohyoidei
20 Nodi lymphatici jugulares anteriores
21 Nodi lymphatici jugulares laterales
22 Nodi lymphatici supraclaviculares
23 Nodi lymphatici mediastinales anteriores
24 Truncus lymphaticus bronchomediastinalis dexter
25 Truncus lymphaticus subclavius dexter
26 Truncus lymphaticus jugularis dexter

Praktischer Hinweis

Die tiefen Halslymphknoten sammeln die **Lymphe** aus den oberflächlichen Lymphknoten (S. 58). Die Nodi lymphatici (l.) cervicales profundi superiores nehmen außerdem die Lymphe des Kopfes und der oberen Halseingeweide auf. Sie sind hintereinander geschaltet, wodurch mehrere Filterstationen gegeben sind. Nur die Lymphe aus den Nodi l. occipitales erreicht direkt die untere Gruppe der tiefen Halslymphknoten.
Die Nodi l. jugulodigastrici und die Nodi l. jugulares anteriores sammeln sekundär die Lymphe der Lippen, der äußeren Nase und der seitlichen Gesichtsgegend, der Zunge, des harten Gaumens, der Zähne und des Mundhöhlenbodens. Über den Truncus jugularis führen sie die Lymphe unter Einschaltung der Nodi l. cervicales profundi inferiores zum Angulus venosus.
Die Nodi l. submandibulares sind den oberen tiefen Halslymphknoten vorgeschaltet und erhalten die Lymphe aus dem Mundhöhlenboden und den diesem anliegenden Speicheldrüsen, Anteilen der Lider, der Zunge, Zähnen und Zahnfleisch, äußerer Nase und Wangenschleimhaut.
Die Nodi l. infrahyoidei und praelaryngeales erhalten die Lymphe von der Schilddrüse und dem Kehlkopf und führen sie zu den Nodi l. jugulares anteriores ab.
Die Nodi l. retropharyngeales dienen als erste Station für die Lymphe des Pharynx und z. T. für die der Radix linguae. Von ihnen erreichen die Lymphbahnen die Nodi l. jugulares laterales.
Die Nodi l. supraclaviculares sammeln die Lymphe der Trachea, die in den praetrachealen Lymphknoten vorgefiltert wird. Sie führen die Lymphe zum Angulus venosus ab.
Die Nodi l. mediastinales anteriores sammeln die Lymphe von Herz, Thymus, oberem Anteil der Trachea und unterem Anteil der Schilddrüse. Über den Truncus mediastinalis anterior sind sie dem Angulus venosus angeschlossen.

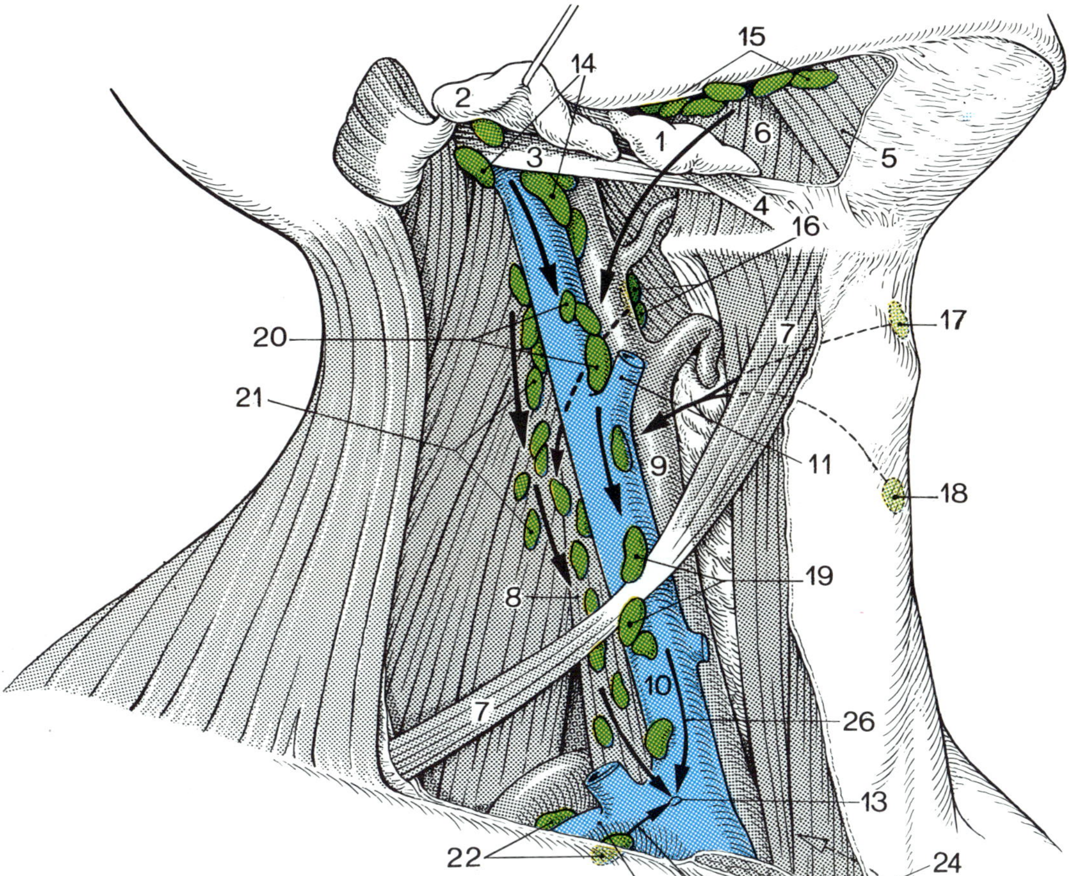

Abb. 71

Abb. 72 Regio sternocleidomastoidea

Nach Abtragen des M. sternocleidomastoideus wird der Gefäß-Nervenstrang des Halses in seiner ganzen Ausdehnung sichtbar.

1 M. sternocleidomastoideus (durchschnitten)
2 M. omohyoideus (durchschnitten)
3 A. carotis communis
4 A. carotis externa
5 A. carotis interna
6 A. thyroidea inferior
7 A. u. V. thyroidea superior
8 Truncus thyrocervicalis
9 A. subclavia
10 A. suprascapularis
11 A. cervicalis superficialis
12 A. vertebralis
13 A. scapularis dorsalis
14 M. scalenus anterior
15 M. scalenus medius
16 M. scalenus posterior
17 V. jugularis interna
18 V. facialis
19 V. thyroidea media
20 V. subclavia
21 V. brachiocephalica dextra
22 V. jugularis externa
23 V. cervicalis superficialis
24 V. suprascapularis
25 Angulus venosus dexter mit Truncus lymphaticus jugularis dexter und Truncus lymphaticus subclavius dexter
26 Ansa cervicalis „profunda"
27 Radix superior ansae
28 Radix inferior ansae
29 N. hypoglossus
30 R. thyrohyoideus
31 N. vagus
32 R. cardiacus cervicalis superior
33 R. cardiacus cervicalis inferior
34 Truncus sympathicus
35 Ganglion cervicale superius
36 Ganglion cervicale medium
37 Ganglion stellatum
38 Ansa thyroidea
39 Nn. cardiaci
40 N. laryngeus recurrens
41 N. phrenicus

Praktischer Hinweis

Die A. carotis communis kann gegen das Tuberculum anterius (= caroticum) des 6. Halswirbels gedrückt werden.

In dieser Höhe kann auch die Punktion der Arterie vorgenommen werden. Sie ist notwendig bei der zerebralen Angiographie.

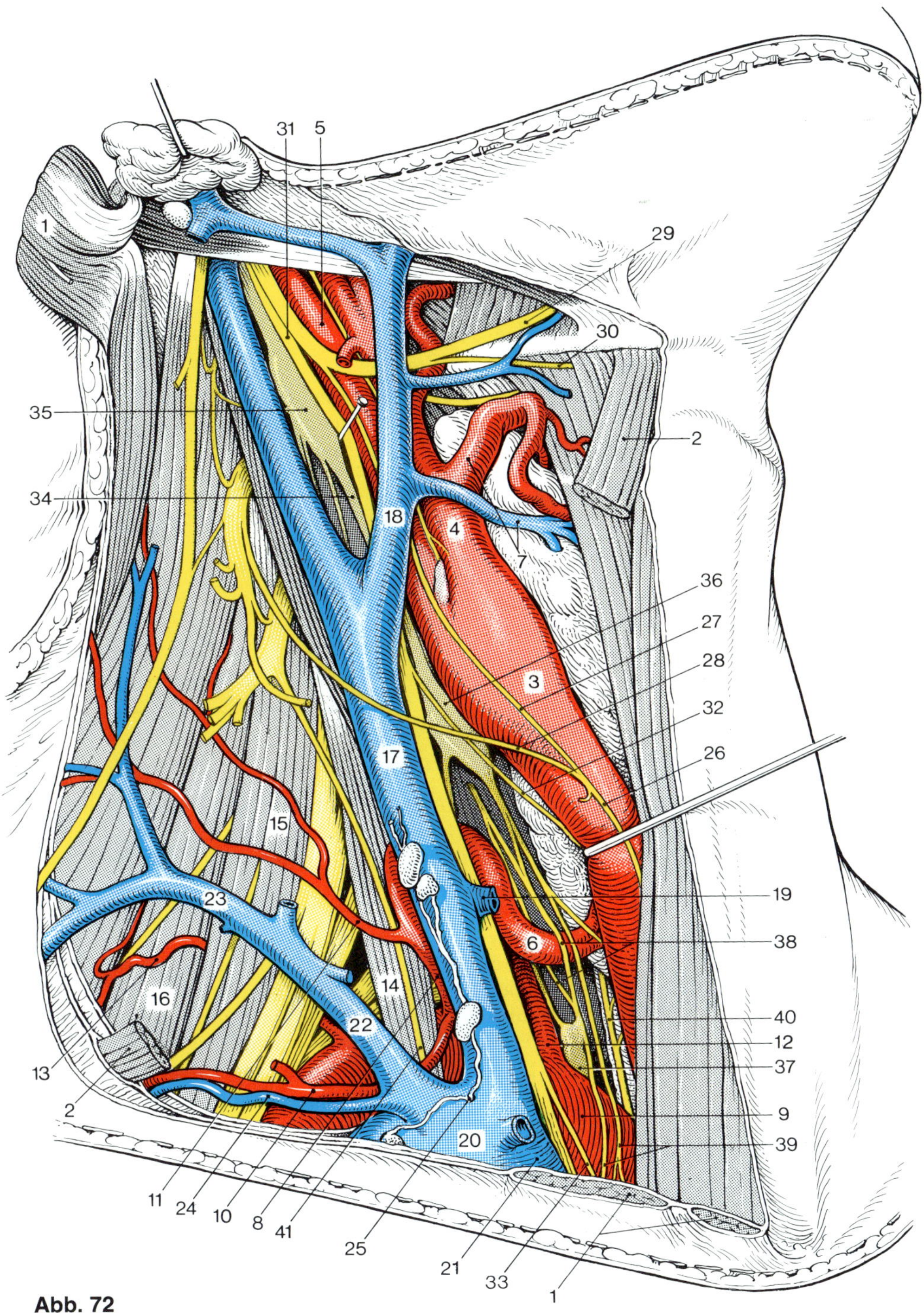
31 5
1
29
30
35
2
34
18
4
7
36
27
3
28
32
17
26
15
19
23
6
38
16
14
22
40
12
37
13
9
2
20
39
11
24
10
8
41
25
21
33
1

Abb. 72

Abb. 73 Trigonum scalenovertebrale sinistrum

Das Trigonum scalenovertebrale wird vom M. longus colli, vom M. scalenus anterior und von der Pleurakuppel begrenzt. Nach Entfernung der Fascia cervicalis profunda (= Lamina praevertebralis fasciae cervicalis) werden die Gefäße und Nerven sichtbar.

1 M. longus colli
2 M. scalenus anterior
3 M. scalenus medius
4 M. scalenus posterior
5 M. levator scapulae
6 M. trapezius
7 Trachea
8 Oesophagus
9 1. Rippe (durchschnitten)
10 Truncus thyrocervicalis
11 A. subclavia
12 A. vertebralis
13 Truncus costocervicalis
14 A. cervicalis profunda
15 A. scapularis dorsalis (Ursprung aus Truncus costocervicalis, VAR.)
16 A. u. V. suprascapularis
17 A. cervicalis superficialis
18 A. u. V. thoracica interna
19 A. carotis communis
20 V. vertebralis
21 V. jugularis interna
22 V. subclavia
23 Angulus venosus sinister
24 V. brachiocephalica sinistra
25 Ductus thoracicus
26 R. externus n. accessorii
27 N. phrenicus
28 R. ventralis aus C8
29 R. ventralis aus Th1
30 N. vagus
31 Truncus sympathicus
32 Ganglion cervicale medium
33 Ganglion stellatum
34 Ansa thyroidea
35 Ansa subclavia
36 N. cardiacus cervicalis superior
37 N. cardiacus cervicalis inferior
38 N. laryngeus recurrens
39 N. thoracicus longus
40 N. suprascapularis

Praktischer Hinweis

Zwischen 1. Rippe und Clavicula gelangen die Faszikel des Plexus brachialis, die A. subclavia und die V. subclavia in das Trigonum clavipectorale.
Bei Vorhandensein einer Halsrippe kann es zum **Halsrippensyndrom** kommen. Dabei treten Beschwerden von seiten der Armgefäße und von seiten der Äste der drei Faszikel, insbesondere im Bereich des Versorgungsgebietes des N. ulnaris auf. Außerdem ist ein Tastbefund in der Fossa supraclavicularis major zu erheben.
Allerdings können die Beschwerden von seiten der Gefäße und Nerven auch ohne eine Halsrippe auftreten. Man spricht dann vom **„Scalenus-anticus-Syndrom“**. Dabei löst der M. scalenus anterior durch Hypertrophie und Hypertonie die Schmerzen aus.
Nodi lymphatici supraclaviculares, deren abführende Gefäße links unmittelbar in den Angulus venosus sinister einmünden, können lymphogene Fernmetastasen beim Magenkarzinom enthalten **(Virchow-Troisiersche Lymphdrüsen)**.

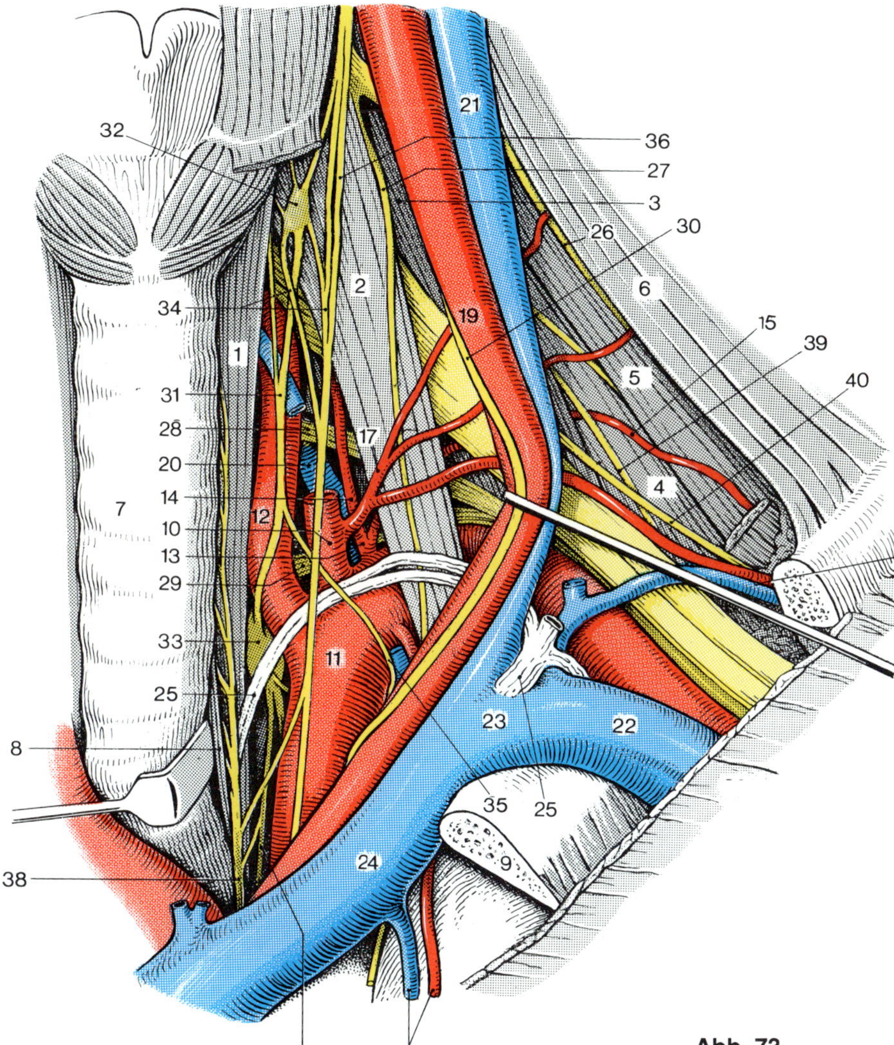
32
36
27
3
26
30
21
2
6
34
19
15
39
1
40
5
31
28
17
20
14
4
7
12
10
13
16
29
33
11
25
23
22
8
35
25
9
24
38
37
18

Abb. 73

Abb. 74 Pars oralis und Pars laryngea pharyngis

Der Pharynx wurde von dorsal her eröffnet. Rechts kommen die Schleimhautverhältnisse, links die Muskulatur mit Gefäßen und Nerven zur Ansicht.

1 Tonsilla palatina
2 Tonsilla lingualis
3 Epiglottis
4 Plica aryepiglottica
5 Incisura interarytaenoidea
6 Aditus laryngis
7 Recessus piriformis
8 Oesophagus, Pars cervicalis
9 M. palatoglossus
10 M. palatopharyngeus
11 M. stylopharyngeus
12 M. arytaenoideus transversus
13 M. arytaenoideus obliquus
14 M. cricoarytaenoideus posterior
15 N. glossopharyngeus
16 Rr. dorsales linguae
17 N. laryngeus superior, R. internus
18 A. u. V. laryngea superior
19 A. thyroidea inferior
20 N. laryngeus recurrens
21 Glandula thyroidea
22 Glandula parathyroidea inferior

Abb. 75 Larynx eröffnet

Der Larynx ist von dorsal nach Durchtrennung der Cartilago cricoidea eröffnet. Links wurde die Schleimhaut entfernt.

1 Epiglottis
2 Cartilago arytaenoidea
3 Cartilago corniculata
4 Cartilago cuneiformis
5 Lamina cartilaginis cricoideae (durchschnitten)
6 M. arytaenoideus transversus (durchschnitten)
7 M. cricoarytaenoideus posterior
8 Tuberculum corniculatum
9 Tuberculum cuneiforme
10 Plica vestibularis
11 Plica vocalis
12 Ventriculus laryngis
13 Lig. vestibulare
14 Lig. vocale
15 Conus elasticus
16 A. u. V. laryngea superior und R. internus n. laryngei superioris
17 Trachea
18 Oesophagus

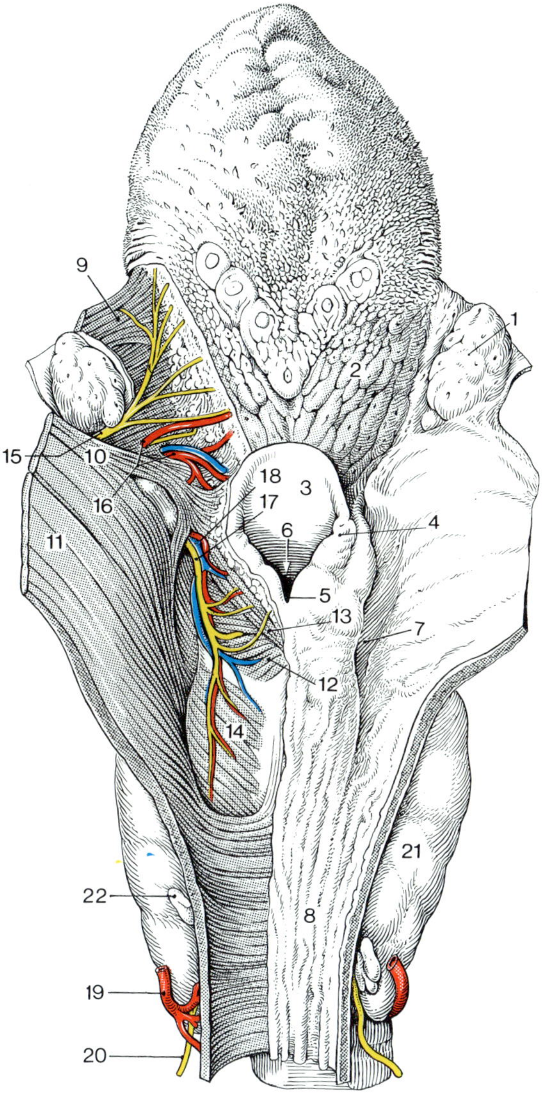

9
1
2
15
10
16
18
3
17
4
11
6
5
13
7
12
14
21
22
8
19
20

Abb. 74

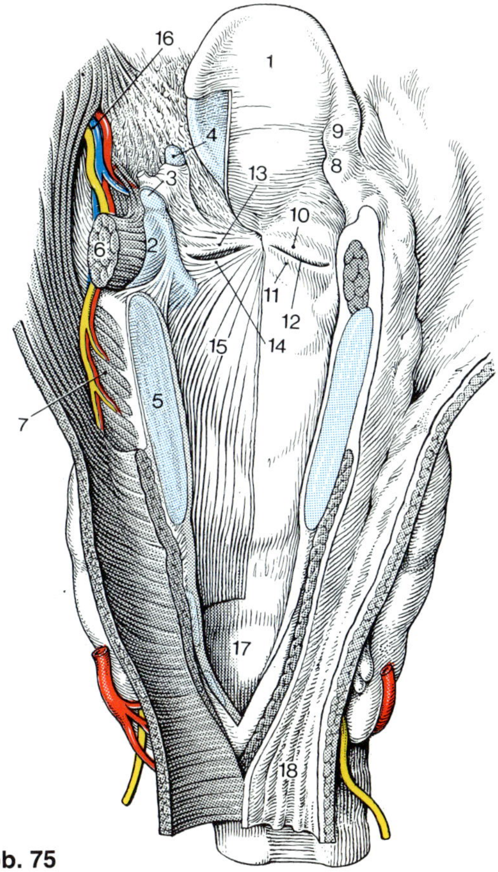

16
1
4
9
3
13
8
10
6
2
11
12
15
14
7
5
17
18

Abb. 75

Abb. 76 CT-Bild in Höhe der Rima glottidis (C5)
Schichtdicke 8 mm. Gleiches Präparat wie in Abb. **78**.

Abb. 77 CT-Bild in Höhe des 1. Brustwirbels
Schichtdicke 8 mm. Gleiches Präparat wie in Abb. **79**.

Abb. 78 Transversalschnitt in Höhe der Rima glottidis (C5) von oben gesehen
Der nach dem Original gezeichnete Schnitt stammt von jenem Präparat, an dem vorher die CT-Aufnahme gemacht wurde. Ansicht von oben.

1 M. sternocleidomastoideus
2 M. trapezius
3 Platysma
4 M. sternohyoideus
5 M. sternothyroideus
6 M. omohyoideus
7 M. scalenus anterior
8 M. scalenus medius
9 M. longus capitis
10 M. longus cervicis
11 M. levator scapulae
12 Mm. splenii capitis et cervicis
13 M. longissimus capitis
14 M. semispinalis capitis
15 M. semispinalis cervicis
16 M. multifidus
17 Pharynxwand
18 M. interarytaenoideus transversus
19 Cartilago thyroidea
20 Cartilago arytaenoidea
21 Plica vocalis
22 V. jugularis externa
23 V. jugularis interna
24 A. carotis communis
25 N. vagus
26 A. u. V. vertebralis
27 Lymphknoten
28 N. spinalis cervicalis V

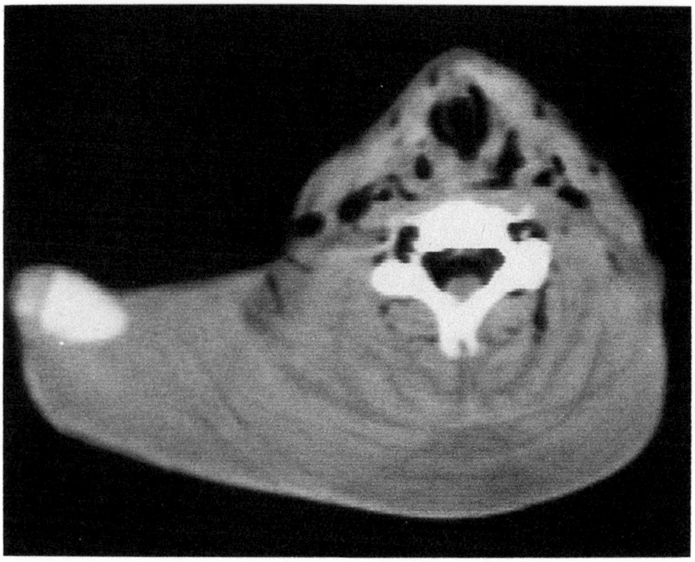

Abb. 76

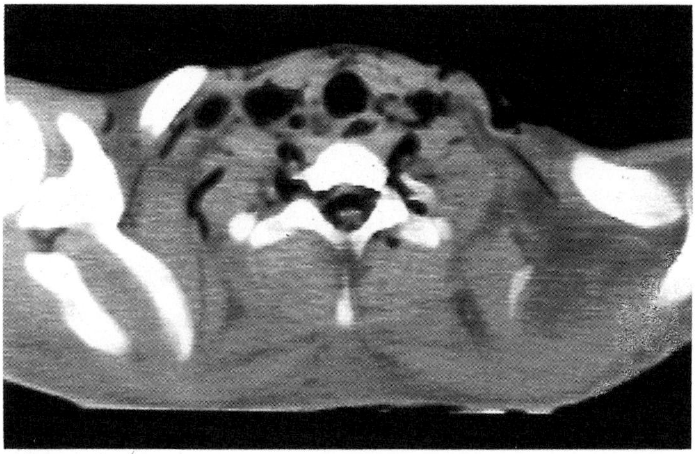

Abb. 77

Abb. 79 Transversalschnitt durch den Hals in Höhe des 1. Brustwirbels von oben gesehen
Der nach dem Original gezeichnete Schnitt stammt von jenem Präparat, an dem vorher die CT-Aufnahme gemacht wurde. Ansicht von oben.

1 M. sternocleidomastoideus
2 M. trapezius
3 M. sternohyoideus
4 M. sternothyroideus
5 Platysma
6 M. omohyoideus
7 M. scalenus anterior
8 M. scalenus medius
9 M. scalenus posterior
10 M. longus colli
11 M. levator scapulae
12 Mm. rhomboidei
13 M. splenius capitis
14 M. semispinalis capitis
15 M. splenius cervicis
16 Glandula thyroidea
17 Trachea
18 Oesophagus
19 Clavicula
20 V. jugularis interna
21 A. carotis communis
22 N. vagus
23 Truncus sympathicus
24 N. laryngeus recurrens
25 A. und V. vertebralis
26 Plexus brachialis (Truncus superior und Truncus medius)
27 N. phrenicus
28 V. jugularis externa

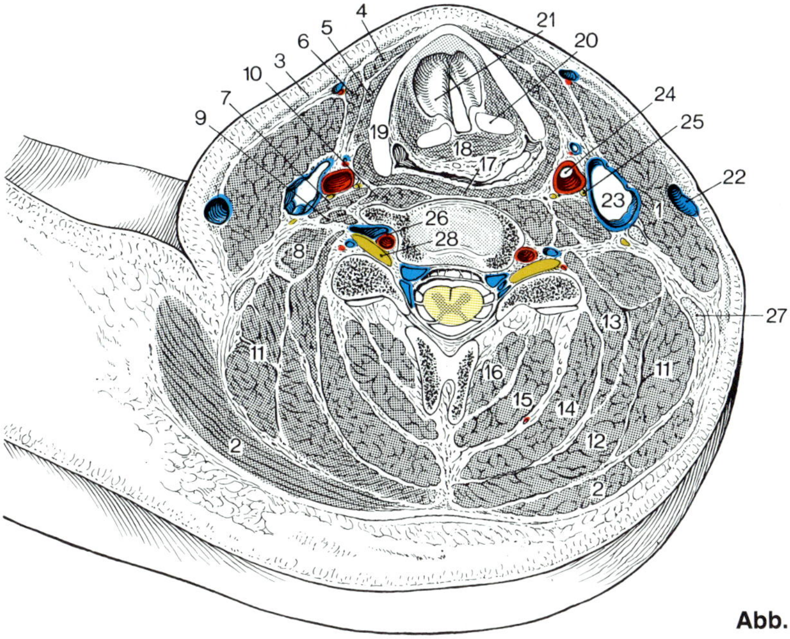
4
5
21
6
20
3
10
7
24
9
25
19
18
17
22
23
1
26
28
8
27
13
11
11
16
15
14
12
2
2

Abb. 78

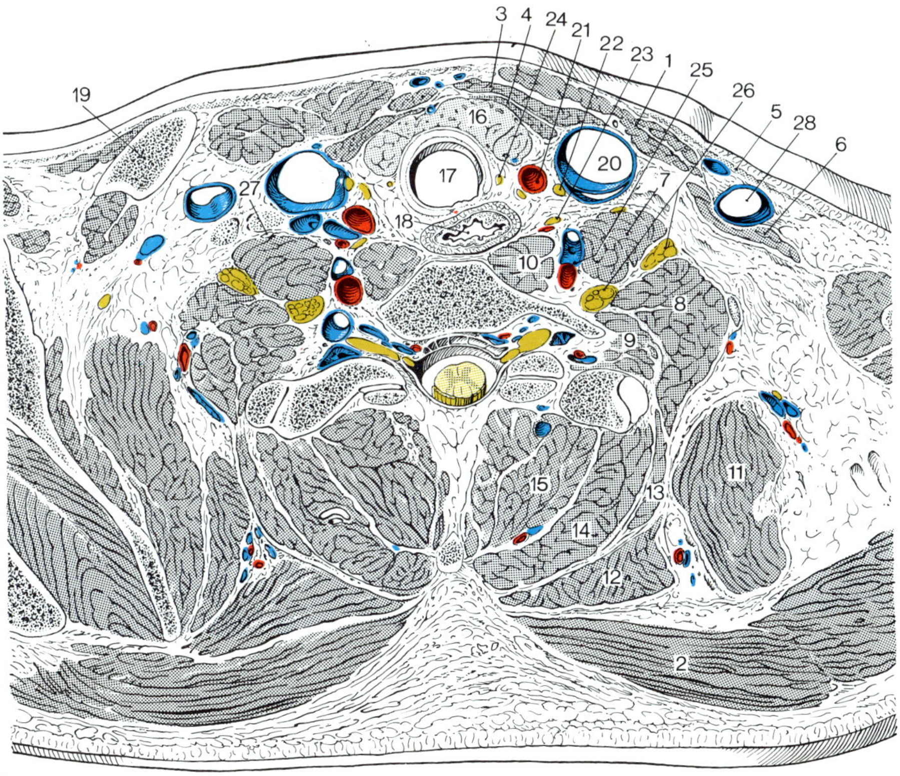
3
4
24
21
22
23
1
25
26
5
28
19
6
16
17
20
27
7
18
10
8
9
11
15
13
14
12
2

Abb. 79

Brust und Rücken

Abb. 80 A, B Regionen des Thorax
A Regionen des Thorax von ventral
B Regionen des Thorax von dorsal

1 Regio deltoidea
2 Trigonum clavipectorale dextrum
3 Fossa infraclavicularis dextra
4 Regio axillaris dextra
5 Regio mammaria dextra
6 Regio inframammaria dextra
7 Regio praesternalis
8 Regio thoracica lateralis
9 Regio hypochondriaca dextra
10 Regio epigastrica
11 Regio suprascapularis sinistra
12 Regio scapularis sinistra
13 Regio interscapularis
14 Regio vertebralis
15 Regio infrascapularis sinistra

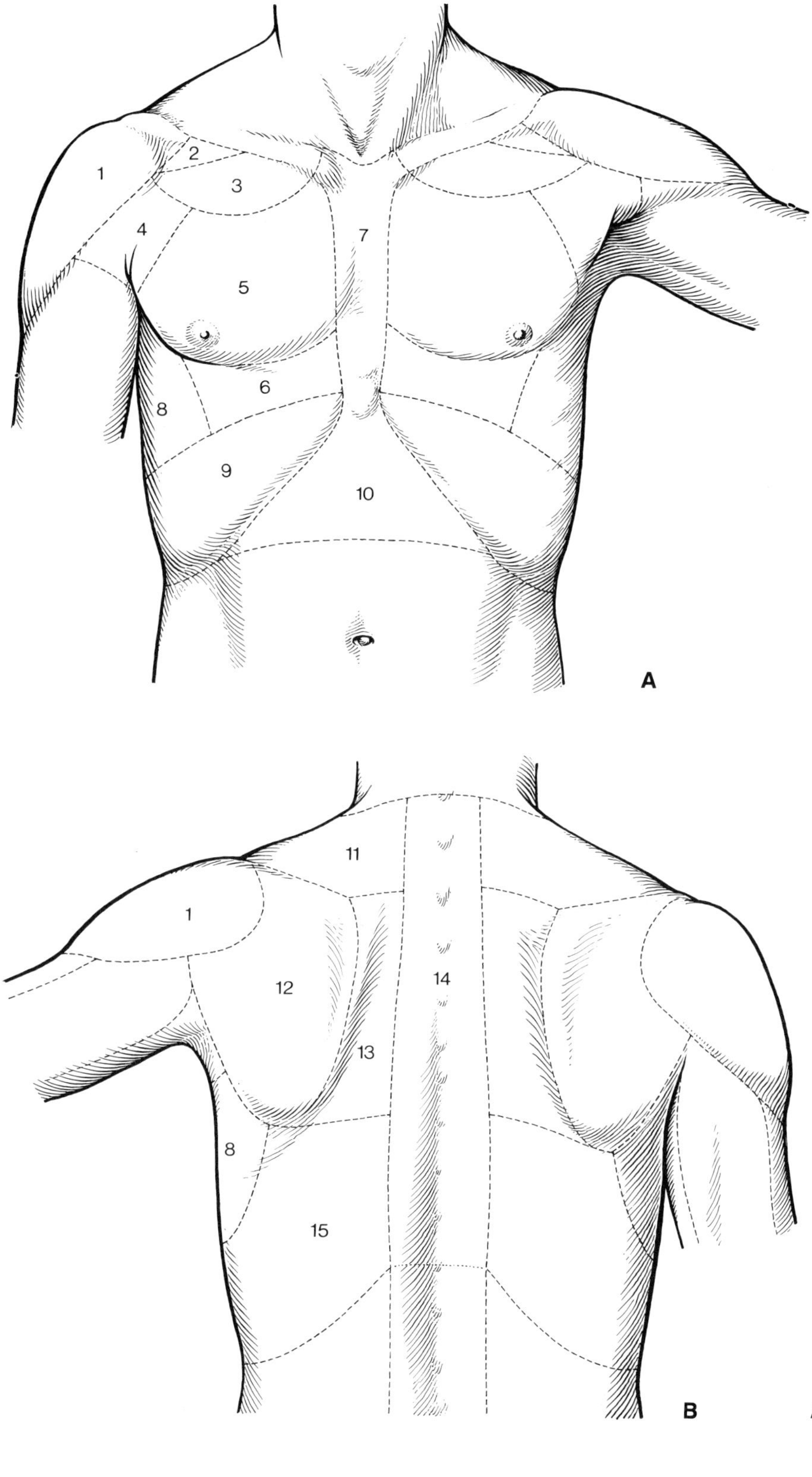

Abb. 80

Abb. 81 Lymphknoten und Lymphabflüsse der Brustdrüse

1 Nodi lymphatici axillares
2 Nodi lymphatici infraclaviculares
3 Nodi lymphatici parasternales
4 Nodi lymphatici interpectorales
5 Nodi lymphatici supraclaviculares
6 Nodi lymphatici paramammarii

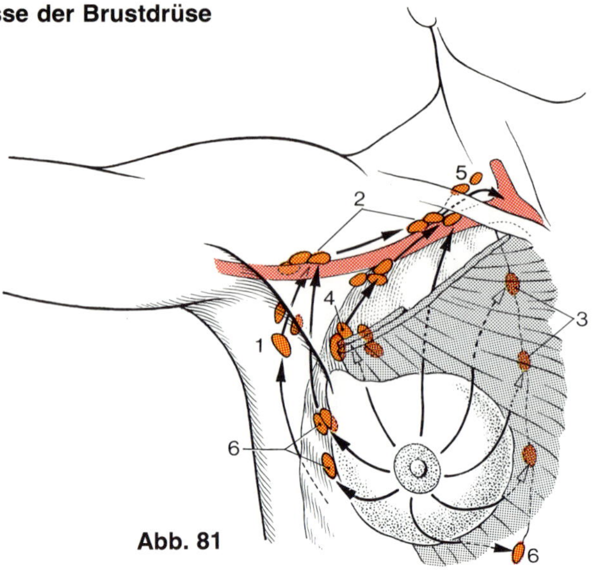

Abb. 81

Abb. 82 Vordere Thoraxregionen 1
Darstellung der subkutanen Schichte und des Corpus mammae. Dieses besteht aus der Glandula mammaria und dem umgebenden Fettgewebe.

1 Fascia pectoralis
2 Fascia axillaris im Bereich der Fossa axillaris
3 Corpus mammae
4 Areola mammae mit Papilla mammaria (Mamilla)
5 Processus lateralis (axillaris) glandulae mammariae
6 Nn. supraclaviculares mediales et intermedii
7 Rr. cutanei anteriores der Aa., Vv. und Nn. intercostales mit Rr. mammarii mediales
8 Rr. cutanei anteriores nn. intercostalium
9 Rr. cutanei laterales nn. intercostalium
10 A. thoracica lateralis und V. thoracoepigastrica
11 Rr. mammarii laterales der A. und V. thoracica lateralis
12 Nn. intercostobrachiales

Abb. 83 Vordere Thoraxregionen 2
Darstellung der subfaszialen Schichte.

1 Fascia axillaris
2 Pars clavicularis m. pectoralis majoris
3 Pars sternocostalis m. pectoralis majoris
4 Pars abdominalis m. pectoralis majoris
5 M. deltoideus
6 Fascia clavipectoralis im Trigonum clavipectorale
7 V. cephalica
8 V. thoracoepigastrica

Praktischer Hinweis

Die **Lymphe** der Brustdrüse fließt über mehrere, meist vier, Abflußbahnen zum Angulus venosus.
Eine Abflußbahn erreicht entweder über die Nodi lymphatici (l.) paramammarii oder direkt entlang des axillären Gefäßstieles die Nodi l. axillares. Von diesen gelangt sie über die infra- und supraklavikulären Lymphknoten in den Angulus venosus.
Die zweite Abflußbahn gelangt von den Nodi l. paramammarii direkt zu den Nodi l. infraclaviculares und weiter über die supraklavikulären Knoten zum Angulus venosus.
Die dritte Abflußbahn erreicht entweder unter Einschaltung der Nodi l. interpectorales oder unter Umgehung dieser Knoten die Nodi l. infraclaviculares bzw. die Nodi l. supraclaviculares.
Die vierte Abflußbahn aus den medialen Anteilen der Drüse verläuft über die Nodi l. parasternales entlang der A. und V. thoracica interna direkt zum Angulus venosus.

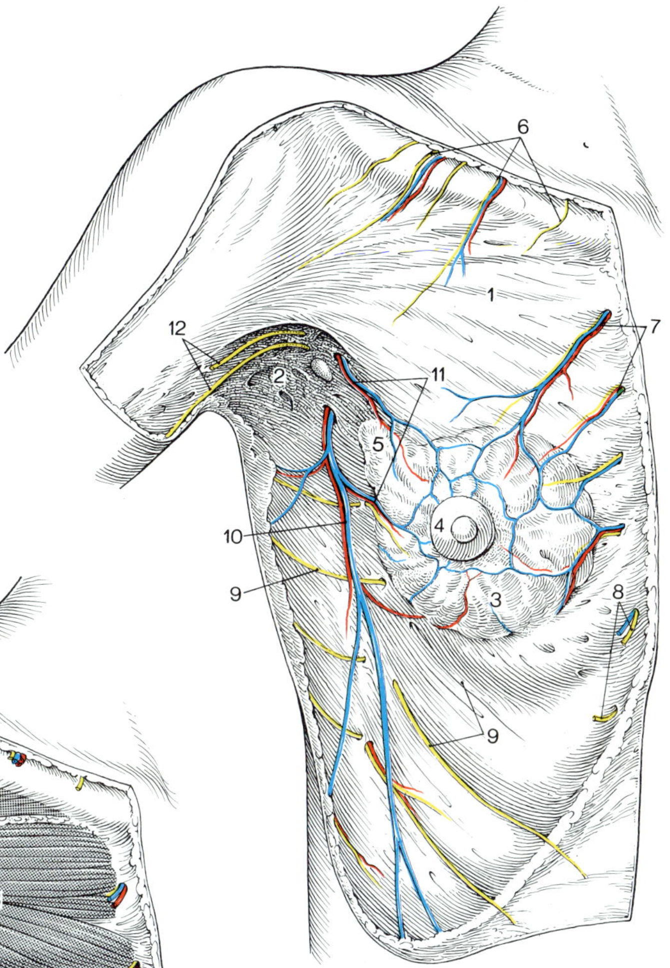

Abb. 82

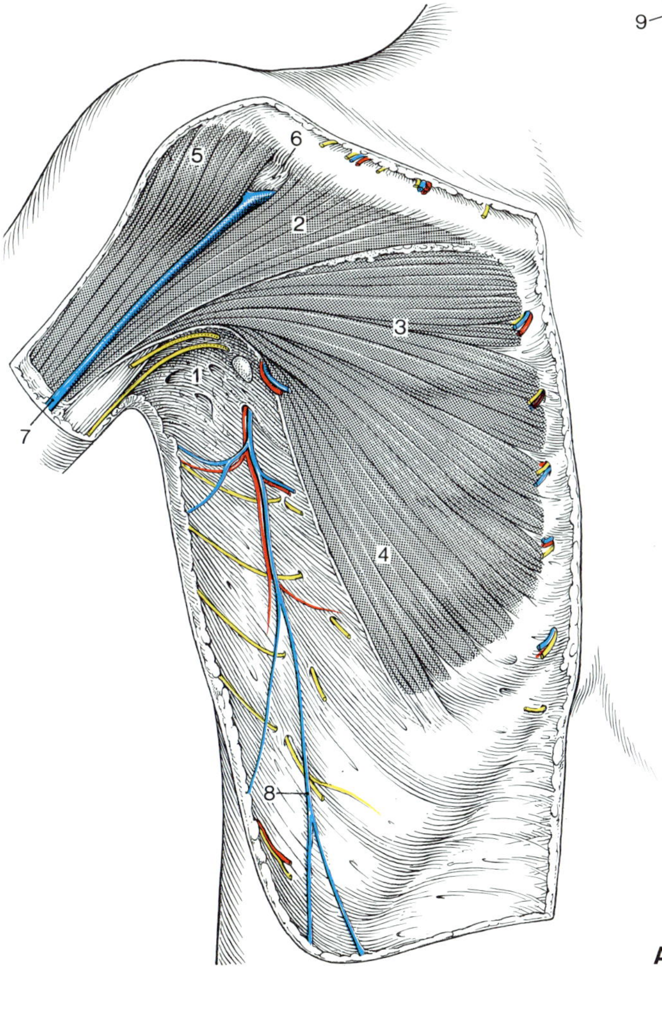

Abb. 83

Abb. 84 Vordere Thoraxregionen 3
Die Mm. pectorales majores et minores sind entfernt. Rechts wurden neben dem Sternum die Mm. intercostales interni abgetragen und die A. und V. thoracica interna dargestellt. Außerdem ist auf der rechten Seite der M. rectus abdominis entfernt, wodurch die Fortsetzungen der A. und V. thoracica interna, die A. und V. epigastrica superior, sichtbar werden.

1 M. pectoralis major, Pars sternocostalis (Ursprung)
2 M. pectoralis major, Pars clavicularis (Ursprung)
3 M. pectoralis minor (Ursprungszacken)
4 M. serratus anterior
5 M. obliquus externus abdominis (Ursprungszacken)
6 M. rectus abdominis
7 Rectusscheide (Schnittrand)
8 M. intercostalis externus
9 M. intercostalis internus
10 M. subclavius
11 Pleura parietalis
12 V. cephalica
13 V. axillaris
14 A. und V. thoracica lateralis
15 A. axillaris
16 Fasciculus medialis
17 Fasciculus lateralis
18 Fasciculus posterior
19 A. und V. thoracica interna
20 A. und V. epigastrica superior
21 Nn. intercostales, Rr. cutanei laterales
● Stelle der Sternalpunktion

Praktischer Hinweis

Sternalpunktion

Die Punktion wird in der Medianen des Corpus sterni zwischen den Ansätzen der 2. und 3. Rippe durchgeführt. Eine Punktion in Höhe der Rippenansätze darf *nicht* durchgeführt werden, da aufgrund der Entwicklung Synchondrosen erhalten bleiben können. Ebenso darf *nicht* im unteren Anteil des Corpus sterni punktiert werden, da durch die in diesem Bereich ursprünglich paarigen Knochenanlagen eine *Fissura sterni congenita* vorhanden sein kann. In beiden Fällen können die retrosternal gelegenen Gebilde (Herz, große Gefäße) verletzt werden. Der Markraum befindet sich etwa 2–3 mm unterhalb des Periost.

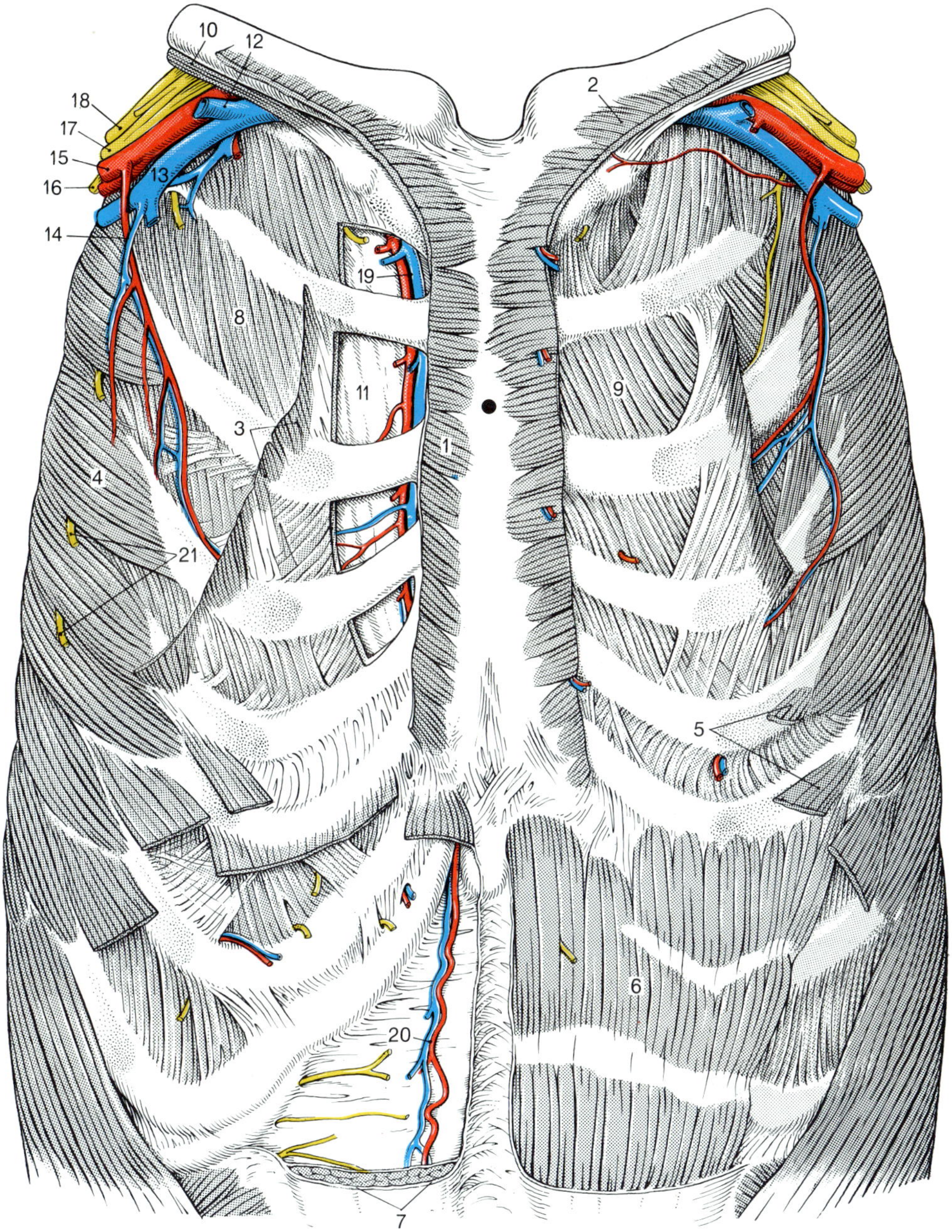

Abb. 84

Abb. 85 Dorsale Thoraxregionen 1
Darstellung der subkutanen Schichte.

1 Rr. cutanei der Rr. dorsales der Spinalnerven
2 V. azygos dorsi
3 Rr. cutanei laterales nn. intercostalium
4 R. cutaneus der A. circumflexa scapulae
5 R. cutaneus der A. circumflexa humeri posterior
6 Zweige des N. cutaneus brachii lateralis superior
7 Fascia deltoidea
8 Fascia thoracica
9 Processus spinosus des 12. Brustwirbels

Abb. 86 Dorsale Thoraxregionen 2
Darstellung der subfaszialen Schichte.

1 M. trapezius
2 Spina scapulae
3 M. deltoideus
4 M. teres minor
5 Caput longum m. tricipitis
6 M. teres major
7 M. infraspinatus
8 M. rhomboideus major
9 M. latissimus dorsi
10 A. und V. circumflexa scapulae

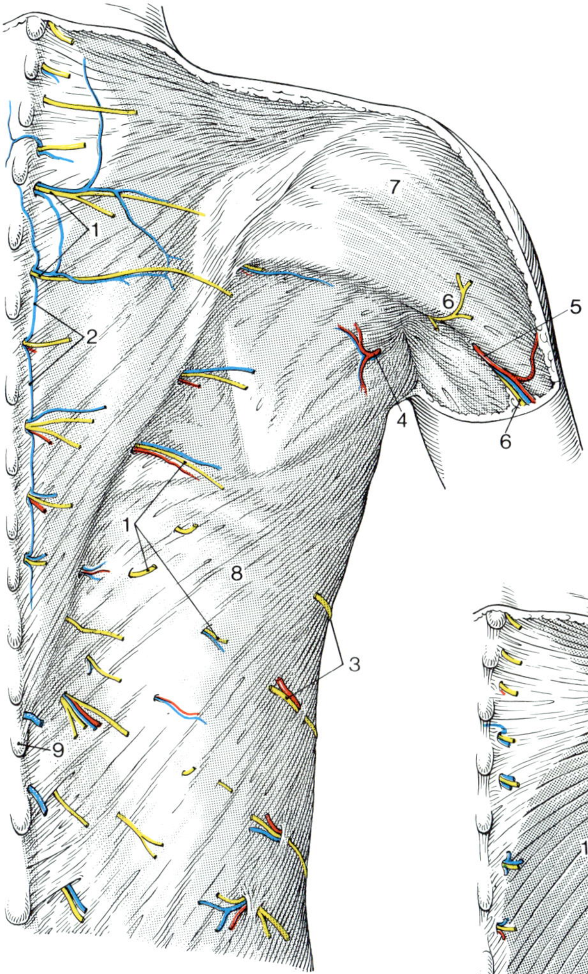

Abb. 85

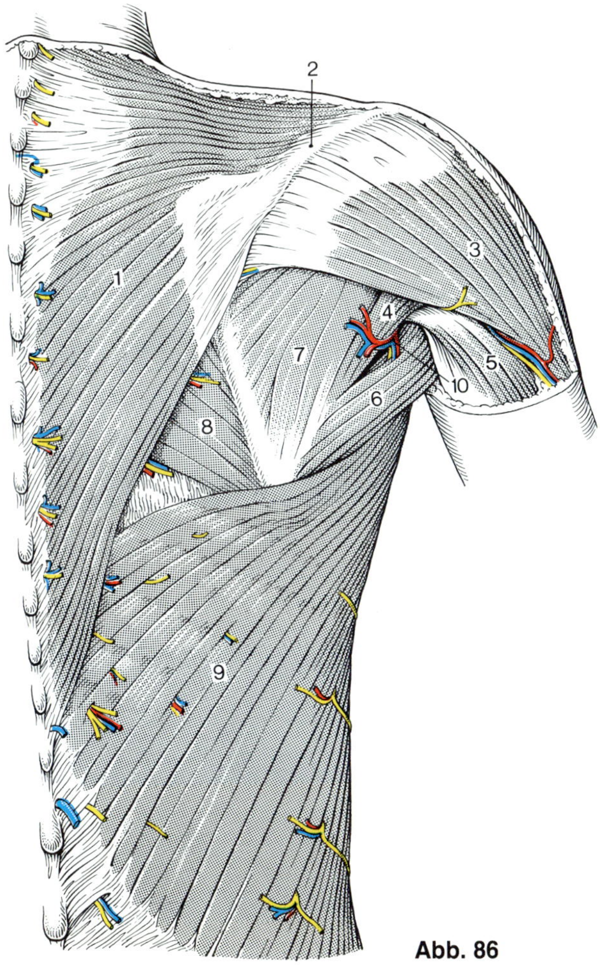

Abb. 86

Abb. 87 Eröffnung des Wirbelkanals
Darstellung der Cavitas epiduralis durch Entfernung der Wirbelbögen.

1 Lamina arcus vertebrae des 4. Brustwirbels
2 Lamina arcus vertebrae des 11. Brustwirbels
3 Processus transversus
4 M. intercostalis externus
5 Mm. levatores costarum
6 Lig. costotransversarium laterale
7 Ligg. intertransversaria
8 Dura mater spinalis
9 Plexus venosus vertebralis internus (posterior)
10 A. und V. intercostalis posterior
11 Ganglion spinale
12 R. dorsalis n. spinalis
13 R. lateralis
14 R. medialis
15 Plexus venosus vertebralis externus (posterior)

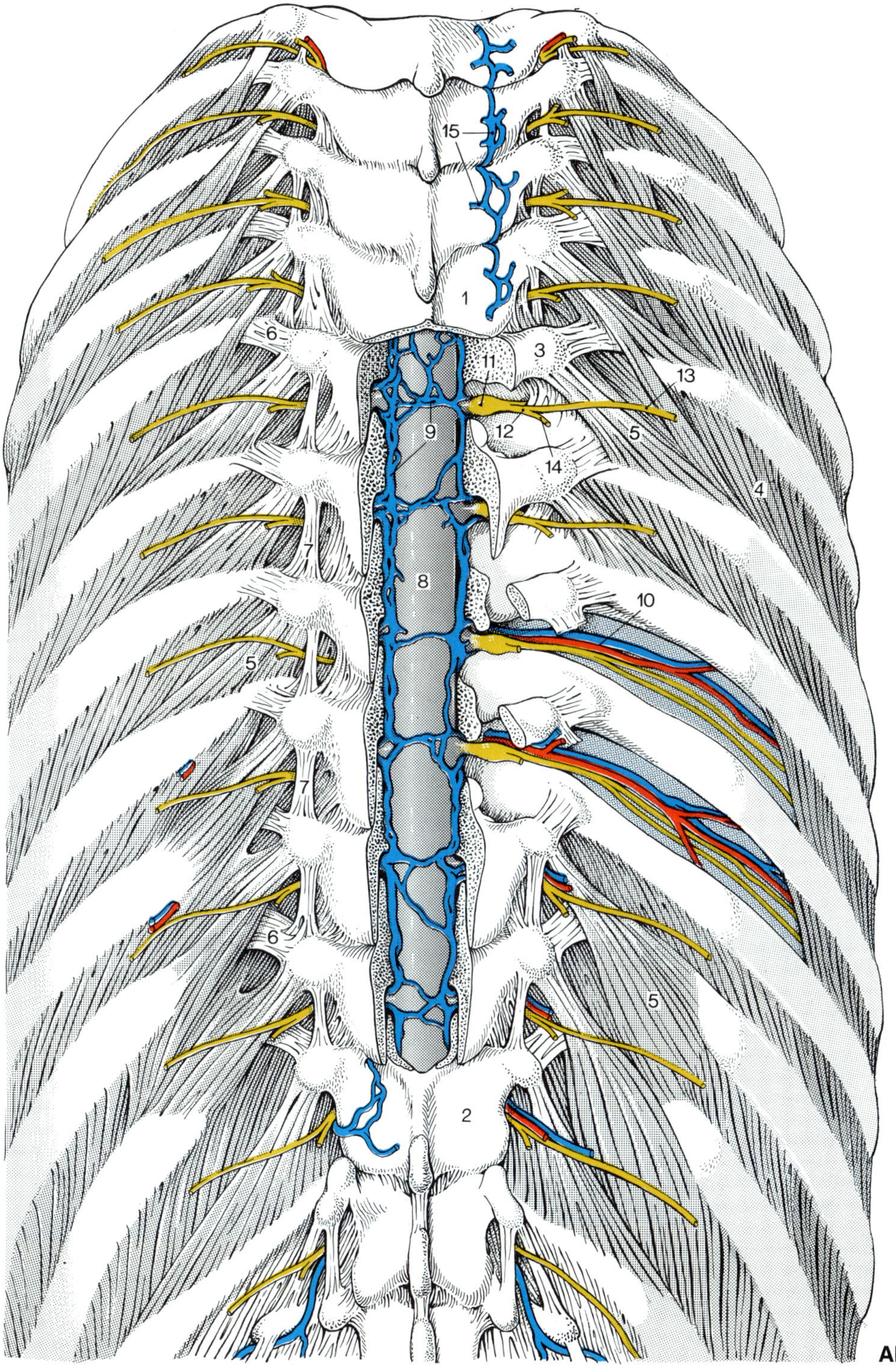

Abb. 87

Abb. 88 Schematischer Mediansagittalschnitt durch den Thorax
Gliederung des Mediastinum

rot:	Mediastinum superius
blau:	Mediastinum inferius
quer schraffiert:	Mediastinum anterius
homogen:	Mediastinum medium
schräg schraffiert:	Mediastinum posterius

Praktischer Hinweis

Grenzen: *Mediastinum superius*
Apertura thoracis superior (kranial)
Manubrium sterni (ventral)
Transversalebene durch den Angulus sterni (kaudal)
obere Brustwirbelsäule (dorsal)

Mediastinum inferius
Transversalebene durch den Angulus sterni (kranial)
Corpus sterni (ventral)
Diaphragma (kaudal)
untere Brustwirbelsäule (dorsal)

Das Mediastinum inferius wird durch die vordere und hintere Wand des Herzbeutels in das Mediastinum anterius, medium und posterius unterteilt.

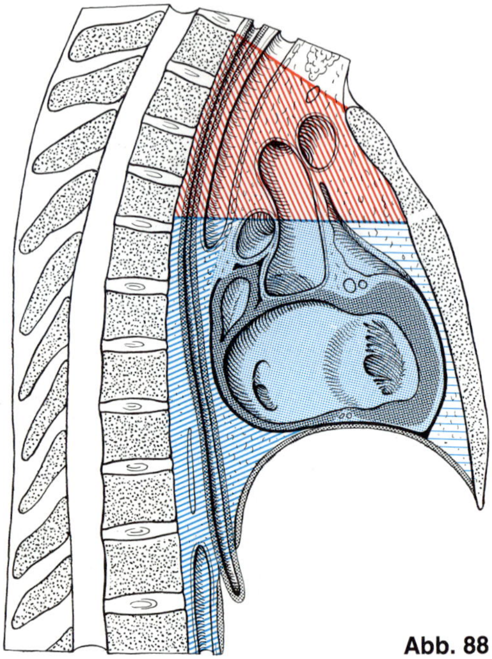

Abb. 88

Abb. 89 Der Brustraum von vorne mit eröffneten Pleurahöhlen

1 Pleura mediastinalis
2 Pleura costalis
3 Pleura diaphragmatica
4 Lobus superior der rechten Lunge
5 Lobus medius der rechten Lunge
6 Lobus inferior der rechten Lunge
7 Fissura horizontalis
8 Fissura obliqua pulmonis dextri
9 Lobus superior der linken Lunge
10 Lobus inferior der linken Lunge
11 Fissura obliqua pulmonis sinistri
12 Lingula pulmonis sinistri
13 Margo anterior
14 Incisura cardiaca pulmonis sinistri
15 Pericardium
16 A. und V. thoracica interna
17 Sternum (durchtrennt)
18 Schnittfläche der 2. Rippe
19 Schnittfläche der 8. Rippe

Abb. 90 A–C Variationen der Pleuraumschlagstellen an der vorderen Brustwand
(nach H. v. Hayek)

A Typisches Verhalten. Zwischen zweiter und vierter Rippe liegen beide Pleuragrenzen etwa in der Medianebene, so daß ein oberes und ein unteres pleurafreies Dreieck vorhanden ist

B Die rechte Pleuraumschlagstelle ist nahe an den linken Sternalrand gerückt, das untere pleurafreie Dreieck ist nach links vergrößert

C Verschiebung beider Pleuraumschlagstellen nach rechts. Fast völliges Fehlen eines unteren pleurafreien Dreiecks, wodurch der Herzbeutel von Pleura bedeckt ist

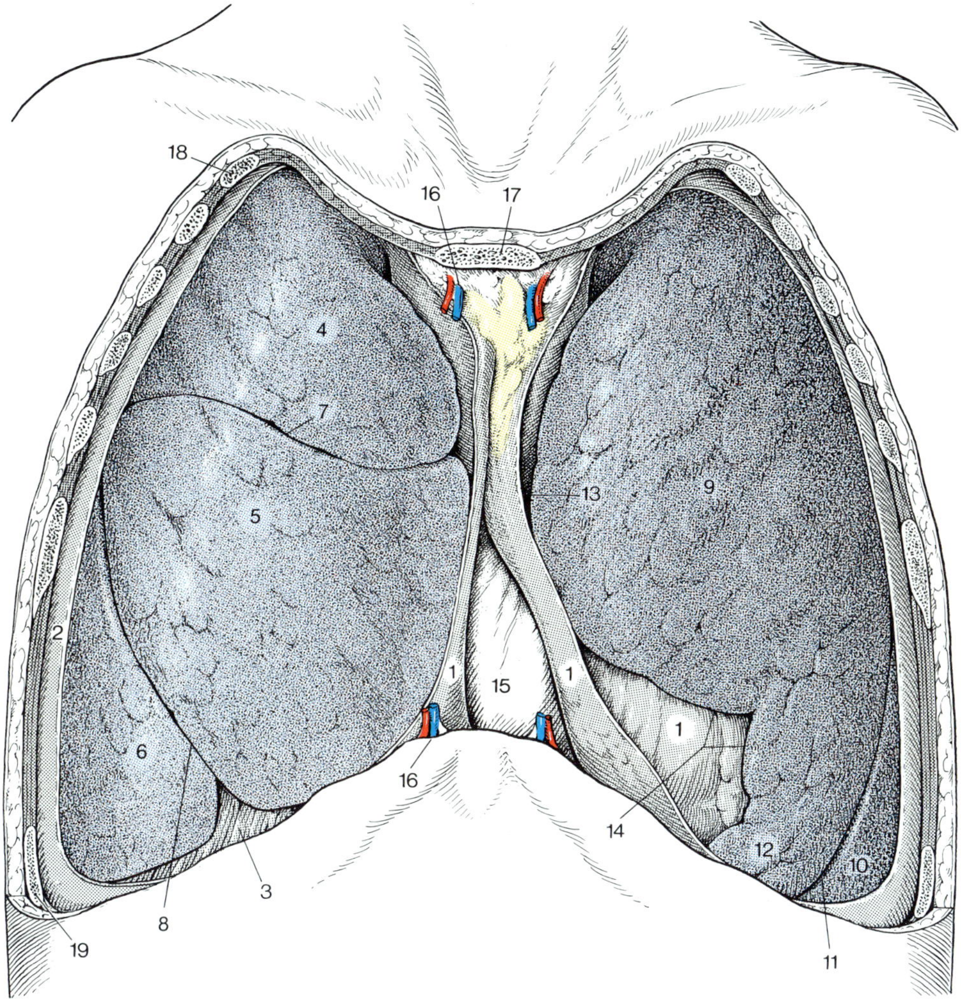

Abb. 89

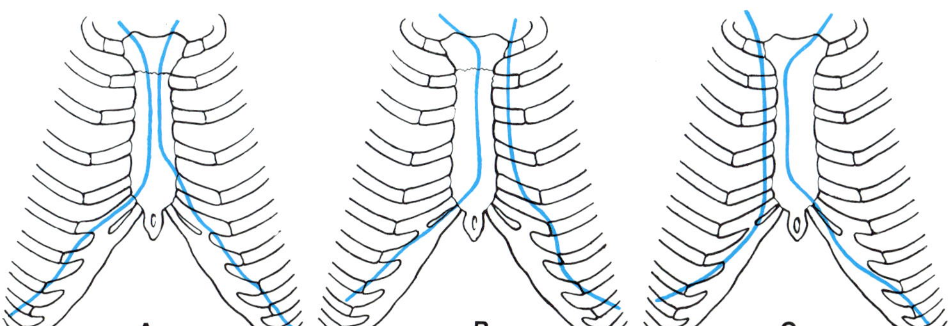

Abb. 90

Abb. 91 Hilum der linken Lunge von vorne

Die Umschlagstelle der Pleura pulmonalis auf die Pleura mediastinalis wird durchtrennt und das Lungengewebe abgeschoben, so daß die Gebilde des Lungenstieles sichtbar werden. Außerdem wird der Oberlappen zur Seite gedrängt, und damit kommt die Pars mediastinalis zur Ansicht.

1 Lobus superior
2 Lobus inferior
3 Arcus aortae (von der Pleura mediastinalis bedeckt)
4 N. phrenicus (von der Pleura mediastinalis bedeckt)
5 Schnittrand der Pleura costalis (Pfeil: Recessus costomediastinalis)
6 A. pulmonalis sinistra
7 R. apicalis a. pulmonalis sinistrae
8 Pars basalis a. pulmonalis sinistrae
9 R. basalis anteriomedialis der Pars basalis a. pulmonalis sinistrae
10 R. anterior descendens a. pulmonalis sinistrae
11 V. pulmonalis superior sinistra
12 V. pulmonalis inferior sinistra
13 R. apicoposterior v. pulmonalis superioris sinistrae
14 R. anterior v. pulmonalis superioris sinistrae
15 R. lingularis v. pulmonalis superioris sinistrae
16 Bronchus segmentalis apicoposterior
17 Bronchus segmentalis anterior
18 Bronchus segmentalis basalis anteriomedialis
19 ein Nodus lymphaticus bronchopulmonalis

Abb. 92 Hilum des Lobus superior sinister von vorne

Der Apex pulmonis wird nach abwärts gezogen, wodurch die Gebilde des Oberlappenstieles von vorne sichtbar werden.

1 A. pulmonalis sinistra
2 R. apicalis a. pulmonalis sinistrae
3 R. anterior descendens a. pulmonalis sinistrae
4 Pars basalis a. pulmonalis sinistrae
5 R. apicoposterior v. pulmonalis superioris sinistrae
6 R. anterior v. pulmonalis superioris sinistrae
7 R. lingularis v. pulmonalis superioris sinistrae
8 Bronchus segmentalis apicoposterior
9 Bronchus segmentalis anterior
10 ein Nodus lymphaticus bronchopulmonalis

Abb. 93 Hilum des Lobus inferior sinister von vorne

Nach Hochziehen des Lobus superior und Verdrängen des Perikardsackes nach medial können die Gebilde des Unterlappenstieles von vorne dargestellt werden.

1 R. basalis anteriomedialis der Pars basalis a. pulmonalis sinistrae
2 R. basalis lateralis der Pars basalis a. pulmonalis sinistrae
3 R. basalis posterior der Pars basalis a. pulmonalis sinistrae
4 Bronchus lobaris inferior sinister
5 Bronchus segmentalis basalis lateralis
6 Bronchus segmentalis basalis anteriomedialis
7 V. pulmonalis inferior sinistra
8 R. apicalis v. pulmonalis inferioris sinistrae
9 V. basalis communis v. pulmonalis inferioris sinistrae
10 V. basalis inferior v. pulmonalis inferioris sinistrae
11 V. basalis superior v. pulmonalis inferioris sinistrae

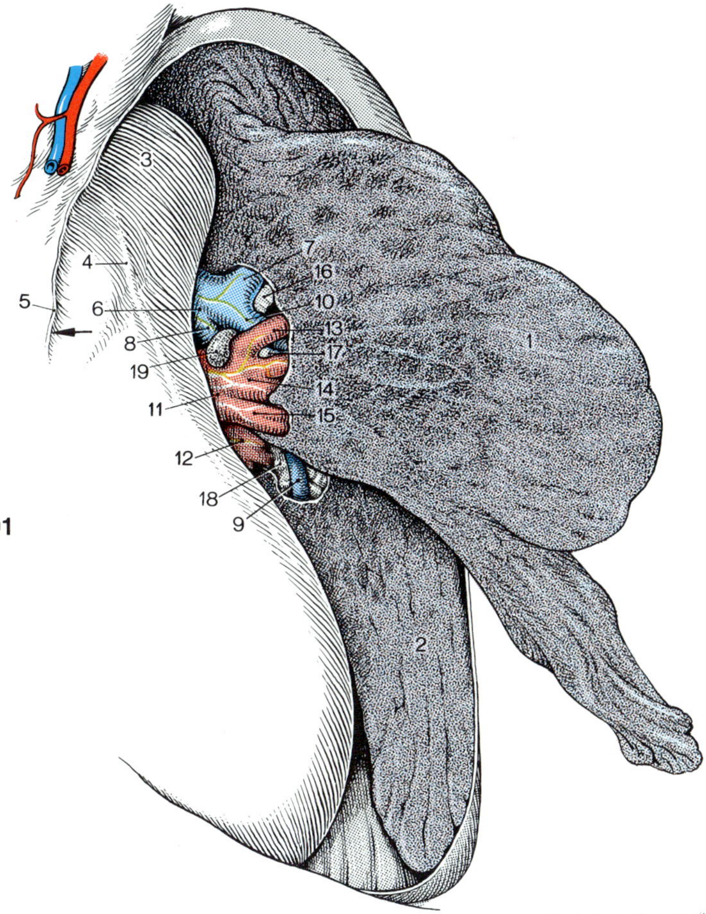

Abb. 91

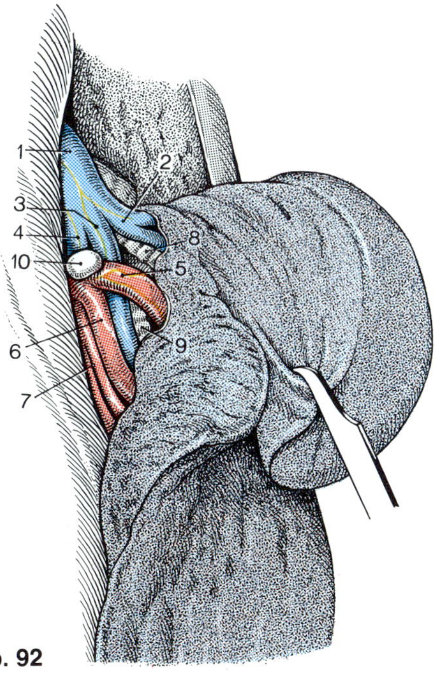

Abb. 92

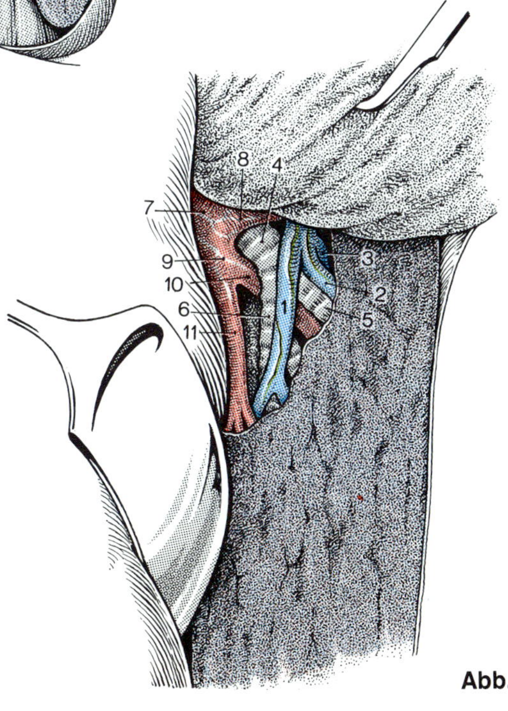

Abb. 93

Abb. 94 Hilum der rechten Lunge von vorne

Ober- und Mittellappen werden zur Seite gedrängt, wodurch die Pars mediastinalis sichtbar wird. Die Umschlagstelle der Pleura pulmonalis in die Pleura mediastinalis wird durchtrennt, das Lungengewebe abgeschoben, und damit werden die Gebilde des Lungenstieles von vorne zur Ansicht gebracht.

1 N. vagus dexter (bedeckt von Pleura mediastinalis)
2 V. azygos (bedeckt von Pleura mediastinalis)
3 N. phrenicus dexter (bedeckt von Pleura mediastinalis)
4 Lobus superior
5 Lobus medius
6 Lobus inferior
7 A. pulmonalis dextra
8 Ast der A. pulmonalis dextra zum Lobus superior
9 R. lobi medii a. pulmonalis dextrae
10 Pars basalis a. pulmonalis dextrae
11 Bronchus lobaris superior dexter
12 Bronchus lobaris medius dexter
13 Bronchus lobaris inferior dexter
14 V. pulmonalis superior dextra
15 V. pulmonalis inferior dextra
16 R. apicalis v. pulmonalis superioris dextrae
17 R. posterior v. pulmonalis superioris dextrae
18 R. anterior v. pulmonalis superioris dextrae
19 R. lobi medii v. pulmonalis superioris dextrae
20 Nodi lymphatici bronchopulmonales

Abb. 95 Hilum des Lobus superior dexter von vorne

Der Oberlappen wird nach lateral und aufwärts gezogen, wodurch die Gebilde des Oberlappenstieles von vorne sichtbar werden.

1 V. azygos (von Pleura mediastinalis bedeckt)
2 Ast der A. pulmonalis dextra zum Lobus superior und Bronchus lobaris superior dexter
3 R. apicalis a. pulmonalis dextrae
4 R. posterior a. pulmonalis dextrae
5 R. anterior ascendens a. pulmonalis dextrae
6 R. anterior descendens a. pulmonalis dextrae
7 R. apicalis v. pulmonalis superioris dextrae
8 R. posterior v. pulmonalis superioris dextrae
9 R. anterior v. pulmonalis dextrae

Abb. 96 Hilum des Lobus medius von vorne

Der Mittellappen wird nach lateral und aufwärts gezogen, wodurch die Gebilde des Mittellappenstieles von vorne sichtbar werden.

1 R. lobi medii a. pulmonalis dextrae
2 R. lateralis
3 R. medialis
4 R. lobi medii v. pulmonalis superioris dextrae
5 Pars lateralis des R. lobi medii
6 Pars medialis des R. lobi medii
7 Bronchus lobaris medius dexter

Abb. 97 Hilum des Lobus inferior dexter von vorne

Der Mittellappen wird nach aufwärts gezogen, wodurch die Gebilde des Unterlappenstieles von vorne sichtbar werden.

1 Pars basalis a. pulmonalis dextrae
2 R. basalis medialis (cardiacus) der Pars basalis a. pulmonalis dextrae
3 gemeinsamer Stamm des R. basalis posterior und des R. basalis lateralis der Pars basalis a. pulmonalis dextrae
4 R. basalis anterior der Pars basalis a. pulmonalis dextrae
5 V. pulmonalis inferior dextra
6 R. apicalis v. pulmonalis inferioris dextrae
7 V. basalis communis v. pulmonalis inferioris dextrae
8 Bronchus lobaris inferior dexter

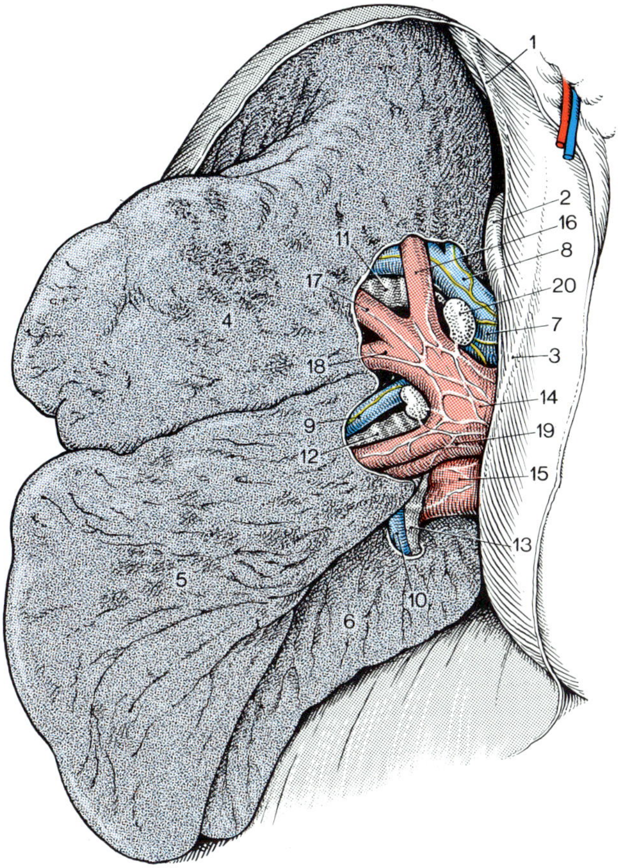

Abb. 94

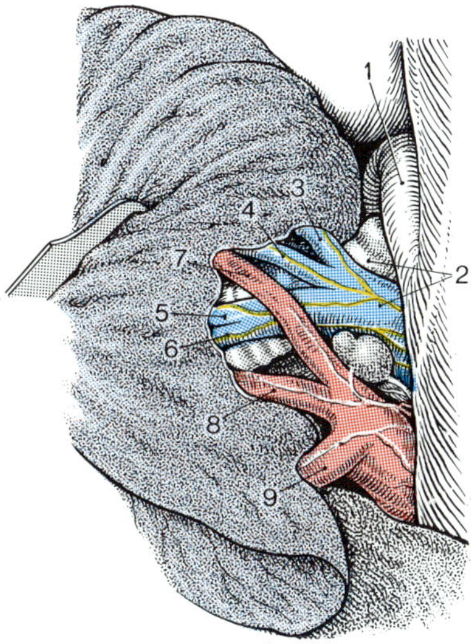

Abb. 95

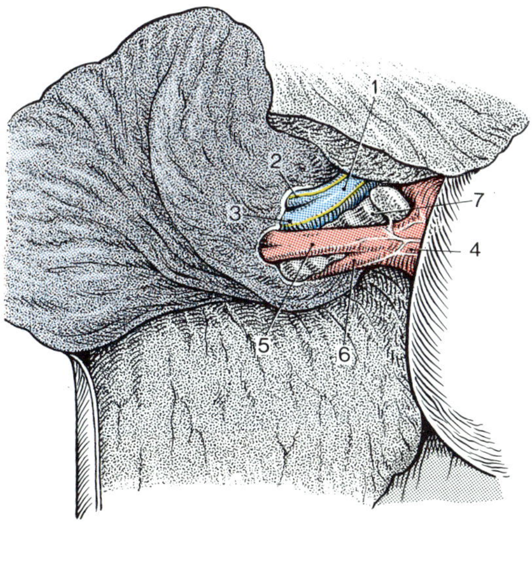

Abb. 96

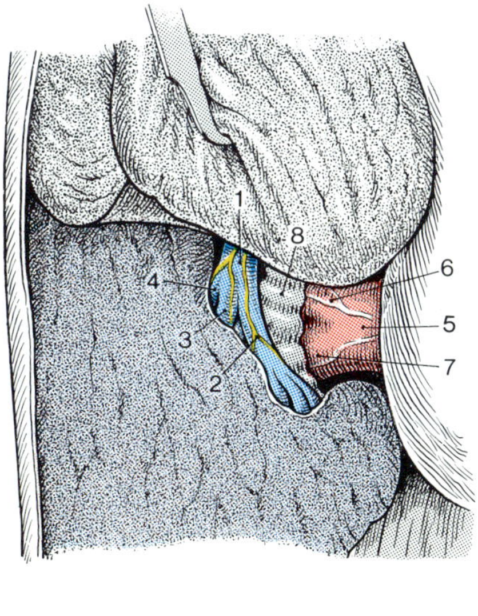

Abb. 97

Abb. 98 A, B Die bronchopulmonalen Segmente und die Verzweigung des Bronchialbaumes

A Ansicht von vorne

B Ansicht des Bronchialbaumes von vorne und Ansicht der medialen Flächen der Lungen

Rechte Lunge

Lobus superior

1 Segmentum apicale und Bronchus segmentalis apicalis
2 Segmentum posterius und Bronchus segmentalis posterior
3 Segmentum anterius und Bronchus segmentalis anterior

Lobus medius

4 Segmentum laterale und Bronchus segmentalis lateralis
5 Segmentum mediale und Bronchus segmentalis medialis

Lobus inferior

6 Segmentum apicale und Bronchus segmentalis apicalis
7 Segmentum basale mediale und Bronchus segmentalis basalis medialis
8 Segmentum basale anterius und Bronchus segmentalis basalis anterior
9 Segmentum basale laterale und Bronchus segmentalis basalis lateralis
10 Segmentum basale posterius und Bronchus segmentalis basalis posterior

Linke Lunge

Lobus superior

1+2 Segmentum apicoposterius und Bronchus segmentalis apicoposterior
3 Segmentum anterius und Bronchus segmentalis anterior
4 Segmentum lingulare superius und Bronchus segmentalis lingularis superior
5 Segmentum lingulare inferius und Bronchus segmentalis lingularis inferior

Lobus inferior

6 Segmentum apicale und Bronchus segmentalis apicalis
7+8 Segmentum basale anteriomediale und Bronchus segmentalis basalis anteriomedialis
9 Segmentum basale laterale und Bronchus segmentalis basalis lateralis
10 Segmentum basale posterius und Bronchus segmentalis basalis posterior

11 Bifurcatio tracheae
12 Bronchus principalis dexter
13 Bronchus principalis sinister

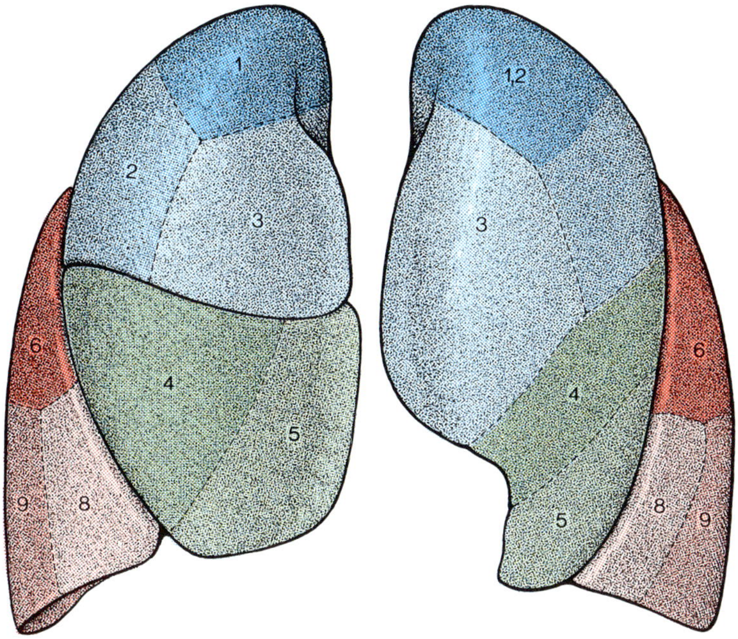

1
2
3
6
4
5
9
8
1,2
3
6
4
8
9
5

A

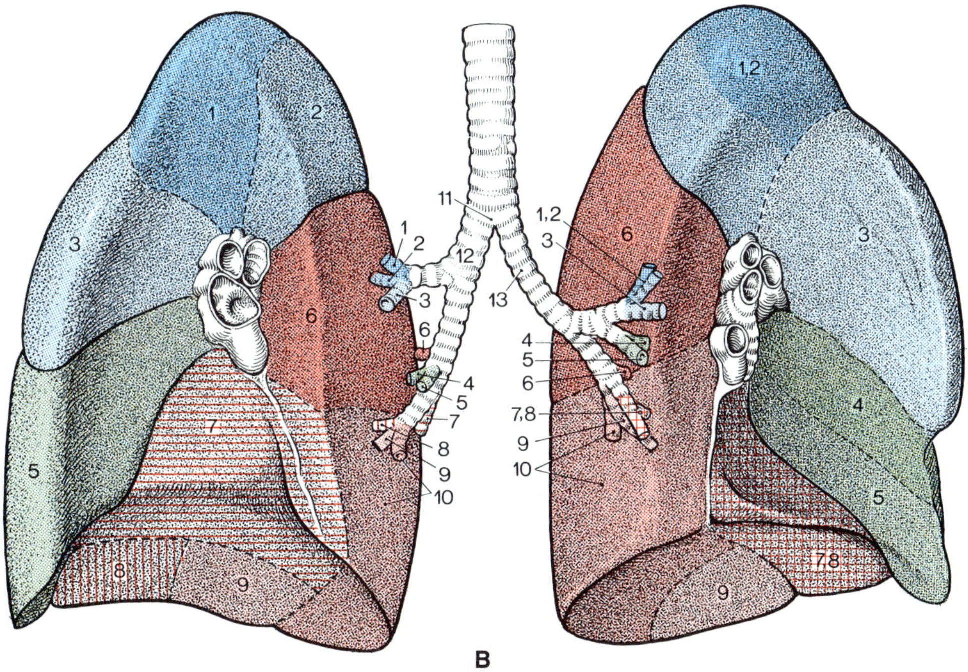

1
2
3
6
7
5
8
9
11
12
13
1
2
3
6
4
5
7
8
9
10
1,2
3
6
4
5
6
7,8
9
10
1,2
6
3
4
5
7,8
9

B

Abb. 98

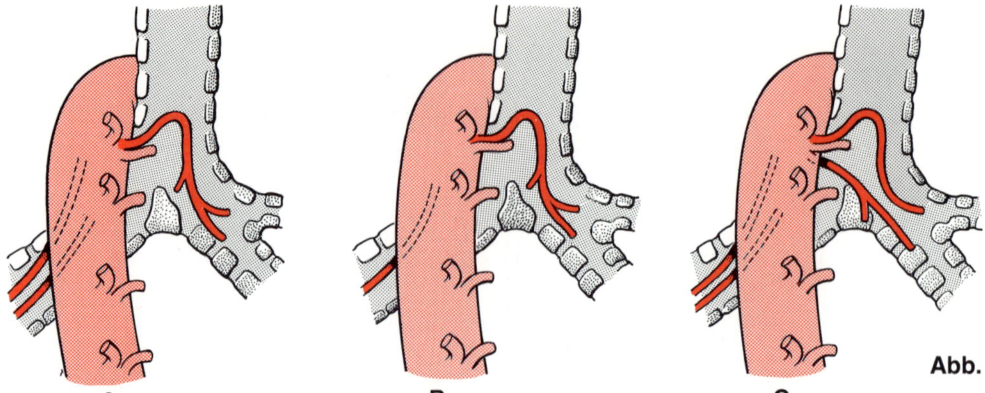

Abb. 99 A–C Variationen der Aa. bronchiales von dorsal gesehen

A Häufigstes Vorkommen. Rechts entspringt eine A. bronchialis gemeinsam mit einer A. intercostalis posterior aus der Aorta. Links zwei Aa. bronchiales als direkte Äste der Aorta (Häufigkeit ca. 40%)

B Jederseits findet sich nur eine A. bronchialis (Häufigkeit zwischen 15 und 30%)

C Jederseits finden sich zwei Aa. bronchiales (Häufigkeit zwischen 12 und 23%)

Abb. 100 Mediastinum von dorsal

Nach Entfernung der Wirbelsäule und der parietalen Gefäße und Nerven werden die Gebilde des Mediastinum posterius sichtbar.

1 Vertebra thoracica prima
2 zweite Rippe (durchschnitten)
3 Oesophagus, Pars thoracica
4 Pars thoracica aortae
5 Aa. intercostales posteriores
6 A. bronchialis dextra
7 V. azygos
8 V. hemiazygos
9 V. intercostalis superior dextra
10 Truncus brachiocephalicus
11 A. subclavia sinistra
12 Ductus thoracicus
13 Truncus sympathicus (durchtrennt)
14 N. splanchnicus major
15 Truncus vagalis posterior
16 Lobus superior sinister
17 Lobus inferior sinister
18 Lobus superior dexter
19 Lobus inferior dexter
20 Pleura diaphragmatica

Abb. 101 Hilum der linken Lunge von dorsal

1 Arcus aortae
2 Pars thoracica aortae
3 A. pulmonalis sinistra
4 V. pulmonalis inferior sinistra
5 Bronchus principalis sinister
6 Nodi lymphatici bronchopulmonales
7 Aa. bronchiales sinistrae
8 Rr. oesophageales
9 Oesophagus
10 N. vagus sinister
11 Rr. bronchiales n. vagi
12 Plexus oesophageus
13 Truncus vagalis posterior

Abb. 102 Hilum der rechten Lunge von dorsal

1 Pars thoracica aortae
2 A. bronchialis dextra
3 V. azygos
4 V. bronchialis dextra
5 Oesophagus
6 Ductus thoracicus
7 A. pulmonalis dextra
8 V. pulmonalis inferior dextra
9 Bronchus lobaris superior dexter
10 gemeinsamer Stamm der Bronchi lobares medius et inferior
11 N. vagus dexter
12 Rr. bronchiales n. vagi
13 Plexus oesophageus
14 Truncus vagalis posterior

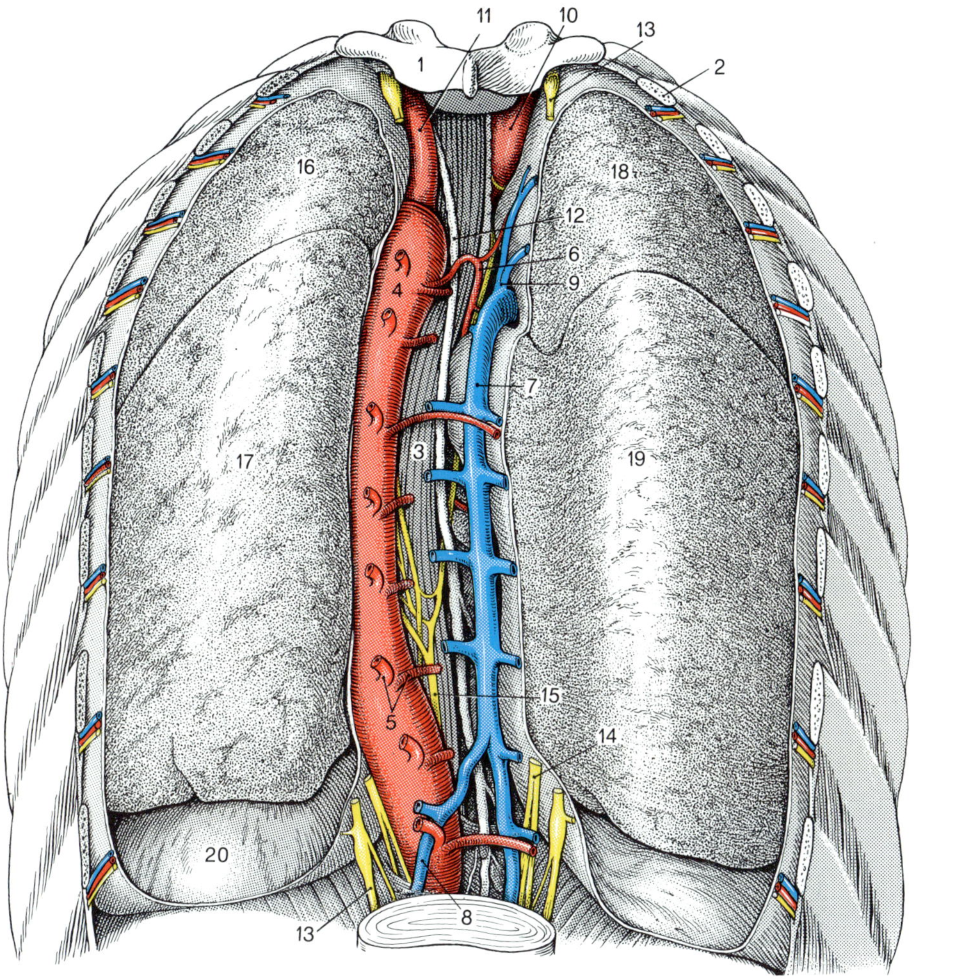

Abb. 100

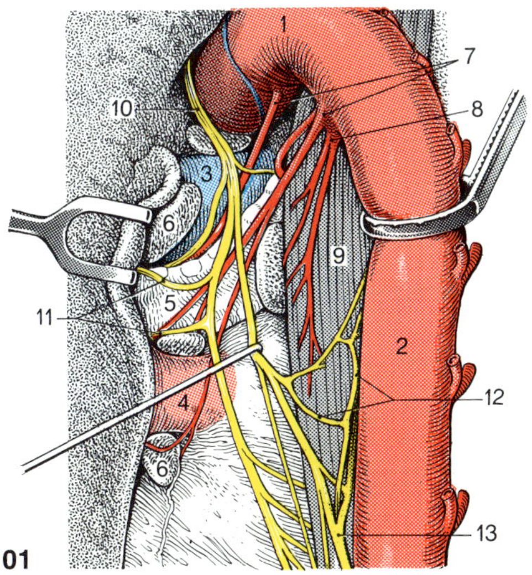

Abb. 101

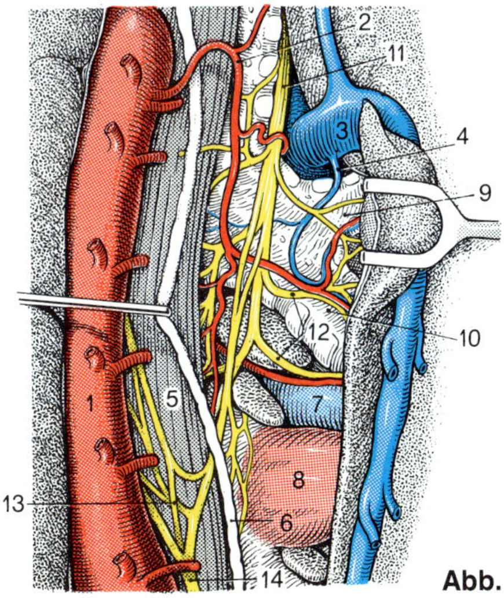

Abb. 102

Abb. 103 Hilum der rechten Lunge von medial

1 Bronchus principalis dexter (bereits geteilt)
2 A. pulmonalis dextra (bereits geteilt)
3 V. pulmonalis superior dextra
4 V. pulmonalis inferior dextra
5 A. bronchialis dextra (Zweige)
6 V. bronchialis dextra
7 Rr. bronchiales
8 Rr. pulmonales
9 Lymphgefäße

Abb. 104 Mediastinum von der rechten Seite
Die Lunge ist entfernt, und nach Ablösung der Pleura parietalis werden auch die retropleuralen Gebilde sichtbar.

1 A. pulmonalis dextra
2 Bronchus principalis dexter
3 V. pulmonalis superior dextra
4 V. pulmonalis inferior dextra
5 ein Nodus lymphaticus bronchopulmonalis
6 A. und V. bronchialis dextra
7 V. cava superior
8 V. azygos
9 N. vagus dexter
10 N. laryngeus recurrens
11 A. subclavia dextra
12 V. subclavia dextra
13 M. scalenus anterior
14 A. und V. pericardiacophrenica und N. phrenicus
15 Oesophagus
16 Ductus thoracicus
17 Truncus sympathicus
18 Pericardium
19 Trachea mit Nodi lymphatici paratracheales

Praktischer Hinweis

Hilum der rechten Lunge

Ein- und austretende Gebilde

1 Bronchus principalis dexter ← Trachea
2 A. pulmonalis dextra ← Truncus pulmonalis ← Ventriculus dexter
3 V. pulmonalis superior dextra → Atrium sinistrum
4 V. pulmonalis inferior dextra → Atrium sinistrum
5 A. bronchialis dextra ← A. intercostalis oder Aorta
6 V. bronchialis dextra → V. azygos
7 Rr. bronchiales ↔ N. vagus
8 Rr. pulmonales ↔ N. vagus / ↔ Truncus sympathicus
9 Lymphgefäße → Nodi lymphatici bronchopulmonales / → Nodi lymphatici tracheobronchiales

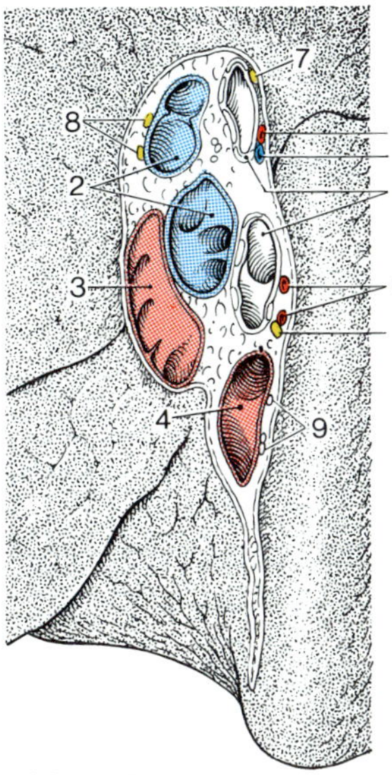

Abb. 103

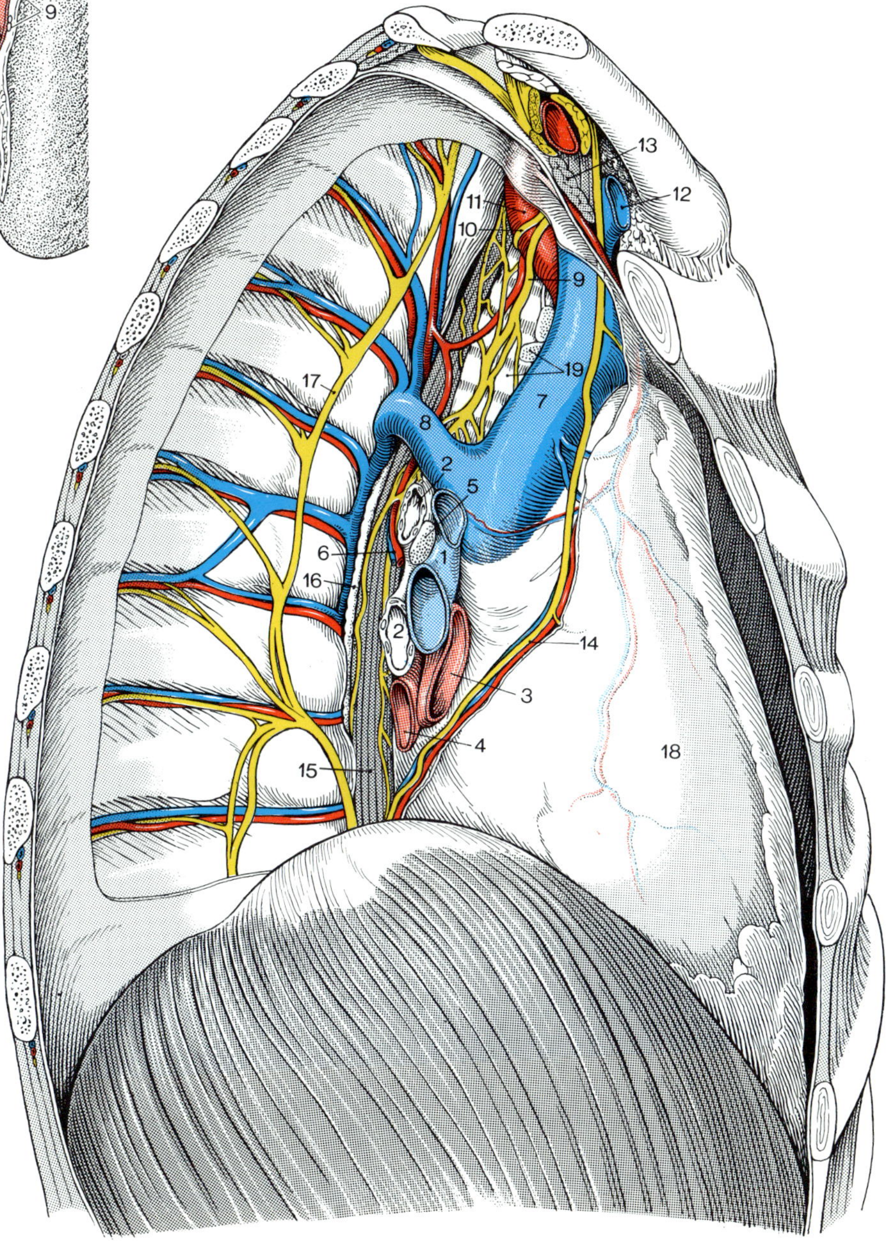

Abb. 104

Abb. 105 Hilum der linken Lunge von medial

1 A. pulmonalis sinistra
2 Bronchus principalis sinister
3 V. pulmonalis superior sinistra
4 V. pulmonalis inferior sinistra
5 Aa. bronchiales
6 V. bronchialis
7 Rr. bronchiales
8 Rr. pulmonales
9 Lymphgefäße

Abb. 106 Mediastinum von der linken Seite
Die Lunge ist entfernt, und nach Ablösung der Pleura parietalis werden auch die retropleuralen Gebilde sichtbar.

1 A. pulmonalis sinistra
2 V. pulmonalis superior sinistra
3 V. pulmonalis inferior sinistra
4 Bronchus principalis sinister
5 Aa. bronchiales
6 Rr. bronchiales n. vagi
7 Rr. pulmonales
8 N. vagus sinister
9 N. laryngeus recurrens
10 Lig. arteriosum
11 Arcus aortae mit Plexus cardiacus
12 Pars thoracica aortae
13 Oesophagus und Ductus thoracicus
14 A. und V. pericardiacophrenica und N. phrenicus
15 Pericardium
16 A. subclavia sinistra
17 V. subclavia sinistra
18 Fasciculus lateralis
19 Fasciculus posterior
20 Fasciculus medialis
21 Truncus sympathicus
22 N. splanchnicus major
23 V. hemiazygos accessoria
24 V. hemiazygos
25 A. und V. intercostalis posterior
26 N. intercostalis
27 1. Rippe

Praktischer Hinweis

Hilum der linken Lunge

Ein- und austretende Gebilde

1 A. pulmonalis sinistra ← Truncus pulmonalis ← Ventriculus dexter
2 Bronchus principalis sinister ← Trachea
3 V. pulmonalis superior sinistra → Atrium sinistrum
4 V. pulmonalis inferior sinistra → Atrium sinistrum
5 Aa. bronchiales sinistrae ← Aorta
6 V. bronchialis sinistra → V. hemiazygos
7 Rr. bronchiales ↔ N. vagus
8 Rr. pulmonales ⇄ N. vagus oder N. laryngeus recurrens; ⇄ Truncus sympathicus
9 Lymphgefäße ↗ Nodi lymphatici bronchopulmonales; ↘ Nodi lymphatici tracheobronchiales

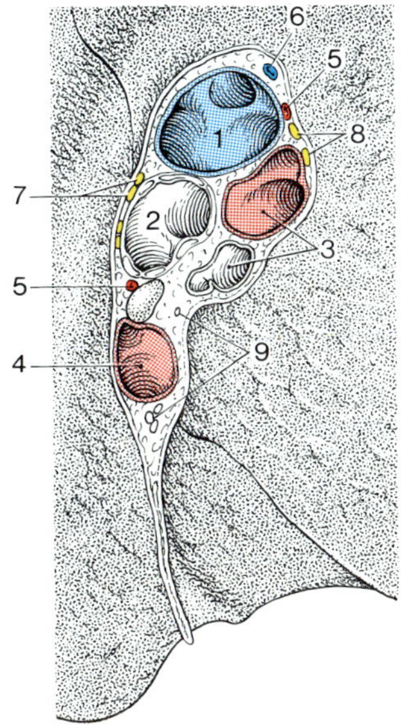

Abb. 105

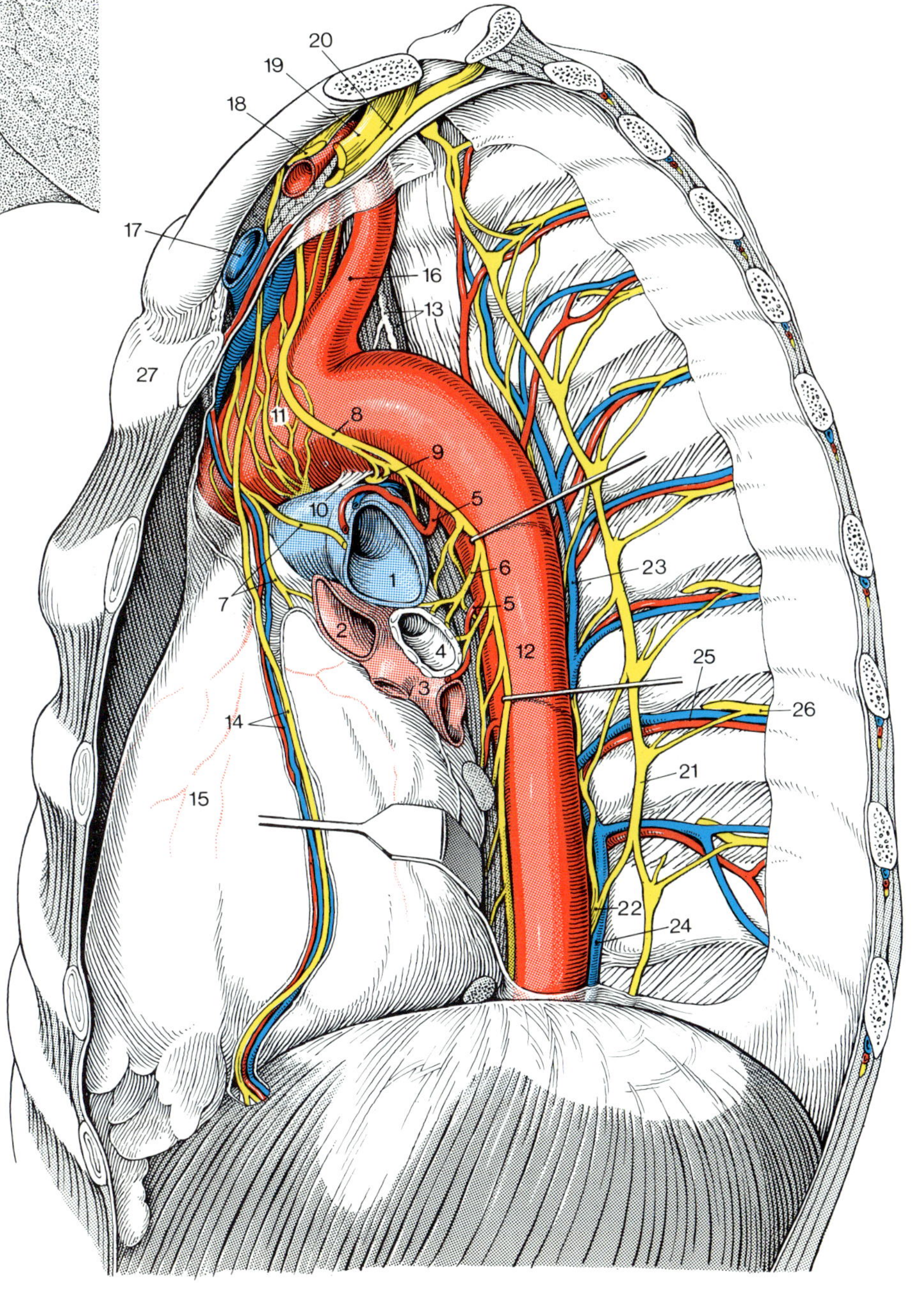

Abb. 106

Abb. 107 A–H Variationen des Ursprunges der Äste des Arcus aortae (teilweise nach Lippert)

A Regelfall (etwa 70%)
B gemeinsamer Ursprung des Truncus brachiocephalicus und der A. carotis communis sinistra (etwa 13%)
C gemeinsamer Stamm des Truncus brachiocephalicus und der A. carotis communis sinistra (etwa 9%)
D zwei Trunci brachiocephalici (1%)
E Truncus bicaroticus und Ursprung der A. subclavia dextra als letzter Ast aus dem Arcus aortae (etwa 1%)
F Ursprung der A. subclavia dextra aus der Pars descendens aortae (etwa 1%)
G gemeinsamer Ursprung aller Äste (sehr selten)
H Ursprung der A. vertebralis sinistra aus dem Arcus aortae (3%)

1 Arcus aortae
2 Truncus brachiocephalicus
3 A. carotis communis sinistra
4 A. subclavia sinistra
5 Truncus brachiocephalicus sinister
6 Truncus bicaroticus
7 A. subclavia dextra (A. lusoria)
8 A. carotis communis dextra
9 A. vertebralis sinistra

Abb. 108 Mediastinum von vorne 1
Darstellung des retrosternalen Fettkörpers.

1 Pericardium
2 Corpus adiposum retrosternale
3 A. und V. thymica
4 A. und V. thoracica interna
5 N. phrenicus
6 Pleura mediastinalis
7 Schnittrand der Pleura costalis

Abb. 109 Mediastinum von vorne 2
Darstellung der großen Gefäße und der Nerven im Mediastinum superius nach Entfernung des retrosternalen Fettkörpers.

1 Arcus aortae mit Plexus cardiacus
2 Truncus brachiocephalicus
3 A. carotis communis sinistra
4 A. subclavia sinistra
5 V. cava superior
6 V. brachiocephalica dextra
7 V. brachiocephalica sinistra
8 V. thyroidea inferior (Plexus thyroideus impar)
9 V. thoracica interna dextra
10 A. subclavia dextra
11 A. thoracica interna dextra
12 N. vagus sinister
13 N. laryngeus recurrens sinister
14 Lig. arteriosum
15 Ganglion cardiacum
16 N. vagus dexter
17 N. phrenicus
18 Trachea

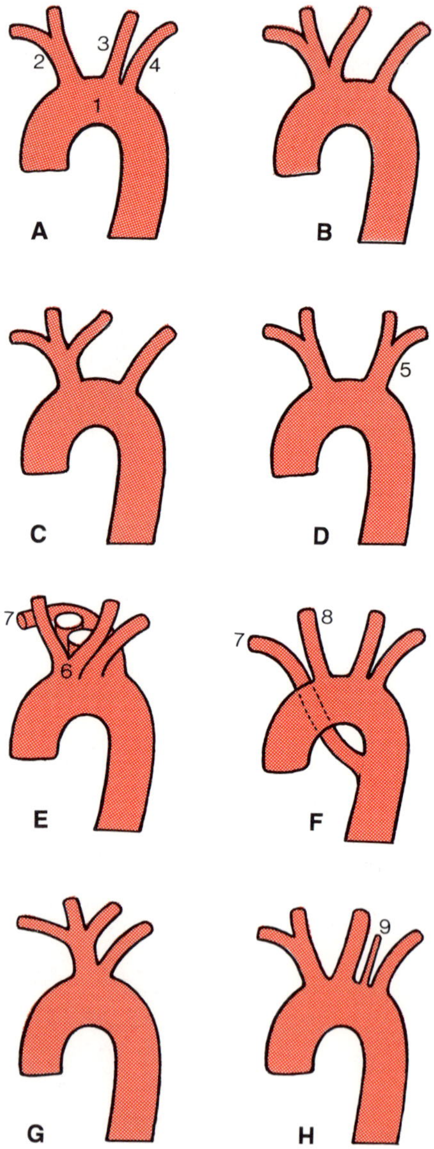

Abb. 107

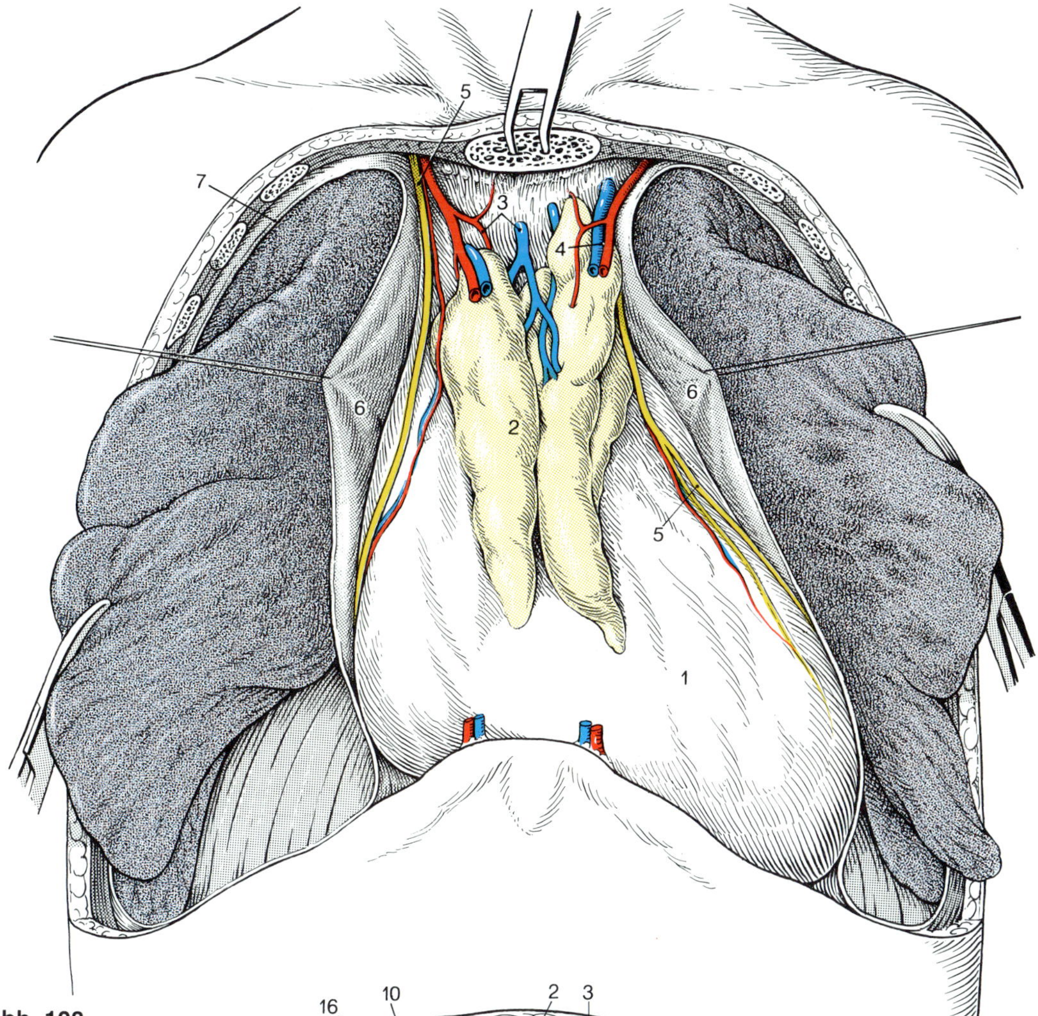

Abb. 108

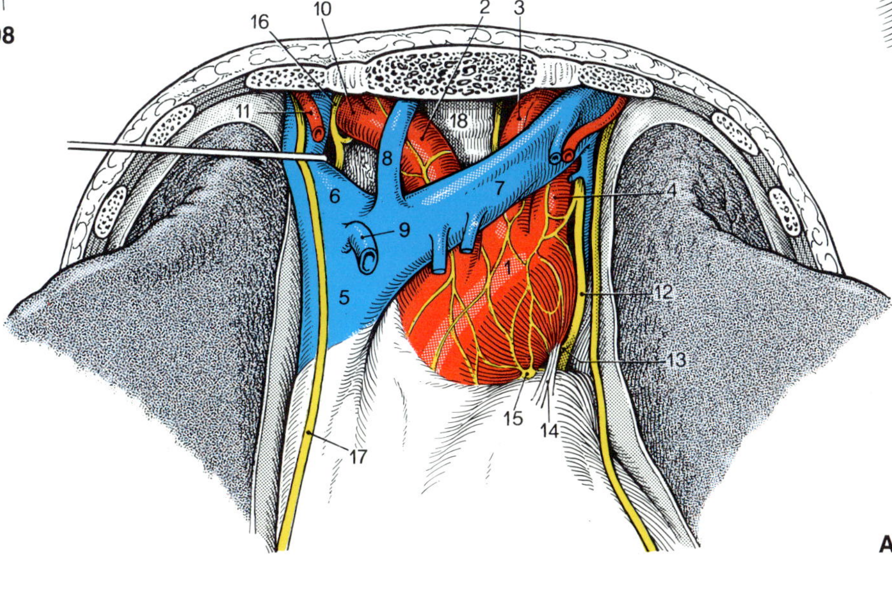

Abb. 109

Abb. 110 Projektion des Herzens auf die vordere Brustwand
Die Kontur des Herzens ist eingezeichnet entsprechend dem am Röntgenbild entstehenden Herzschatten.

1 rechter Vorhofpunkt
2 Kontur des rechten Vorhofes
3 rechter Kammerbasispunkt
4 Kontur der rechten Kammer (Margo acutus)
5 Herzspitze
6 Kontur der linken Kammer (Margo obtusus)
7 linker Kammerbasispunkt
8 Kontur des linken Vorhofes
9 linker Vorhofpunkt
10 Kontur des Truncus pulmonalis
11 Kontur des Arcus aortae
12 Ostium atrioventriculare dextrum
13 Ostium atrioventriculare sinistrum
14 Ostium aortae
15 Ostium trunci pulmonalis
16 Auskultationsstelle der Valva tricuspidalis
17 Auskultationsstelle der Valva aortae
18 Auskultationsstelle der Valva trunci pulmonalis
19 Auskultationsstelle der Valva mitralis
20 2. Interkostalraum
21 5. Interkostalraum

Verbindungslinie zwischen 3 und 7 = Projektion des Durchmessers der Kammerbasis
Verbindungslinie zwischen 1 und 5 = Projektion der Herzachse

Praktischer Hinweis

Projektionsstellen

rechter Vorhofpunkt:	Ansatz der 3. Rippe rechts am Sternum
rechter Kammerbasispunkt:	Ansatz der 6. Rippe rechts am Sternum
linker Kammerbasispunkt:	Knorpel-Knochen-Grenze der 3. Rippe links
linker Vorhofpunkt:	2. Interkostalraum rechts, ein Querfinger vom Sternalrand entfernt
Ostium atrioventriculare dextrum (mit Valva tricuspidalis):	hinter dem Sternum, zwischen 4. und 6. Rippe
Ostium atrioventriculare sinistrum (mit Valva mitralis):	Ansatz der 4. Rippe links am Sternum
Ostium aortae (mit Valva aortae):	zwischen Ansatz der 3. und 4. Rippe links hinter dem Sternum
Ostium trunci pulmonalis (mit Valva trunci pulmonalis):	Ansatz der 3. Rippe links am Sternum

Auskultationsstellen

Valva tricuspidalis:	5. Interkostalraum rechts am Sternum
Valva mitralis:	5. Interkostalraum links, ein Querfinger medial der Medioklavikularlinie
Valva aortae:	2. Interkostalraum rechts am Sternum
Valva trunci pulmonalis:	2. Interkostalraum links am Sternum

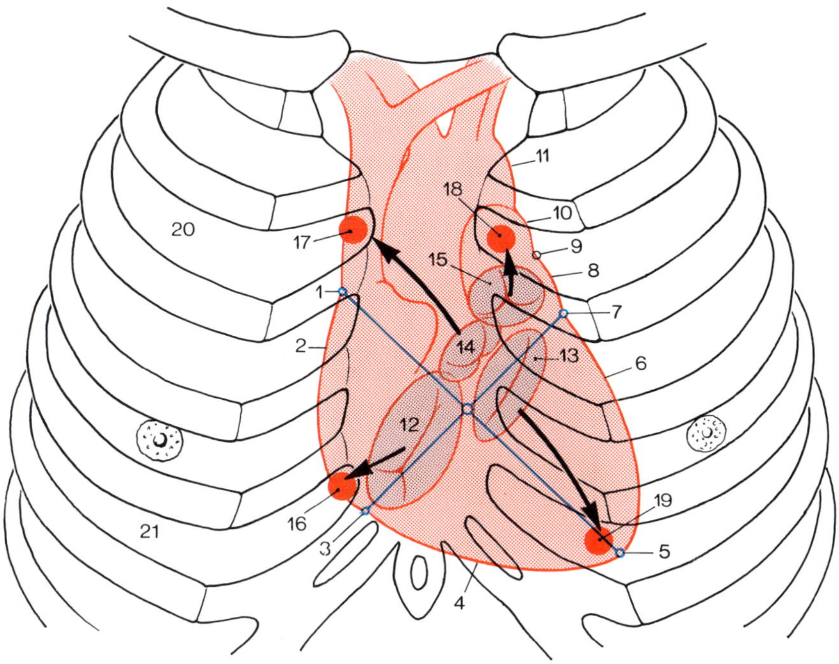

Abb. 110

Abb. 111 Eröffnung der Cavitas pericardialis
Darstellung der Vorderfläche des Herzens.

1 Facies sternocostalis cordis
2 Apex cordis
3 Atrium dextrum
4 Auricula dextra
5 Auricula sinistra
6 Truncus pulmonalis
7 Pars ascendens aortae
8 V. cava superior (intraperikardialer Abschnitt)
9 Umschlagstelle des Pericardium
10 Arcus aortae mit Plexus cardiacus
11 Truncus brachiocephalicus
12 A. carotis communis sinistra
13 A. subclavia sinistra
14 Einmündung von Vv. thymicae in die V. brachiocephalica sinistra
15 V. brachiocephalica dextra
16 V. thyroidea inferior (Plexus thyroideus impar)
17 Einmündung der V. thoracica interna dextra
18 N. vagus sinister
19 N. laryngeus recurrens sinister
20 Lig. arteriosum
21 N. phrenicus sinister
22 N. phrenicus dexter

Abb. 112 Einmündung der rechten Lungenvenen in den linken Vorhof

1 Perikardschnittrand
2 Pericardium serosum
3 V. cava superior
4 Atrium dextrum
5 V. pulmonalis superior dextra
6 V. pulmonalis inferior dextra
7 N. phrenicus dexter

Pfeil: „Recessus lateralis dexter“ pericardii

Abb. 113 Einmündung der linken Lungenvenen in den linken Vorhof

1 Pericardium serosum
2 Auricula sinistra
3 Atrium sinistrum
4 V. pulmonalis superior sinistra
5 V. pulmonalis inferior sinistra
6 Truncus pulmonalis
7 N. phrenicus sinister

Pfeil: „Recessus lateralis sinister“ pericardii

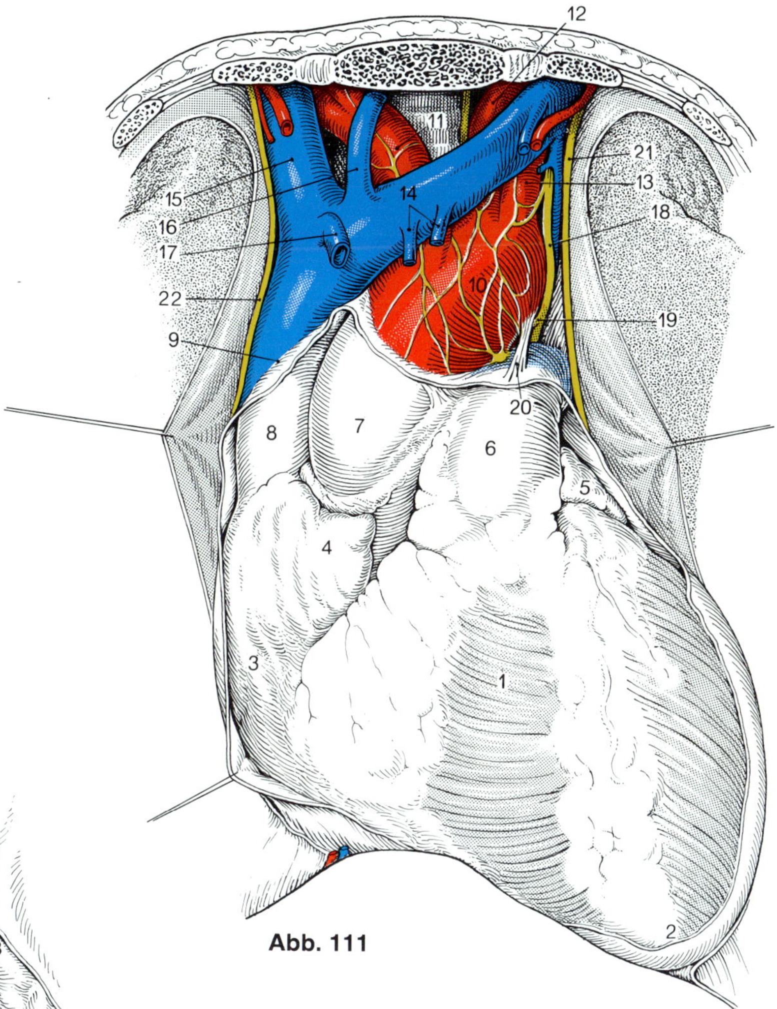

Abb. 111

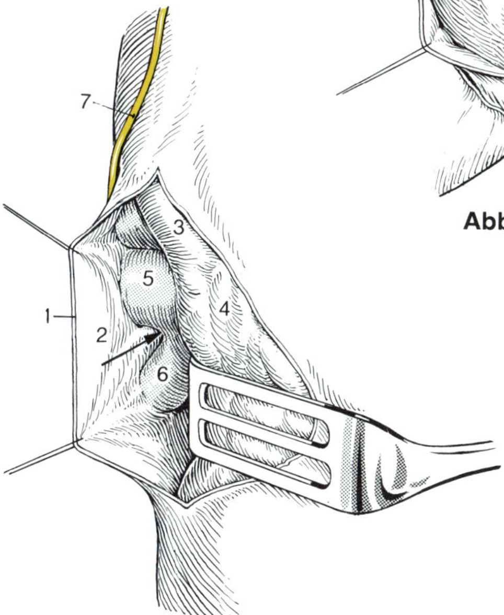

Abb. 112

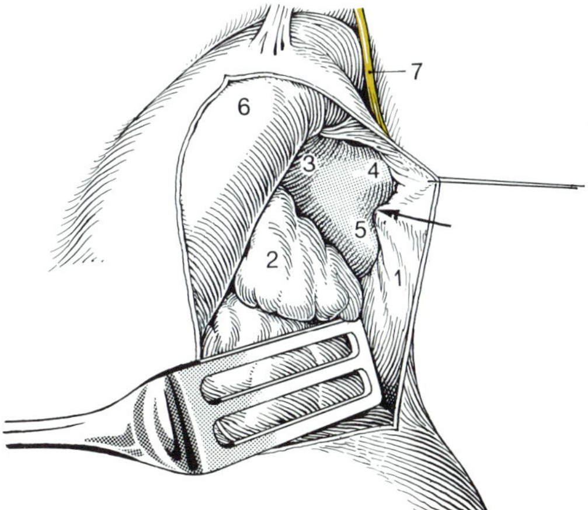

Abb. 113

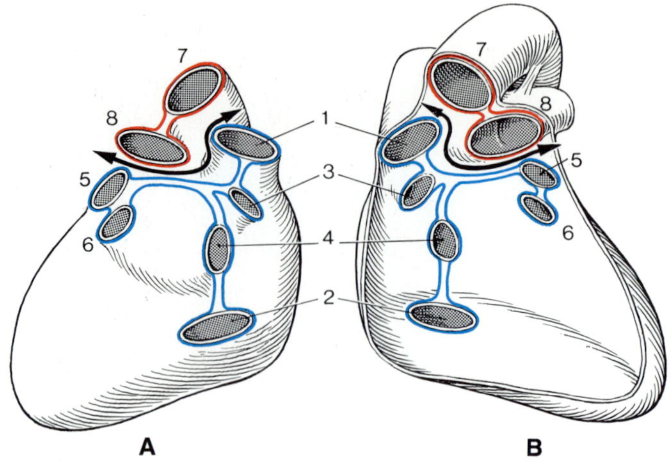

Abb. 114

Abb. 114 A, B Schema der Umschlagstellen des Pericardium in das Epicardium
A Ansicht des herausgenommenen Herzens
B Ansicht der Cavitas pericardialis
blau: Umschlagstelle an der Porta venosa
rot: Umschlagstelle an der Porta arteriosa
Pfeil im Sinus transversus pericardii

1 V. cava superior
2 V. cava inferior
3 V. pulmonalis superior dextra
4 V. pulmonalis inferior dextra
5 V. pulmonalis superior sinistra
6 V. pulmonalis inferior sinistra
7 Pars ascendens aortae
8 Truncus pulmonalis

Abb. 115 Facies diaphragmatica cordis
Durch Hochheben des Herzens wird dessen Facies diaphragmatica sowie der Sinus obliquus pericardii sichtbar.

1 Facies diaphragmatica cordis
2 Sinus obliquus pericardii
3 V. cava inferior (intraperikardialer Abschnitt)
4 V. pulmonalis superior sinistra (intraperikardialer Abschnitt)
5 V. pulmonalis inferior sinistra (intraperikardialer Abschnitt)
6 Auricula sinistra
7 Truncus pulmonalis (intraperikardialer Abschnitt)
8 Pars ascendens aortae
9 V. cava superior
10 Perikardschnittrand
11 N. vagus sinister
12 N. phrenicus sinister

Abb. 116 Cavitas pericardialis nach Entfernung des Herzens

1 Perikardschnittrand entlang der Porta venosa
2 Perikardschnittrand entlang der Porta arteriosa
3 Sinus obliquus pericardii
4 Sinus transversus pericardii
5 „Recessus lateralis sinister" pericardii
6 „Recessus lateralis dexter" pericardii
7 V. cava superior
8 V. cava inferior
9 V. pulmonalis inferior dextra
10 V. pulmonalis superior dextra
11 V. pulmonalis inferior sinistra
12 V. pulmonalis superior dextra
13 Pars ascendens aortae
14 Truncus pulmonalis
15 Lig. arteriosum
16 N. vagus sinister
17 N. laryngeus recurrens sinister

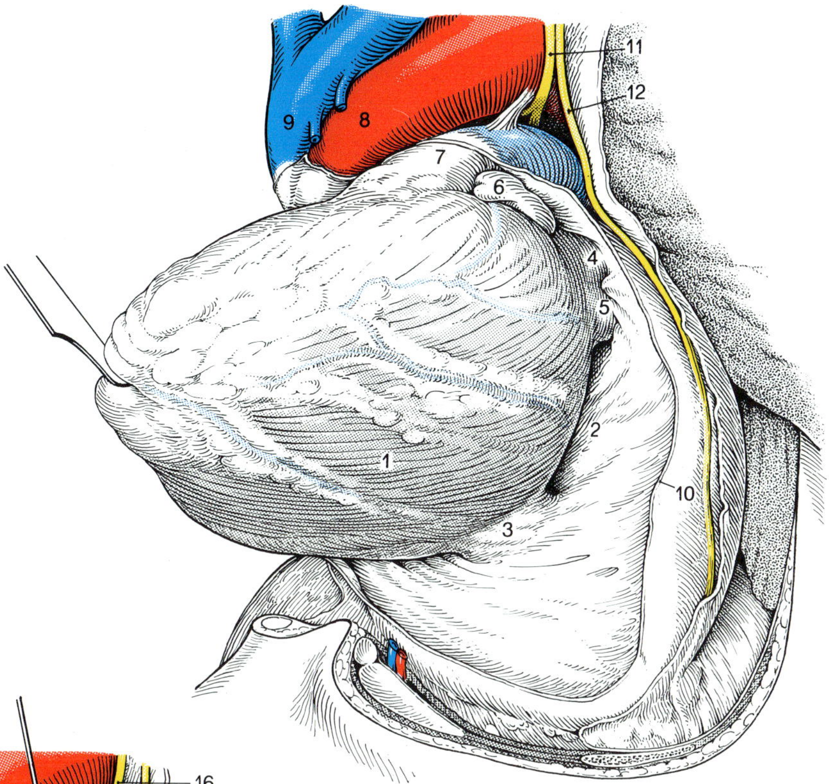

Abb. 115

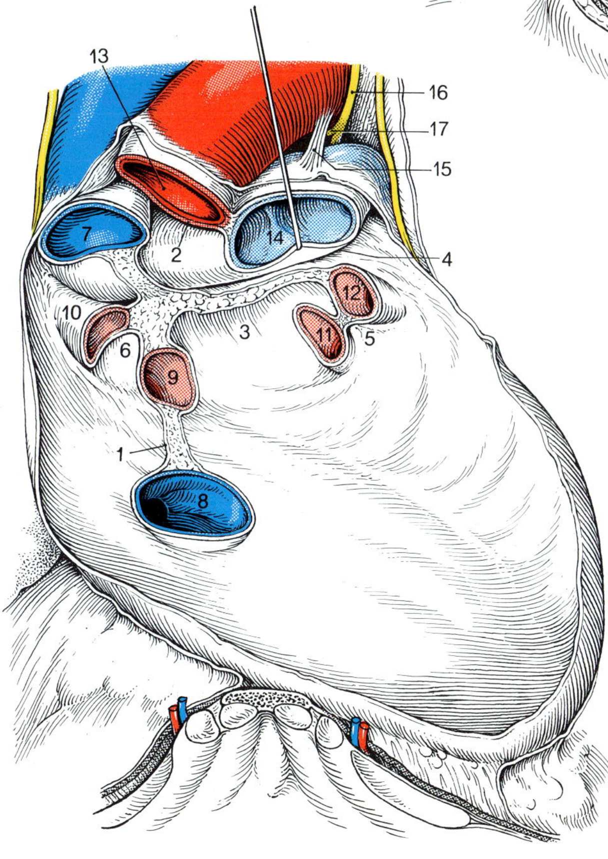

Abb. 116

Abb. 117 Herzkranzgefäße an der Facies sternocostalis

Nach Herausnahme des Herzens aus dem Herzbeutel wird das Epicardium mit dem subepikardialen Fett entfernt. Darstellung der Kranzgefäße und des Myocardium.

1 Truncus pulmonalis
2 Pars ascendens aortae
3 V. cava superior
4 Atrium dextrum
5 Auricula dextra
6 Atrium sinistrum
7 Auricula sinistra
8 Ventriculus dexter
9 Ventriculus sinister
10 R. interventricularis anterior
11 Rr. interventriculares septales
12 R. lateralis
13 R. marginalis sinister
14 R. circumflexus
15 A. coronaria dextra
16 R. coni arteriosi
17 R. marginalis dexter
18 R. interventricularis posterior
19 R. atrialis intermedius
20 V. cordis magna
21 V. atrialis

Abb. 118 Ursprung der A. coronaria dextra (von oben)

1 Truncus pulmonalis
2 Pars ascendens aortae
3 V. cava superior
4 Atrium dextrum
5 Auricula dextra
6 A. coronaria dextra
7 R. coni arteriosi
8 R. marginalis dexter
9 R. interventricularis posterior
10 R. atrialis intermedius
11 V. atrialis

Abb. 119 Ursprung der A. coronaria sinistra (von oben)

1 Truncus pulmonalis
2 Pars ascendens aortae
3 V. cava superior
4 Auricula sinistra
5 A. coronaria sinistra
6 R. interventricularis anterior
7 R. circumflexus
8 R. coni arteriosi
9 R. marginalis sinister
10 R. posterior ventriculi sinistri
11 R. nodi sinuatrialis
12 R. atrialis
13 V. cordis magna
14 A. coronaria dextra

Abb. 120 Herzkranzgefäße an der Facies diaphragmatica

1 V. cava superior
2 V. cava inferior
3 Atrium dextrum
4 Atrium sinistrum
5 Vv. pulmonales dextrae
6 Vv. pulmonales sinistrae
7 Ventriculus dexter
8 Ventriculus sinister
9 R. interventricularis posterior
10 R. posterolateralis dexter
11 R. nodi atrioventricularis
12 R. atrialis
13 R. marginalis dexter
14 Sinus coronarius im Sulcus coronarius
15 V. cordis magna
16 V. cordis media
17 V. cordis parva
18 V. posterior ventriculi sinistri
19 V. obliqua atrii sinistri

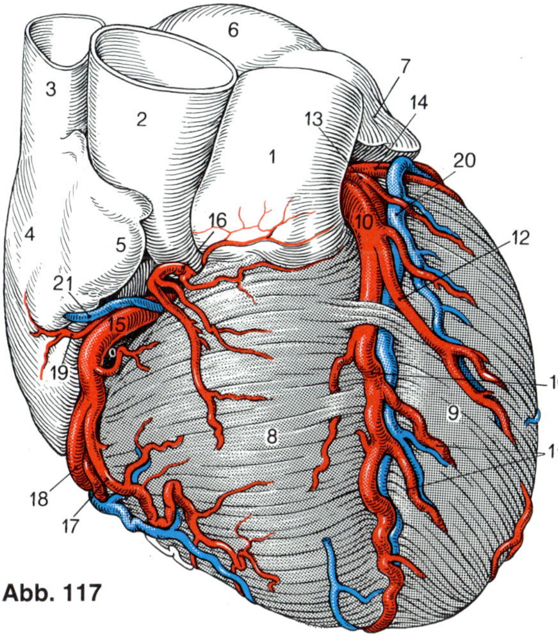

Abb. 117

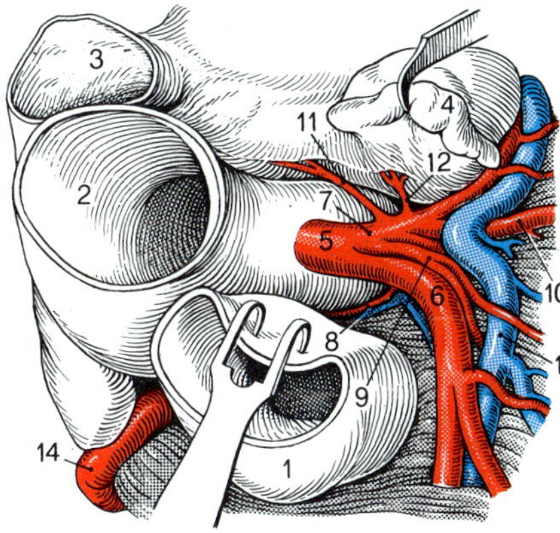

Abb. 119

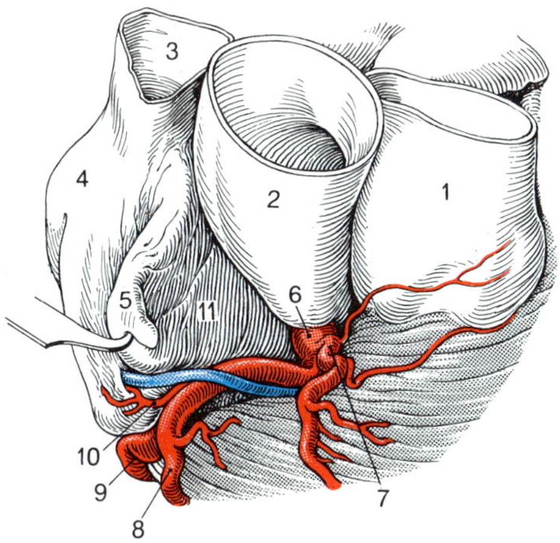

Abb. 118

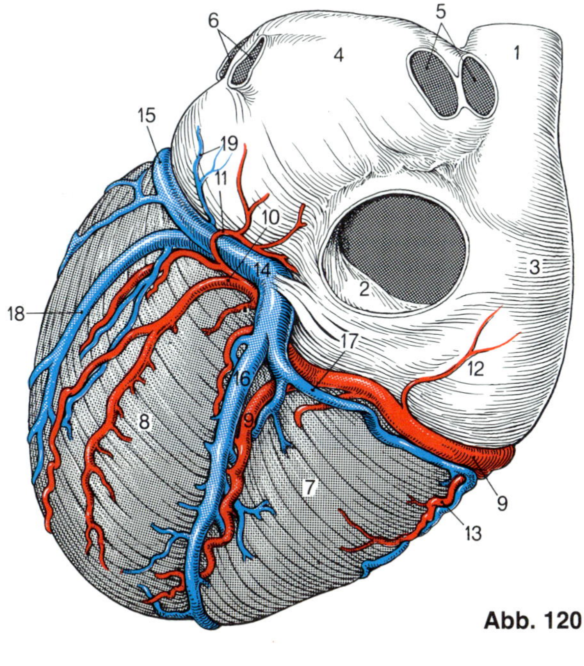

Abb. 120

Abb. 121 Obere Fläche des Diaphragma
Nach Entfernung der Pleura und der Faszie wird die obere Fläche des Diaphragma sichtbar.

1 Pars sternalis
2 Pars costalis
3 Pars lumbalis
4 Centrum tendineum
5 V. cava inferior
6 A. und V. musculophrenica dextra und N. phrenicus dexter
7 A. und V. musculophrenica sinistra und N. phrenicus sinister
8 Pars thoracica aortae
9 Truncus vagalis anterior
10 Plexus oesophageus
11 N. vagus sinister
12 N. vagus dexter
13 Oesophagus, Pars thoracica
14 V. azygos
15 Truncus sympathicus
16 N. splanchnicus major
17 A. und V. thoracica interna dextra et sinistra
18 Ductus thoracicus

Abb. 122 Schema der Gefäße und Nerven des Diaphragma (von oben)
Strichliert: Gefäße und Nerven an der Unterfläche des Zwerchfelles.

1 Pars thoracica aortae
2 V. cava inferior
3 A. und V. thoracica interna
4 A. und V. musculophrenica
5 A. und V. pericardiacophrenica
6 A. und V. phrenica superior
7 A. phrenica inferior
8 V. phrenica inferior
9 N. phrenicus
10 Rr. phrenicoabdominales

Praktischer Hinweis

Zwerchfellhernien

Zwerchfellbrüche können angeboren oder erworben sein.
Man unterscheidet außerdem echte Zwerchfelldefekte von Erweiterungen vorhandener schwacher Stellen.

Hiatushernie: angeboren als paraösophageale Hernie mit einem Bruchsack an der rechten Seite des Hiatus oesophageus. Häufig handelt es sich jedoch um einen erworbenen Gleitbruch ohne eigenen Bruchsack mit Erweiterung des Hiatus oesophageus.

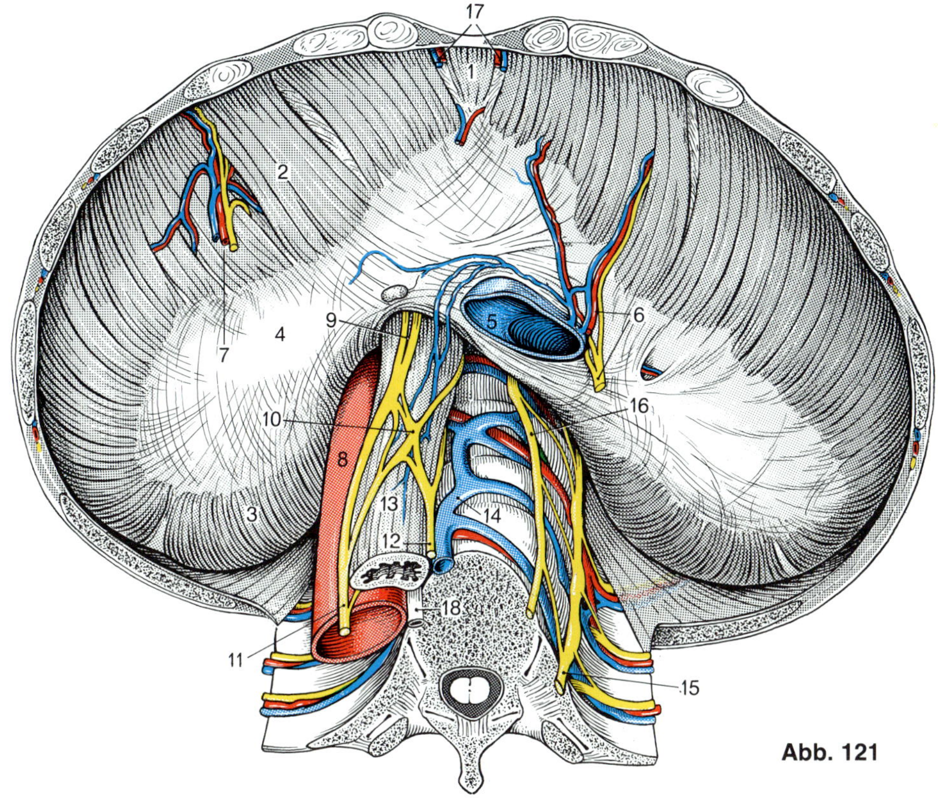

Abb. 121

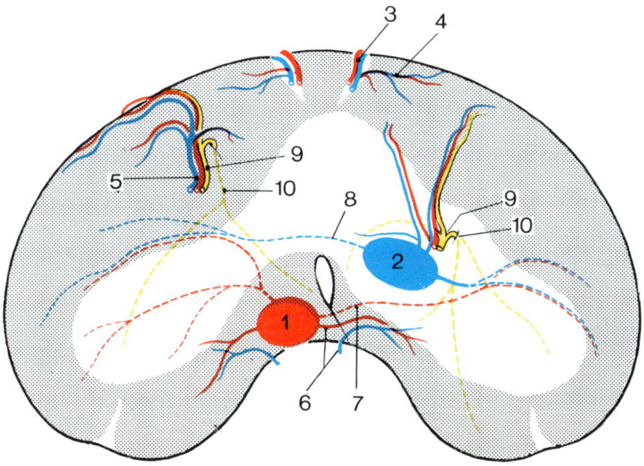

Abb. 122

Abb. 123 CT-Bild in Höhe von Th4.
Schichtdicke 8 mm, Ansicht von unten. Gleiches Präparat wie in Abb. **124.**

Abb. 124 Transversalschnitt durch den Thorax unmittelbar unterhalb des Arcus aortae, an der Bifurcatio tracheae (Th4)
Ansicht von unten. Der nach Original gezeichnete Schnitt stammt vom gleichen Präparat, an dem vorher die CT-Aufnahme gemacht wurde.

blau schraffiert:	Erguß (pathologisch) in Pleurahöhlen und Perikardhöhle
hellblau:	A. pulmonalis und Äste
hellrot:	Vv. pulmonales

1 M. pectoralis major
2 M. pectoralis minor
3 M. serratus anterior
4 M. subscapularis
5 M. infraspinatus
6 M. teres major
7 M. triceps brachii, Caput longum
8 M. coracobrachialis
9 M. rhomboideus major
10 M. trapezius
11 M. serratus posterior superior
12 Scapula
13 medialer und lateraler Trakt der autochthonen Rückenmuskulatur
14 A. axillaris
15 V. axillaris
16 Fasciculi des Plexus brachialis
17 N. thoracodorsalis
18 Pars ascendens aortae unmittelbar vor dem Arcus aortae
19 Pars descendens aortae
20 Bifurcatio tracheae
21 Oesophagus
22 Nodi lymphatici tracheobronchiales superiores
23 V. cava superior mit Einmündung der V. azygos
24 Recessus aorticus der Cavitas pericardialis
25 ein Nodus lymphaticus bronchopulmonalis
26 Ductus thoracicus
27 N. vagus sinister
28 Lobus superior der linken Lunge
29 Lobus inferior der linken Lunge
30 Lobus superior der rechten Lunge
31 Lobus inferior der rechten Lunge
32 Cavitas pleuralis (mit Erguß gefüllt)

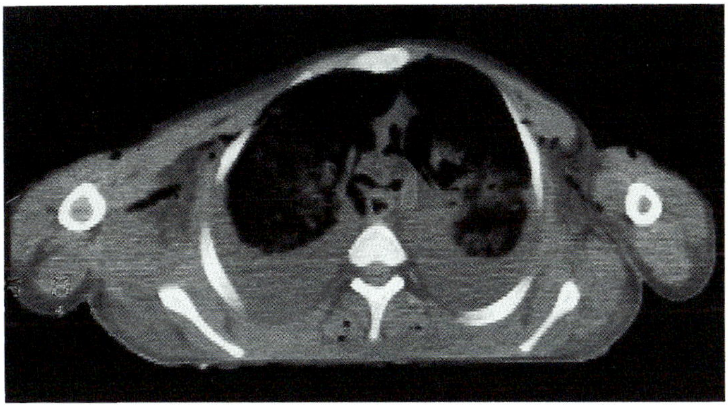

Abb. 123

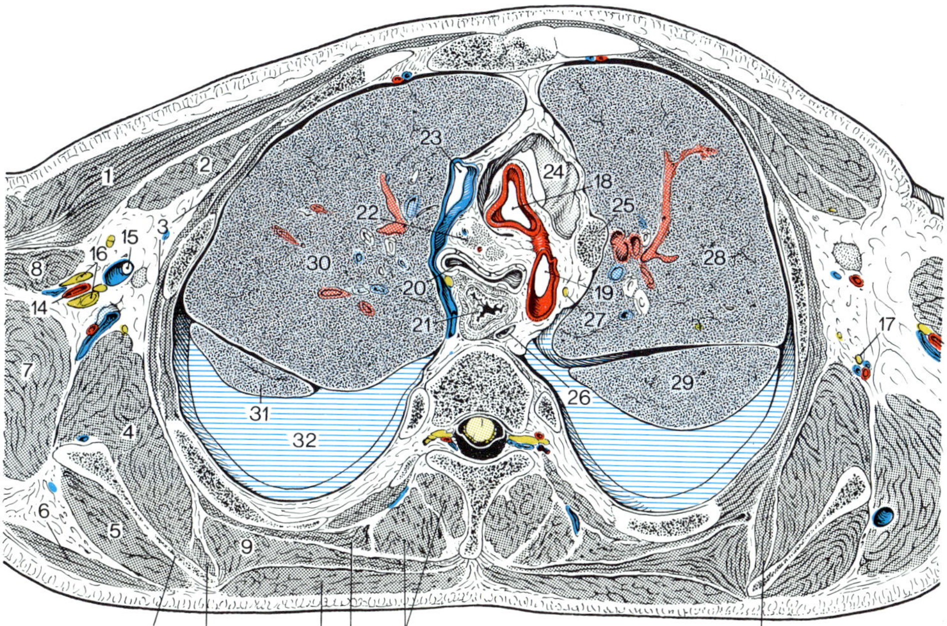

Abb. 124

Abb. 125 CT-Bild in Höhe von Th6
Schichtdicke 8 mm, Ansicht von unten. Gleiches Präparat wie in Abb. **126.**

Abb. 126 Transversalschnitt durch den Thorax in Höhe der Aufteilung des Truncus pulmonalis in rechte und linke A. pulmonalis (Th6)
Ansicht von unten. Der Schnitt stammt vom gleichen Präparat, an dem vorher die CT-Aufnahme gemacht wurde.

blau schraffiert: Erguß (pathologisch) in Pleurahöhlen und in Perikardhöhle
hellblau: Truncus pulmonalis und seine Verzweigungen
hellrot: Vv. pulmonales

1 M. pectoralis major
2 M. pectoralis minor
3 M. serratus anterior
4 M. subscapularis
5 M. infraspinatus
6 M. teres major
7 M. rhomboideus major
8 M. trapezius
9 M. serratus posterior superior
10 autochthone Rückenmuskulatur
11 Scapula
12 N. thoracodorsalis
13 N. thoracicus longus
14 V. thoracoepigastrica
15 V. axillaris
16 A. axillaris
17 Pars ascendens aortae
18 Pars descendens aortae
19 Truncus pulmonalis
20 A. pulmonalis sinistra
21 V. cava superior
22 Cavitas pericardialis (von Erguß erfüllt)
23 Auricula sinistra
24 Nodi lymphatici tracheobronchiales inferiores
25 Bronchus principalis sinister
26 ein Nodus lymphaticus bronchopulmonalis
27 N. vagus sinister
28 V. azygos
29 Oesophagus und Ductus thoracicus
30 akzessorische Spalte im Lobus superior der linken Lunge
31 Lobus superior der linken Lunge
32 Lobus inferior der linken Lunge
33 Lobus superior der rechten Lunge
34 Lobus inferior der rechten Lunge
35 Cavitas pleuralis (mit Erguß gefüllt)

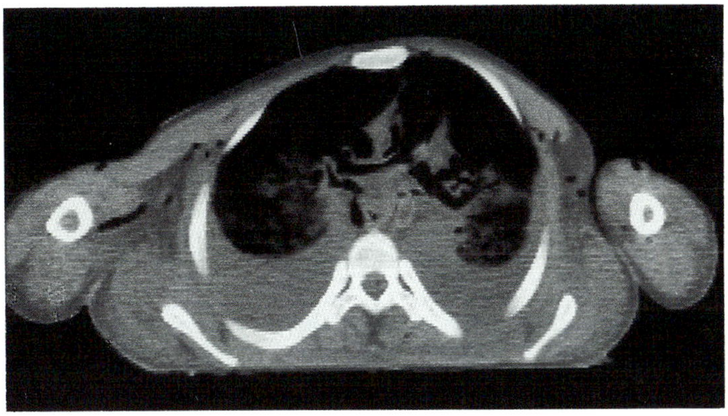

Abb. 125

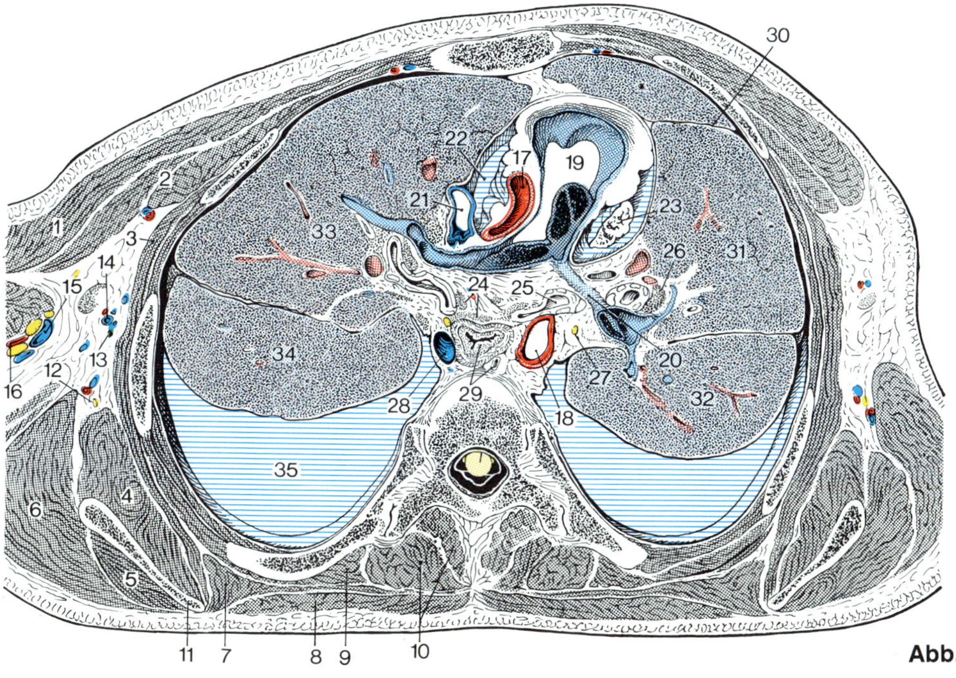

Abb. 126

Abb. 127 CT-Bild in Höhe des Ostium atrioventriculare sinistrum
Schichtdicke 8 mm, Ansicht von unten. Gleiches Präparat wie in Abb. **128**

Abb. 128 Transversalschnitt durch den Thorax in Höhe des Ostium atrioventriculare sinistrum
Ansicht von unten. Der nach dem Original gezeichnete Schnitt stammt von jenem Präparat, an dem vorher die CT-Aufnahme gemacht wurde.

hellblau:	Truncus pulmonalis mit Verzweigungen
hellrot:	Vv. pulmonales
blau schraffiert:	Erguß (pathologisch) in den Pleurahöhlen und der Perikardhöhle

1 M. pectoralis major
2 M. serratus anterior
3 Scapula (Angulus inferior)
4 M. teres major
5 M. latissimus dorsi
6 M. rhomboideus major
7 M. trapezius
8 autochthone Rückenmuskulatur (lateraler und medialer Trakt)
9 Atrium dextrum
10 Ventriculus dexter
11 Atrium sinistrum
12 Ventriculus sinister
13 R. interventricularis anterior a. coronariae sinistrae
14 R. circumflexus a. coronariae sinistrae
15 Cavitas pericardialis (mit Erguß gefüllt)
16 Cavitas pericardialis, Sinus obliquus
17 V. pulmonalis inferior sinistra
18 Bronchus lobaris inferior sinister und Nodus lymphaticus bronchopulmonalis
19 Pars thoracica aortae
20 Oesophagus und Ductus thoracicus
21 V. azygos
22 Truncus sympathicus
23 Lobus superior der linken Lunge
24 Lobus inferior der linken Lunge
25 Lobus superior der rechten Lunge
26 Fissura horizontalis
27 Lobus medius der rechten Lunge
28 Fissura obliqua
29 Lobus inferior der rechten Lunge
30 Cavitas pleuralis (mit Erguß gefüllt)

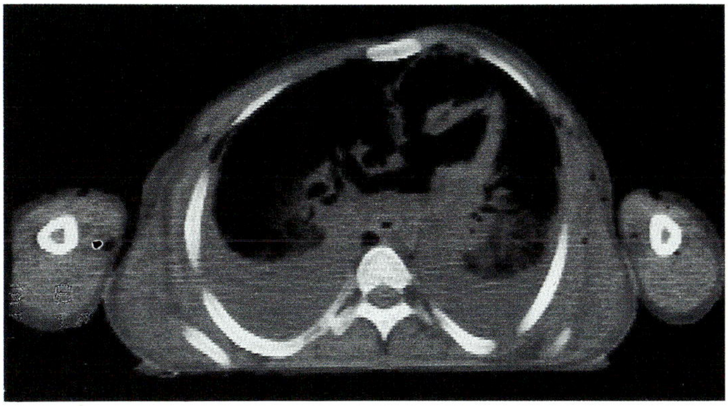

Abb. 127

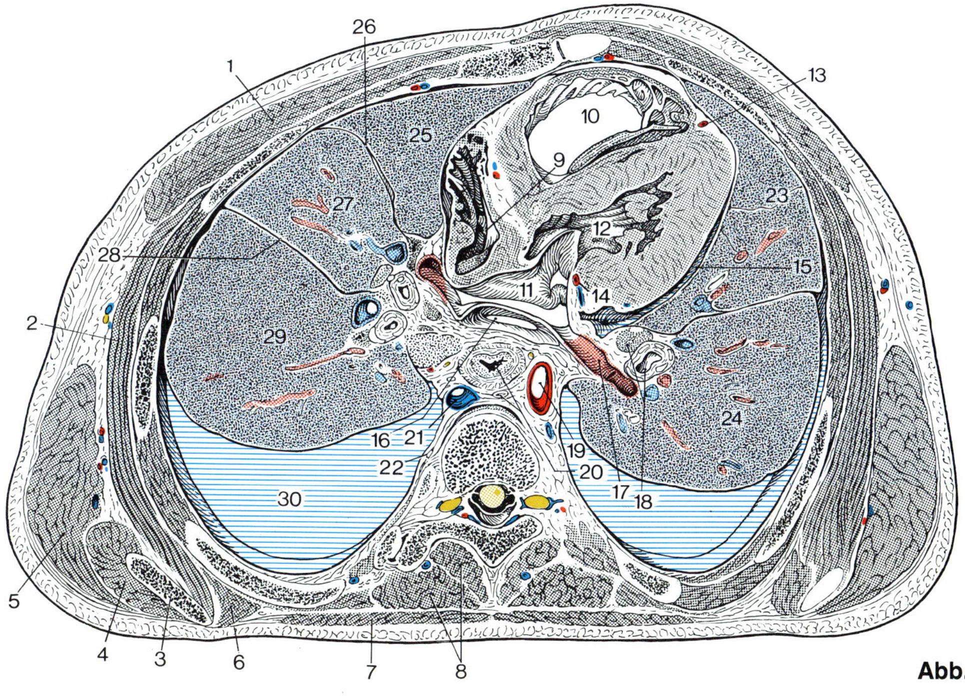

Abb. 128

Obere Extremität

Abb. 129 A–C Regionen der oberen Extremität

A Regionen im Bereich der Axilla
B Regionen der oberen Extremität von vorne
C Regionen der oberen Extremität von hinten

1 Fossa infraclavicularis
2 Trigonum clavipectorale
3 Regio axillaris
4 Fossa axillaris
5 Regio deltoidea
6 Regio scapularis
7 Regio brachialis anterior
8 Regio brachialis posterior
9 Sulcus bicipitalis medialis
10 Regio cubitalis anterior
11 Regio cubitalis posterior
12 Regio antebrachialis anterior
13 Regio antebrachialis posterior
14 Palma manus
15 Dorsum manus
16 Foveola radialis
17 Regio carpalis anterior
18 Regio carpalis posterior

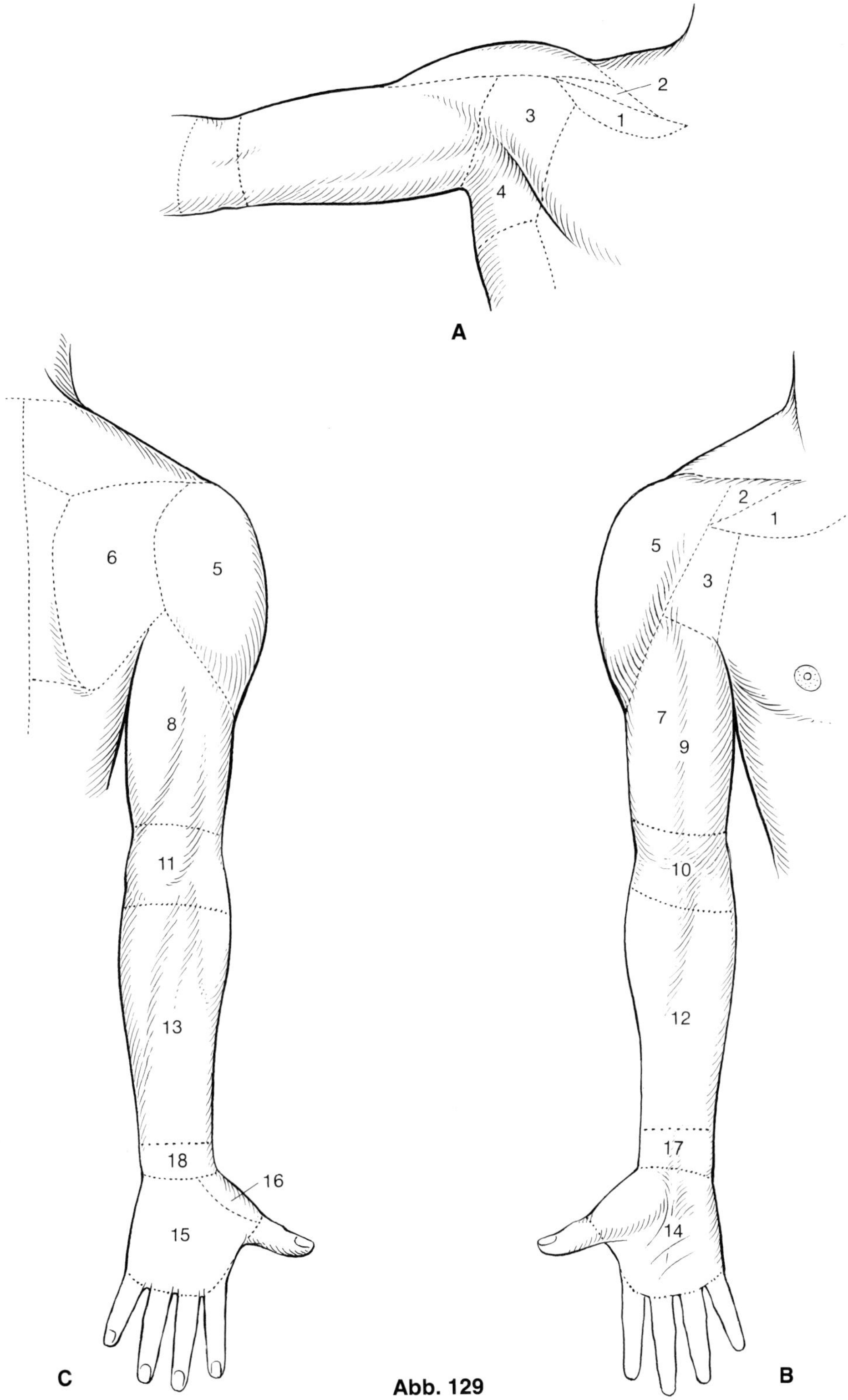

Abb. 129

Abb. 130 Trigonum clavipectorale 1
Darstellung der oberflächlichen Schichte nach Ablösen der Pars clavicularis des M. pectoralis major von der Clavicula.

1 Clavicula
2 M. deltoideus
3 M. pectoralis major, Pars sternocostalis
4 M. pectoralis major, Pars clavicularis
5 Fascia clavipectoralis
6 V. cephalica
7 oberflächlich von der Clavicula verlaufende Vene (VAR.)
8 R. clavicularis a. thoracoacromialis
9 R. acromialis a. thoracoacromialis
10 R. deltoideus a. thoracoacromialis
11 Rr. pectorales a. thoracoacromialis
12 Nn. pectorales

Abb. 131 Trigonum clavipectorale 2
Nach Entfernung der Fascia clavipectoralis wird in der tiefen Schichte das zum Arm ziehende Gefäß- und Nervenbündel sichtbar.

1 Clavicula
2 Processus coracoideus
3 M. pectoralis major, Pars clavicularis
4 M. pectoralis minor
5 M. deltoideus
6 V. cephalica
7 V. axillaris
8 A. axillaris
9 A. thoracoacromialis
10 Rr. pectorales a. thoracoacromialis
11 Rr. deltoidei a. thoracoacromialis
12 Fasciculus medialis
13 Fasciculus lateralis
14 Fasciculus posterior
15 Nn. pectorales
16 M. subclavius
17 A., V. und N. suprascapularis

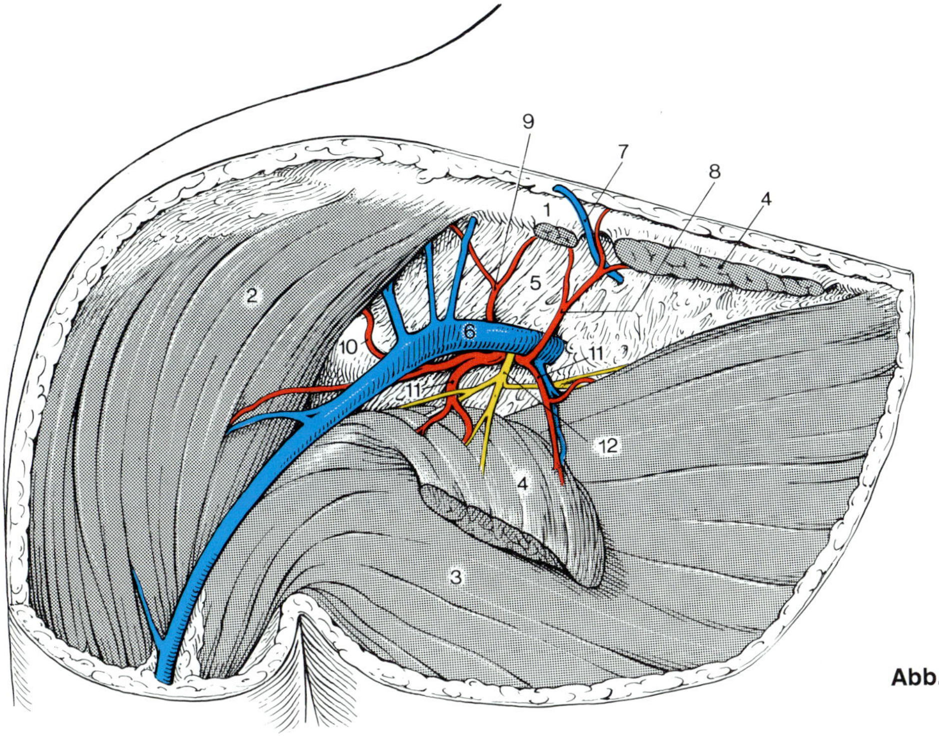

Abb. 130

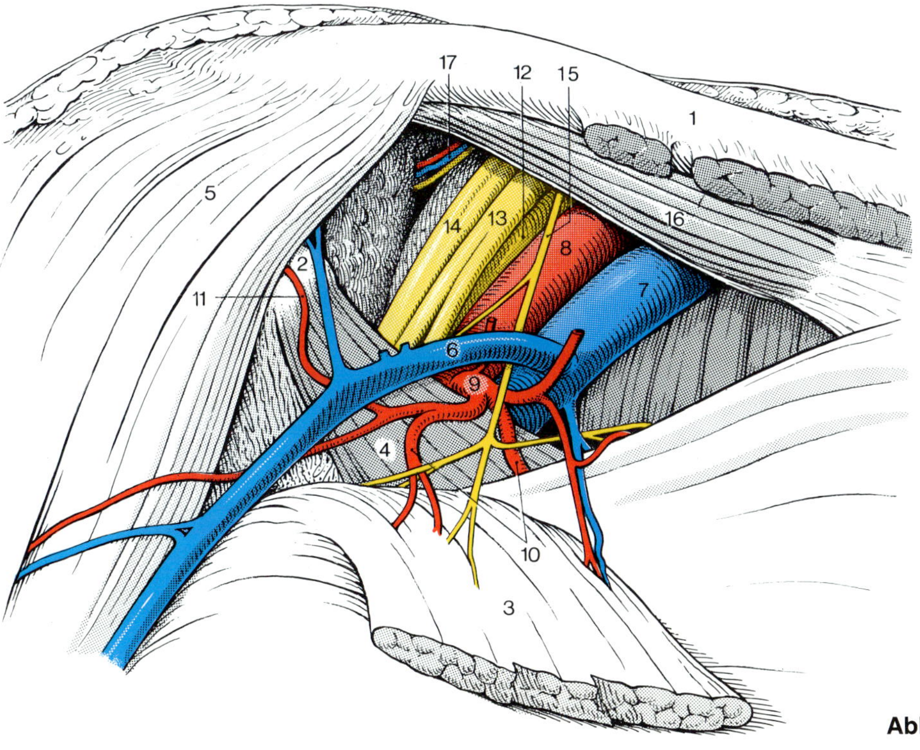

Abb. 131

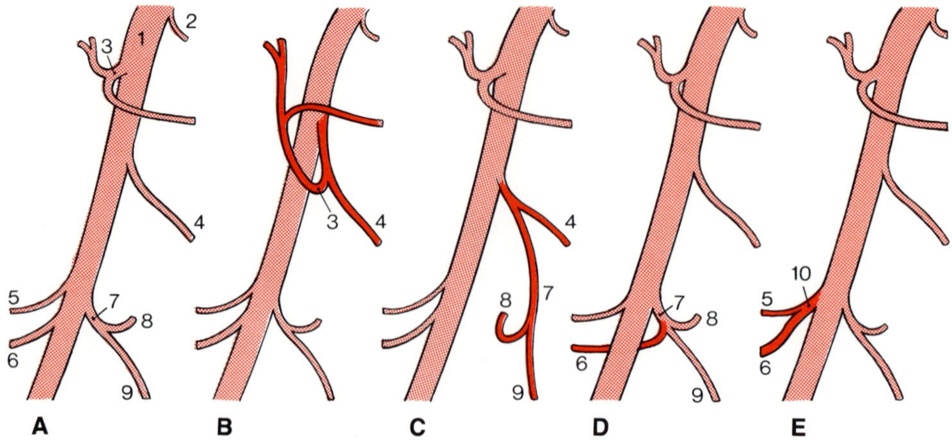

Abb. 132

Abb. 132 A–E Häufige Variationen der Astabgänge von der A. axillaris (nach Lippert)

A Typische Astabgänge laut Lehrbüchern (etwa 10%)
B Ursprung der A. thoracoacromialis aus der A. thoracica lateralis (etwa 10%)
C gemeinsamer Ursprung der A. thoracica lateralis und der A. subscapularis (etwa 10%)
D Ursprung der A. circumflexa humeri posterior aus der A. subscapularis (etwa 20%)
E gemeinsamer Ursprung der A. circumflexa humeri anterior und der A. circumflexa humeri posterior (A. circumflexa humeri communis, 20%)

1 A. axillaris
2 A. thoracica superior
3 A. thoracoacromialis
4 A. thoracica lateralis
5 A. circumflexa humeri anterior
6 A. circumflexa humeri posterior
7 A. subscapularis
8 A. circumflexa scapulae
9 A. thoracodorsalis
10 A. circumflexa humeri communis

Abb. 133 Regio axillaris
Nach Durchtrennung des M. pectoralis major werden der Gefäß-Nerven-Strang des Armes und die Gefäße und Nerven der seitlichen Thoraxwand dargestellt.

1 M. pectoralis major
2 M. pectoralis minor
3 M. latissimus dorsi
4 M. serratus anterior
5 Caput breve m. bicipitis
6 M. coracobrachialis
7 V. axillaris
8 V. cephalica
9 A. axillaris
10 A. thoracoacromialis
11 Rr. pectorales der A. thoracoacromialis
12 R. acromialis der A. thoracoacromialis
13 A. thoracica lateralis
14 A. subscapularis
15 A. thoracodorsalis
16 A. circumflexa scapulae
17 A. circumflexa humeri anterior
18 A. circumflexa humeri posterior
19 A. brachialis
20 A. profunda brachii
21 N. axillaris
22 N. radialis
23 M. deltoideus
24 Fasciculus medialis
25 Fasciculus lateralis
26 N. medianus
27 N. ulnaris
28 N. cutaneus antebrachii medialis
29 N. cutaneus brachii medialis
30 Nn. intercostobrachiales
31 N. musculocutaneus
32 N. thoracicus longus
33 M. subscapularis
34 N. subscapularis
35 N. thoracodorsalis

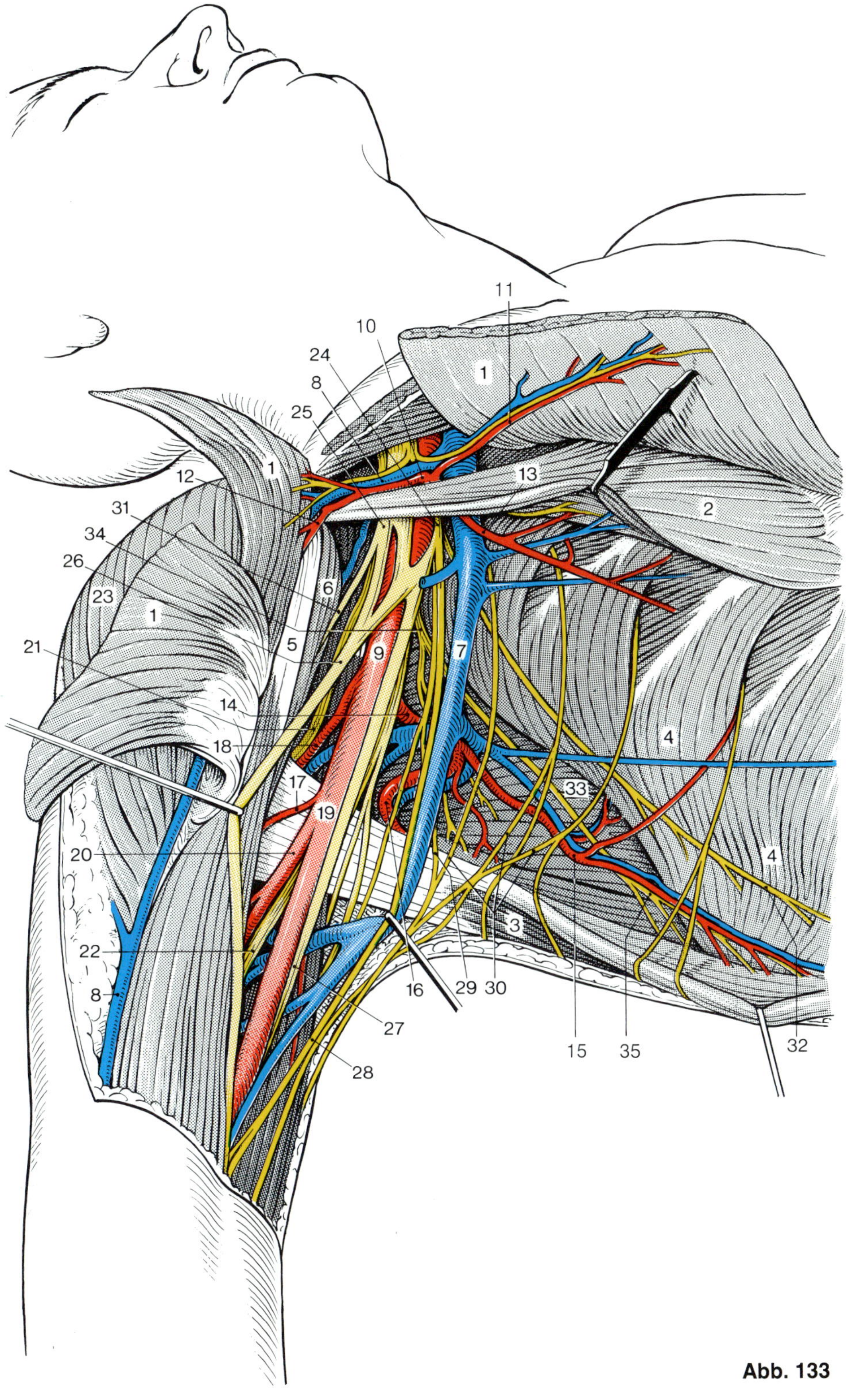
11
10
24
8
25
1
12
13
2
31
34
26
6
23
1
5
9
7
21
14
4
18
17
33
19
20
4
3
22
8
16
29
30
27
28
15
35
32

Abb. 133

Abb. 134 Plexus brachialis mit seinen Ästen
Nach Durchtrennung der Mm. pectorales ist die Fossa axillaris von vorne zugänglich, und die in ihr liegenden Gebilde sind sichtbar. Um den Zusammenhang der in der Fossa axillaris verlaufenden Nerven mit dem Plexus brachialis herzustellen, muß die Clavicula zum Teil entfernt werden.

1 V. jugularis interna
2 M. scalenus anterior
3 A. subclavia
4 A. axillaris
5 V. axillaris
6 A. thoracoacromialis
7 A. und V. circumflexa humeri posterior
8 A. brachialis
9 A. profunda brachii
10 Truncus superior
11 Truncus medius
12 Truncus inferior
13 N. dorsalis scapulae
14 N. thoracicus longus
15 N. suprascapularis
16 Nn. pectorales
17 Fasciculus lateralis
18 Fasciculus posterior
19 Fasciculus medialis
20 N. musculocutaneus
21 N. axillaris
22 N. radialis
23 N. medianus
24 N. cutaneus antebrachii medialis
25 N. ulnaris
26 N. cutaneus brachii medialis
27 N. thoracodorsalis
28 V. cephalica
29 M. pectoralis minor
30 M. pectoralis major
31 M. biceps brachii

Praktischer Hinweis

Plexuslähmungen

Der Plexus brachialis kann aus verschiedenen Ursachen (Geburtstrauma, Kompression durch anatomisch bedingte Ursachen → Halsrippe, Kompression von außen usw.) geschädigt werden. Man unterscheidet eine obere und eine untere Plexusläsion.

Obere Plexuslähmung (Duchenne-Erb):
Schädigung der Wurzel aus C_5 und C_6
Ausfälle der Abduktoren und Außenrotatoren des Schultergelenkes, der Beuger des Ellenbogengelenkes und des M. supinator. Geringe Sensibilitätsstörungen an der Schulter und an der radialen Seite des Unterarmes.

Untere Plexuslähmung (Déjerine-Klumpke):
Schädigung der Wurzeln aus C_8 und Th_1
Ausfälle der kurzen Handmuskeln und der langen Fingerbeuger.
Sensibilitätsstörungen an der ulnaren Unterarm- und Handseite.

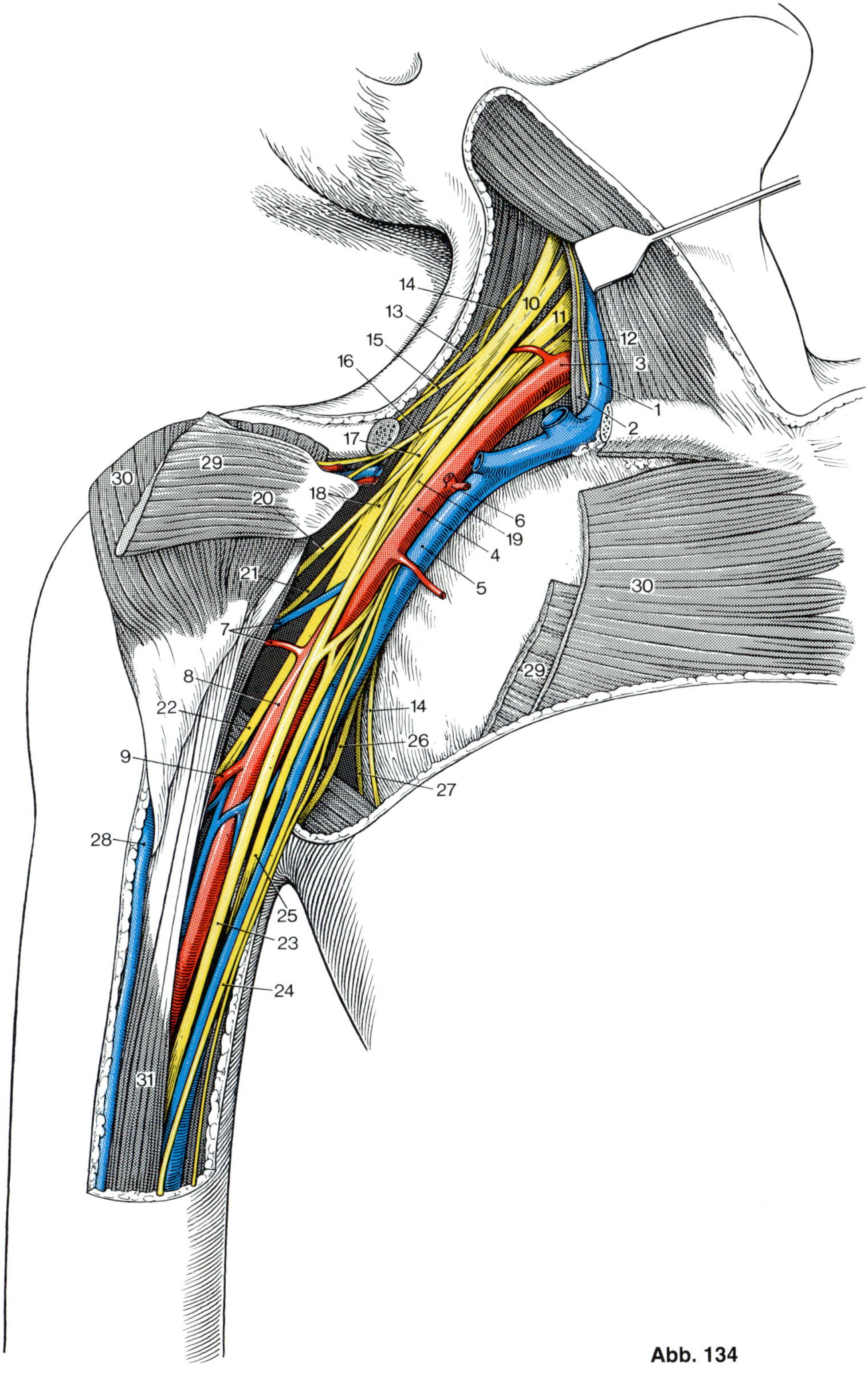

14
13
15
16
17
10
11
12
3
1
2
29
30
20
18
6
19
4
5
30
21
7
8
22
9
29
14
26
27
28
25
23
24
31

Abb. 134

Abb. 135 Lymphknoten und Lymphabflüsse am Oberarm und in der Axilla

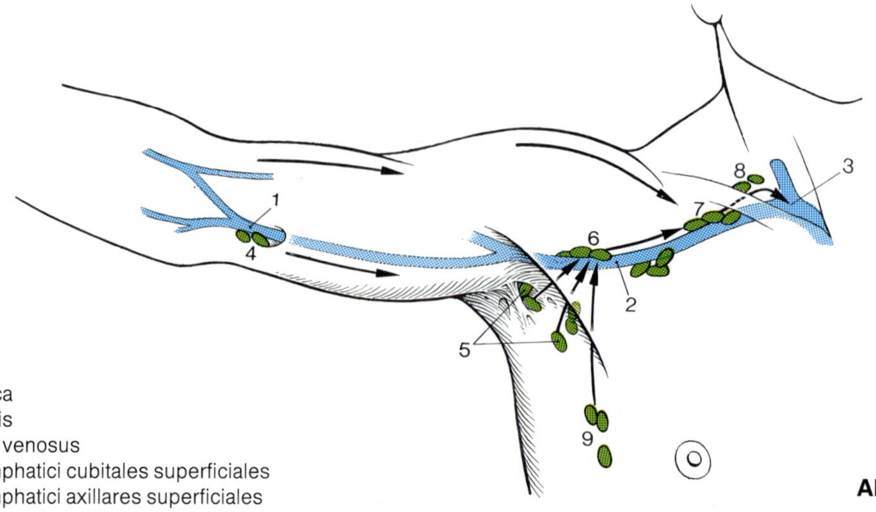

1 V. basilica
2 V. axillaris
3 Angulus venosus
4 Nodi lymphatici cubitales superficiales
5 Nodi lymphatici axillares superficiales
6 Nodi lymphatici axillares profundi
7 Nodi lymphatici infraclaviculares
8 Nodi lymphatici supraclaviculares
9 Nodi lymphatici paramammarii

Abb. 135

Abb. 136 Regio brachialis anterior 1
Nach Entfernung der Haut werden die subkutanen Gebilde sichtbar.

1 Fascia brachii
2 V. cephalica
3 V. basilica
4 Hiatus basilicus
5 R. anterior des N. cutaneus antebrachii medialis
6 R. ulnaris des N. cutaneus antebrachii medialis
7 Nodi lymphatici cubitales superficiales
8 Zweige des N. cutaneus brachii medialis
9 N. intercostobrachialis

Praktischer Hinweis

Die Lymphgefäße verlaufen subkutan und subfaszial entlang der großen Venen in die Axilla bzw. in das Trigonum clavipectorale.
Von der radialen Seite der Hand und des Unterarmes gelangen Lymphbahnen entlang der V. cephalica direkt zu den Nodi lymphatici (l.) infraclaviculares in das Trigonum clavipectorale und von dort über den Truncus lymphaticus subclavius in den Angulus venosus.
Von der ulnaren Seite der Hand und des Unterarmes gelangen die Lymphgefäße entlang der V. basilica in die Fossa cubitalis. Bei etwa 30% der Menschen sind im Bereich des Hiatus basilicus Nodi l. cubitales superficiales eingeschaltet. Ein Teil der Lymphgefäße erreicht mit der V. basilica, ein zweiter Teil subkutan verlaufend, die Nodi l. axillares superficiales. Von diesen gelangt die Lymphe über die tiefen Achsellymphknoten zu den Nodi l. infraclaviculares und schließlich zum Angulus venosus.

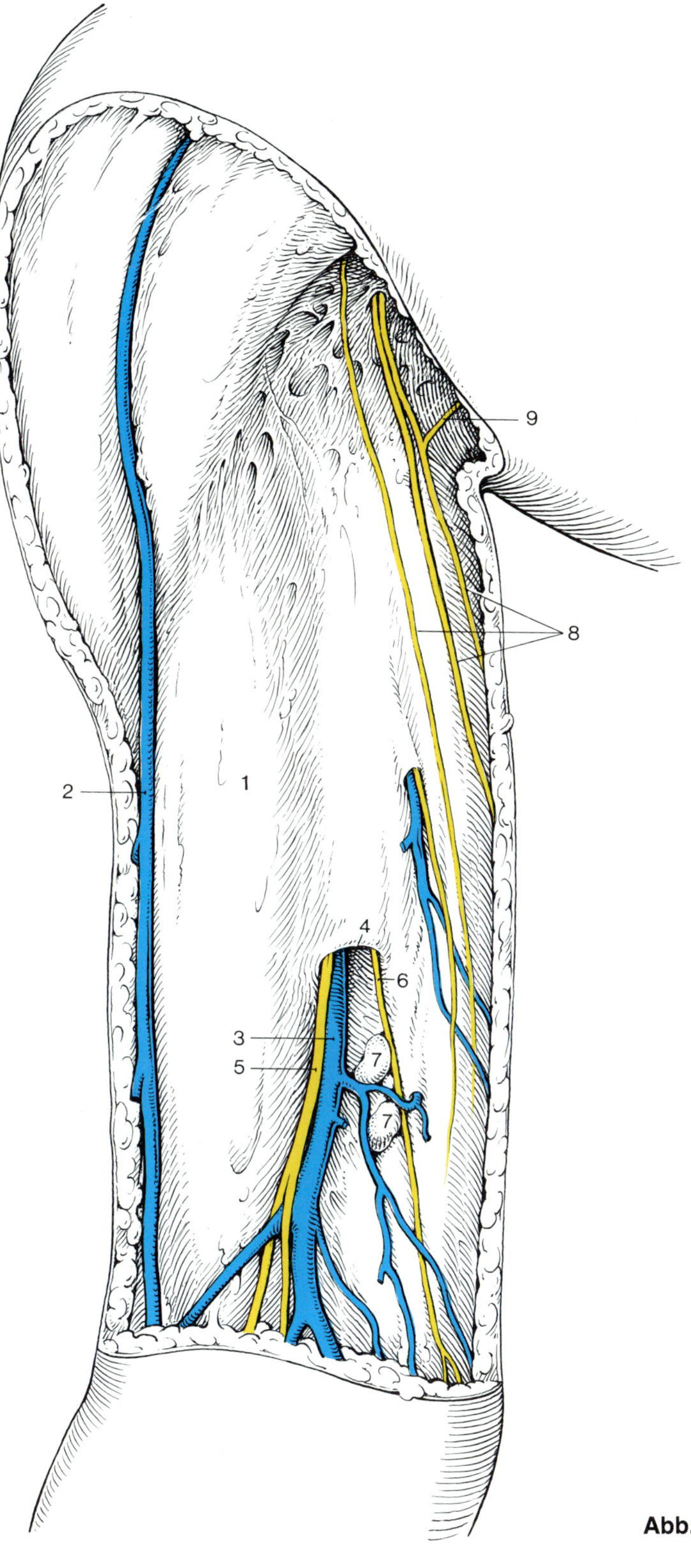

Abb. 136

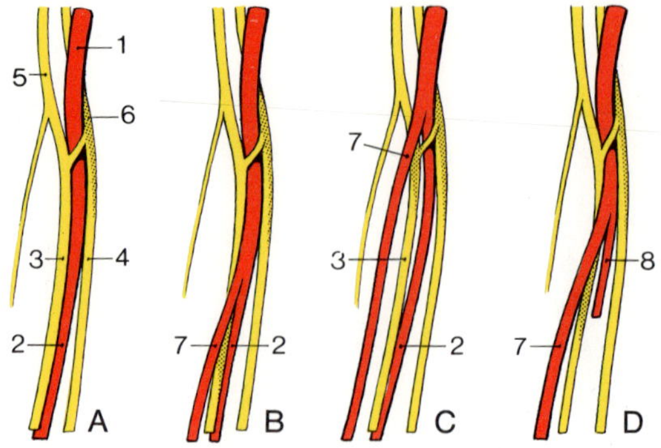

Abb. 137

Abb. 137 A–D Variationen der A. brachialis und des N. medianus im Sulcus bicipitalis medialis (nach Lanz-Wachsmuth)

A Normalfall mit typischer Medianusgabel (74%)
B Ursprung einer A. brachialis superficialis am Oberarm (6%)
C Ursprung einer A. brachialis superficialis aus der A. axillaris (ca. 4%)
D Abgang einer A. brachialis superficialis aus der A. axillaris. Die A. brachialis endet als A. profunda brachii (12%)

1 A. axillaris
2 A. brachialis
3 N. medianus
4 N. ulnaris
5 Fasciculus lateralis
6 Fasciculus medialis
7 A. brachialis superficialis
8 A. profunda brachii

Abb. 138 Regio brachialis anterior 2, Sulcus bicipitalis medialis
Darstellung des Gefäß-Nerven-Stranges im Sulcus bicipitalis medialis nach Entfernung der Fascia brachii.

1 M. biceps brachii
2 M. triceps brachii
3 N. cutaneus antebrachii medialis (R. anterior und R. ulnaris)
4 V. basilica
5 Vv. brachiales
6 N. ulnaris
7 N. medianus
8 A. brachialis
9 R. muscularis a. brachialis
10 A. profunda brachii
11 N. radialis
12 V. cephalica

Abb. 139 Proximaler Abschnitt des Sulcus bicipitalis medialis
V. basilica und R. anterior des N. cutaneus antebrachii medialis nach medial verzogen.

1 V. basilica
2 R. anterior des N. cutaneus antebrachii medialis
3 N. medianus
4 N. radialis
5 A. brachialis
6 R. muscularis a. brachialis
7 A. profunda brachii
8 A. collateralis ulnaris superior
9 Vv. brachiales

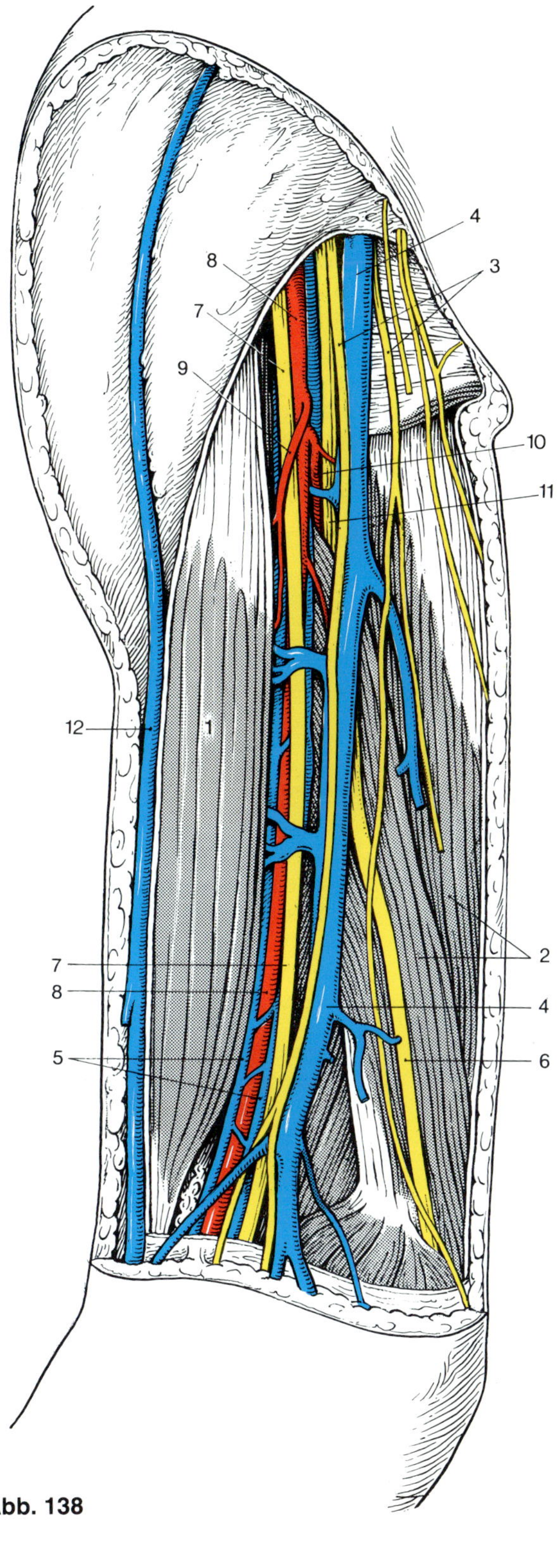

Abb. 138

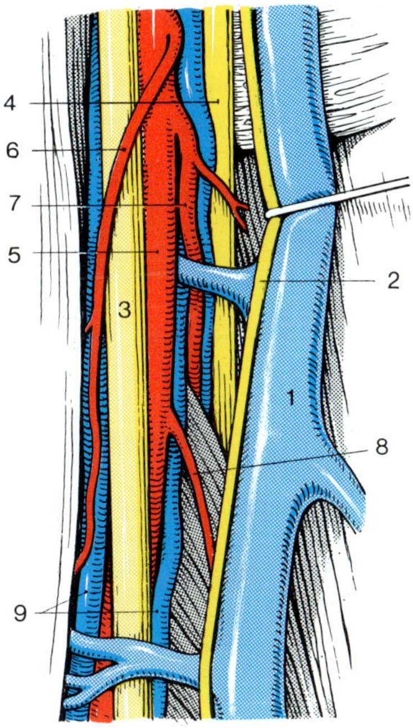

Abb. 139

Abb. 140 Foramina axillaria
In der Ansicht von dorsal werden die Foramina axillaria dargestellt. Um das Foramen axillare laterale sichtbar zu machen, muß der M. deltoideus verdrängt werden.

1 M. teres minor
2 M. teres major
3 Humerus
4 Caput longum m. tricipitis
5 N. axillaris
6 Zweig des N. axillaris zum M. teres minor
7 M. deltoideus
8 N. cutaneus brachii lateralis superior
9 A. circumflexa humeri posterior
10 Caput laterale m. tricipitis
11 A. circumflexa scapulae
12 Zweig des N. subscapularis zum M. teres major
13 A. profunda brachii
14 N. radialis
15 M. latissimus dorsi

Abb. 141 A–C Variationen der Arterien (nach Lanz-Wachsmuth)
A Lehrbuchmäßiges Verhalten der A. circumflexa humeri posterior und der A. profunda brachii
B Ursprung der A. profunda brachii aus der A. circumflexa humeri posterior (7%)
C Ursprung der A. circumflexa humeri posterior aus der A. profunda brachii (16%). In diesen Fällen verläuft die A. circumflexa humeri posterior nicht durch die laterale Achsellücke

1 A. brachialis
2 A. profunda brachii
3 A. circumflexa humeri posterior
4 Caput longum m. tricipitis
5 M. teres major

Praktischer Hinweis

Foramen axillare laterale

Form: viereckig
Grenzen: Humerus (lateral)
M. teres minor (proximal)
Caput longum m. tricipitis (medial)
M. teres major (distal)
Durchtretende Gebilde:
N. axillaris
A. und V. circumflexa humeri posterior

Foramen axillare mediale

Form: dreieckig
Grenzen: M. teres minor (proximal)
Caput longum m. tricipitis (lateral)
M. teres major (distal)
Durchtretende Gebilde:
A. und V. circumflexa scapulae

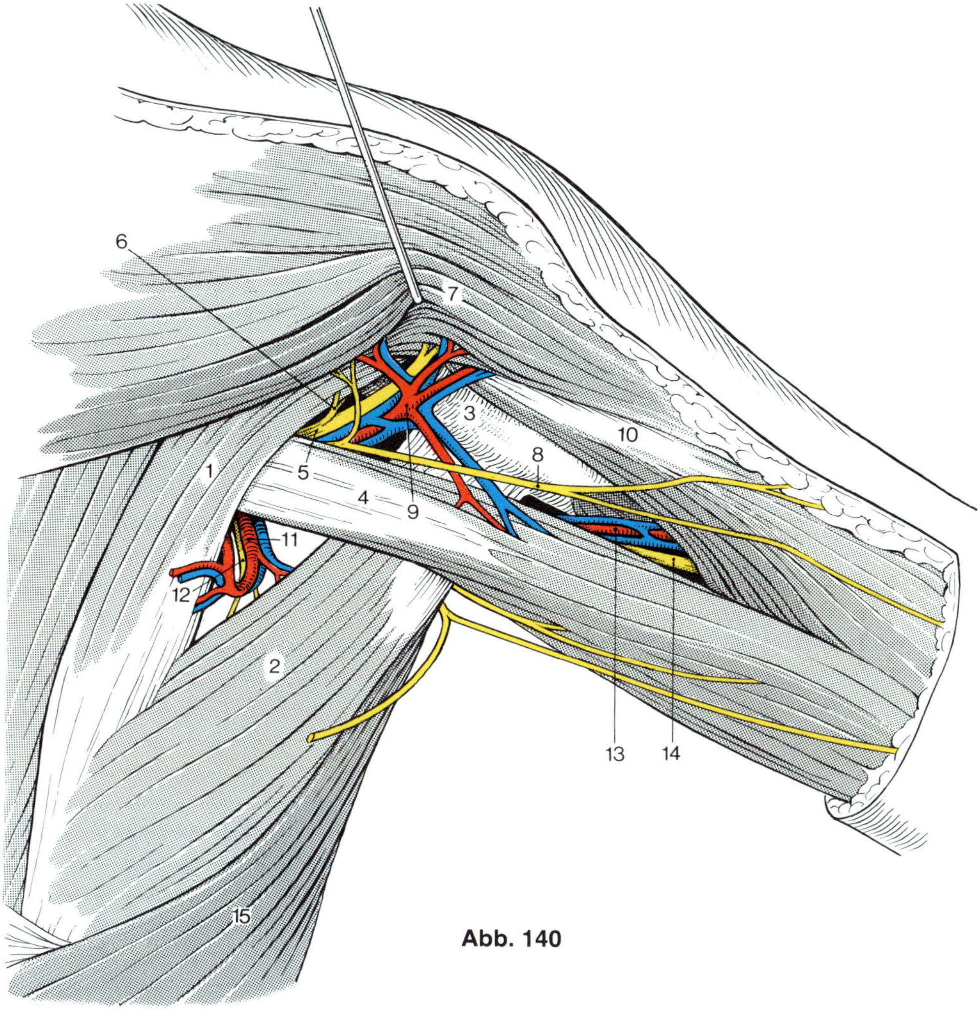

Abb. 140

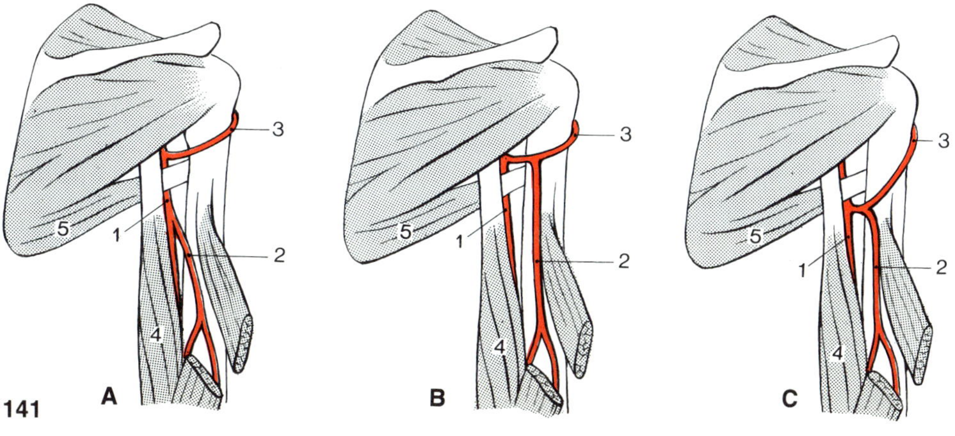

Abb. 141

Abb. 142 A–B Regio brachialis posterior 1

A Die subkutane Schichte in der Ansicht von dorsal und lateral
B Die subkutane Schichte in der Ansicht von dorsal und medial

1 Zweige des N. cutaneus brachii lateralis superior
2 N. cutaneus brachii lateralis inferior
3 Zweige des N. cutaneus brachii posterior
4 Fascia brachii
5 Fascia deltoidea
6 N. cutaneus antebrachii medialis mit R. anterior und R. ulnaris
7 V. basilica

Abb. 143 Regio brachialis posterior 2

Nach Entfernung der Fascia brachii und Durchtrennung des Caput longum und des Caput laterale m. tricipitis werden die im Sulcus n. radialis verlaufenden Gebilde sichtbar.

1 M. triceps brachii
2 Caput longum m. tricipitis
3 Caput laterale m. tricipitis
4 Zweige des N. cutaneus brachii lateralis superior
5 N. cutaneus brachii posterior
6 N. radialis
7 N. cutaneus brachii lateralis inferior
8 R. muscularis des N. radialis und A. collateralis media
9 A. collateralis radialis mit V. comitans
10 A. profunda brachii
11 N. cutaneus antebrachii medialis mit R. anterior und R. ulnaris
12 V. basilica

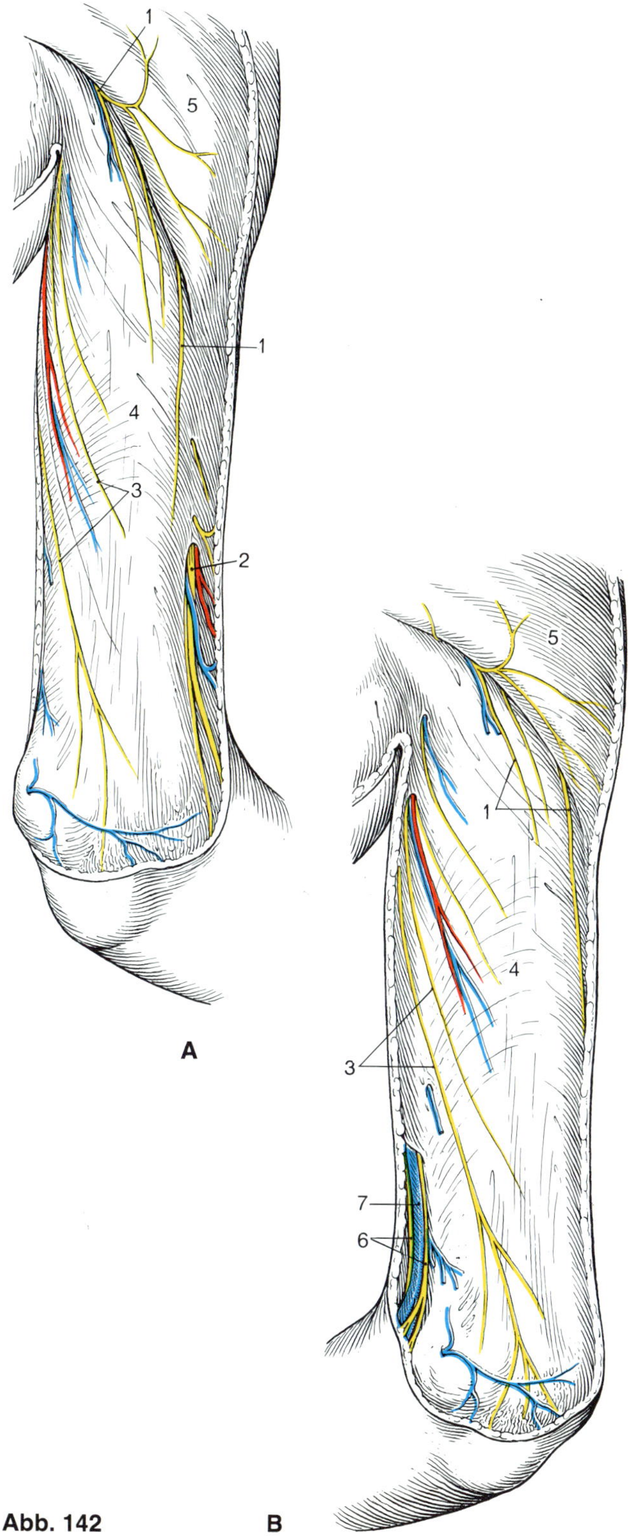

Abb. 142

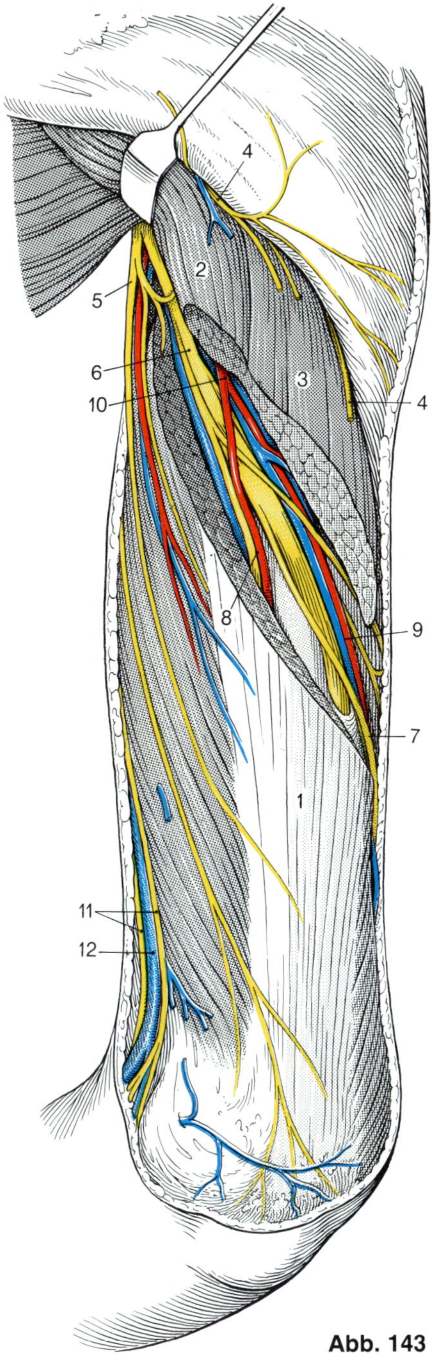

Abb. 143

Abb. 144 Fossa cubitalis 1
Darstellung der subkutan verlaufenden Venen und Nerven.

1 V. basilica
2 V. basilica antebrachii
3 Hiatus basilicus
4 R. anterior des N. cutaneus antebrachii medialis
5 R. ulnaris des N. cutaneus antebrachii medialis
6 V. cephalica
7 N. cutaneus antebrachii lateralis
8 V. mediana cubiti
9 V. mediana cubiti profunda
10 V. cephalica antebrachii
11 Nodi lymphatici cubitales superficiales

Abb. 145 A–F Fossa cubitalis, Variationen der subkutanen Venen (nach Lanz-Wachsmuth)

A Fehlen einer V. cephalica antebrachii, die V. cephalica entwickelt sich aus einer V. mediana cubiti
B Am Unterarm findet sich subkutan ein Venennetzwerk, aus dem sich eine kräftige V. basilica und eine schwache V. cephalica entwickeln
C Fehlen einer V. basilica antebrachii
D Fehlen einer V. mediana cubiti. Die V. cephalica steht in keiner Verbindung mit dem System der V. basilica
E Schwach entwickelte V. cephalica, die rückläufig in die V. mediana cubiti einmündet
F Die V. basilica ist schwächer ausgebildet als die V. cephalica, die sich vorwiegend aus einer V. mediana cubiti (profunda) entwickelt

1 V. cephalica
2 V. basilica
3 V. mediana cubiti
4 V. mediana cubiti profunda
5 V. cephalica antebrachii
6 V. mediana antebrachii
7 V. basilica antebrachii

Praktischer Hinweis

Hiatus basilicus

Lage: 3–4 Querfinger proximal der Ellenbeuge

Durchtrittstelle für:

N. cutaneus antebrachii medialis ⇇ R. anterior / R. ulnaris

V. basilica

Lymphgefäße, die von den Nodi lymphatici cubitales superficiales stammen (vorhanden bei ca. 30% der Menschen, erste Station der Lymphe von Mittel-, Ring- und Kleinfinger)

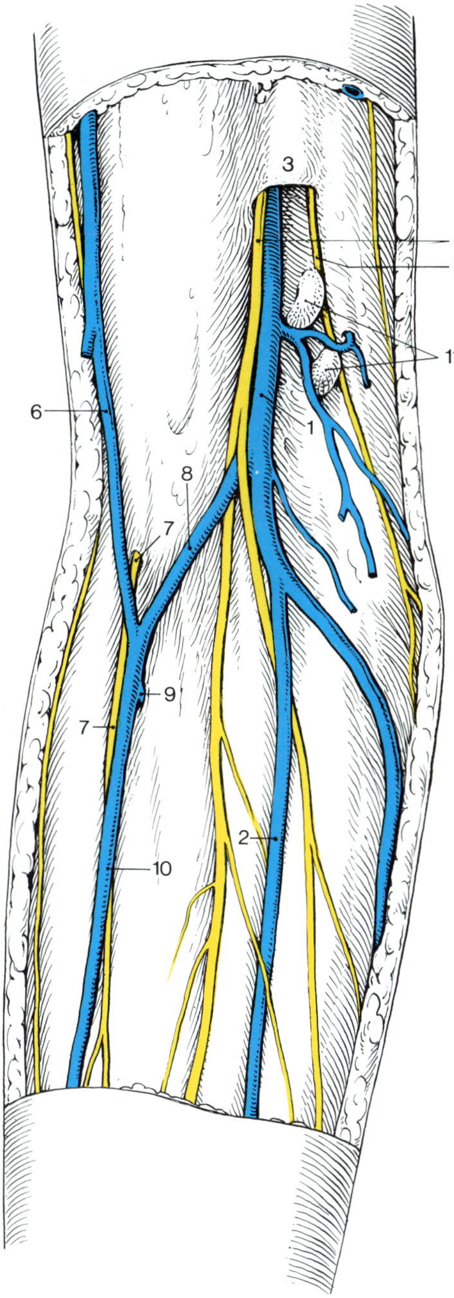

Abb. 144

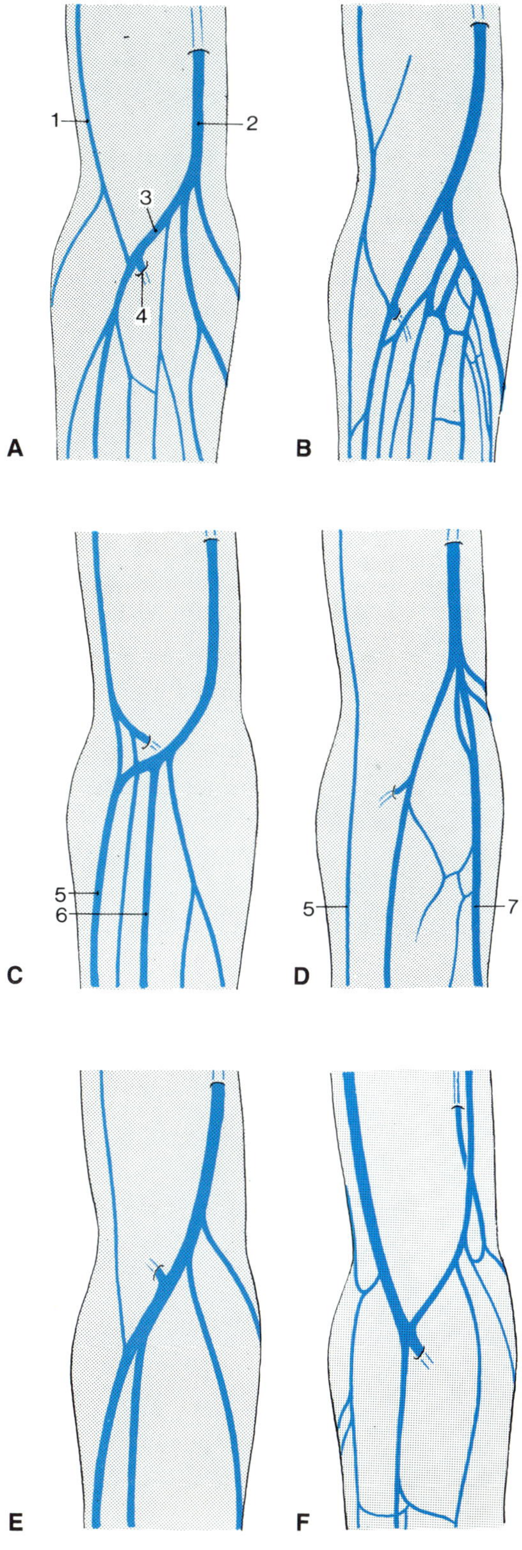

Abb. 145

Abb. 146 A–C Lagevariationen des N. medianus zum M. pronator teres (nach Lanz-Wachsmuth)

A Regelfall. Der N. medianus verläuft zwischen den beiden Köpfen des M. pronator teres (ca. 95%)
B Der N. medianus durchbohrt das Caput humerale des M. pronator teres (knapp 2%)
C Der N. medianus verläuft zwischen Caput ulnare des M. pronator teres und Ulna (ca. 3%)

1 Caput humerale des M. pronator teres
2 Caput ulnare des M. pronator teres
3 N. medianus
4 M. pronator teres

Abb. 147 Fossa cubitalis 2

Nach Entfernung der Faszie werden die die Fossa cubitalis begrenzenden Muskeln sichtbar. Ebenso gelangen das aus dem Sulcus bicipitalis medialis absteigende Gefäß-Nerven-Bündel sowie der N. radialis zur Ansicht.

1 M. biceps brachii
2 Aponeurosis m. bicipitis brachii
3 M. brachialis
4 M. pronator teres
5 M. brachioradialis
6 M. supinator
7 V. basilica
8 V. cephalica
9 V. mediana cubiti
10 A. brachialis
11 A. radialis mit Vv. radiales
12 A. recurrens radialis
13 N. cutaneus antebrachii medialis
14 N. cutaneus antebrachii lateralis
15 N. medianus
16 N. ulnaris
17 N. radialis
18 R. superficialis n. radialis
19 R. profundus n. radialis

Abb. 148 Fossa cubitalis 3

Die Aponeurosis m. bicipitis ist durchtrennt. Die Beugermuskeln sind nach medial gedrängt, wodurch die weiteren Äste der A. brachialis sichtbar werden.

1 M. biceps brachii
2 M. brachialis
3 M. pronator teres
4 M. supinator
5 M. brachioradialis
6 V. cephalica
7 V. basilica
8 A. brachialis
9 A. radialis
10 A. recurrens radialis
11 A. ulnaris
12 A. interossea communis
13 A. recurrens ulnaris mit V. comitans
14 N. medianus
15 N. radialis
16 R. profundus des N. radialis
17 R. superficialis des N. radialis

Abb. 146

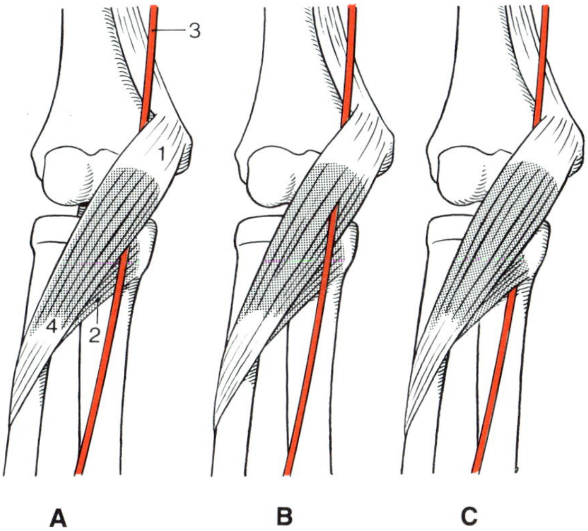

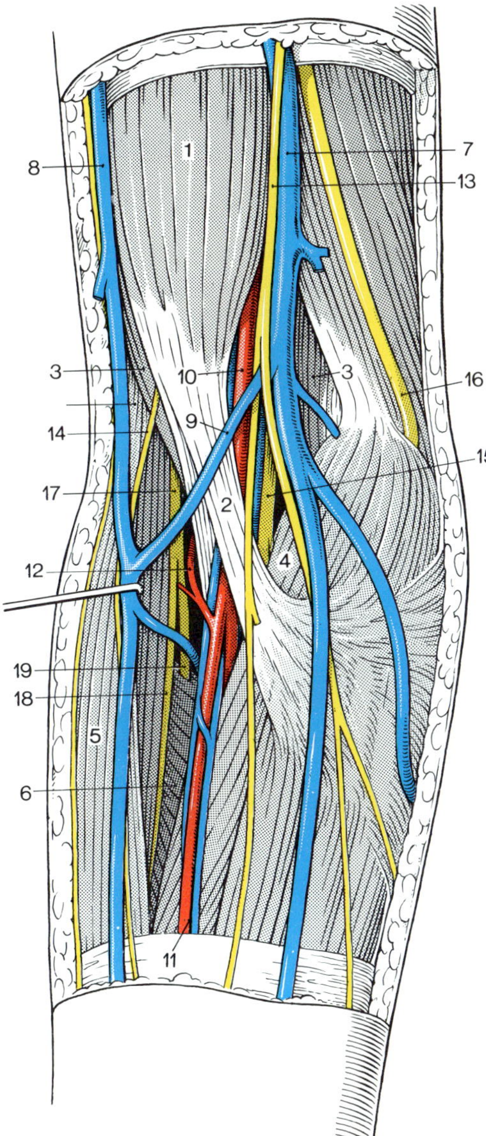

Abb. 147

Abb. 148

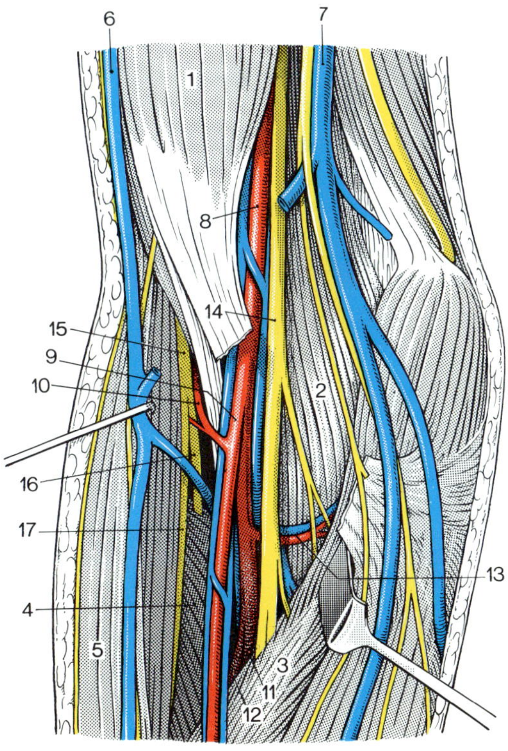

Abb. 149 Regio antebrachialis anterior 1
Darstellung der subkutanen Venen und Nerven.

1 V. cephalica antebrachii
2 V. mediana cubiti
3 V. basilica antebrachii
4 N. cutaneus antebrachii lateralis
5 R. superficialis n. radialis
6 R. anterior des N. cutaneus antebrachii medialis
7 R. ulnaris des N. cutaneus antebrachii medialis
8 R. palmaris n. ulnaris
9 R. palmaris n. mediani
10 Fascia antebrachii

Abb. 150 Regio antebrachialis anterior 2
Nach Entfernung der Faszie werden die Muskeln sowie die Gefäße und Nerven sichtbar.

1 M. brachioradialis
2 M. supinator
3 M. pronator teres
4 M. flexor carpi radialis
5 M. palmaris longus
6 M. flexor digitorum superficialis
7 M. flexor carpi ulnaris
8 A. brachialis
9 A. radialis
10 Vv. radiales
11 A. ulnaris
12 Vv. ulnares
13 N. radialis
14 R. profundus n. radialis
15 R. superficialis n. radialis
16 N. medianus
17 N. ulnaris
18 R. palmaris n. ulnaris

Praktischer Hinweis

Radiales Gefäß-Nerven-Bündel

A. radialis
Vv. radiales
R. superficialis n. radialis

Lage: zwischen M. brachioradialis und M. flexor carpi radialis

Mittleres Gefäß-Nerven-Bündel

N. medianus
A. comitans n. mediani bzw. A. mediana (VAR.) } obere Etage

A. interossea anterior
Vv. interosseae anteriores
N. interosseus anterior } tiefe Etage

Lage: obere Etage zwischen oberflächlichen und tiefen Beugern; tiefe Etage zwischen tiefen Beugern und Membrana interossea

Ulnares Gefäß-Nerven-Bündel

N. ulnaris
A. ulnaris
Vv. ulnares

Lage: zwischen M. flexor digitorum superficialis und M. flexor carpi ulnaris

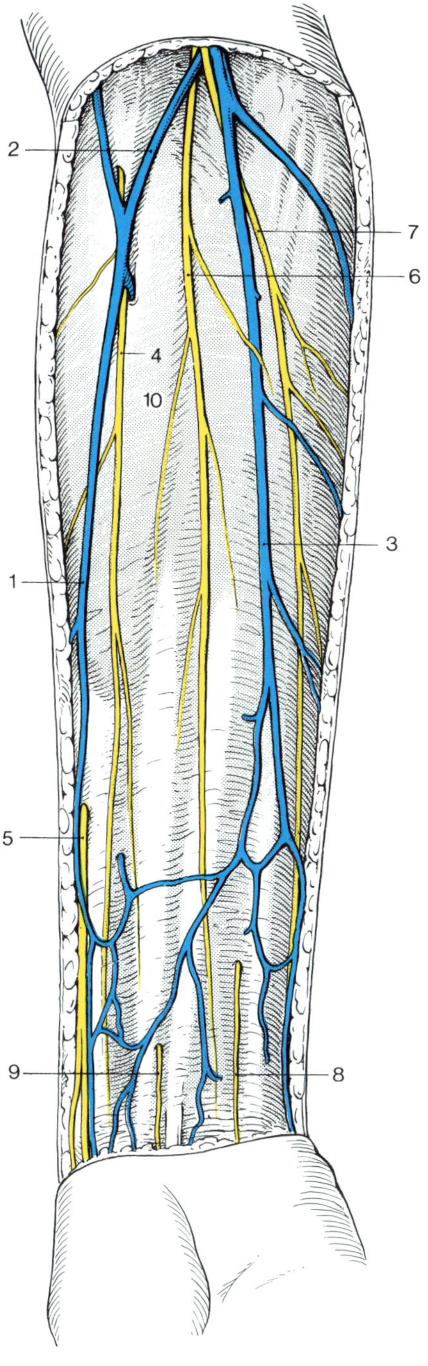

Abb. 149

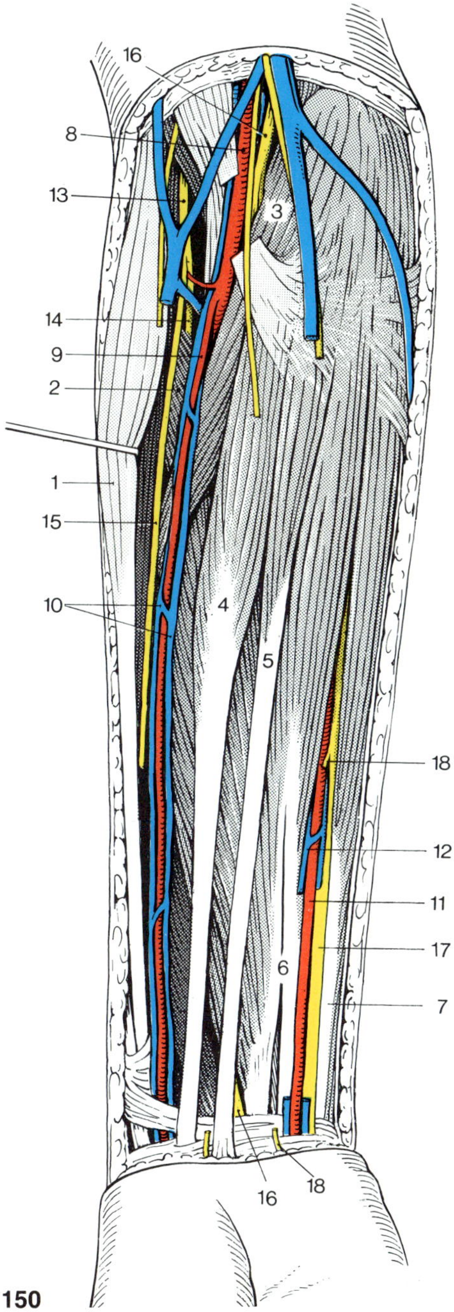

Abb. 150

Abb. 151 Regio carpalis anterior
Nach teilweiser Entfernung der Fascia antebrachii werden die Gefäße und Nerven, die Muskeln und Sehnen mit den Sehnenscheiden proximal des Canalis carpi sichtbar.

1 Fascia antebrachii
2 Sehne des M. palmaris longus
3 M. pronator quadratus
4 Sehnenscheide des M. flexor carpi radialis
5 Sehnenscheide des M. flexor pollicis longus
6 Sehnenscheide für die Mm. flexores digitorum superficialis et profundus
7 M. flexor carpi ulnaris
8 R. superficialis n. radialis
9 A. radialis mit Vv. radiales
10 R. carpeus palmaris
11 N. medianus
12 A. ulnaris mit Vv. ulnares
13 N. ulnaris
14 R. palmaris n. ulnaris

Abb. 152 Palma manus 1
In der ersten Schichte der Palma manus werden die subkutanen Gebilde dargestellt. Dabei ist besonders auf die Aponeurosis palmaris zu achten, in die vom Kleinfingerballen ein variabel ausgebildeter M. palmaris brevis einstrahlt.

1 Aponeurosis palmaris
2 Fasciculi longitudinales
3 Fasciculi transversi
4 M. palmaris brevis
5 Caput superficiale des M. flexor pollicis brevis
6 R. palmaris superficialis
7 A. princeps pollicis
8 A. radialis indicis
9 Aa. digitales palmares communes
10 Aa. digitales palmares propriae
11 Nn. digitales palmares communes
12 Nn. digitales palmares proprii
13 R. palmaris n. ulnaris
14 R. palmaris n. mediani
15 subkutaner Venenbogen an den Fingerwurzeln

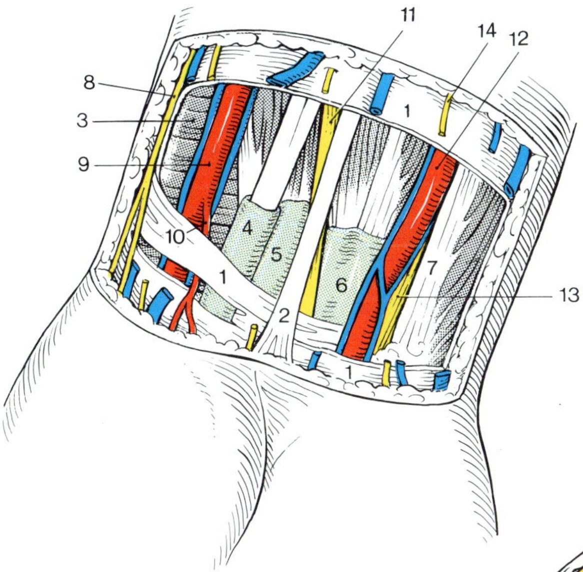

Abb. 151

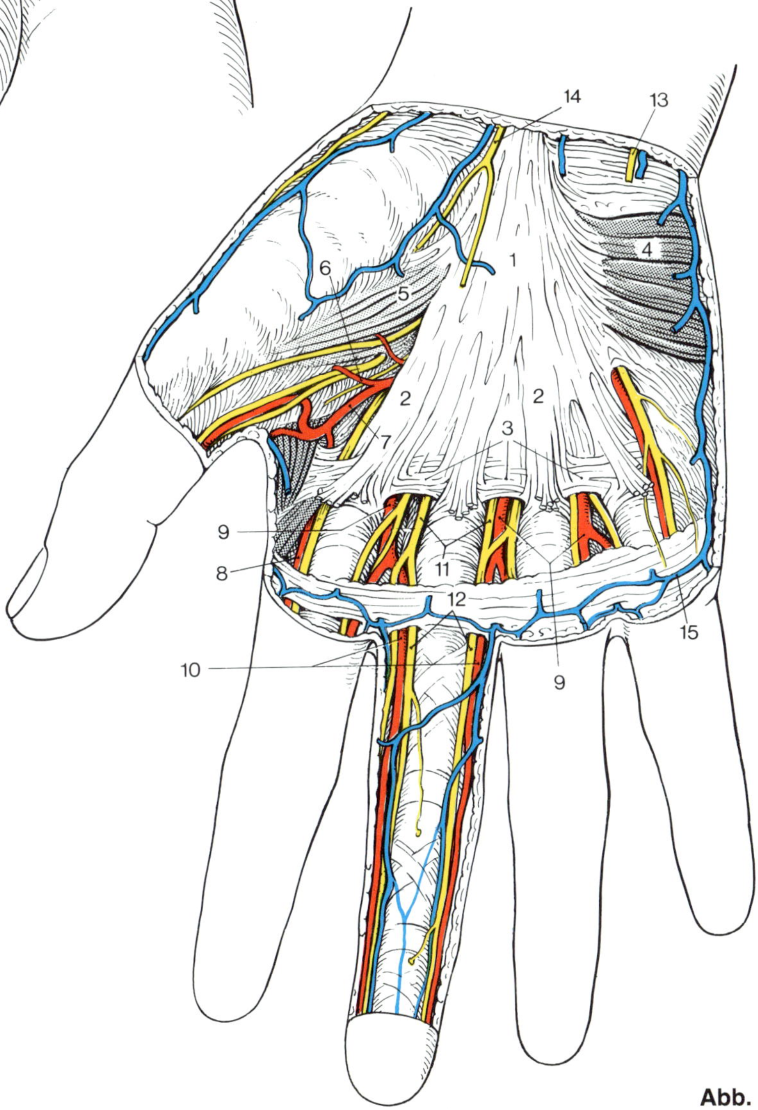

Abb. 152

Abb. 153 A–C Canalis carpi

A Die Wände des Canalis carpi dexter, proximale Reihe der Handwurzelknochen von proximal gesehen

B Die Wände des Canalis carpi dexter, distale Reihe der Handwurzelknochen von distal gesehen

C Canalis carpi dexter im Schnitt mit Inhalt, von proximal gesehen

1 Os lunatum
2 Os scaphoideum
3 Os trapezium
4 Os pisiforme
5 Os hamatum
6 Os capitatum
7 Os trapezoideum
8 Os triquetrum
9 Retinaculum flexorum
10 Canalis carpi, ulnares Fach
11 Canalis carpi, radiales Fach
12 Sehne des M. flexor carpi radialis (VAR., zwei Sehnen)
13 Sehnen der Mm. flexores digitorum superficialis et profundus
14 N. medianus
15 A. u. V. ulnaris
16 Aponeurosis palmaris mit Sehne des M. palmaris longus

Abb. 154 A–F Variationen der Sehnenscheiden der Palma manus (nach Hollinshead)

A Häufigstes Vorkommen (71,4%). Die karpale Sehnenscheide des M. flexor pollicis longus geht in die digitale Sehnenscheide über. Die digitale Sehnenscheide des fünften Fingers ist mit der gemeinsamen karpalen Sehnenscheide vereinigt

B 3,5%. Zusätzlich zu dem in Bild **A** dargestellten Verhalten ist noch die digitale Sehnenscheide des Zeigefingers mit der gemeinsamen karpalen Sehnenscheide vereinigt

C 2,7%. Zusätzlich zu dem in Bild **A** dargestellten Verhalten ist die Sehnenscheide des Ringfingers mit der gemeinsamen karpalen Sehnenscheide vereinigt

D 2,4%. Zusätzlich zu dem in Bild **A** dargestellten Verhalten ist die Sehnenscheide des Mittelfingers mit der gemeinsamen karpalen Sehnenscheide vereinigt

E 17,4%. Digitale und karpale Sehnenscheiden sind getrennt

F keine gemeinsame karpale Sehnenscheide für alle Sehnen der Mm. flexores digitorum superficialis et profundus

---

Praktischer Hinweis

Canalis carpi

Osteofibröser Kanal

Grenzen: Handwurzelknochen (dorsal, radial, ulnar)
Retinaculum flexorum (palmar) unterteilt durch eine Scheidewand in ein kleines radiales und ein großes ulnares Fach

Inhalt: ulnares Fach
N. medianus
Vagina tendinis mit der Sehne des M. flexor pollicis longus
Vagina tendinum mit den Sehnen der Mm. flexores digitorum superficialis et profundus

radiales Fach
Vagina tendinis mit der Sehne des M. flexor carpi radialis

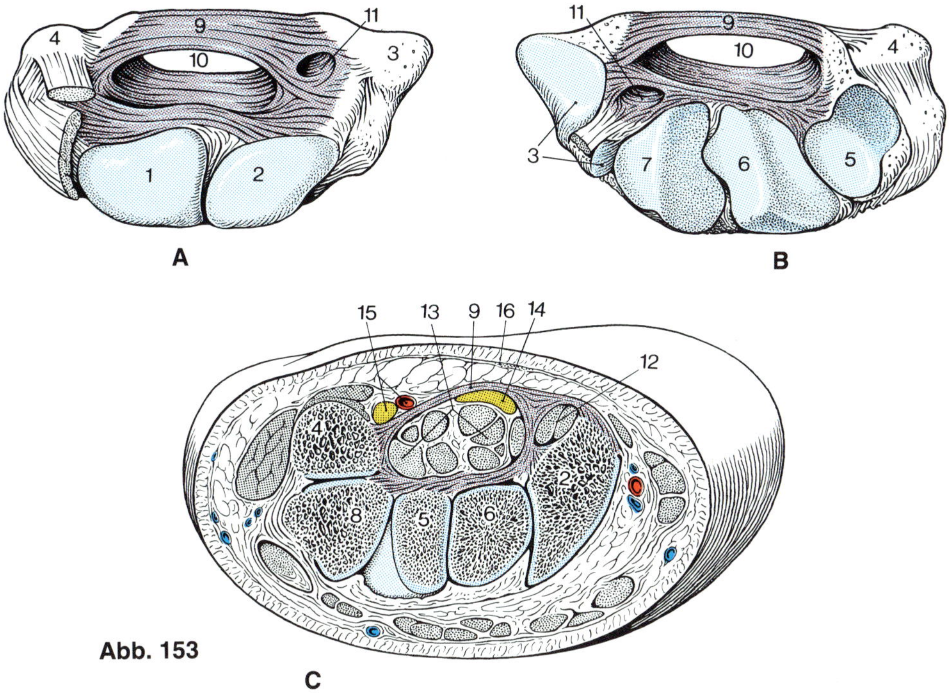

Abb. 153

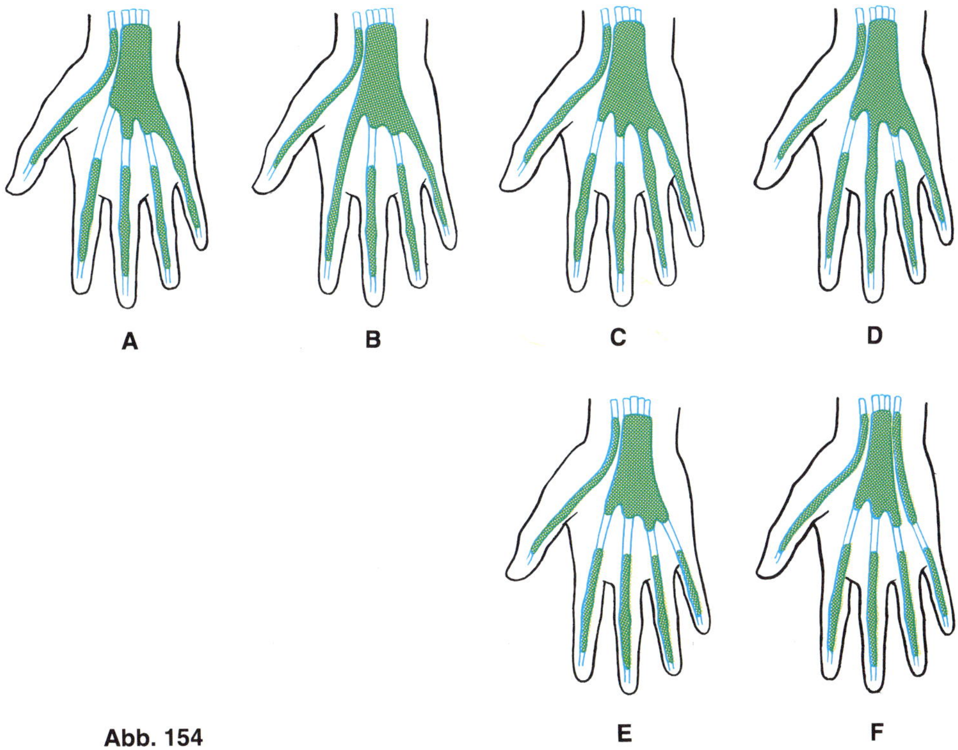

Abb. 154

Abb. 155 A–F Variationen des Arcus palmaris superficialis (A, B, E, F nach Lanz-Wachsmuth, C, D eigene Beobachtungen)

A Typischer Hohlhandbogen (27%)

B Arcus palmaris superficialis nur von der A. ulnaris gebildet (27%)

C Kein Arcus palmaris superficialis. A. ulnaris und A. mediana (VAR.) entsenden die Aa. digitales palmares communes

D Ein ausschließlich von der A. ulnaris gebildeter Arcus palmaris superficialis entsendet nur einen Teil der Aa. digitales palmares communes (6%)

E Kein Arcus palmaris superficialis. A. ulnaris und A. radialis entsenden die Aa. digitales palmares communes (4,5%)

F Kein Arcus palmaris superficialis. Die Aa. digitales palmares communes entspringen aus der A. ulnaris und aus dem Arcus palmaris profundus (12%)

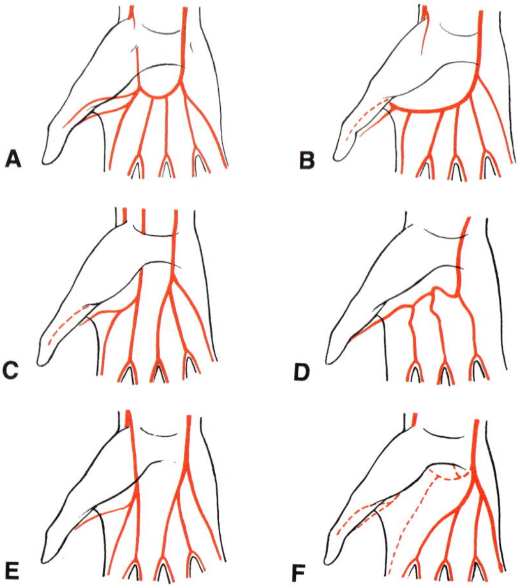

Abb. 156 Palma manus 2

Die Palmaraponeurose und die Faszie wurden vollständig entfernt, ebenso wurden die Venen kurz abgeschnitten. Darstellung des Arcus palmaris superficialis.

1 M. abductor pollicis brevis
2 M. flexor pollicis brevis, Caput superficiale
3 M. adductor pollicis, Caput transversum
4 Mm. lumbricales
5 M. interosseus dorsalis I
6 M. opponens digiti minimi
7 M. flexor digiti minimi brevis
8 M. abductor digiti minimi
9 Sehnen des M. flexor digitorum superficialis
10 Retinaculum flexorum
11 Vaginae tendinum digitorum manus
12 Sehne des M. palmaris longus
13 R. carpeus palmaris a. radialis
14 A. ulnaris mit Vv. ulnares
15 R. palmaris profundus
16 R. palmaris superficialis a. radialis
17 Arcus palmaris superficialis
18 Aa. digitales palmares communes
19 A. princeps pollicis
20 A. radialis indicis
21 N. ulnaris
22 R. superficialis n. ulnaris
23 R. profundus n. ulnaris
24 N. medianus
25 Nn. digitales palmares communes
26 R. communicans
27 Nn. digitales palmares proprii und Aa. digitales palmares propriae

Abb. 157 Palma manus 3

Die Sehnen der langen Fingerbeuger sind durchtrennt und entfernt, ebenso die Mm. lumbricales. Außerdem wurden der Arcus palmaris superficialis und der N. medianus sowie der R. superficialis des N. ulnaris abgetragen. Darstellung des Arcus palmaris profundus.

1 M. opponens pollicis
2 M. flexor pollicis brevis, Caput superficiale
3 M. adductor pollicis, Caput obliquum
4 M. adductor pollicis, Caput transversum (durchschnitten)
5 Sehne des M. flexor pollicis longus
6 Mm. interossei palmares
7 Mm. interossei dorsales
8 Sehnen des M. flexor digitorum superficialis
9 Sehnen des M. flexor digitorum profundus
10 Mm. lumbricales
11 Retinaculum flexorum
12 A. ulnaris mit Vv. ulnares
13 R. profundus a. ulnaris
14 Arcus palmaris profundus
15 A. radialis
16 Aa. metacarpeae palmares
17 A. princeps pollicis
18 R. superficialis a. radialis
19 N. ulnaris
20 R. profundus n. ulnaris
21 N. medianus
22 R. muscularis „thenaris" des N. medianus

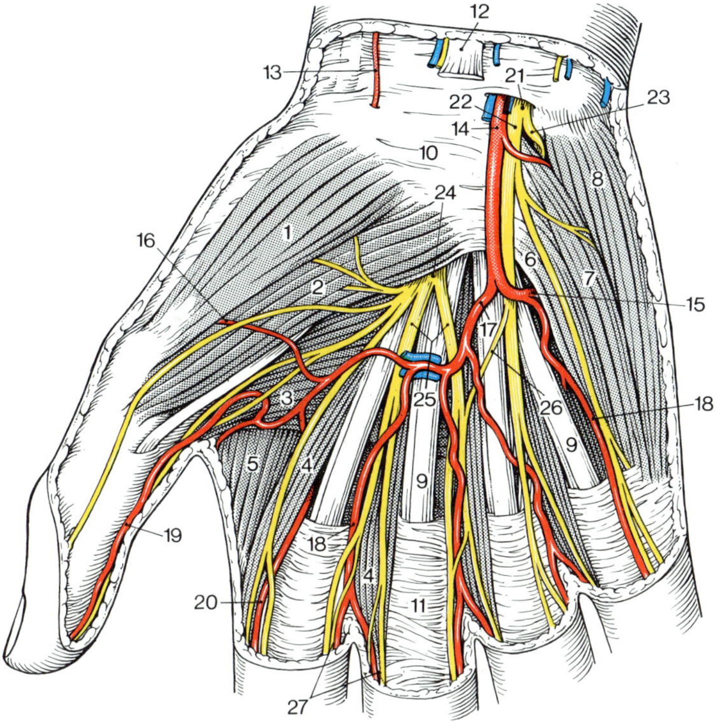

Abb. 156

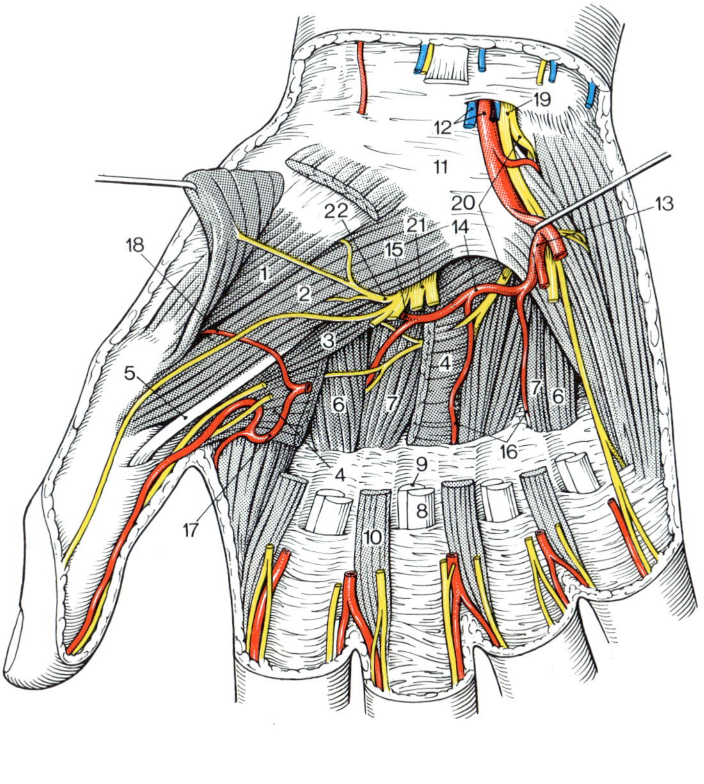

Abb. 157

Abb. 158 Dorsum manus 1

1 Retinaculum extensorum
2 Vv. metacarpeae dorsales
3 V. cephalica accessoria (= V. salvatella)
4 V. metacarpea dorsalis quinta (→ V. basilica)
5 V. metacarpea dorsalis prima (= V. cephalica pollicis)
6 Rete venosum dorsale manus
7 R. dorsalis n. ulnaris
8 Nn. digitales dorsales des R. superficialis n. radialis

Abb. 159 Dorsum manus 2

Die Fascia dorsalis manus wird zur Darstellung der Sehnen der Strecker entfernt. Ein zartes, tiefes Blatt dieser Faszie unterhalb der Strecker muß ebenfalls abgetragen werden, um die Mm. interossei dorsales sichtbar zu machen.

1 Retinaculum extensorum
2 Sehne des M. extensor pollicis brevis
3 Sehne des M. extensor carpi radialis longus
4 Sehne des M. extensor carpi radialis brevis
5 Sehne des M. extensor pollicis longus
6 Sehne des M. extensor indicis
7 Sehnen des M. extensor digitorum
8 geteilte Sehne (VAR.) des M. extensor digiti minimi
9 Sehne des M. extensor carpi ulnaris
10 Connexus intertendineus
11 A. radialis mit Vv. radiales
12 R. carpeus dorsalis
13 Aa. metacarpeae dorsales
14 Aa. digitales dorsales
15 M. interosseus dorsalis primus
16 Nn. digitales dorsales des R. superficialis n. radialis
17 R. dorsalis n. ulnaris

Abb. 160 Foveola radialis

1 Retinaculum extensorum
2 Sehne des M. extensor pollicis longus
3 Sehne des M. extensor pollicis brevis
4 Sehne des M. abductor pollicis longus
5 Sehne des M. extensor carpi radialis longus
6 Sehne des M. extensor carpi radialis brevis
7 A. radialis
8 R. carpeus dorsalis a. radialis
9 R. superficialis n. radialis

Praktischer Hinweis

Foveola radialis

Grenzen: Retinaculum extensorum (proximal)
Sehne des M. extensor pollicis longus (handrückenwärts)
Sehnen der Mm. extensor pollicis brevis et abductor pollicis longus (radial)

Form: dreieckig begrenztes Grübchen, dessen Boden vom Os scaphoideum und vom Os trapezium gebildet wird. Bedeckt wird es von der Fascia dorsalis manus.

Inhalt: Sehnen der Mm. extensores carpi radialis longus et brevis (ulnar)
A. radialis mit Vv. radiales (radial)
Fettgewebe

Die Foveola radialis wird fälschlich auch als „tabatière anatomique“ bezeichnet.

Tastbarkeit des Pulses

Typische Stelle im distalen Unterarmbereich. Medial der Sehne des M. brachioradialis kann die A. radialis an der palmaren Fläche unmittelbar vor dem Processus styloideus radii getastet werden.

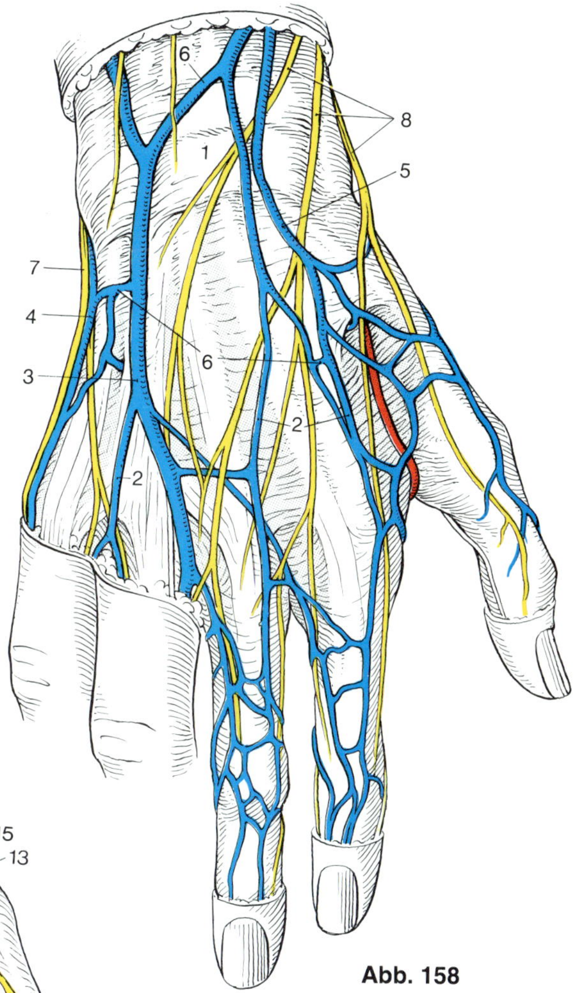

Abb. 158

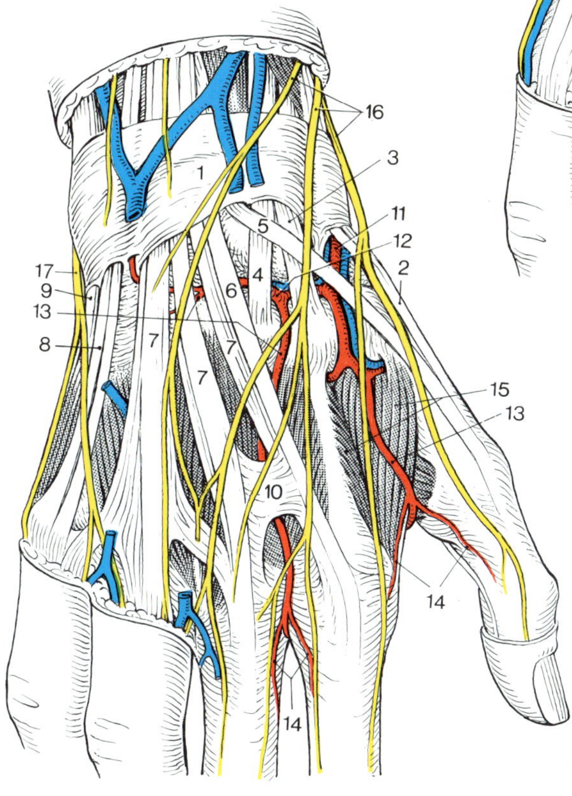

Abb. 159

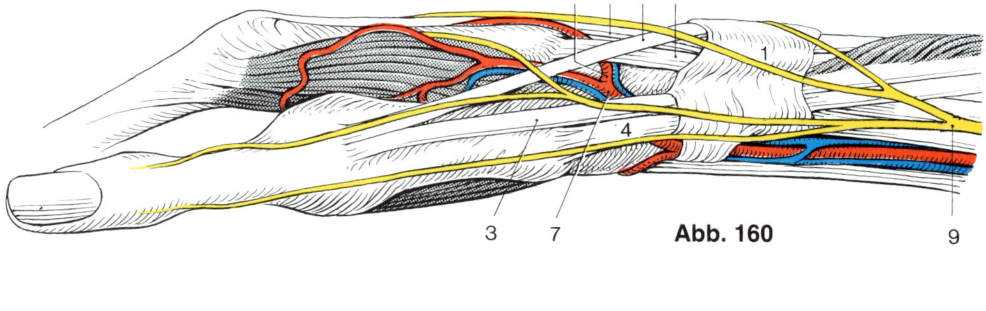

Abb. 160

Abb. 161 Schnitt durch die Schultergegend (Schnittebene s. Abb. **163**). Ansicht von distal

1 M. supraspinatus
2 M. infraspinatus
3 M. teres minor
4 M. deltoideus
5 M. subscapularis
6 M. teres major
7 M. latissimus dorsi
8 M. coracobrachialis
9 M. pectoralis major
10 Caput longum m. bicipitis
11 Caput breve m. bicipitis
12 Caput longum m. tricipitis
13 Caput humeri
14 Bursa subdeltoidea
15 Bursa subtendinea m. infraspinati
16 A. u. V. axillaris
17 A. circumflexa humeri posterior
18 N. axillaris
19 N. musculocutaneus
20 N. radialis
21 N. medianus
22 N. ulnaris
23 N. cutaneus antebrachii medialis
24 V. cephalica

Abb. 162 Schnitt durch die Mitte des Oberarmes (Schnittebene s. Abb. **163**). Ansicht von distal

1 Corpus humeri
2 M. coracobrachialis
3 M. brachialis
4 M. biceps brachii
5 Caput longum m. tricipitis
6 Caput mediale m. tricipitis
7 Caput laterale m. tricipitis
8 Fascia brachii
9 V. basilica
10 Vv. brachiales
11 A. brachialis
12 N. medianus
13 N. ulnaris
14 N. cutaneus antebrachii medialis
15 N. musculocutaneus
16 N. radialis
17 A. collateralis media
18 A. collateralis radialis
19 N. cutaneus brachii medialis
20 Zweige des N. cutaneus brachii posterior
21 V. cephalica
22 N. cutaneus brachii lateralis superior
23 N. cutaneus brachii lateralis inferior

Abb. 163 Darstellung der Schnittebenen

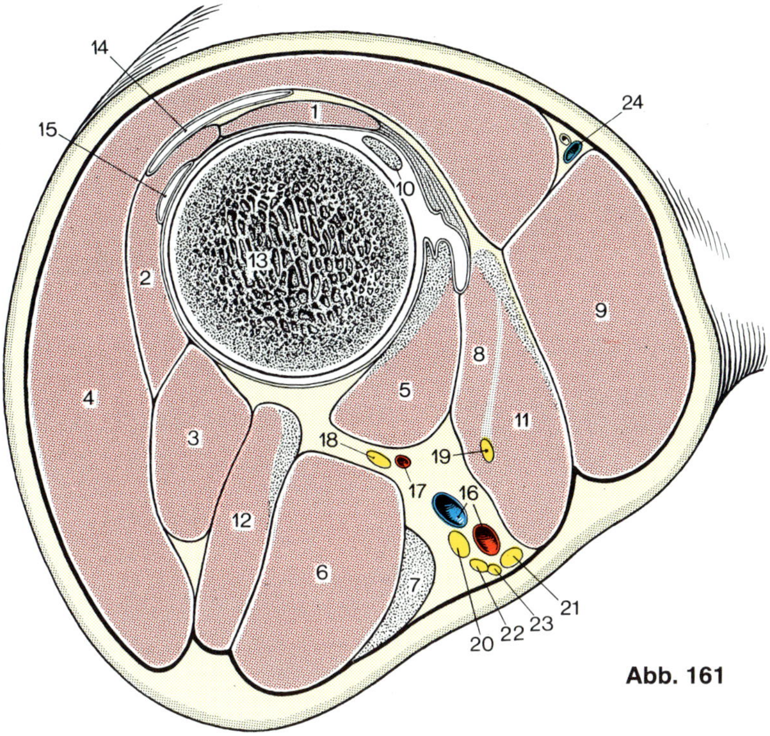

Abb. 161

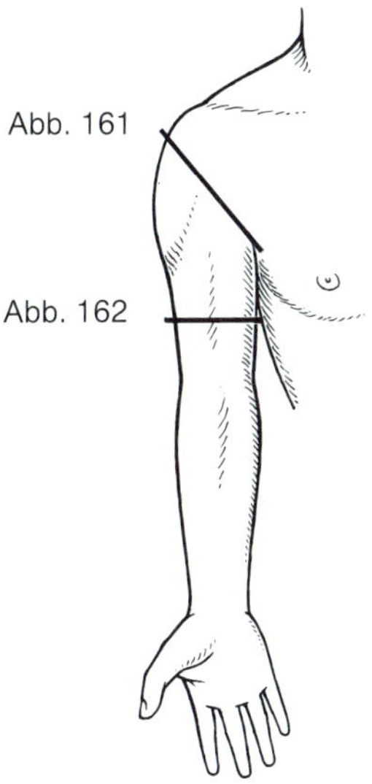

Abb. 163

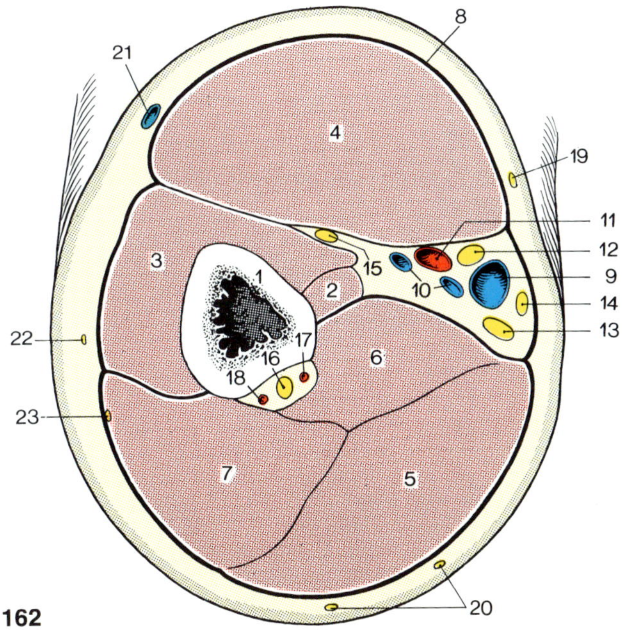

Abb. 162

Abb. 164 Schnitt durch das proximale Drittel des Unterarmes (Schnittebene s. Abb. **167**). Ansicht von distal

1 M. pronator teres
2 M. flexor digitorum superficialis
3 M. flexor carpi radialis
4 M. palmaris longus
5 M. flexor carpi ulnaris
6 M. flexor digitorum profundus
7 Radius
8 Ulna
9 M. extensor carpi radialis brevis
10 M. extensor carpi radialis longus
11 M. brachioradialis
12 M. extensor digitorum
13 M. extensor digiti minimi
14 M. extensor carpi ulnaris
15 M. supinator
16 M. anconaeus
17 N. cutaneus antebrachii posterior
18 N. cutaneus antebrachii lateralis
19 N. cutaneus antebrachii medialis, R. anterior mit zwei Zweigen
20 N. cutaneus antebrachii medialis, R. ulnaris
21 N. ulnaris
22 R. superficialis des N. radialis
23 R. profundus des N. radialis
24 R. muscularis n. mediani
25 N. medianus
26 A. brachialis
27 A. radialis
28 A. u. V. interossea communis
29 V. cephalica antebrachii
30 V. basilica antebrachii
31 Fascia antebrachii
32 Membrana interossea

Abb. 165 Schnitt durch das mittlere Drittel des Unterarmes (Schnittebene s. Abb. **167**). Ansicht von distal

1 M. pronator teres
2 M. flexor digitorum superficialis
3 M. flexor carpi radialis
4 M. palmaris longus
5 M. flexor carpi ulnaris
6 Membrana interossea
7 M. flexor digitorum profundus
8 M. flexor pollicis longus
9 M. extensor carpi radialis brevis
10 M. extensor carpi radialis longus
11 M. brachioradialis
12 M. extensor digitorum
13 M. extensor digiti minimi
14 M. extensor carpi ulnaris
15 M. extensor pollicis longus und M. extensor indicis
16 M. abductor pollicis longus
17 M. extensor pollicis brevis
18 Radius
19 Ulna
20 N. medianus
21 N. ulnaris
22 R. superficialis des N. radialis
23 A. radialis
24 A. ulnaris
25 A. interossea anterior und N. interosseus anterior n. mediani
26 A. interossea posterior und N. interosseus posterior n. radialis
27 V. cephalica antebrachii
28 V. basilica antebrachii

Abb. 166 Schnitt durch das distale Drittel des Unterarmes (Schnittebene s. Abb. **167**). Ansicht von distal

1 Fascia antebrachii
2 Sehnen des M. flexor digitorum superficialis
3 Sehne des M. flexor carpi radialis
4 Sehne des M. palmaris longus
5 M. flexor carpi ulnaris
6 M. pronator quadratus
7 Sehnen des M. flexor digitorum profundus
8 Sehne des M. flexor pollicis longus
9 Sehne des M. extensor carpi radialis brevis
10 Sehne des M. extensor carpi radialis longus
11 Sehne des M. brachioradialis
12 Sehnen des M. extensor digitorum
13 Sehne des M. extensor digiti minimi
14 Sehne des M. extensor carpi ulnaris
15 Retinaculum extensorum
16 Sehnen des M. abductor pollicis longus (2 Sehnen, VAR.)
17 Sehne des M. extensor pollicis brevis
18 Sehne des M. extensor pollicis longus
19 M. extensor indicis
20 N. medianus
21 N. ulnaris
22 A. radialis
23 A. ulnaris
24 V. cephalica antebrachii
25 Radius
26 Ulna

Abb. 167 Darstellung der Schnittebenen

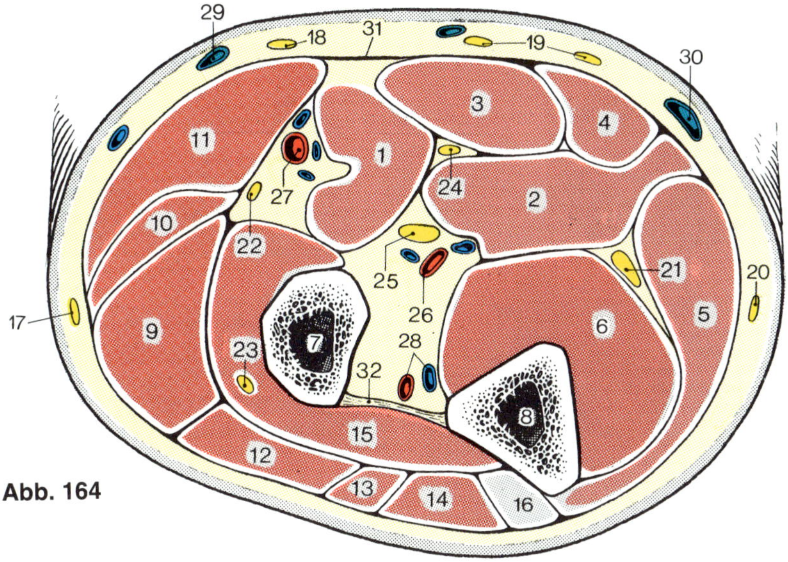

Abb. 164

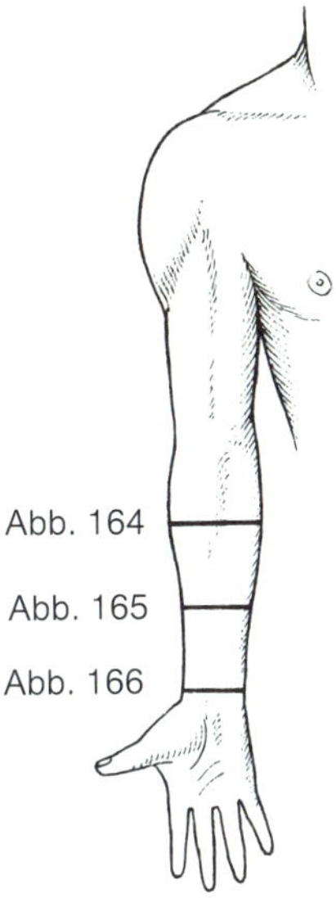

Abb. 167

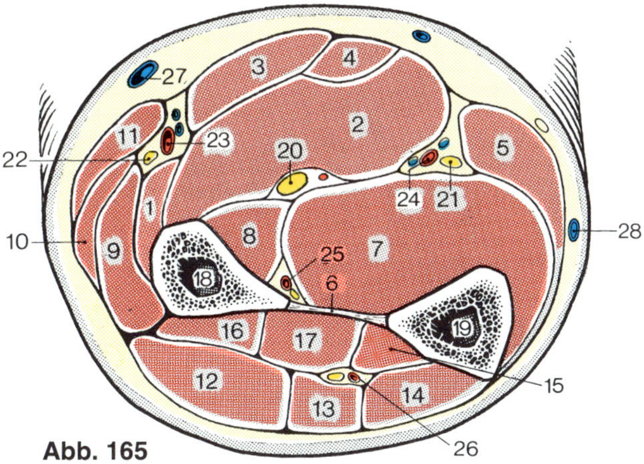

Abb. 165

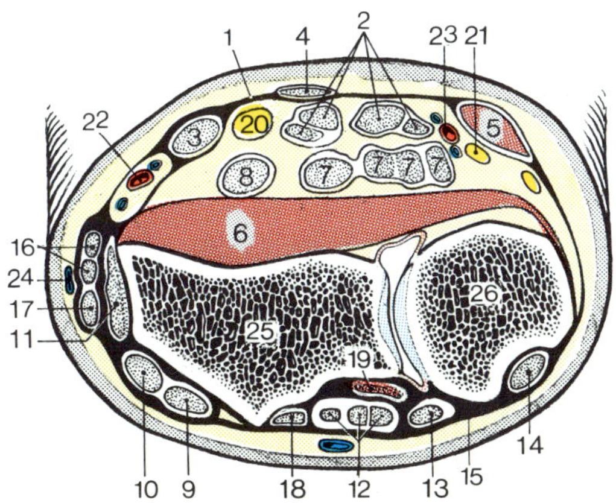

Abb. 166

Bauch- und Lendenbereich

Abb. 168 A, B Regionen des Abdomen und des Rückens im Lendenbereich und in der Gesäßgegend

A Regionen des Abdomen

B Regionen des Rückens im Lendenbereich und Regionen der Gesäßgegend

1 Regio hypochondriaca dextra
2 Regio epigastrica
3 Regio umbilicalis
4 Regio pubica
5 Regio abdominalis lateralis dextra
6 Regio inguinalis dextra
7 Regio subinguinalis dextra
8 Regio vertebralis
9 Regio lumbalis sinistra
10 Regio coxae
11 Regio glutaealis
12 Regio sacralis

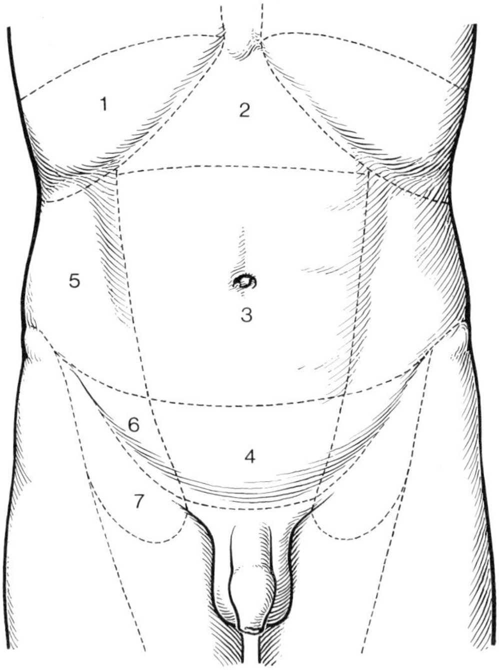

A

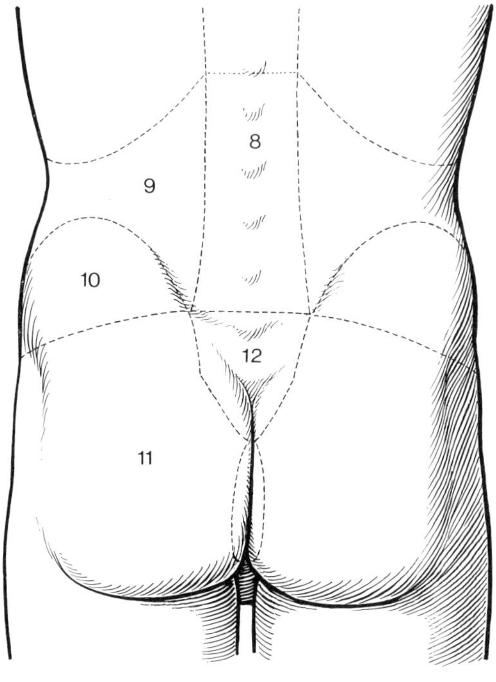

B Abb. 168

Abb. 169 Vordere Bauchregionen 1 und 2
Auf der rechten Hälfte ist das subkutane Bindegewebe („Fascia subcutanea") sichtbar, während auf der linken Hälfte die Fascia abdominis superficialis dargestellt ist.

1 Bindegewebslamellen („Fascia subcutanea" oder „Campersche Faszie")
2 Fascia abdominis superficialis
3 Lig. suspensorium penis
4 Funiculus spermaticus
5 V. epigastrica superficialis
6 Vv. paraumbilicales
7 V. thoracoepigastrica
8 Rr. cutanei anteriores der Nn. intercostales XI und XII
9 R. cutaneus anterior des N. iliohypogastricus
10 R. cutaneus lateralis des N. iliohypogastricus
11 Rr. cutanei laterales der Nn. intercostales IX–XII
12 A. u. V. circumflexa ilium superficialis
13 A. u. V. pudenda externa
14 V. dorsalis penis superficialis
15 Ast des N. ilioinguinalis

Praktischer Hinweis

Subkutane portokavale Anastomose

portaler Schenkel:

Vv. paraumbilicales ↔ entlang des Lig. teres hepatis ↔ R. sinister v. portae

kavaler Schenkel:

a) V. epigastrica superficialis → V. femoralis → V. iliaca externa → V. iliaca communis → V. cava inferior
b) V. thoracoepigastrica → V. axillaris → V. subclavia → V. brachiocephalica → V. cava superior

Weitere portokavale Anastomosen

Plexus oesophageus

portaler Schenkel:

Rr. oesophageales ↔ V. gastrica sinistra ↔ V. portae

kavaler Schenkel:

Vv. oesophageales → V. azygos → V. cava superior

Plexus rectalis

portaler Schenkel:

V. rectalis superior ↔ V. mesenterica inferior ↔ V. portae

kavaler Schenkel:

a) Vv. rectales mediae → Vv. iliacae internae → Vv. iliacae communes → V. cava inferior
b) Vv. rectales inferiores → Vv. pudendae internae → Vv. iliacae internae → Vv. iliacae communes → V. cava inferior

Retroperitoneale Anastomose

portaler Schenkel:

V. colica sinistra ↔ V. mesenterica inferior ↔ V. lienalis ↔ V. portae

kavaler Schenkel:

Vv. lumbales → V. lumbalis ascendens → V. azygos → V. cava superior

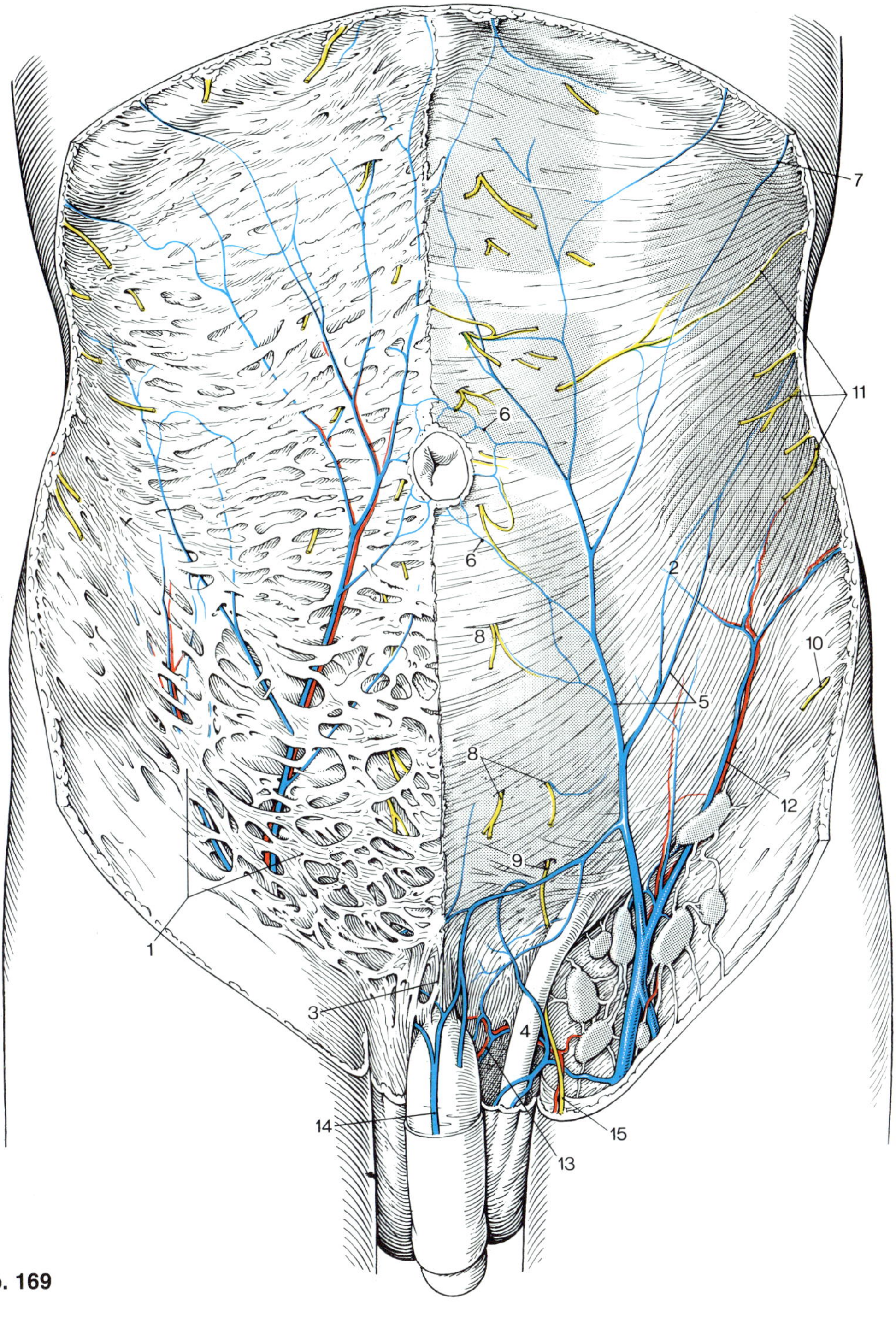

Abb. 169

Abb. 170 Vordere Bauchregionen 3

Nach Entfernung der Fascia abdominis superficialis werden die äußeren schrägen Bauchmuskeln sichtbar. Die aus den Aponeurosen der, jederseits drei, seitlichen Bauchmuskeln gebildeten Rektusscheiden sind eröffnet. Auf der rechten Seite ist der M. rectus abdominis eingeschnitten und umgeklappt.

1 Linea alba
2 M. obliquus externus abdominis
3 Lamina anterior vaginae m. recti
4 M. rectus abdominis
5 M. pyramidalis
6 Lamina posterior vaginae m. recti
7 Linea arcuata
8 Fascia transversalis
9 A. u. V. epigastrica inferior
10 A. u. V. epigastrica superior
11 A. u. V. circumflexa ilium superficialis
12 V. epigastrica superficialis
13 N. intercostalis IX
14 N. intercostalis X
15 N. intercostalis XI
16 N. intercostalis XII (= N. subcostalis)

Praktischer Hinweis

Vagina m. recti abdominis

Die Vagina m. recti ist kranial der Linea arcuata (richtiger „Area arcuata") anders aufgebaut als kaudal.

Kranial der Linea arcuata

vorderes Blatt: Aponeurose des M. obliquus externus abdominis
Lamina anterior der Aponeurose des M. obliquus internus abdominis

hinteres Blatt: Lamina posterior der Aponeurose des M. obliquus internus abdominis
Aponeurose des M. transversus abdominis

Kaudal der Linea arcuata

vorderes Blatt: Aponeurosen der drei seitlichen Bauchmuskeln

hinteres Blatt: Fascia transversalis

Inhalt: M. rectus abdominis (an den Intersectiones tendineae [3–4] mit dem vorderen Blatt der Vagina m. recti verwachsen)
A. und V. epigastrica superior
A. und V. epigastrica inferior
Nn. intercostales VIII–XII (die Nn. intercostales VIII–XII gelangen durch die Lamina posterior in die Vagina m. recti)

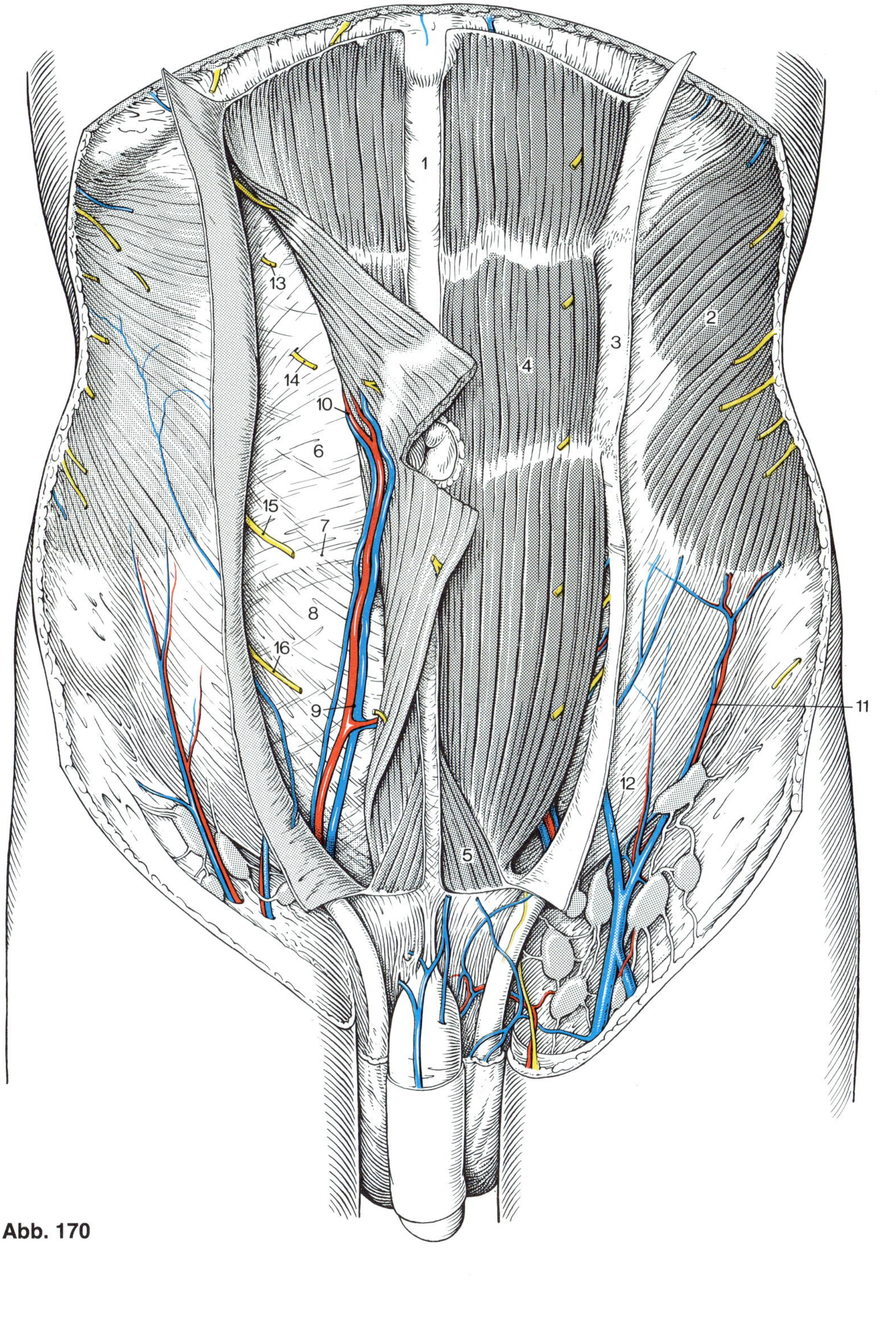

Abb. 170

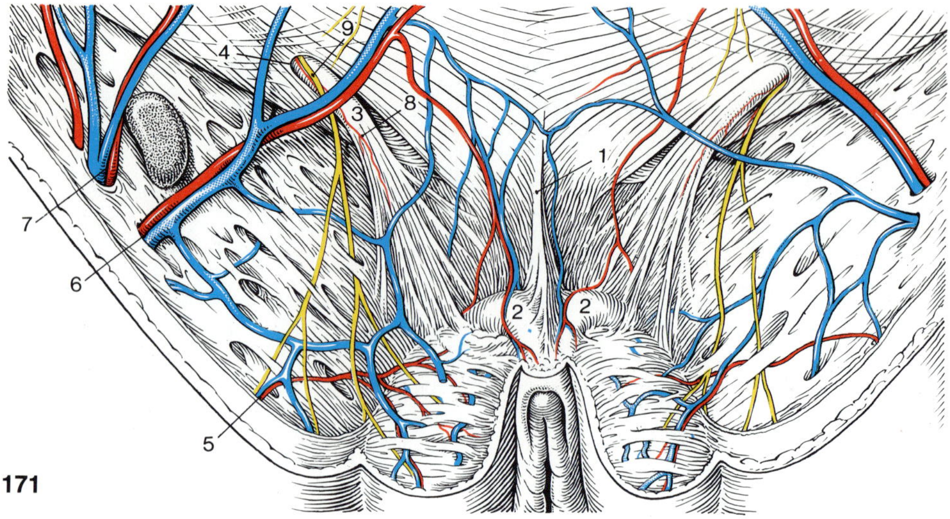

Abb. 171

Abb. 171 Regio inguinalis der Frau
Die Fascia abdominis superficialis ist entfernt, der Anulus (Annulus) inguinalis superficialis wird sichtbar.

1 Lig. fundiforme clitoridis
2 Crura clitoridis
3 Lig. teres uteri
4 Anulus (Annulus) inguinalis superficialis
5 A. u. V. pudenda externa
6 A. u. V. epigastrica superficialis
7 A. u. V. circumflexa ilium superficialis
8 A. lig. teretis uteri
9 N. ilioinguinalis

Abb. 172 Regio inguinalis des Mannes 1
Die subkutane Schichte in der Regio inguinalis enthält zahlreiche Bindegewebslamellen, die von Klinikern auch als „Fascia subcutanea" oder als „Campersche Faszie" bezeichnet werden.

1 „Fascia subcutanea"
2 Lig. suspensorium penis
3 A. u. V. epigastrica superficialis
4 A. u. V. circumflexa ilium superficialis
5 R. cutaneus anterior des N. iliohypogastricus

Abb. 173 Regio inguinalis des Mannes 2
Nach Entfernung der Bindegewebslamellen wird die Fascia abdominis superficialis, eine dünne, durchsichtige, Platte sichtbar.

1 Fascia abdominis superficialis
2 Funiculus spermaticus mit Fascia spermatica externa
3 Lig. fundiforme penis
4 A. u. V. epigastrica superficialis
5 A. u. V. circumflexa ilium superficialis
6 V. dorsalis penis subcutanea
7 Nodi lymphatici inguinales superficiales („Tractus horizontalis")
8 Rr. cutanei anteriores des N. iliohypogastricus
9 Rr. cutanei anteriores des N. subcostalis (N. intercostalis XII)
10 N. ilioinguinalis

Praktischer Hinweis

Inhalt des Leistenkanales bei der Frau

Lig. teres uteri
N. ilioinguinalis
A. lig. teretis uteri
Vasa lymphatica (nicht gezeichnet)

Die Lymphgefäße gelangen vom Tubenwinkel des Uterus, durch den Leistenkanal ziehend, zu den Nodi lymphatici inguinales superficiales („Tractus horizontalis")

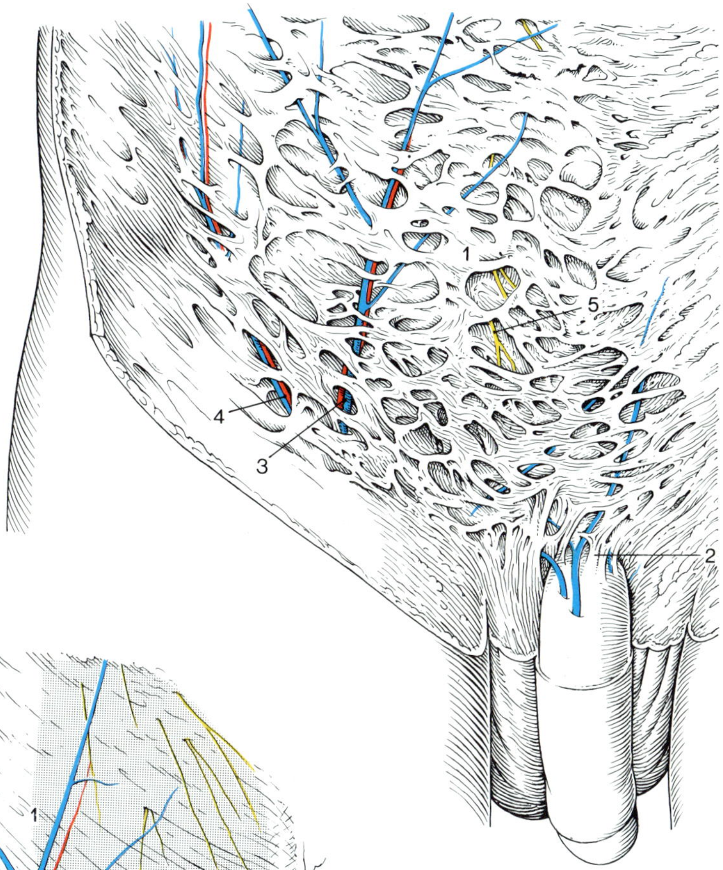

Abb. 172

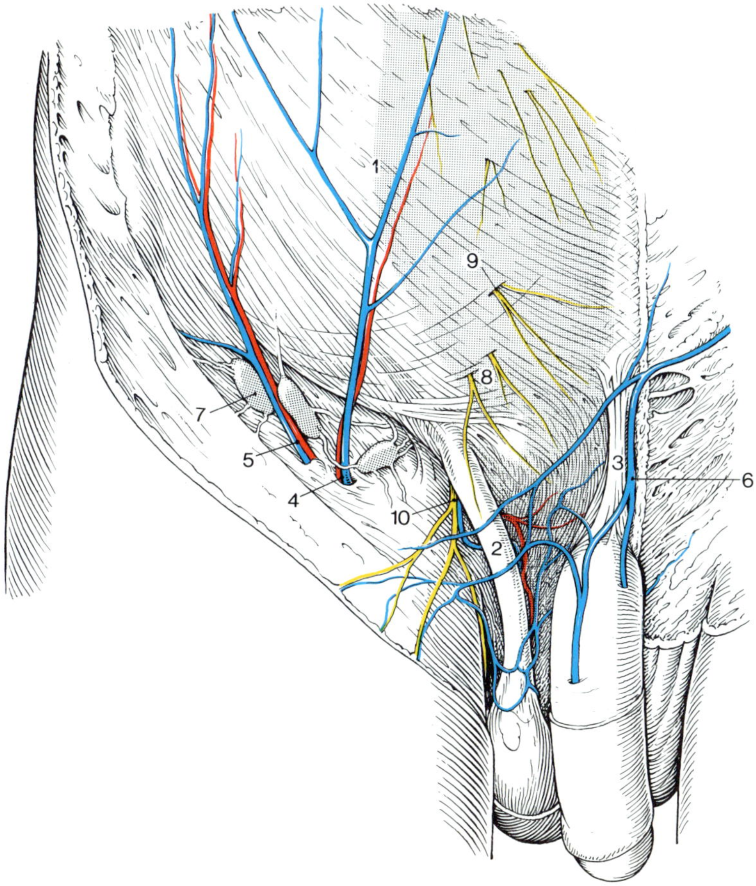

Abb. 173

Abb. 174 Regio inguinalis des Mannes 3 (Canalis inguinalis 1)
In der Regio inguinalis wird, beginnend in dieser Schichte, der Leistenkanal dargestellt. Nach Entfernung der Fascia spermatica externa wird der Anulus (Annulus) inguinalis superficialis sichtbar.

1 Anulus (Annulus) inguinalis superficialis
2 Crus mediale
3 Crus laterale
4 Fibrae intercrurales
5 Aponeurose des M. obliquus externus abdominis
6 Fascia spermatica externa (zurückgeschlagen)
7 Fascia cremasterica cum m. cremastere
8 Funiculus spermaticus
9 A. u. V. epigastrica superficialis
10 A. pudenda externa
11 Nodi lymphatici inguinales superficiales („Tractus horizontalis")
12 Rr. cutanei anteriores des N. iliohypogastricus
13 N. ilioinguinalis
14 R. genitalis des N. genitofemoralis

Abb. 175 Regio inguinalis des Mannes 4 (Canalis inguinalis 2)
Eröffnung des Leistenkanales unter Durchtrennung der Aponeurose des M. obliquus externus abdominis.

1 Aponeurose des M. obliquus externus abdominis (zurückgeschlagen)
2 M. obliquus internus abdominis
3 M. cremaster
4 Fascia cremasterica cum m. cremastere
5 Lig. reflexum
6 R. genitalis des N. genitofemoralis
7 N. ilioinguinalis
8 N. iliohypogastricus

Abb. 176 Regio inguinalis des Mannes 5 (Canalis inguinalis 3)
Eröffnung der Fascia cremasterica cum m. cremastere und Darstellung der Fascia spermatica interna.

1 Aponeurose des M. obliquus externus abdominis (zurückgeschlagen)
2 Lig. inguinale
3 M. obliquus internus abdominis
4 Fascia cremasterica cum m. cremastere (eröffnet)
5 Fascia spermatica interna

Praktischer Hinweis

Canalis inguinalis

Grenzen: Aponeurose des M. obliquus externus abdominis (ventral)
M. transversus abdominis (kranial)
Fascia transversalis (dorsal)
Lig. inguinale (kaudal)

Öffnungen: Anulus (Annulus) inguinalis superficialis
Anulus (Annulus) inguinalis profundus

Der **Anulus (Annulus) inguinalis superficialis** liegt am Übergang der Aponeurose des M. obliquus externus abdominis in die Fascia spermatica externa. Er wird nach Entfernung dieser Faszie begrenzt durch:

Crus mediale, Crus laterale, Fibrae intercrurales } der Aponeurose des M. obliquus externus abdominis
Lig. reflexum (dorsale Verstärkung)

Der **Anulus (Annulus) inguinalis profundus** stellt den Übergang der Fascia transversalis in die Fascia spermatica interna dar.

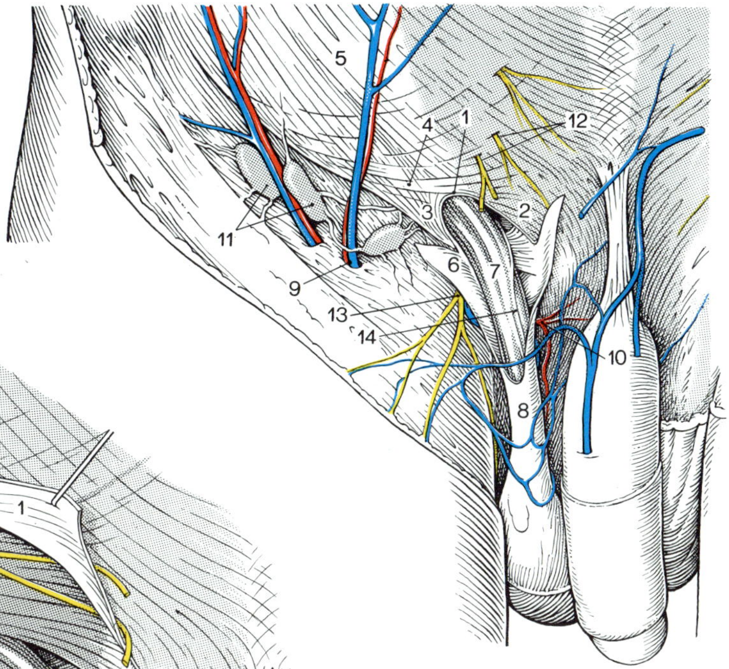

Abb. 174

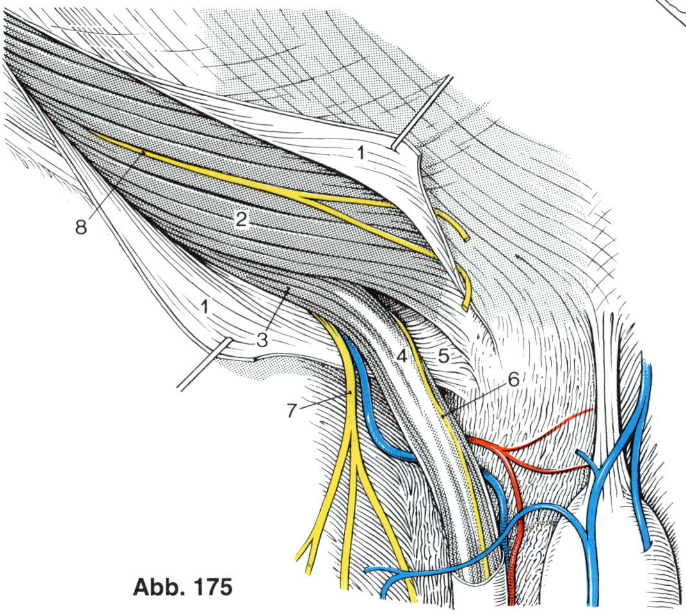

Abb. 175

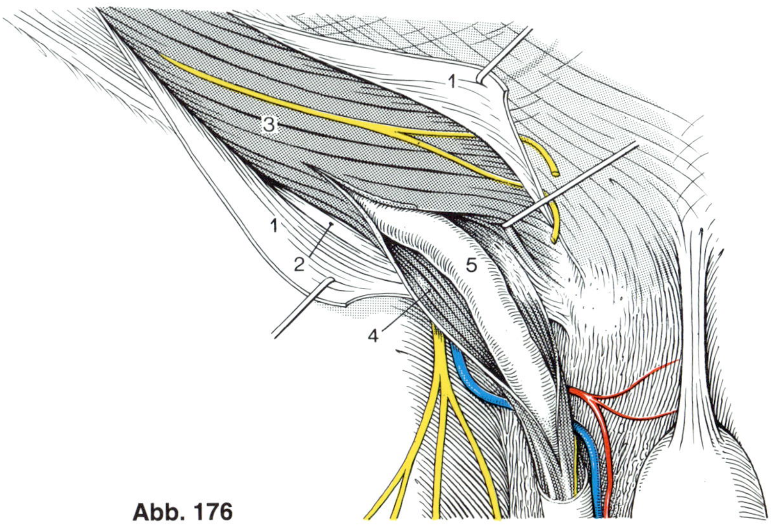

Abb. 176

Abb. 177 Regio inguinalis des Mannes 6 (Canalis inguinalis 4)
Die Fascia cremasterica cum m. cremastere wird vollständig entfernt, der Anulus (Annulus) inguinalis profundus wird sichtbar.

1 Aponeurose des M. obliquus externus abdominis (zurückgeschlagen)
2 M. obliquus internus abdominis (zurückgeschlagen)
3 M. transversus abdominis
4 Fascia transversalis
5 Fascia spermatica interna des Funiculus spermaticus
6 Stelle des Anulus (Annulus) inguinalis profundus
7 Lig. reflexum

Abb. 178 Regio inguinalis des Mannes 7 (Canalis inguinalis 5)
Durch Eröffnung der Fascia spermatica interna wird der Inhalt des Funiculus spermaticus dargestellt.

1 Aponeurose des M. obliquus externus abdominis (zurückgeschlagen)
2 M. obliquus internus abdominis (zurückgeschlagen)
3 M. transversus abdominis
4 Fascia spermatica interna (zurückgeschlagen)
5 Anulus (Annulus) inguinalis profundus
6 Fascia transversalis
7 Ductus deferens
8 A. testicularis
9 Plexus pampiniformis
10 N. ilioinguinalis
11 R. genitalis des N. genitofemoralis

Abb. 179 Regio inguinalis des Mannes 8 (Canalis inguinalis 6)
Die Fascia transversalis wird entfernt, um die Außenfläche des Peritoneum darzustellen. Damit werden die schwachen Stellen in diesem Bereich sichtbar.

1 Aponeurose des M. obliquus externus abdominis (zurückgeschlagen)
2 M. obliquus internus abdominis (zurückgeschlagen)
3 M. transversus abdominis
4 Fascia transversalis
5 Fascia spermatica interna
6 Ductus deferens
7 A. testicularis
8 A. u. Vv. epigastricae inferiores
9 Chorda a. umbilicalis
10 Außenfläche der Fossa inguinalis lateralis
11 Außenfläche der Fossa inguinalis medialis
12 Außenfläche der Fossa supravesicalis
13 N. ilioinguinalis
14 R. genitalis des N. genitofemoralis

Praktischer Hinweis

Funiculus spermaticus

Hüllen und Inhalt:		*Fortsetzung der Bauchwandschichten und der Gefäße und Nerven:*
Fascia spermatica externa	↔	Aponeurose des M. obliquus externus abdominis
N. ilioinguinalis	⇆	Plexus lumbalis
R. genitalis n. genitofemoralis	⇆	Plexus lumbalis
A. cremasterica	←	A. epigastrica inferior
V. cremasterica	→	V. epigastrica inferior
Fascia cremasterica cum m. cremastere	↔	M. obliquus internus abdominis
Fascia spermatica interna	↔	Fascia transversalis
Ductus deferens	←	Ductus epididymidis
A. testicularis	←	Aorta abdominalis
Plexus pampiniformis	→	V. testicularis ↗ V. cava inferior (rechts) ↘ V. renalis (links)
A. ductus deferentis	←	A. iliaca interna

Erweiterungen der schwachen Stellen führen zu Hernien (s. S. 168). Beim Mann ist die Topographie des Leistenkanals bei Leistenbrüchen und deren Operationen, bei der Frau bei Antefixationsoperationen des Uterus von Bedeutung.

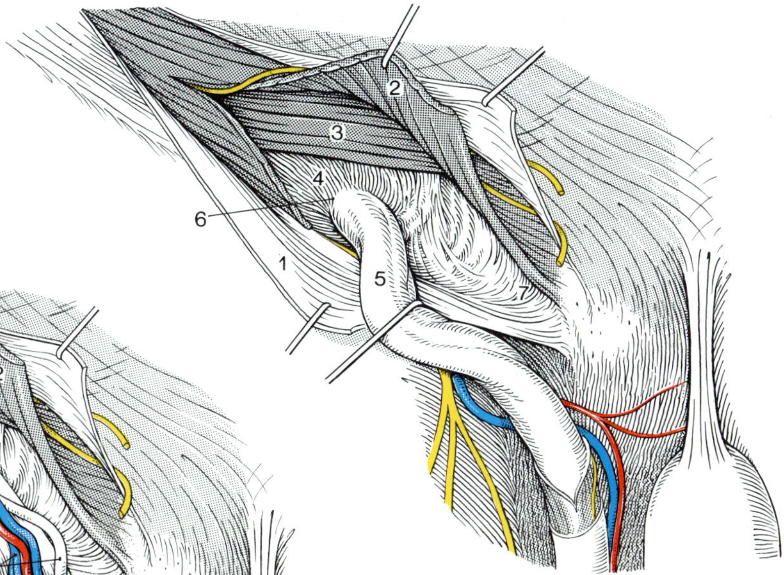

Abb. 177

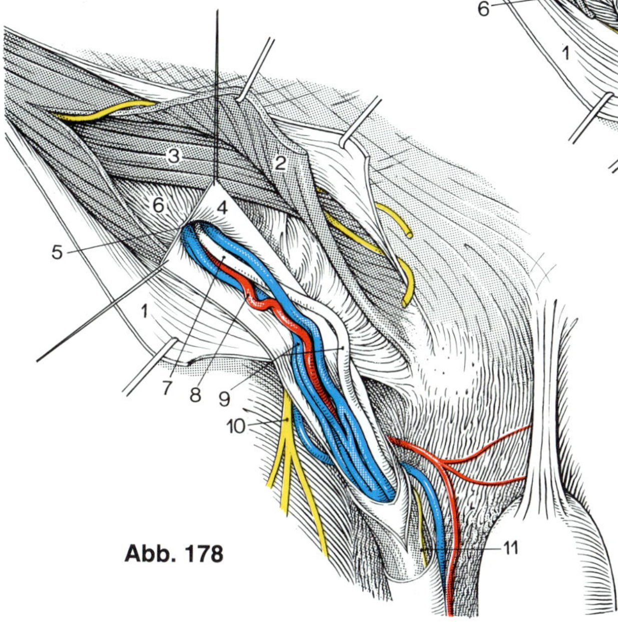

Abb. 178

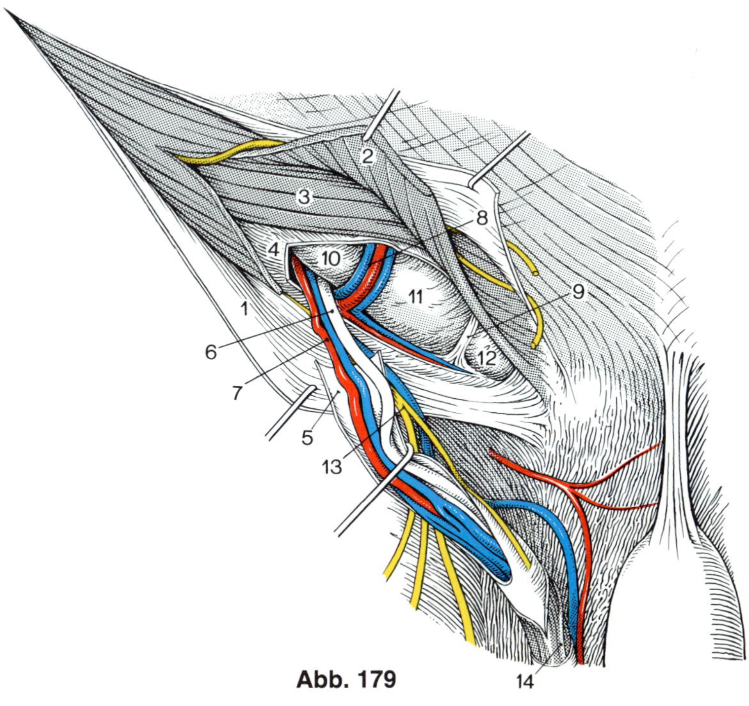

Abb. 179

Abb. 180 Hernien der Leistengegend
Die Loca minoris resistentiae sind die inneren Bruchpforten. Alle Hernien treten durch einen erweiterten Anulus (Annulus) inguinalis superficialis aus.

1 M. obliquus internus abdominis
2 Fascia cremasterica cum m. cremastere
3 Fascia spermatica interna (teilweise eröffnet)
4 Fascia transversalis (teilweise entfernt)
5 Peritonealsack einer Hernia inguinalis lateralis
6 A. u. V. epigastrica inferior
7 Peritonealsack einer Hernia inguinalis medialis
8 Chorda a. umbilicalis
9 Peritonealsack einer Hernia supravesicalis

Praktischer Hinweis

Unterschieden können diese Hernien durch ihre Beziehungen zu den benachbarten Gebilden an der inneren Bruchpforte werden.

Hernia inguinalis lateralis: lateral von A. und V. epigastrica inferior (Pulsieren der Arterie), kranial des Lig. inguinale

Hernia inguinalis medialis: medial der A. u. V. epigastrica inferior (Pulsieren der Arterie), kranial des Lig. inguinale

Hernia supravesicalis: medial der Chorda a. umbilicalis (kein Pulsieren), kranial des Lig. inguinale.

Alle Herniae inguinales erstrecken sich bei entsprechender Größe in das Scrotum bzw. Labium majus hinein.

Hernia inguinalis

Bezeichnung:	*innere Bruchpforte:*	*Verlauf:*	*Austrittsstelle:*
Hernia inguinalis lateralis oder indirecta (angeboren oder erworben)	Fovea inguinalis lateralis	Canalis inguinalis	Anulus (Annulus) inguinalis superficialis
Hernia inguinalis medialis oder directa (erworben)	Fovea inguinalis medialis	Fascia transversalis	Anulus (Annulus) inguinalis superficialis
Hernia supravesicalis (erworben)	Fovea supravesicalis	Fascia transversalis	Anulus (Annulus) inguinalis superficialis

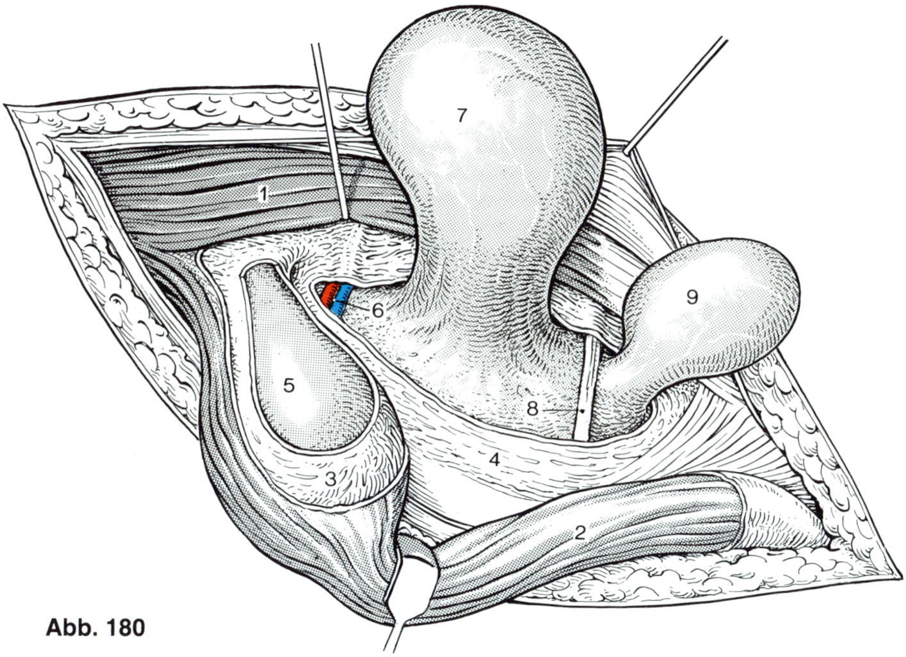

Abb. 180

Abb. 181 Lacuna musculorum und Lacuna vasorum
Die Muskel- und die Gefäßpforte stellen die Verbindung des Retroperitonealraumes mit dem Oberschenkel her. Im medialen Teil der Lacuna vasorum befindet sich der Canalis femoralis, der eine weitere schwache Stelle ist und als Bruchpforte für Herniae femorales dient.

1 Lig. inguinale
2 Os coxae
3 Arcus iliopectineus
4 Lig. lacunare
5 Ursprung des M. pectineus
6 Lacuna musculorum
7 Lacuna vasorum
8 Canalis femoralis mit Septum femorale
9 N. cutaneus femoris lateralis
10 M. iliopsoas
11 N. femoralis
12 A. femoralis
13 V. femoralis
14 Nodus lymphaticus inguinalis profundus
15 M. sartorius
16 Bursa iliopectinea

Praktischer Hinweis

Lacuna musculorum

Grenzen: Lig. inguinale (ventral)
Os coxae (dorsal)
Arcus iliopectineus (medial)

Inhalt: M. iliopsoas
N. cutaneus femoris lateralis
N. femoralis

Lacuna vasorum

Grenzen: Lig. inguinale (ventral)
Lig. pectineale (dorsal)
Arcus iliopectineus (lateral)
Lig. lacunare (medial)

Inhalt: A. femoralis (lateral)
V. femoralis (medial)

Medial der V. femoralis befindet sich der Canalis femoralis, der durch das Septum femorale locker verschlossen ist. Er enthält Vasa lymphatica und einen Nodus lymphaticus inguinalis profundus (Rosenmüller – oder Cloquetscher Knoten).

Herniae femorales:

innere Bruchpforte:	*Austrittsstelle:*
Canalis femoralis	Hiatus saphenus (erworben)

Die Herniae femorales verlaufen dorsal und kaudal des Lig. inguinale (DD zu Herniae inguinales) und werden am Oberschenkel sichtbar.

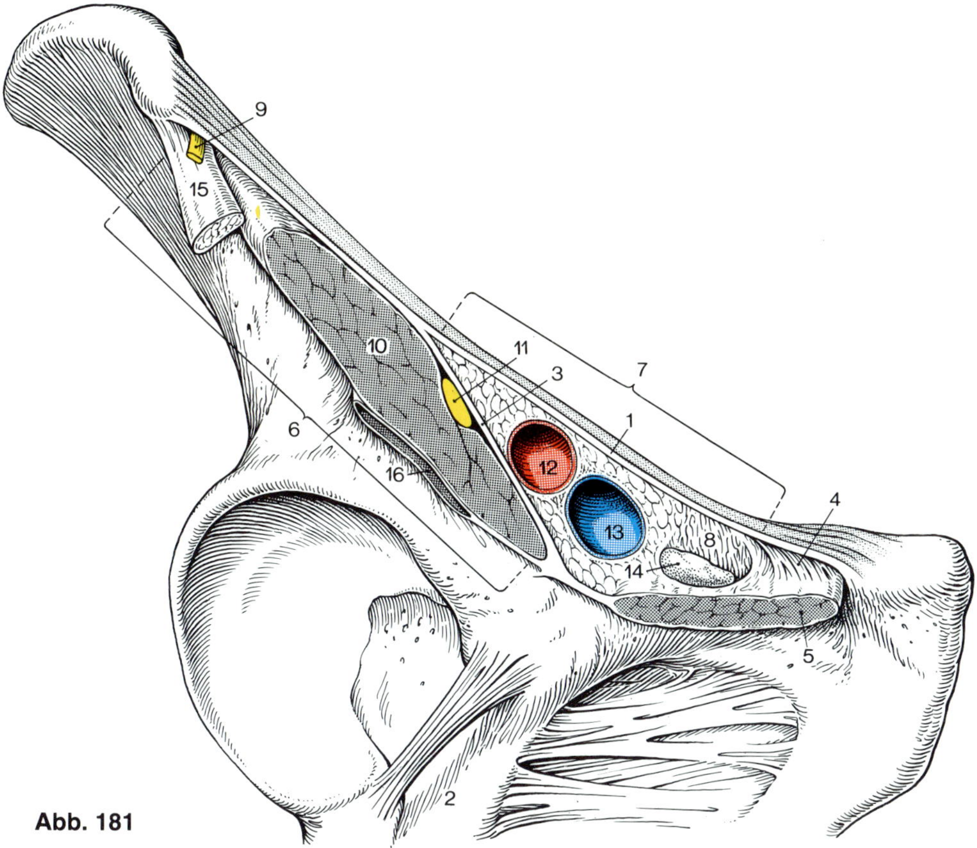

Abb. 181

Abb. 182 Paravertebrale Region im Lendenbereich 1
Nach Ablösen der Fascia transversalis von der dorsalen Leibeswand können die Äste des Plexus lumbalis dargestellt werden.

1 N. subcostalis
2 N. iliohypogastricus
3 N. ilioinguinalis
4 N. genitofemoralis
5 N. cutaneus femoris lateralis
6 N. femoralis
7 N. obturatorius
8 R. femoralis des N. genitofemoralis
9 R. genitalis des N. genitofemoralis
10 A. iliaca externa
11 A. epigastrica inferior
12 A. iliaca interna
13 V. cava inferior
14 M. psoas major, oberflächliche Portion
15 M. quadratus lumborum mit Faszie
16 Lig. arcuatum mediale
17 Lig. arcuatum laterale
18 M. iliacus

Abb. 183 Paravertebrale Region im Lendenbereich 2
Nach Abtragen der oberflächlichen Portion des M. psoas major wird der Plexus lumbalis sichtbar.

1 R. ventralis des ersten Lumbalnerven
2 R. ventralis des zweiten Lumbalnerven
3 R. ventralis des dritten Lumbalnerven
4 R. ventralis des vierten Lumbalnerven
5 Kaudaler Ast des R. ventralis des vierten Lumbalnerven. Vereinigt sich mit dem R. ventralis des fünften Lumbalnerven zum Truncus lumbosacralis
6 N. subcostalis
7 N. iliohypogastricus
8 N. ilioinguinalis
9 N. cutaneus femoris lateralis
10 N. femoralis
11 N. genitofemoralis
12 N. obturatorius
13 Truncus sympathicus
14 A. u. V. lumbalis III
15 V. cava inferior
16 A. iliaca communis
17 A. u. V. iliolumbalis
18 A. u. V. circumflexa ilium profunda
19 M. psoas major, tiefe Portion

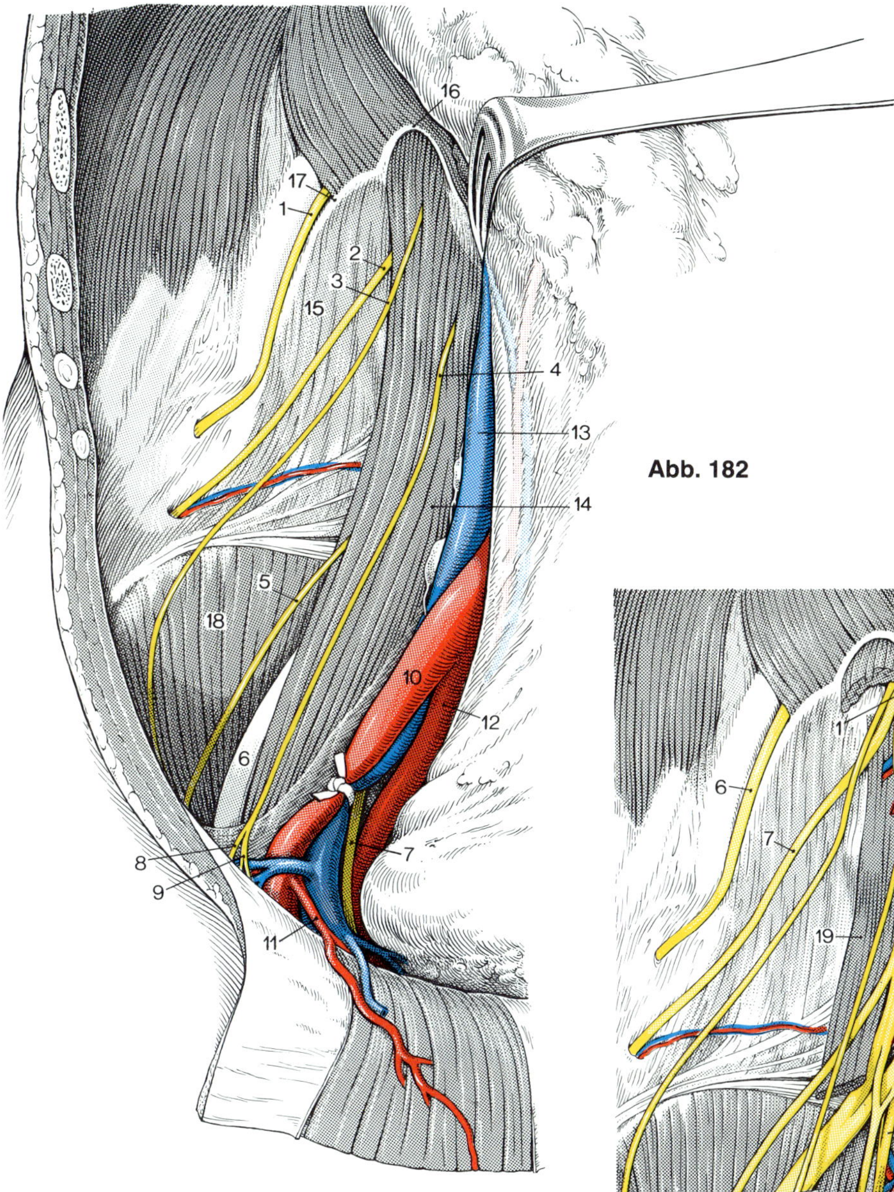

Abb. 182

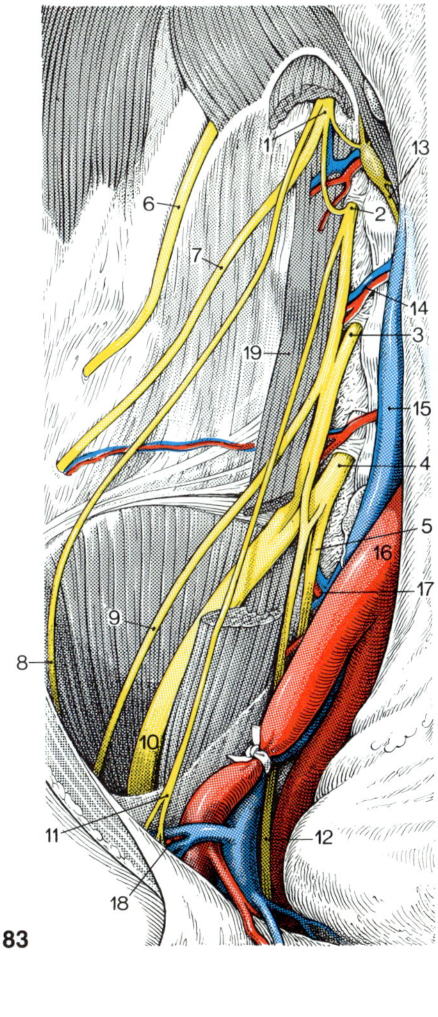

Abb. 183

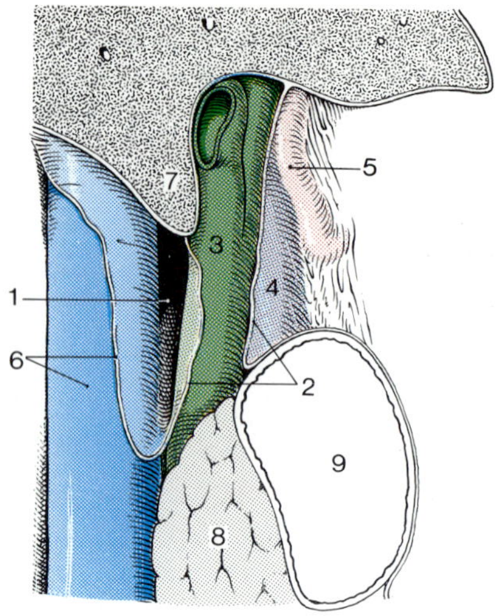

Abb. 184

Abb. 184 Foramen epiploicum. Ansicht von rechts

1 Foramen epiploicum
2 Schnittränder des Peritoneum des Lig. hepatoduodenale
3 Ductus choledochus
4 V. portae
5 A. hepatica propria
6 V. cava inferior mit Schnittrand des parietalen Peritoneum
7 Hepar, Lobus dexter
8 Caput pancreatis
9 Ampulla duodeni

Abb. 185 Oberbauchorgane 1

Die Oberbauchorgane werden durch Hochheben der Leber einschließlich des Omentum minus zur Ansicht gebracht.

1 Lig. hepatoduodenale des Omentum minus
2 Lig. hepatogastricum des Omentum minus
3 Pfeil im Foramen epiploicum
4 Fundus ventriculi
5 Pars cardiaca ventriculi
6 Corpus ventriculi
7 Pars pylorica ventriculi
8 Pars superior duodeni, Ampulla
9 Lobus sinister hepatis
10 Lobus quadratus hepatis
11 Lobus dexter hepatis
12 Lig. teres hepatis
13 Vesica fellea
14 Appendix fibrosa
15 Flexura coli dextra
16 Lien

Abb. 186 Oberbauchorgane 2

Durchtrennung des Lig. gastrocolicum. Der Magen wird ebenfalls hochgehoben und so eine Übersicht über die Bursa omentalis gewonnen.

1 Corpus ventriculi
2 Pars pylorica ventriculi
3 Lobus caudatus hepatis
4 Lobus sinister hepatis
5 Lobus quadratus hepatis
6 Lobus dexter hepatis
7 Lig. teres hepatis
8 Vesica fellea
9 Lien
10 Pancreas
11 Lig. gastrocolicum
12 Pfeil im Foramen epiploicum
13 V. cava inferior
14 Plica gastropancreatica
15 Plica hepatopancreatica
16 Vestibulum bursae omentalis
17 Recessus lienalis omentalis
18 Lig. gastrolienale
19 Recessus inferior omentalis
20 Mesocolon transversum

Praktischer Hinweis

Foramen epiploicum

Eingang in das Vestibulum bursae omentalis

Grenzen:
Lig. hepatoduodenale (ventral)
Lobus dexter hepatis (kranial)
Peritoneum parietale über der V. cava inferior (dorsal)
Peritonealumschlag vom Lig. hepatoduodenale (dorsales Blatt) auf das Peritoneum parietale (kaudal)

Chirurgische Zugangswege zur Bursa omentalis
durch das Omentum minus oder
durch das Lig. gastrocolicum oder
durch das Mesocolon transversum

Vestibulum bursae omentalis

Grenzen:
Lobus caudatus hepatis (kranial)
Plica gastropancreatica (links)
Plica hepatopancreatica (kaudal)
Peritoneum parietale über dem Zwerchfell (dorsal)
Lig. hepatogastricum (ventral)

Vom Vestibulum bursae omentalis gelangt man
zwischen Plica gastropancreatica und Magen in den Recessus lienalis omentalis
zwischen Plica hepatopancreatica und Magen in den Recessus inferior omentalis
zwischen Lobus caudatus und Plica gastropancreatica in den Recessus superior omentalis

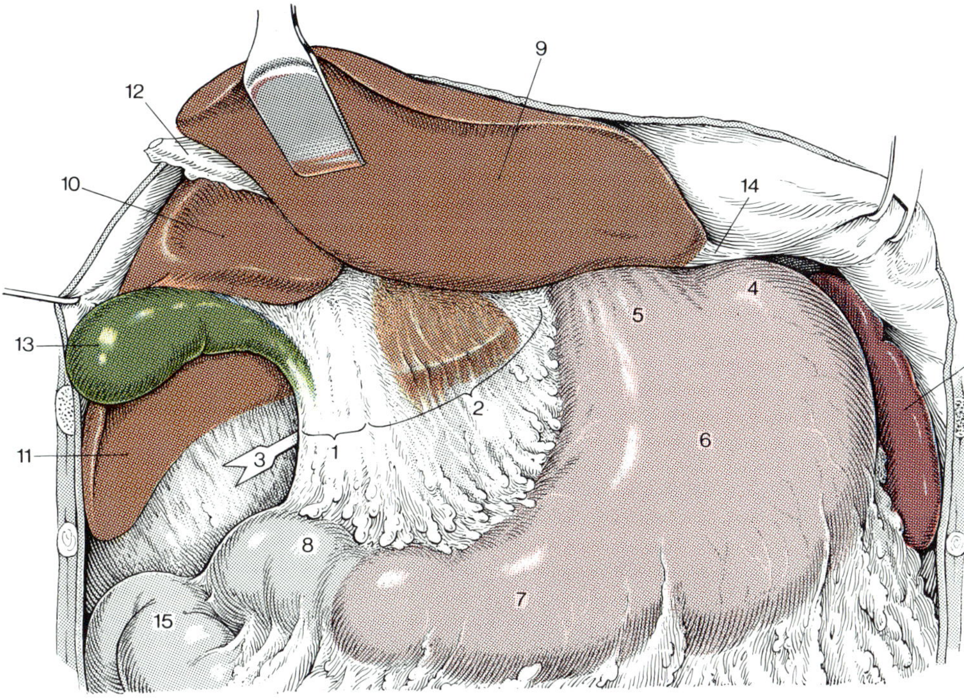

Abb. 185

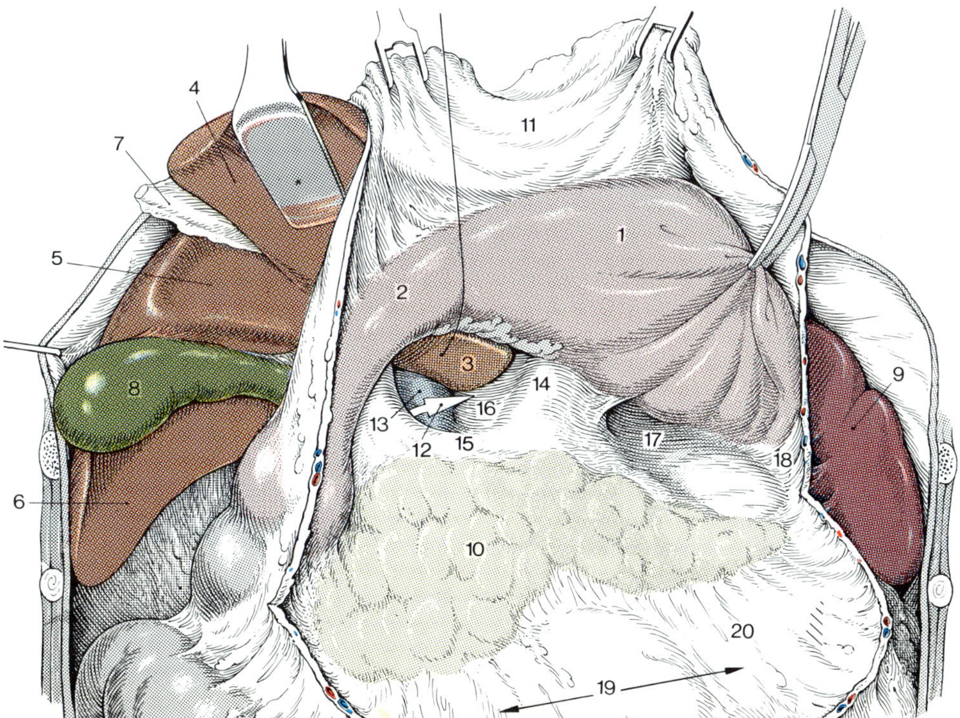

Abb. 186

Aber. 187 Präparation der Oberbauchorgane 3
Darstellung der Blutversorgung des Magens, der Leber und der Gallenblase. Die Leber ist hochgehoben und der Magen nach kaudal gedrängt.

1 Magen
2 Ampulla duodeni
3 Lobus sinister hepatis
4 Lobus quadratus hepatis
5 Lobus dexter hepatis
6 Lobus caudatus hepatis
7 Vesica fellea
8 Appendix fibrosa
9 Milz
10 A. u. V. gastroepiploica sinistra
11 A. u. V. gastroepiploica dextra
12 A. hepatica communis
13 A. u. V. gastrica sinistra
14 A. u. V. gastrica dextra
15 A. gastroduodenalis
16 A. hepatica propria, R. sinister
17 A. hepatica propria, R. dexter
18 Rr. oesophageales der A. u. V. gastrica sinistra
19 A. lienalis
20 A. u. V. cystica
21 V. portae
22 V. duodenalis superior (VAR.) mit hoher Einmündung
23 Rr. gastrici anteriores trunci vagalis anterioris
24 Plexus gastricus
25 Ganglia coeliaca
26 ein Nodus lymphaticus hepaticus
27 Ductus hepaticus communis
28 Ductus cysticus
29 Ductus choledochus
30 V. cava inferior
31 Oesophagus, Pars abdominalis
32 Serosaschnittrand
33 Nodi lymphatici gastrici superiores
34 Pancreas

Abb. 188 Präparation der Oberbauchorgane 4
Darstellung der Gefäße und Nerven am Hilum der Leber und an der Pars abdominalis des Oesophagus.

1 Lobus sinister hepatis
2 Lobus quadratus hepatis
3 Lobus dexter hepatis
4 Lobus caudatus hepatis
5 Vesica fellea
6 Ductus choledochus
7 Ductus cysticus
8 Ductus hepaticus communis
9 Ductus hepaticus dexter
10 Ductus hepaticus sinister
11 V. portae
12 R. sinister v. portae (Pars transversa)
13 Pars umbilicalis des R. sinister
14 R. caudatus des R. sinister
15 Rr. mediales des R. sinister
16 Lig. teres hepatis
17 V. duodenalis sup. (VAR.) mit hoher Einmündung
18 V. cystica
19 A. u. V. gastrica dextra
20 A. hepatica communis
21 A. gastroduodenalis
22 A. hepatica propria, R. sinister
23 A. hepatica propria, R. dexter
24 A. cystica
25 Oesophagus, Pars abdominalis
26 Hiatus oesophageus
27 Ventriculus, Pars cardiaca
28 V. gastrica sinistra
29 Rr. oesophageales der V. gastrica sinistra
30 A. gastrica sinistra
31 Rr. oesophageales der A. gastrica sinistra
32 ein Nodus lymphaticus hepaticus
33 Nodi lymphatici gastrici superiores
34 A. suprarenalis superior dextra
35 Truncus vagalis anterior
36 Rr. gastrici anteriores trunci vagalis anterioris
37 R. hepaticus trunci vagalis anterioris
38 Rr. gastrici posteriores trunci vagalis posterioris
39 Plexus gastricus
40 Plexus hepaticus
41 V. cava inferior

Praktische Hinweise

Porta hepatis

Lage: zwischen Lobus caudatus und Lobus quadratus.

Leberstiel:

Ductus hepaticus communis ← Ductus hepaticus dexter / Ductus hepaticus sinister

A. hepatica propria → R. dexter / R. sinister

V. portae → R. dexter / R. sinister → Pars transversa → Pars umbilicalis

Plexus nervosus hepaticus ↔ Plexus coeliacus

R. nervosus hepaticus ↔ Truncus vagalis anterior

Vasa lymphatica → Nodi lymphatici hepatici

Trigonum cystohepaticum (Calotsches Dreieck)

Grenzen: Ductus hepaticus communis (links)
Ductus cysticus (rechts)
Lobus quadratus hepatis (kranial)

Inhalt: A. cystica (90% nach Mossman)
R. dexter a. hepaticae propriae (82%)
A. hepatica accessoria dextra (95%, VAR.)

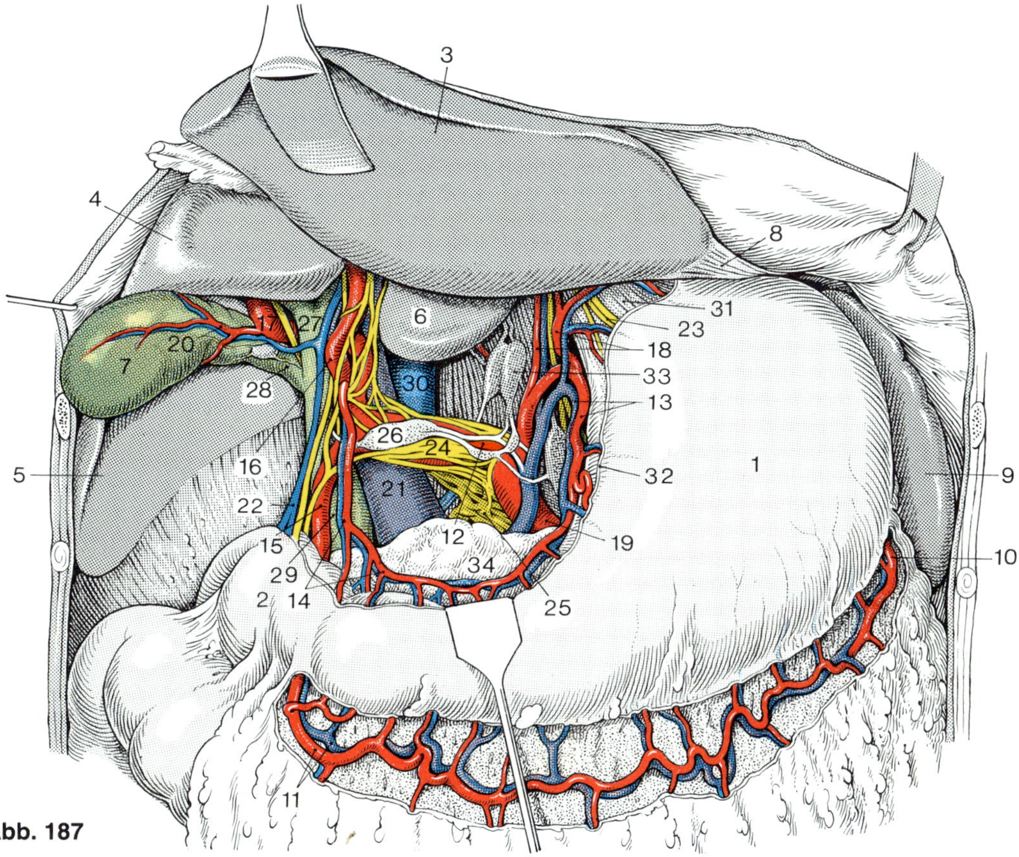

Abb. 187

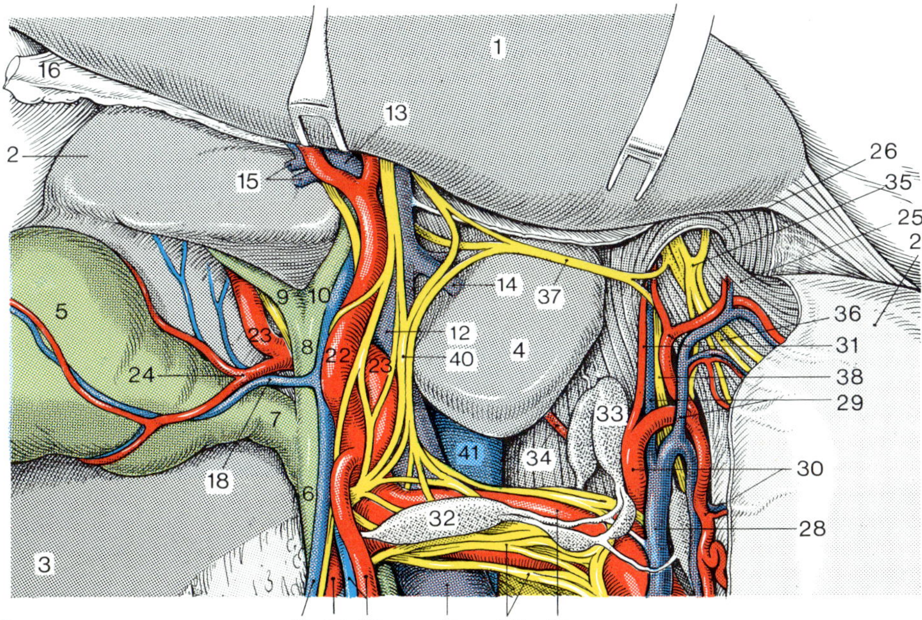

Abb. 188

Abb. 189 Lymphknoten und Lymphabflüsse des Magens
ausgezogene Linien = Lymphwege an der Vorderseite des Magens,
strichlierte Linien = Lymphwege an der Dorsalseite des Magens bzw. des Pancreas

1 Fundus ventriculi
2 Corpus ventriculi
3 Pars pylorica
4 Caput pancreatis
5 Cauda pancreatis
6 Truncus coeliacus
7 A. lienalis
8 Nodi lymphatici „cardiae“
9 Nodi lymphatici coeliaci
10 Nodi lymphatici hepatici
11 Nodi lymphatici gastrici
12 Nodi lymphatici pancreatici superiores
13 Nodi lymphatici gastro-omentales
14 Nodi lymphatici subpylorici
15 Nodi lymphatici mesenterici superiores
16 Nodi lymphatici lienales

Abb. 190 A–D Facies visceralis hepatis
Schematische Darstellung der Unterbindungsmöglichkeiten der Pfortaderäste. Die unterbundenen Äste sind durch rote Striche markiert, das von diesen versorgte Gebiet ist dunkel getönt.

A Unterbindung der lateralen linken Zweige des R. sinister v. portae, Ausfall des Lobus sinister hepatis
B Unterbindung des R. dexter v. portae, Ausfall des Lobus dexter hepatis bis zur Cava-Gallenblasen-Linie
C Unterbindung der Zweige des R. dexter v. portae, der Zweige zum Lobus caudatus und der Zweige zum medialen Anteil des linken Versorgungsgebietes. Ausfall des Lobus dexter hepatis, des Lobus quadratus und des Lobus caudatus
D Unterbindung des R. sinister v. portae und der Rr. lobi caudati, Ausfall des gesamten linken Versorgungsgebietes

Praktischer Hinweis

Die **Lymphe** vom Fundus ventriculi erreicht die Nodi lymphatici (l.) „cardiae“, von welchen Lymphgefäße zu den Nodi l. coeliaci ziehen. Von diesen gelangen Lymphgefäße entweder über die Nodi l. subpylorici zu den Nodi l. mesenterici superiores oder direkt zu den letzteren.
Die Lymphe vom Corpus ventriculi erreicht zum Teil die Nodi l. gastrici an der Curvatura minor, und von diesen ziehen Lymphgefäße direkt oder indirekt zu den Nodi l. mesenterici superiores. Zum Teil gelangt sie zu den Nodi l. lienales und zu den Nodi l. gastro-omentales an der Curvatura major. Lymphgefäße verbinden diese Lymphknoten mit den Nodi l. mesenterici superiores. Die Lymphgefäße aus den Nodi l. lienales erreichen ebenfalls die Nodi l. pancreatici superiores.
Aus der Pars pylorica fließt die Lymphe unter Zwischenschaltung der Lymphknoten im Pylorusbereich zu den Nodi l. mesenterici superiores.
Von den an der A. mesenterica superior gelegenen Nodi l. mesenterici superiores erreichen Lymphgefäße die Cysterna chyli.

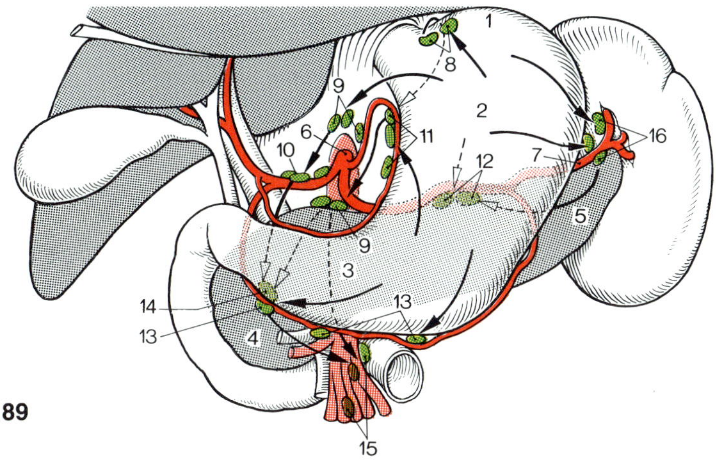

Abb. 189

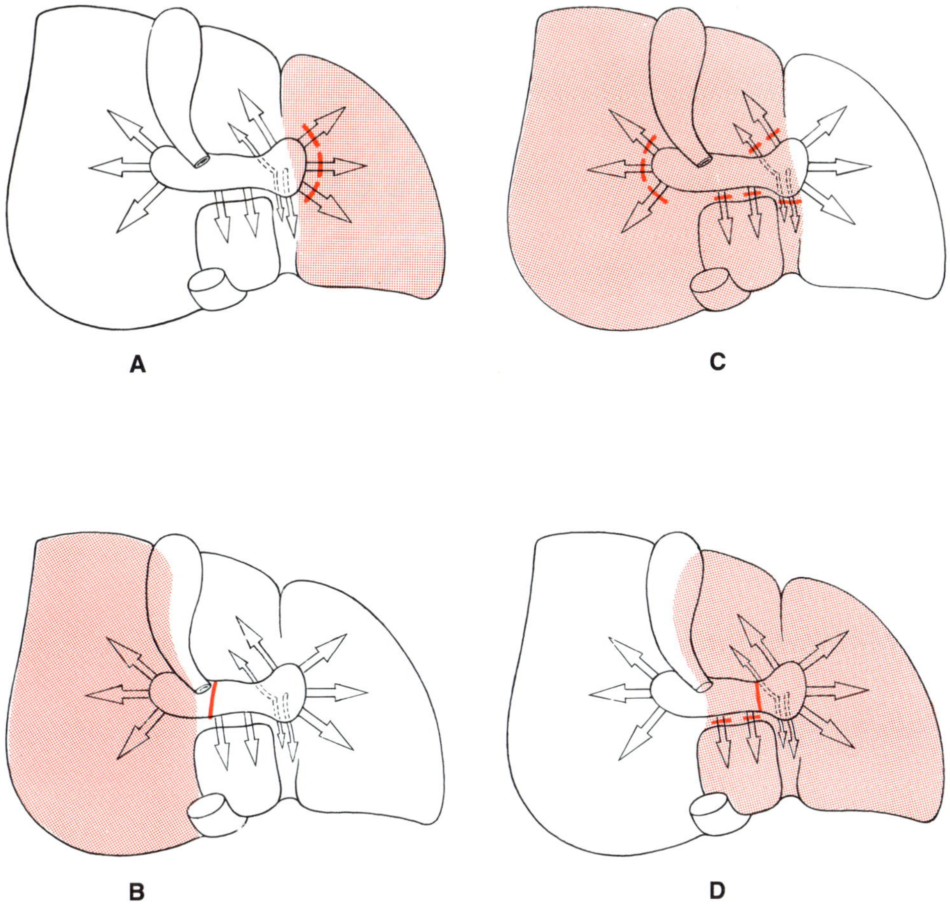

Abb. 190

Abb. 191 A, B Pfortadersegmente
A Pfortadersegmente, Facies visceralis hepatis
B Pfortadersegmente, Facies diaphragmatica hepatis

Darstellung der Segmente in verschiedenen Farben.
Die Cava-Gallenblasen-Linie (Pfeile) trennt das linke vom rechten Versorgungsgebiet.

Laterale Segmente des linken Versorgungsgebietes
1 dorsolaterales Segment mit R. dorsolateralis
2 intermediäres Segment mit R. intermedius
3 ventrolaterales Segment mit R. ventrolateralis

Mediale Segmente des linken Versorgungsgebietes
4 ventrales Segment mit R. ventralis
5 dorsales Segment mit R. dorsalis
6 zentrales Segment mit R. centralis
7 Lobus caudatus, Zugehörigkeit zu den Versorgungsgebieten unterschiedlich

Segmente des rechten Versorgungsgebietes
8 dorsokaudales Segment mit R. dorsocaudalis
9 ventrokraniales Segment mit R. ventrocranialis

10 R. sinister v. portae
11 R. dexter v. portae
12 Vesica fellea
13 V. cava inferior
14 Lig. teres hepatis

Abb. 192 A, B Blutabfluß aus der Leber
A Schema des Blutabflusses aus der Leber, Facies visceralis
B Schema des Blutabflusses aus der Leber, Facies diaphragmatica

Die Vv. hepaticae, die in drei bis vier Stämmen die V. cava inferior erreichen, stehen in der Peripherie untereinander durch Anastomosen in Verbindung.

1 V. hepatica sinistra
2 V. hepatica media
3 V. hepatica dextra
4 V. hepatica lobi caudati
5 V. cava inferior
6 Lig. teres hepatis
7 Vesica fellea
8 autonomes Abflußgebiet der V. hepatica sinistra
9 Anastomosenbereich zwischen V. hepatica sinistra und V. hepatica media
10 autonomes Abflußgebiet der V. hepatica media
11 Anastomosenbereich zwischen V. hepatica media und V. hepatica dextra
12 autonomes Abflußgebiet der V. hepatica dextra

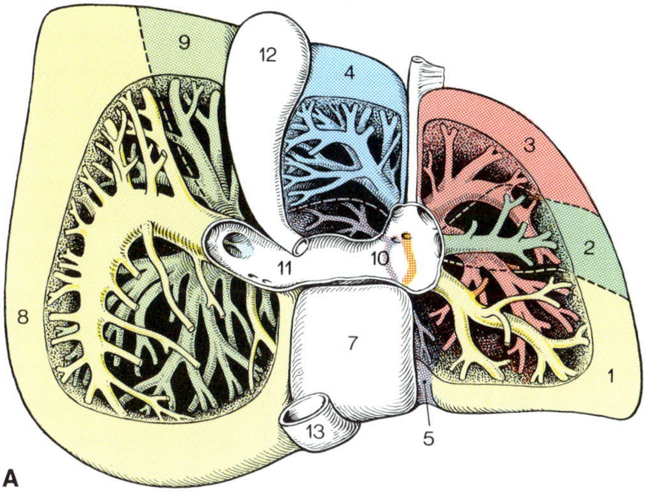

A

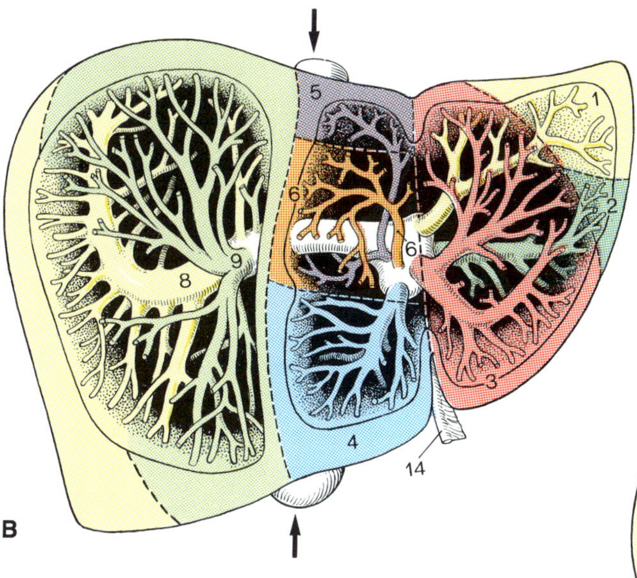

B

Abb. 191

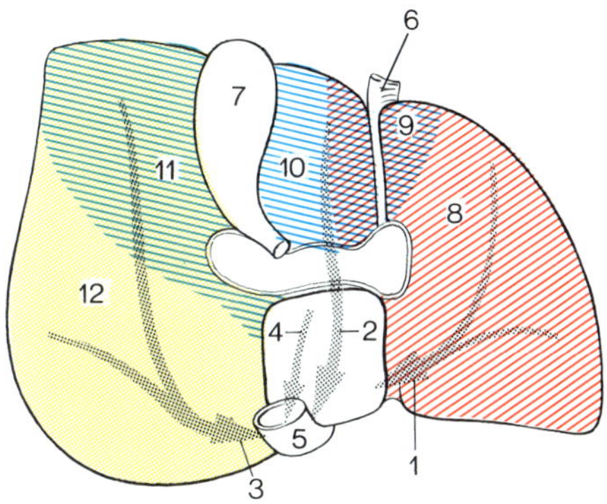

A

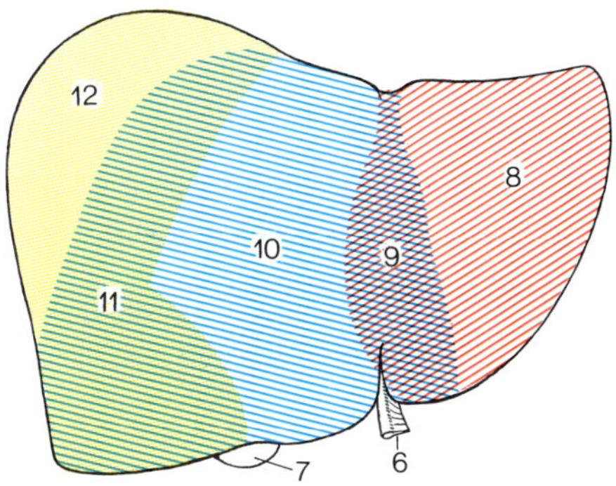

B

Abb. 192

Abb. 193 Hilum der Leber
Lage der Gallengänge und der Äste der V. portae.

1 V. portae
2 R. sinister
3 Rr. caudati
4 Pars umbilicalis des R. sinister
5 Rr. laterales
6 Rr. mediales
7 R. dexter
8 R. dexter der A. hepatica propria
9 A. cystica
10 Aa. segmentales laterales des R. sinister der A. hepatica propria
11 Ductus choledochus
12 Ductus cysticus
13 Ductus hepaticus communis
14 Ductus hepaticus dexter
15 Ductus hepaticus sinister
16 Lobus caudatus
17 Lobus quadratus
18 Lobus dexter
19 Lobus sinister
20 Lig. teres hepatis
21 Lig. venosum
22 V. cava inferior

Abb. 194 Hilum der Leber
Aufteilung der V. portae.

1 V. portae
2 R. sinister
3 Rr. caudati
4 Pars umbilicalis des R. sinister
5 Rr. laterales
6 Rr. mediales
7 R. dexter
8 R. posterior
9 R. anterior
10 V. duodenalis superior (VAR.)

Abb. 195 A–F Häufige Variationen der A. cystica (nach Lippert)

A Die A. cystica entspringt aus dem R. dexter der A. hepatica propria (46%)
B R. superficialis und R. profundus der A. cystica entspringen getrennt aus dem R. dexter der A. hepatica propria (13%)
C Die A. cystica entspringt aus der A. hepatica propria (2%)
D Die A. cystica entspringt aus dem R. sinister der A. hepatica propria (5%)
E Der R. superficialis der A. cystica entspringt aus der A. gastroduodenalis, der R. profundus aus dem R. dexter der A. hepatica propria (3%)
F Die A. cystica entspringt aus einem R. dexter, der aus der A. mesenterica superior stammt (12%)

1 Truncus coeliacus
2 A. hepatica propria
3 A. gastroduodenalis
4 A. mesenterica superior
5 R. superficialis der A. cystica
6 R. profundus der A. cystica
7 Vesica fellea

Abb. 196 A–E Variationen der Gallengänge im Lig. hepatoduodenale (nach Netter)

A Vereinigung des Ductus cysticus mit dem Ductus hepaticus communis hinter der Pars superior duodeni
B Der Ductus cysticus überkreuzt (ventral) den Ductus hepaticus communis und mündet an dessen linker Seite ein
C Der Ductus cysticus unterkreuzt (dorsal) den Ductus hepaticus communis und mündet an dessen linker Seite ein
D Ein Ductus hepaticus accessorius mündet knapp oberhalb der Pars superior duodeni in den Ductus choledochus ein
E Ein Ductus hepaticus accessorius mündet in den Ductus hepaticus communis ein, der sich knapp oberhalb der Pars superior duodeni mit dem Ductus cysticus zum Ductus choledochus vereinigt

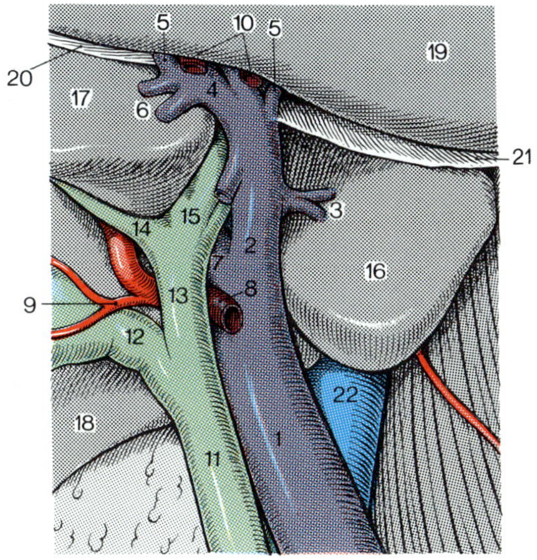

Abb. 193

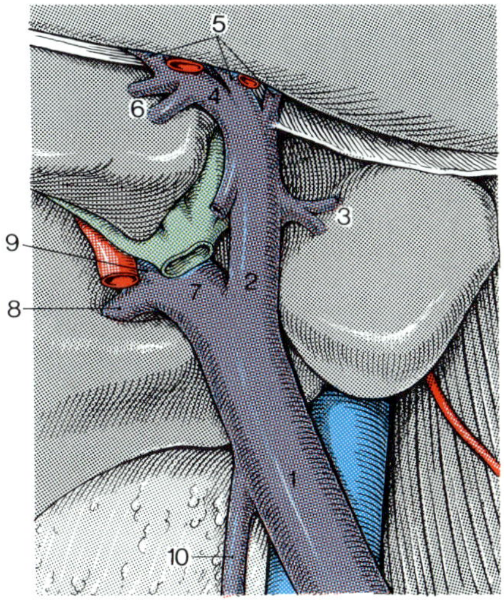

Abb. 194

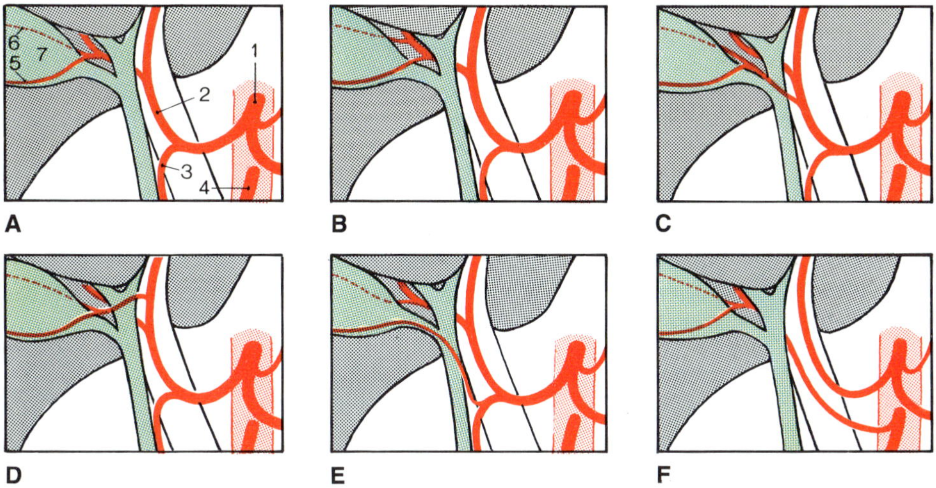

Abb. 195

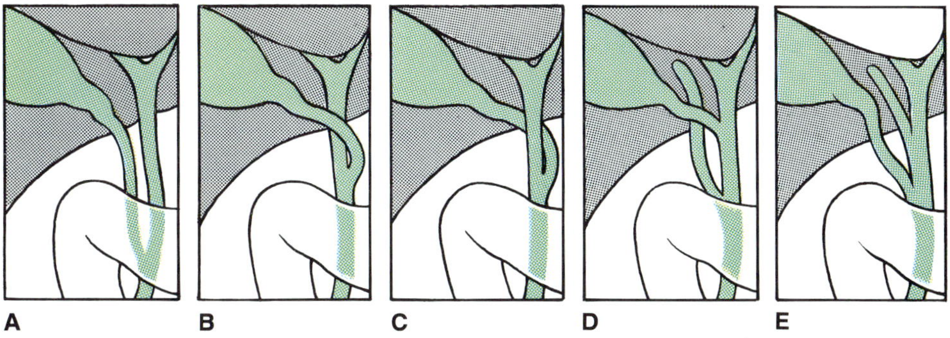

Abb. 196

Abb. 197 A–S Arterielle Versorgung der Leber (teilweise nach Lippert)
Die Leber wird üblicherweise von Ästen des Truncus coeliacus mit Blut versorgt. In etwa 24% der Fälle sind Äste der A. mesenterica superior an der Versorgung der Leber beteiligt.
Von akzessorischen Ästen wird dann gesprochen, wenn zusätzliche Äste zu vorhandenen typischen Arterien auftreten: Die Grenze der Versorgungsgebiete ist die Cava-Gallenblasen-Linie.

A Regelfall
B–O Variationen der Blutversorgung der Leber
P–S Aufteilungsvariationen des Truncus coeliacus

B R. accessorius dexter aus der A. gastroduodenalis (2%)
C R. accessorius dexter aus der A. mesenterica superior (1%)
D R. accessorius dexter aus der A. mesenterica superior und R. accessorius sinister aus der A. gastrica sinistra (1%)
E ein R. dexter aus der A. hepatica communis, ein R. accessorius dexter aus der A. mesenterica superior, ein R. sinister aus der A. gastrica sinistra (< 1%)
F R. dexter aus der A. hepatica communis, R. sinister aus der A. gastrica sinistra (3%)
G R. dexter aus der A. mesenterica superior, dorsal von V. portae und Ductus choledochus verlaufend, R. sinister aus der A. gastrica sinistra (< 1%)
H R. dexter aus der A. mesenterica superior, dorsal von V. portae und Ductus choledochus verlaufend, R. sinister aus der A. hepatica communis (10%)
I R. dexter und R. sinister entspringen direkt aus dem Truncus coeliacus (2%)
J R. accessorius dexter entspringt direkt aus dem Truncus coeliacus und verläuft dorsal von der V. portae (Eigenbeobachtung)
K R. sinister aus der A. hepatica communis, R. accessorius sinister aus der A. gastrica sinistra, R. dexter aus der A. mesenterica superior, dorsal von der V. portae verlaufend (1%)
L A. hepatica propria typisch in R. dexter und R. sinister aufgeteilt, R. accessorius sinister aus der A. gastrica sinistra (12%)
M A. gastrica sinistra accessoria aus dem R. sinister (7%)
N A. hepatica communis entspringt aus der A. mesenterica superior (3%)
O gemeinsamer Ursprung des Truncus coeliacus und der A. mesenterica superior aus der Aorta (3%)
P Aufteilung des Truncus coeliacus in eine A. gastrica sinistra und eine A. hepatolienalis (60%)
Q Aufteilung des Truncus coeliacus in eine A. lienalis und eine A. hepatogastrica (13%)
R Aufteilung des Truncus coeliacus in eine A. hepatica communis und eine A. gastrolienalis (selten)
S Dreiteilung des Truncus coeliacus (selten)

1 Truncus coeliacus
2 A. mesenterica superior
3 A. gastrica sinistra
4 A. lienalis
5 A. hepatica communis
6 A. hepatica propria
7 A. gastroduodenalis
8 A. gastrica dextra
9 R. sinister der A. hepatica propria
10 R. dexter der A. hepatica propria
11 V. portae
12 Ductus choledochus

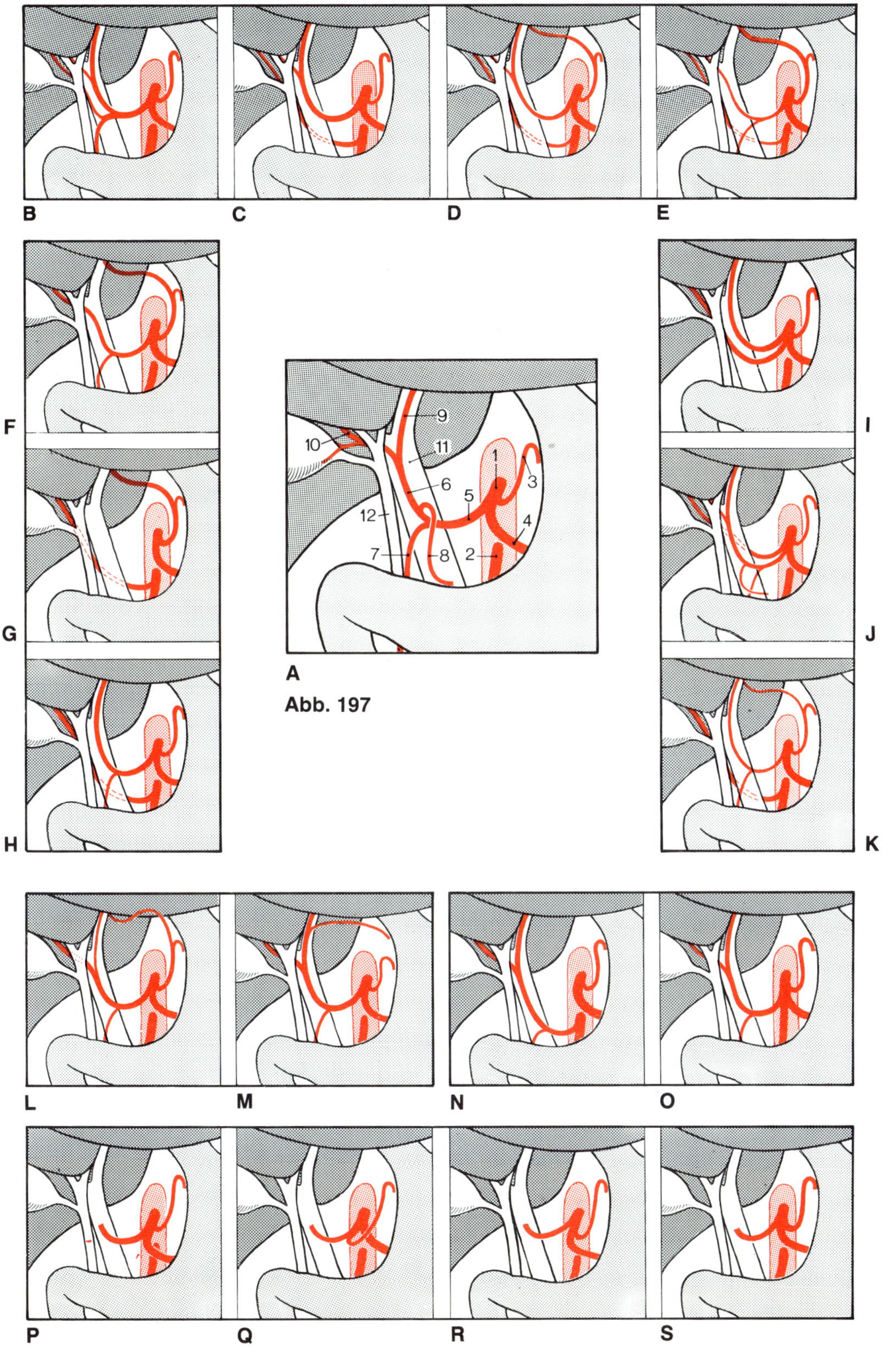

Abb. 197

Abb. 198 Oberbauchorgane 5

Darstellung des Milzstieles, des Pancreas und des Gekrösestieles. Die Leber, der Magen und das Colon transversum mit dem Mesocolon transversum sind entfernt.

1 Caput pancreatis
2 Corpus pancreatis
3 Cauda pancreatis
4 Lien
5 Pars inferior duodeni
6 Flexura duodenojejunalis
7 Pars superior duodeni
8 Colon transversum
9 Colon descendens
10 Oesophagus
11 V. portae
12 V. cava inferior
13 A. hepatica propria
14 A. u. V. gastrica dextra
15 A. gastroduodenalis
16 A. lienalis mit R. pancreaticus
17 A. gastrica sinistra
18 Aa. gastricae breves
19 V. lienalis
20 V. gastrica sinistra
21 V. mesenterica superior
22 A. mesenterica superior
23 A. u. V. gastroepiploica sinistra
24 A. u. V. gastroepiploica dextra
25 V. pancreatica accessoria
26 A. pancreaticoduodenalis superior
27 Ductus choledochus
28 Lig. phrenicocolicum

Abb. 199 Oberbauchorgane 6

Darstellung der Vereinigung der V. lienalis und der V. mesenterica superior zur V. portae. Das Pancreas ist zum Teil entfernt.

1 Caput pancreatis
2 Cauda pancreatis
3 Pars superior duodeni
4 Flexura duodenojejunalis
5 M. suspensorius duodeni (von Peritoneum überkleidet)
6 Colon transversum
7 Colon descendens
8 A. mesenterica superior
9 Anastomose zwischen A. mesenterica superior und A. colica sinistra
10 A. colica media
11 A. lienalis
12 A. gastroduodenalis
13 V. mesenterica inferior
14 V. lienalis
15 V. gastroepiploica dextra
16 V. mesenterica superior
17 V. portae
18 V. gastrica sinistra
19 V. gastrica dextra
20 Vv. pancreaticae

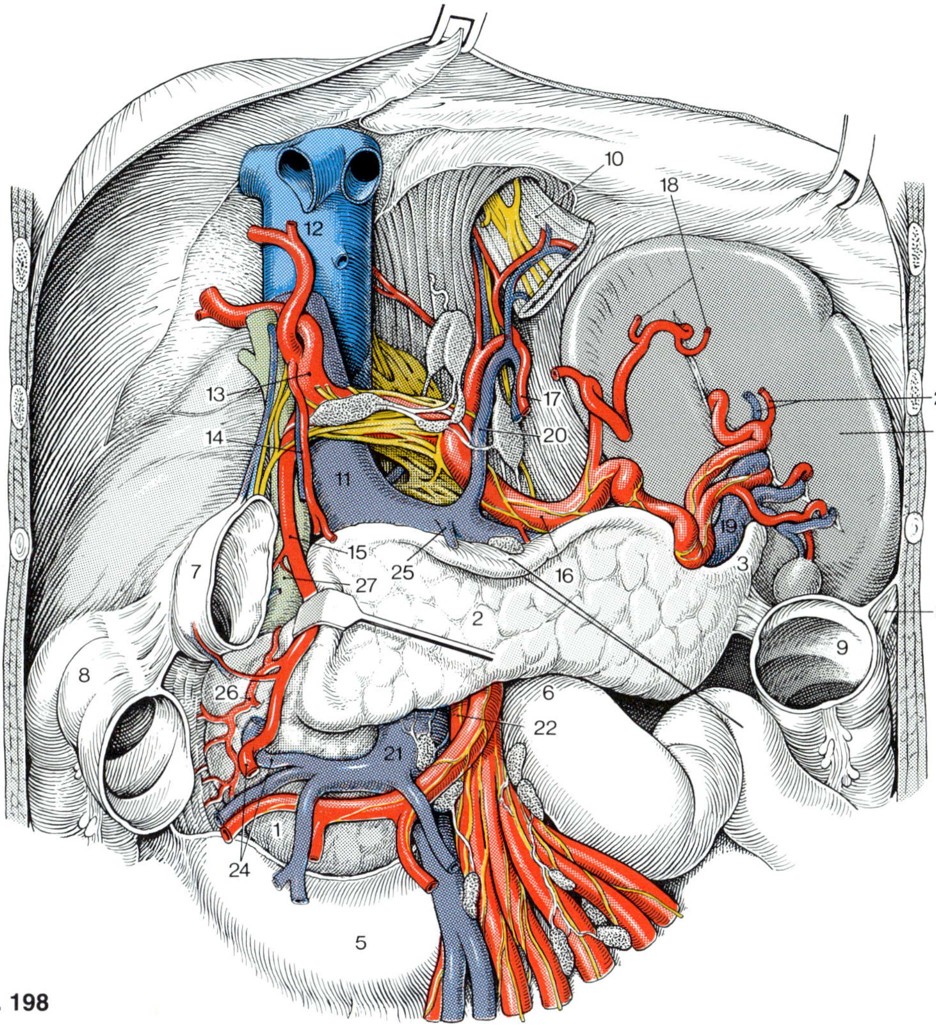

Abb. 198

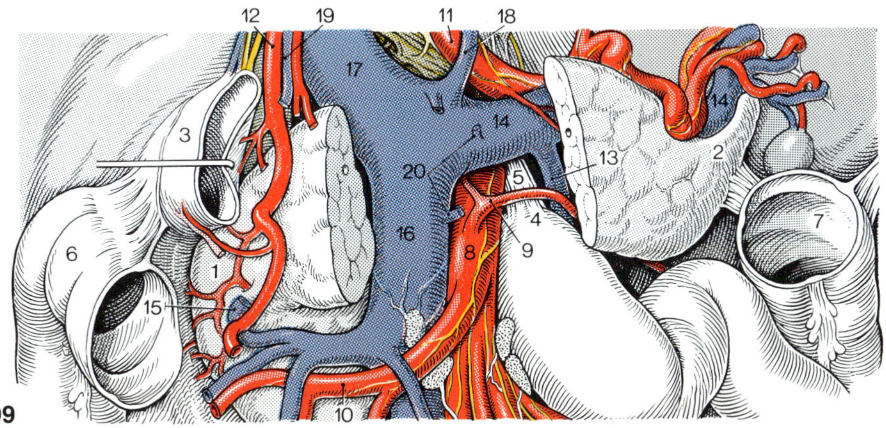

Abb. 199

Abb. 200

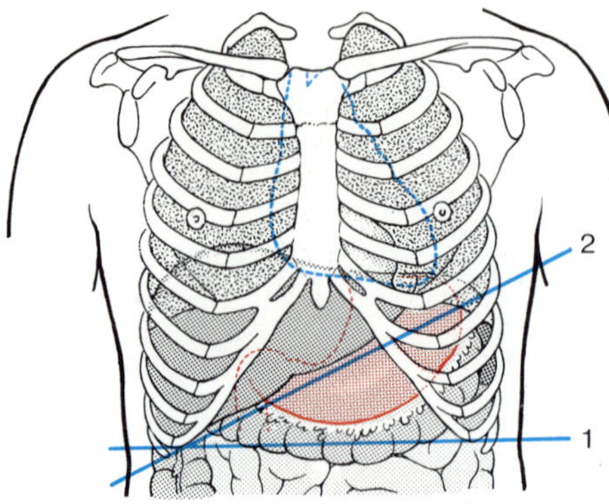

Abb. 200 Kontaktflächen von Leber und Magen mit der vorderen Bauchwand

1 Verbindungslinie zwischen Unterrand der rechten und linken 10. Rippe
2 Linie vom Unterrand der rechten 10. Rippe durch die Vereinigung von 7. und 8. linker Rippe

Abb. 201 Unterbauchorgane 1

Die vordere Bauchwand wurde durchtrennt und umgeklappt. Die Oberbauchorgane Leber und Magen sind nur insoweit sichtbar, als sie der vorderen Bauchwand anliegen. Das Omentum majus bedeckt fast vollständig den gesamten Darmtrakt.

1 Omentum majus
2 Lig. gastrocolicum
3 Colon transversum (durchscheinend)
4 Ventriculus
5 Hepar, Lobus sinister
6 Lig. falciforme
7 Lig. teres hepatis
8 Vesica fellea
9 Colon ascendens
10 Colon sigmoideum
11 Plica umbilicalis mediana (mit Chorda urachi)
12 Plica umbilicalis medialis (mit Chorda a. umbilicalis)

Praktischer Hinweis

Leberfeld

Form: dreieckig

Grenzen:

1. Verbindungslinie zwischen Unterrand der 10. rechten Rippe und der Vereinigungsstelle von 7. und 8. linker Rippe
2. kranial davon gelegener Anteil des linken Rippenbogens
3. rechter Rippenbogen

Bedeutung:

Kontaktfläche der gesunden Leber mit der vorderen Bauchwand

Magenfeld

Form: dreieckig

Grenzen:

1. Verbindungslinie vom Unterrand der 10. rechten Rippe zur Vereinigungsstelle von 7. und 8. linker Rippe
2. kaudaler Teil des linken Rippenbogens
3. Verbindungslinie zwischen Unterrand der rechten und linken 10. Rippe

Bedeutung:

Kontaktfläche des gesunden Magens in typischer Lage mit der vorderen Bauchwand

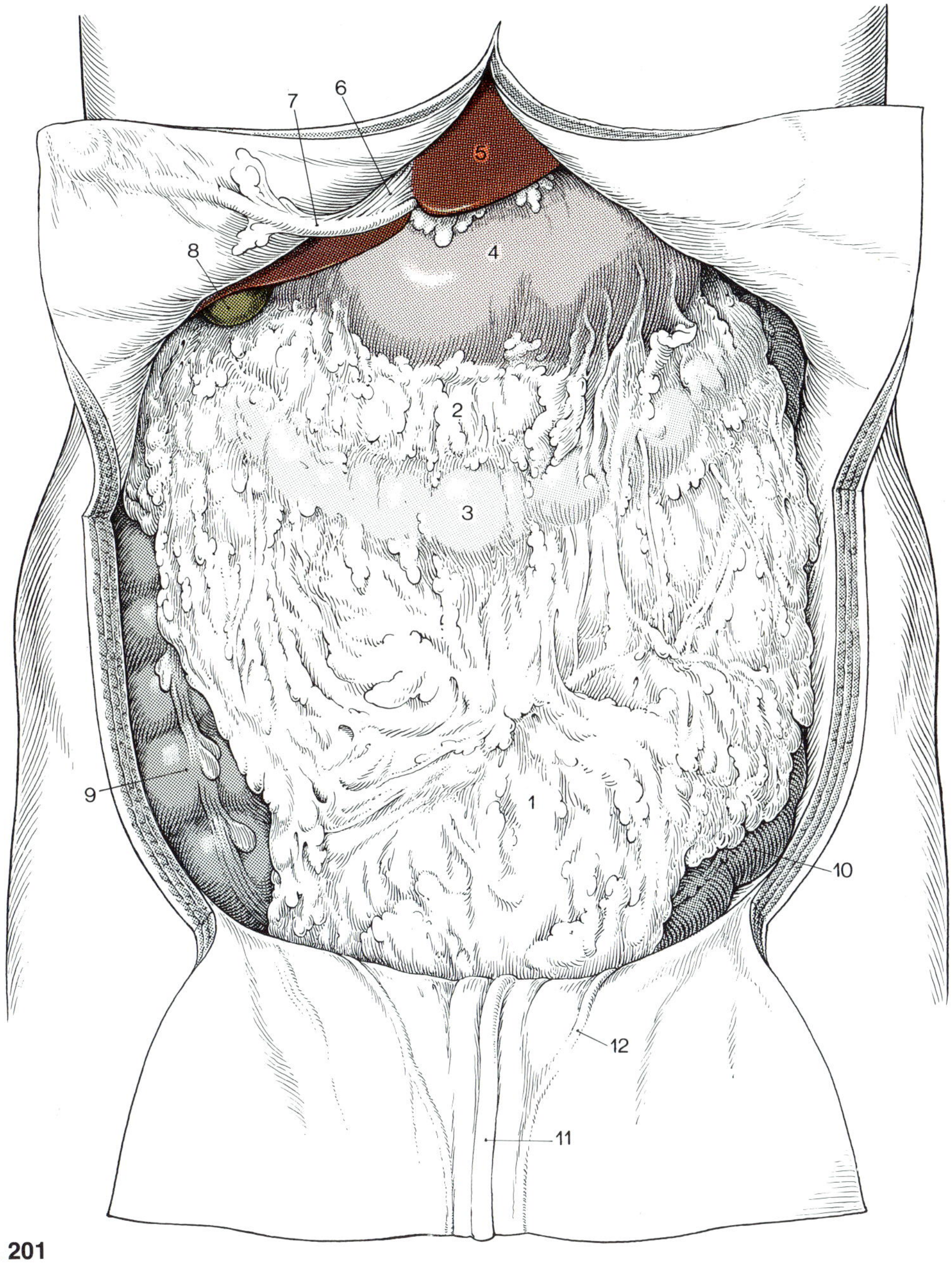

Abb. 201

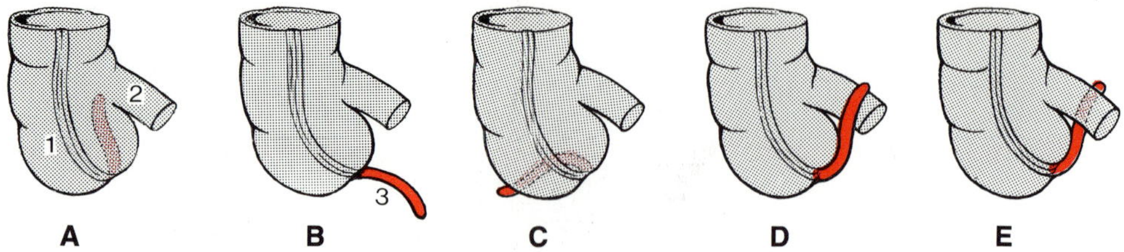

Abb. 202

Abb. 202 A–E Lagevariationen der Appendix vermiformis (nach Wakeley)
Die Lage der Appendix vermiformis ist zunächst von der Darmdrehung abhängig. Bei vollständiger Darmdrehung und typischer Lage des Caecum in der Fossa iliaca dextra kann jedoch trotzdem eine unterschiedliche Lage der Appendix vermiformis gegeben sein. Diese Variationen sind in den Bildern **A–E** zusammengestellt.

A aufsteigend im Recessus retrocaecalis gelegen (rund 65%, häufigste Form)
B descendierend in der Fossa iliaca gelegen (31%)
C transversale retrozäkale Lage (rund 2,5%)
D aufsteigende parazäkale, präiliakale Lage (1%)
E aufsteigende parazäkale, retroiliakale Lage (rund 0,5%)

1 Caecum
2 Ileum
3 Appendix vermiformis

Abb. 203 Unterbauchorgane 2
Das Omentum majus ist mit dem Colon transversum hochgeschlagen. Das Dünndarmkonvolut ist nach rechts gelegt, wodurch die Flexura duodenojejunalis zur Ansicht kommt. Das Caecum reicht im vorliegenden Fall in das kleine Becken hinein.

1 Pars ascendens duodeni
2 Flexura duodenojejunalis
3 Jejunum
4 Ileum
5 Caecum
6 Appendix
7 Colon transversum
8 Colon descendens
9 Colon sigmoideum
10 Rectum
11 Plica duodenalis superior
12 Plica duodenalis inferior
13 Mesenterium
14 Mesoappendix
15 Mesocolon transversum
16 Mesosigmoideum
17 Recessus intersigmoideus
18 Ureter sinister (durchscheinend)
19 Recessus duodenalis superior
20 Recessus duodenalis inferior
21 Extremitas inferior der linken Niere (durchscheinend)
22 Taenia libera
23 Appendices epiploicae
24 Omentum majus

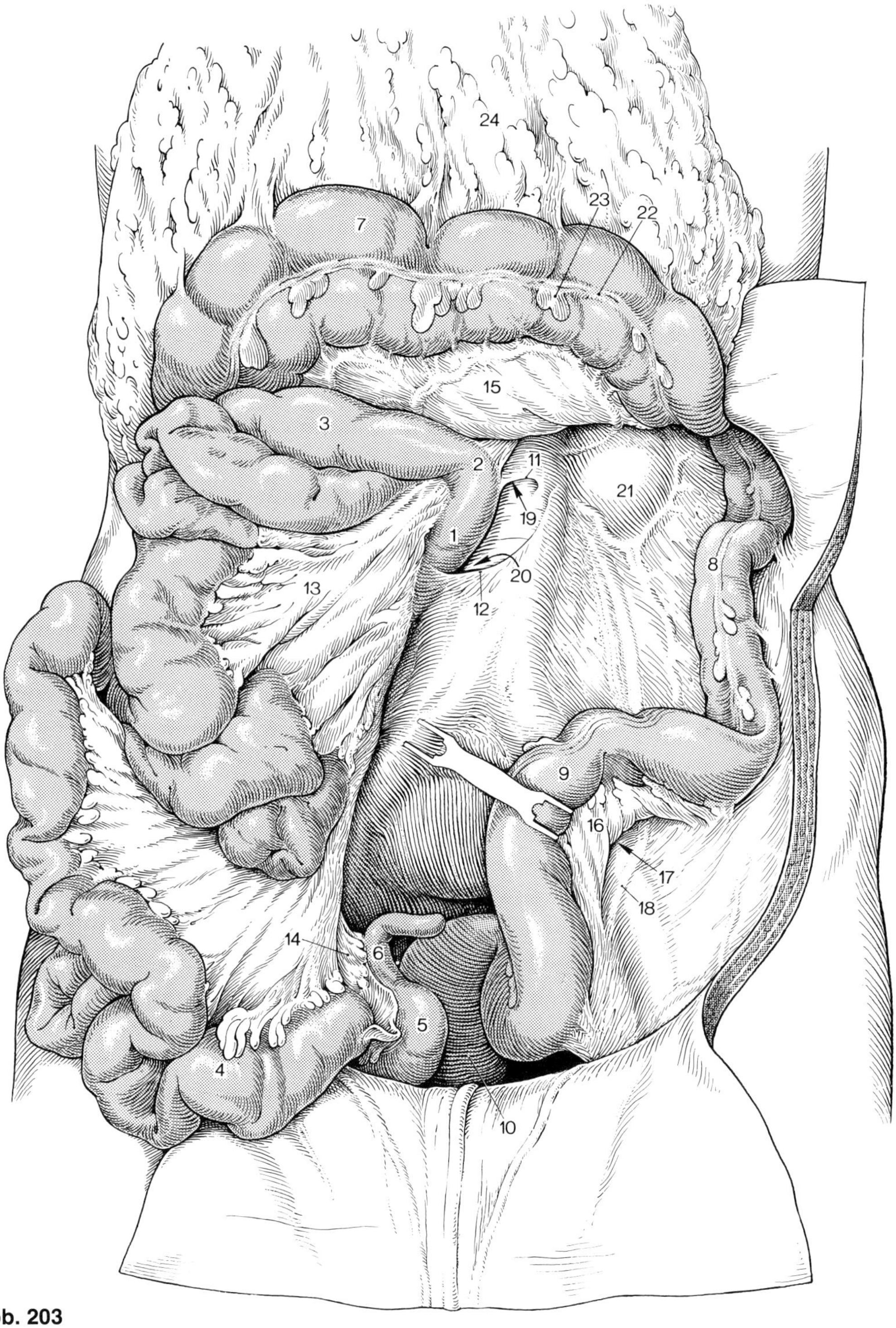

Abb. 203

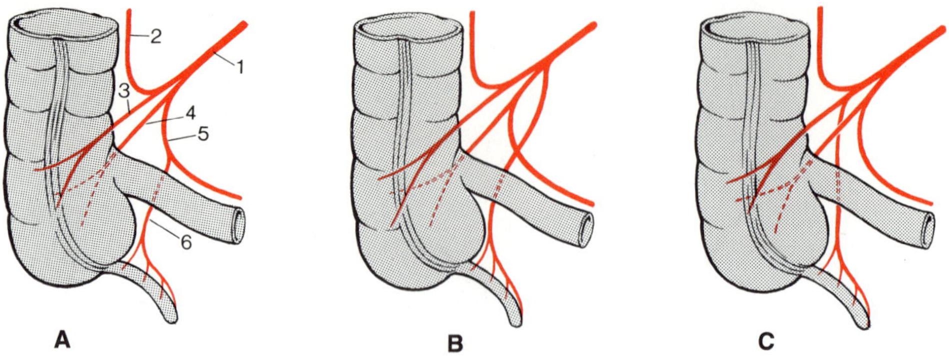

Abb. 204

Abb. 204 A–C Häufige Variationen der A. appendicularis (nach Lippert)

A Ursprung der A. appendicularis aus einem „R. ilei" der A. ileocolica (35%)

B Ursprung der A. appendicularis aus der A. ileocolica, knapp bevor diese sich in ihre Endäste aufteilt (28%)

C Ursprung der A. appendicularis aus der A. caecalis anterior (20%)

1 A. ileocolica
2 R. ascendens
3 A. caecalis anterior
4 A. caecalis posterior
5 „R. ilei" der A. ileocolica
6 A. appendicularis

Abb. 205 Unterbauchorgane 3

Das Omentum majus ist mit dem Colon transversum hochgeschlagen, ein Blatt des Mesenterium, das Mesocolon transversum sowie Teile des parietalen Peritoneum sind entfernt. Damit werden die Verzweigungen von A. und V. mesenterica superior und die Anastomose zwischen Ästen der A. mesenterica superior und der A. mesenterica inferior sichtbar.

1 A. mesenterica superior
2 V. mesenterica superior
3 Aa. und Vv. jejunales
4 Aa. und Vv. ileales
5 A. und V. ileocolica
6 A. caecalis anterior
7 A. caecalis posterior
8 A. ascendens (Ast der A. ileocolica)
9 A. colica dextra
10 A. colica media
11 Jejunum
12 Ileum
13 Caecum
14 Colon ascendens
15 Colon transversum
16 Pars (horizontalis) inferior duodeni (durchscheinend)
17 Caput pancreatis (durchscheinend)
18 Taenia libera
19 Appendices epiploicae
20 Peritonealschnittrand
21 Nodi lymphatici mesenterici
22 Nodus lymphaticus ileocolicus
23 Nodi lymphatici colici
24 Anastomose zwischen der A. mesenterica superior (bzw. deren Ast, der A. colica media) und Ästen der A. mesenterica inferior

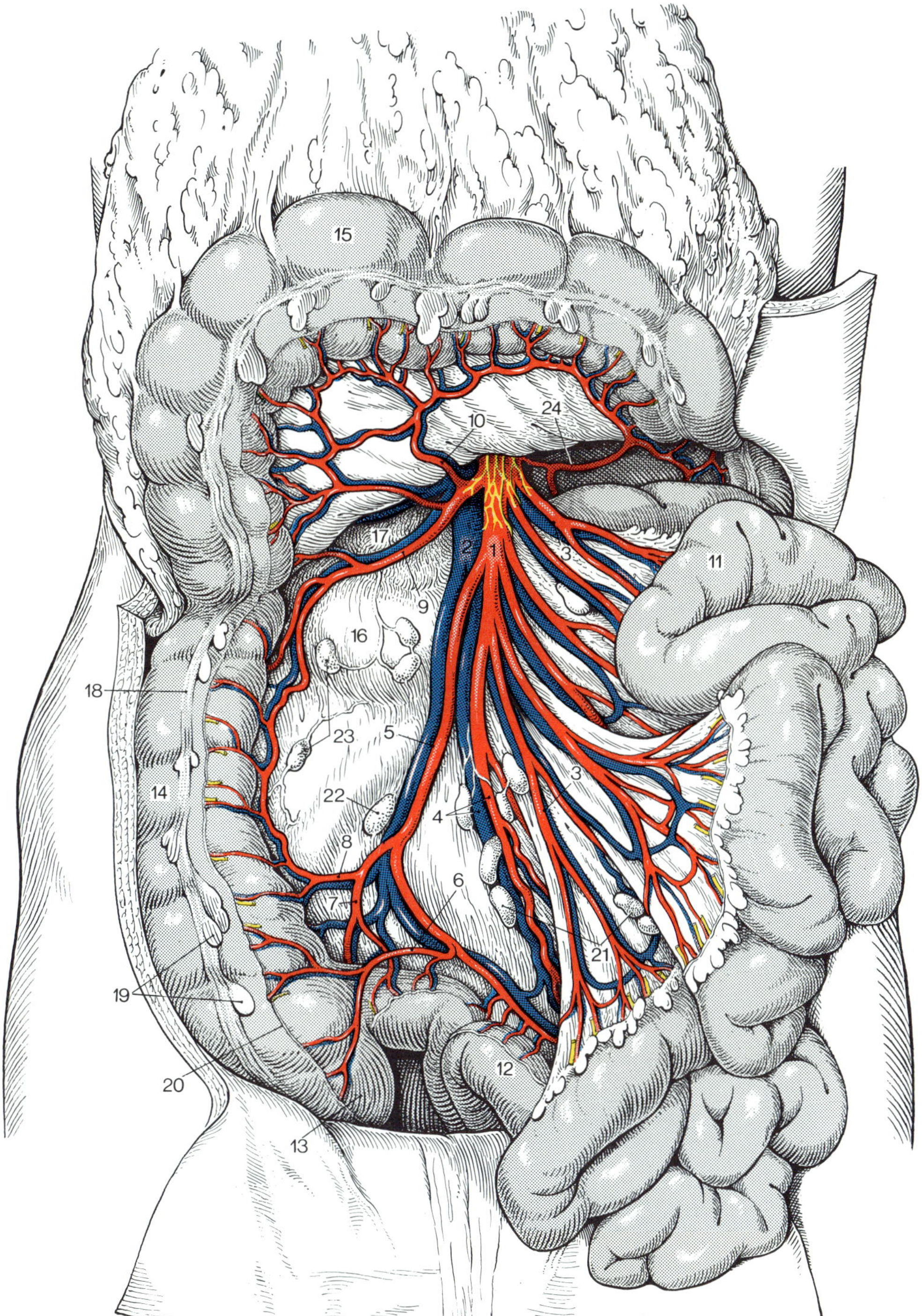

Abb. 205

Abb. 206 Unterbauchorgane 4

Das Peritoneum parietale wurde ebenso wie das Mesocolon transversum und ein Blatt des Mesocolon sigmoideum entfernt. Damit werden die kaudalen Abschnitte der Aorta mit dem sie bedeckenden Nervengeflecht und der V. cava inferior sichtbar. Die Verzweigungen der A. und V. mesenterica inferior sowie die Anastomose zwischen A. mesenterica superior und A. mesenterica inferior sind dargestellt.

1 Pars abdominalis aortae
2 V. cava inferior
3 A. iliaca communis dextra
4 A. mesenterica inferior
5 V. mesenterica inferior
6 A. colica sinistra
7 Aa. sigmoideae
8 A. u. V. rectalis superior
9 A. „rectosigmoidea"
10 Erster Ast der A. colica sinistra
11 Anastomose zwischen Ästen der A. mesenterica inferior (A. colica sinistra) und A. mesenterica superior (bzw. einem ihrer Äste, der A. colica media)
12 Colon transversum
13 Colon descendens
14 Colon sigmoideum
15 Rectum
16 Caecum
17 Appendix vermiformis
18 Pars ascendens duodeni
19 Schnittrand des Peritoneum
20 Jejunum
21 Ileum
22 Mesoappendix
23 Ureter (durchscheinend)
24 Plexus hypogastricus superior
25 Plexus mesentericus inferior
26 N. hypogastricus dexter
27 N. hypogastricus sinister
28 Nodi lymphatici mesenterici inferiores
29 Nodi lymphatici prae-aortici
30 Nodi lymphatici iliaci communes mediales

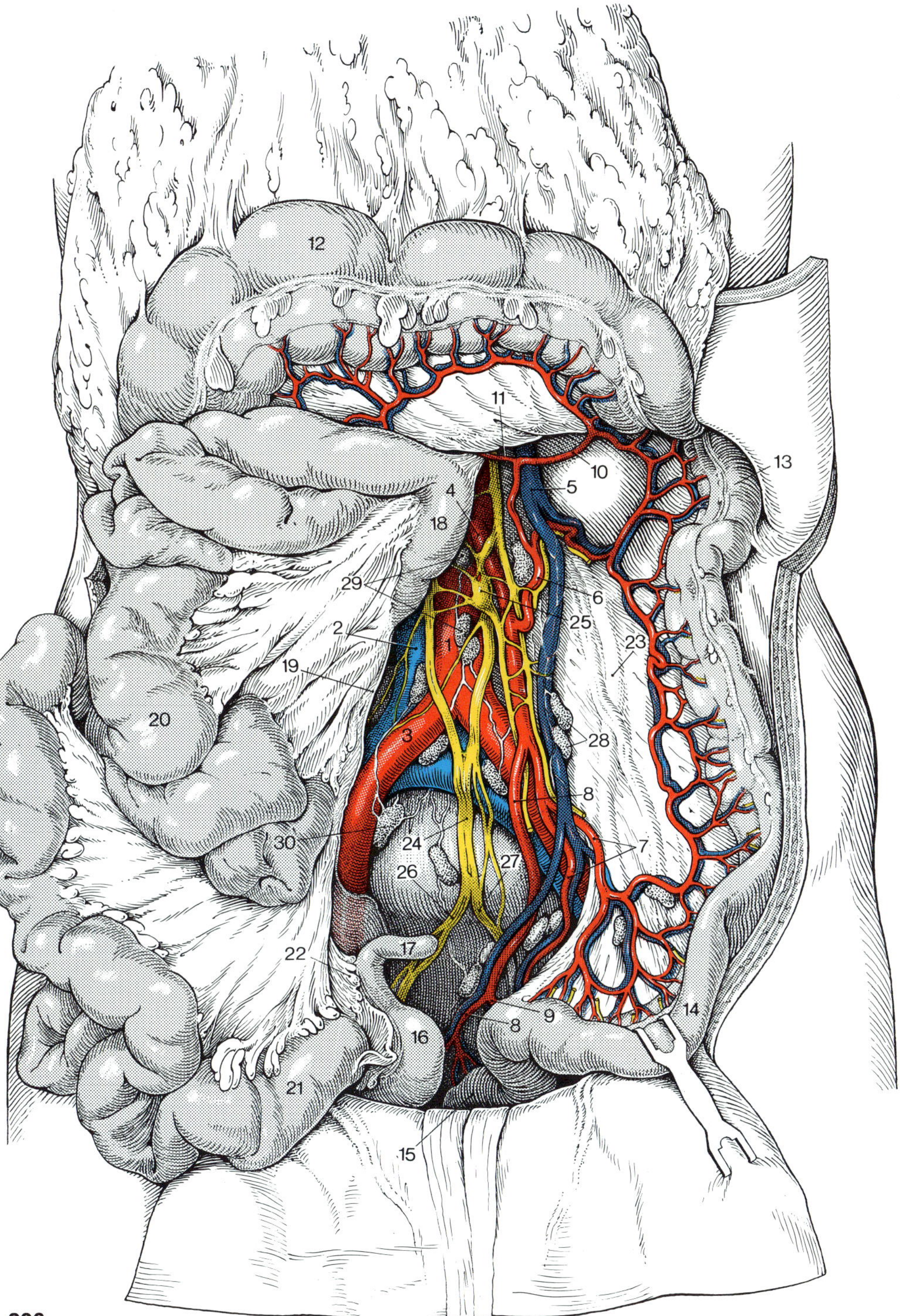
12
11
10
13
5
4
18
29
6
25
2
23
1
19
20
3
28
8
30
24
7
27
26
17
22
9
14
8
16
21
15

Abb. 206

Abb. 207 Retroperitoneum
Sämtliche intraperitoneal liegenden Organe sind entfernt. Links wurden zusätzlich die die Muskeln bedeckenden Faszien entfernt.

1 Oesophagus
2 linke Niere
3 linke Nebenniere
4 rechte Niere
5 rechte Nebenniere
6 Diagphragma
7 M. psoas major
8 M. iliacus
9 Ureter
10 Aorta, Pars abdominalis
11 V. cava inferior
12 Aa. phrenicae inferiores (hier: Ursprung aus der Pars thoracica aortae)
13 A. suprarenalis media
14 Truncus coeliacus
15 A. gastrica sinistra
16 A. lienalis
17 A. hepatica communis mit Plexus hepaticus
18 A. mesenterica superior
19 A. mesenterica inferior
20 A. colica sinistra
21 Aa. sigmoideae
22 A. ovarica sinistra mit Rr. ureterici
23 A. ovarica dextra
24 A. renalis sinistra
25 A. iliaca communis dextra
26 A. iliaca externa sinistra
27 V. renalis sinistra
28 geteilte V. ovarica sinistra
29 Vv. ovaricae dextrae
30 V. renalis dextra
31 Plexus coeliacus
32 Plexus mesentericus superior
33 Plexus mesentericus inferior
34 Ganglion mesentericum inferius
35 Nn. splanchnici lumbales
36 Plexus hypogastricus superior
37 N. subcostalis
38 N. iliohypogastricus
39 N. ilioinguinalis
40 N. cutaneus femoris lateralis
41 N. genitofemoralis
42 Cisterna chyli
43 Nodi lymphatici coeliaci
44 Nodi lymphatici prae-aortici
45 Nodi lymphatici cavales laterales

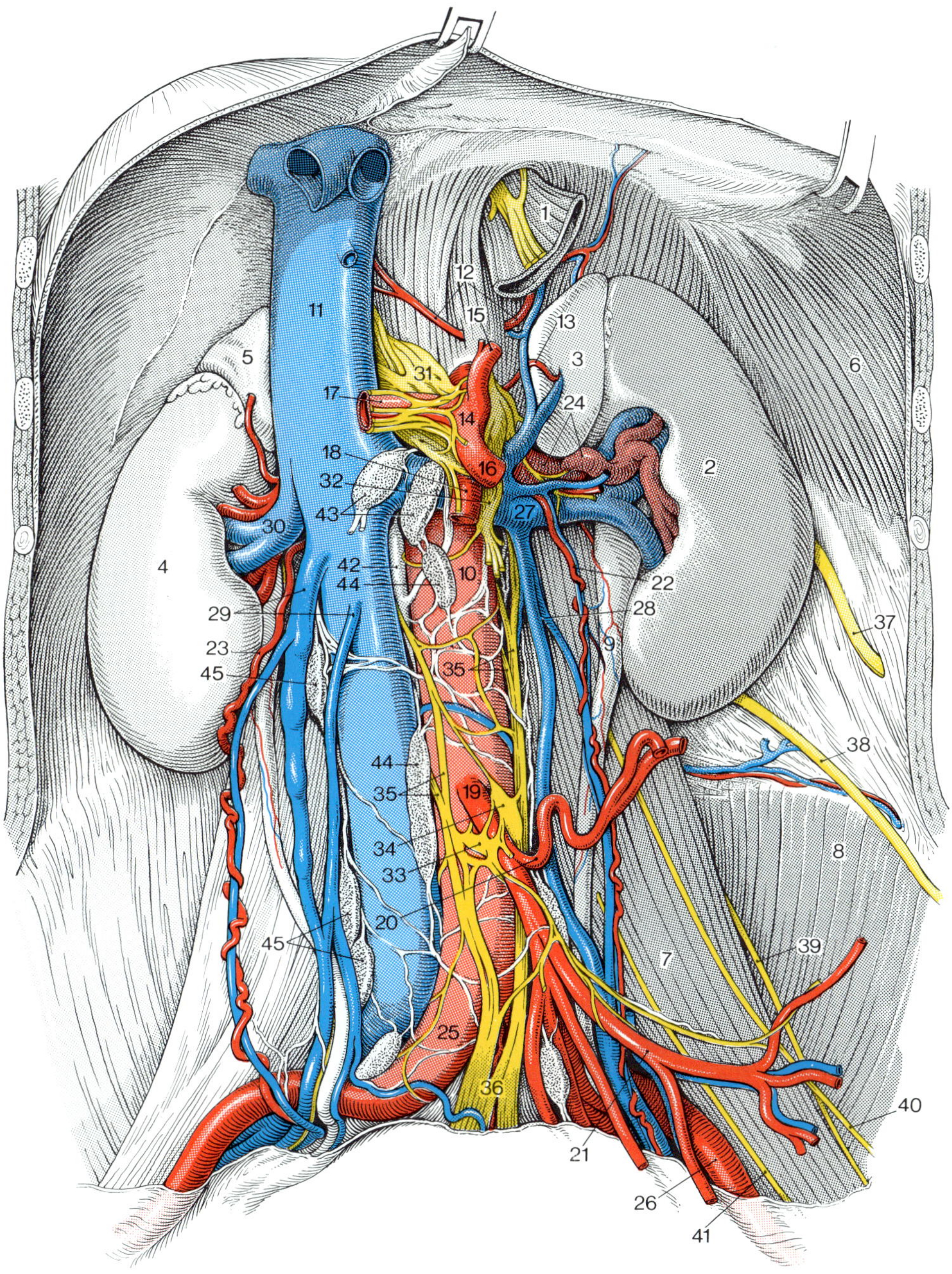
1
12
15
13
11
5
3
6
31
17
14
24
18
16
2
32
27
43
30
4
42
44
10
22
29
28
23
9
37
45
35
38
44
35
19
34
33
8
20
45
39
7
25
36
40
21
26
41

Abb. 207

Abb. 208 A–B Arterielle Nierensegmente nach typischer intrahilärer Einteilung
A rechte Niere von hinten
B rechte Niere von vorne

1 Segmentum superius
2 Segmentum anterius superius
3 Segmentum anterius inferius
4 Segmentum inferius
5 Segmentum posterius

Abb. 209 A–B Arterielle Versorgungsbereiche unter Berücksichtigung der extrahilären Zweiteilung der A. renalis (häufigste Form, nach Poisel und Spängler)
A rechte Niere von hinten
B rechte Niere von vorne

Die Aufteilung erfolgt in zwei Hauptäste, in einen ventralen und einen dorsalen. Der ventrale Ast versorgt die gesamte Vorderfläche und umgreift die Ränder der Niere bis zur Dorsalseite mit Ausnahme des oberen Poles.

1 A. renalis

orange: Area anterior und R. principalis anterior
gelb: Area posterior und R. principalis posterior

Abb. 210 A, B Arterielle Versorgungsbereiche unter Berücksichtigung der extrahilären Dreiteilung der A. renalis (seltene Form, nach Poisel und Spängler)
A rechte Niere von hinten
B rechte Niere von vorne

Die Aufteilung erfolgt in drei Hauptäste, einen ventralen oberen, einen ventralen unteren und einen dorsalen Ast. Der vordere obere Ast versorgt die obere Hälfte der Vorderfläche, den oberen Pol auch an der Hinterfläche und Teile des Margo lateralis. Der vordere untere Ast versorgt die untere Hälfte der Vorderfläche einschließlich des unteren Poles. An den Rändern greift er auf die Hinterfläche über. Der hintere Ast versorgt den zentralen Teil der Hinterfläche und in einem kleinen Areal den Margo lateralis.

1 A. renalis

orange: Area anterior superior und R. principalis anterior superior
blau: Area anterior inferior und R. principalis anterior inferior
gelb: Area posterior und R. principalis posterior

Abb. 211 A–F Varietäten der Blutversorgung der Niere (nach Poisel und Spängler)
Die Blutversorgung der Niere ist aufgrund der Entwicklung einer großen Variabilität unterworfen. Es sind akzessorische von aberranten Nierenarterien neben der typischen A. renalis zu unterscheiden. Akzessorische Nierenarterien sind solche, die die Niere im Hilum erreichen. Aberrante Nierenarterien erreichen das Nierenparenchym meist als „Polarterien" außerhalb des Hilum.

A Akzessorische Arterie aus der Aorta (98%) und eine aberrante untere Polarterie aus der Aorta (6,29%)
B Akzessorische Arterie aus der Aorta (98%) und eine aberrante obere Polarterie aus der Aorta (5,51%)
C Akzessorische Arterie aus der Aorta (98%)
D Aberrante untere Polarterie aus der A. iliaca communis (0,01%)
E Akzessorische Arterie aus der A. iliaca communis (0,6–0,9%)
F Aberrante Arterie aus der A. spermatica interna

1 Aorta
2 V. cava inferior
3 A. renalis
4 akzessorische Nierenarterie
5 untere Polarterie (aberrante Arterie)
6 obere Polarterie (aberrante Arterie)
7 A. spermatica interna

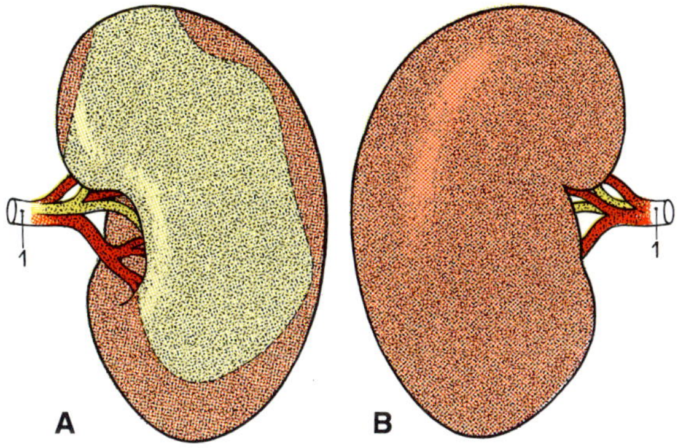

Abb. 209

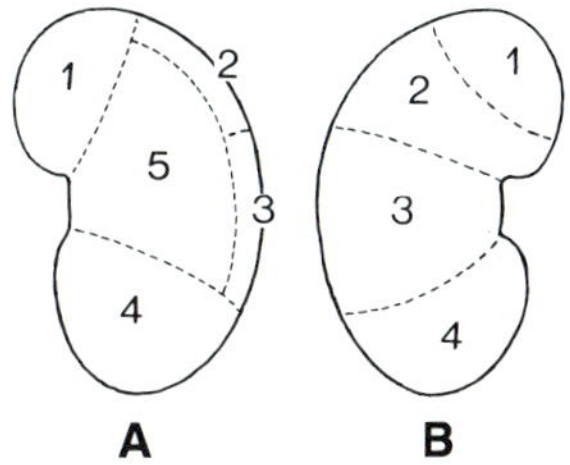

Abb. 208

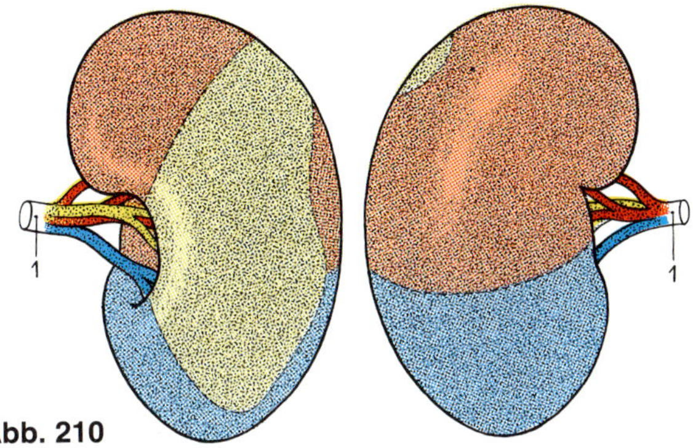

Abb. 210

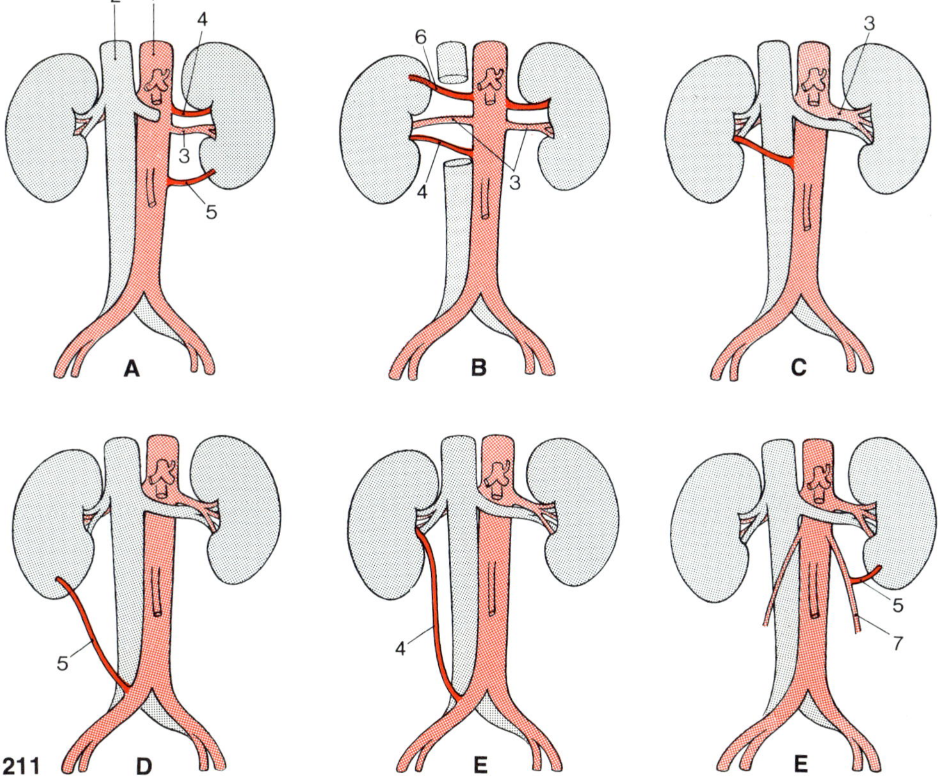

Abb. 211

Abb. 212 CT-Bild in Höhe von Th10.
Schichtdicke 8 mm, Ansicht von unten. Gleiches Präparat wie in Abb. **213**

Abb. 213 Transversalschnitt durch den Truncus in Höhe des 10. Brustwirbels.
Der nach dem Original gezeichnete Schnitt stammt vom gleichen Präparat, an dem vorher die CT-Aufnahme gemacht wurde. Ansicht von unten.

1 M. rectus abdominis
2 M. obliquus externus abdominis
3 M. serratus anterior
4 M. latissimus dorsi
5 autochthone Rückenmuskulatur
6 Mm. intercostales
7 Cartilago costalis der 7. Rippe
8 Cartilago costalis und Os costale der 8. Rippe
9 Os costale der 9. Rippe
10 Os costale der 10. Rippe
11 Diaphragma
12 Recessus costodiaphragmaticus mit Erguß (pathologisch) erfüllt
13 Lien (vergrößert)
14 Fundus ventriculi (mit Speiseresten gefüllt)
15 Hepar
16 V. cava inferior (mit postmortalem Blutgerinnsel gefüllt)
17 V. hepatica dextra (mit postmortalem Blutgerinnsel gefüllt)
18 Aorta, Pars thoracica
19 Ductus thoracicus

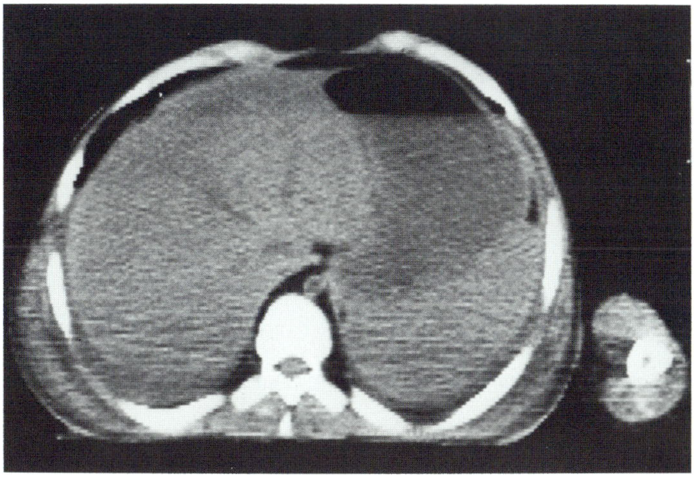

Abb. 212

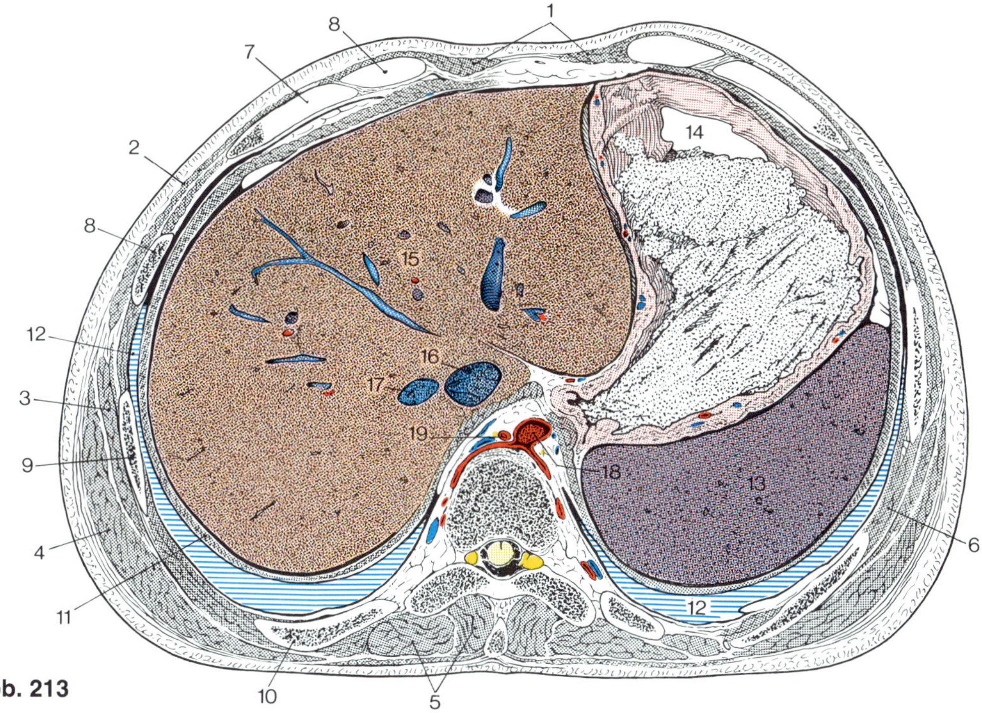

Abb. 213

Abb. 214 CT-Bild in Höhe von Th12.
Schichtdicke 8 mm, Ansicht von unten. Gleiches Präparat wie in Abb. **215.**

Abb. 215 Transversalschnitt durch den Truncus in Höhe des 12. Brustwirbels.
Der nach dem Original gezeichnete Schnitt stammt vom gleichen Präparat, an dem vorher die CT-Aufnahme gemacht wurde. Ansicht von unten.

1 M. rectus abdominis
2 M. obliquus externus abdominis
3 M. transversus abdominis
4 Diagphragma
5 Mm. intercostales
6 M. latissimus dorsi
7 M. serratus posterior inferior
8 autochthone Rückenmuskulatur
9 Cartilago costalis der 9. Rippe
10 Cartilago costalis und Os costale der 10. Rippe
11 Os costale der 11. Rippe
12 Os costale der 12. Rippe
13 Lien (vergrößert)
14 Hepar
15 Ren
16 Capsula adiposa renis
17 Glandula suprarenalis
18 Caput pancreatis
19 Pars descendens duodeni
20 Pars pylorica ventriculi
21 Jejunum
22 Colon transversum
23 Fascia renalis
24 Aorta
25 V. cava inferior (mit postmortalem Blutgerinnsel gefüllt)
26 V. lienalis (mit postmortalem Blutgerinnsel gefüllt)
27 V. portae (mit postmortalem Blutgerinnsel gefüllt)
28 Fundus vesicae felleae
29 Ductus choledochus
30 Nodi lymphatici pancreaticoduodenales
31 Ductus thoracicus

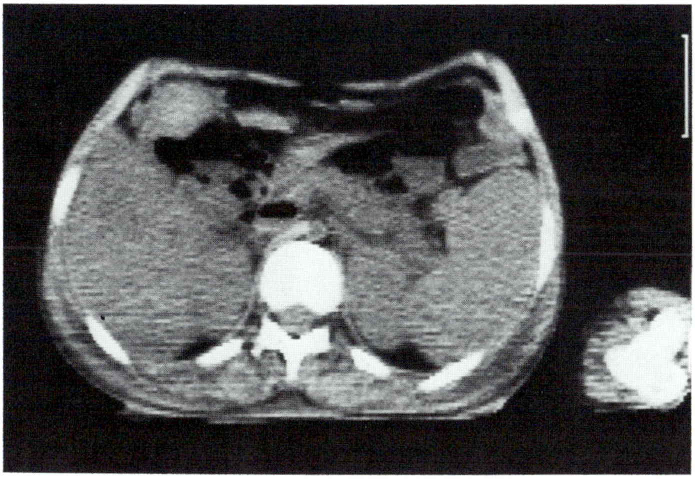

Abb. 214

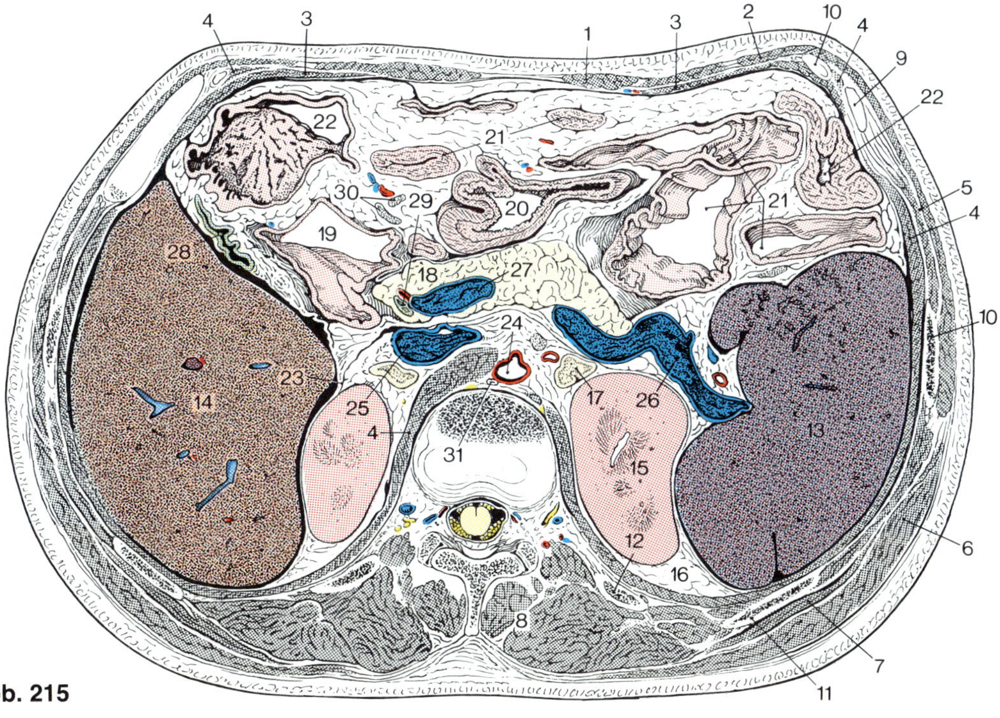

Abb. 215

Abb. 216 CT-Bild in Höhe von L2.
Schichtdicke 8 mm, Ansicht von unten. Gleiches Präparat wie in Abb. **217**.

Abb. 217 Transversalschnitt durch den Truncus in Höhe des 2. Lendenwirbels.
Der nach dem Original gezeichnete Schnitt stammt vom gleichen Präparat, an dem vorher die CT-Aufnahme gemacht wurde. Ansicht von unten.

1 M. rectus abdominis
2 M. obliquus externus abdominis
3 M. obliquus internus abdominis
4 M. transversus abdominis
5 M. latissimus dorsi
6 M. serratus posterior inferior
7 Mm. intercostales
8 Diaphragma, Pars costalis
9 autochthone Rückenmuskulatur
10 M. quadratus lumborum
11 M. psoas major
12 Crus mediale dextrum partis lumbalis diaphragmae
13 Lien
14 Hepar
15 Cavitas peritonealis
16 Pancreas
17 Duodenum, Pars descendens
18 Duodenum, Pars horizontalis (inferior)
19 Jejunum
20 Colon transversum
21 Ren
22 Capsula adiposa renis
23 Aorta
24 V. cava inferior (mit postmortalem Blutgerinnsel gefüllt)
25 A. renalis
26 V. renalis
27 Calix renalis
28 A. u. V. mesenterica superior
29 Nodi lymphatici aortici
30 Trunci lymphatici intestinales
31 Os costale der 11. Rippe
32 Os costale der 12. Rippe

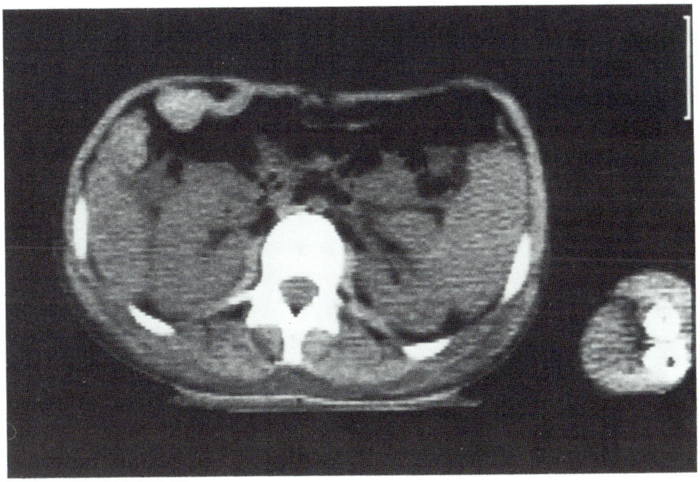

Abb. 216

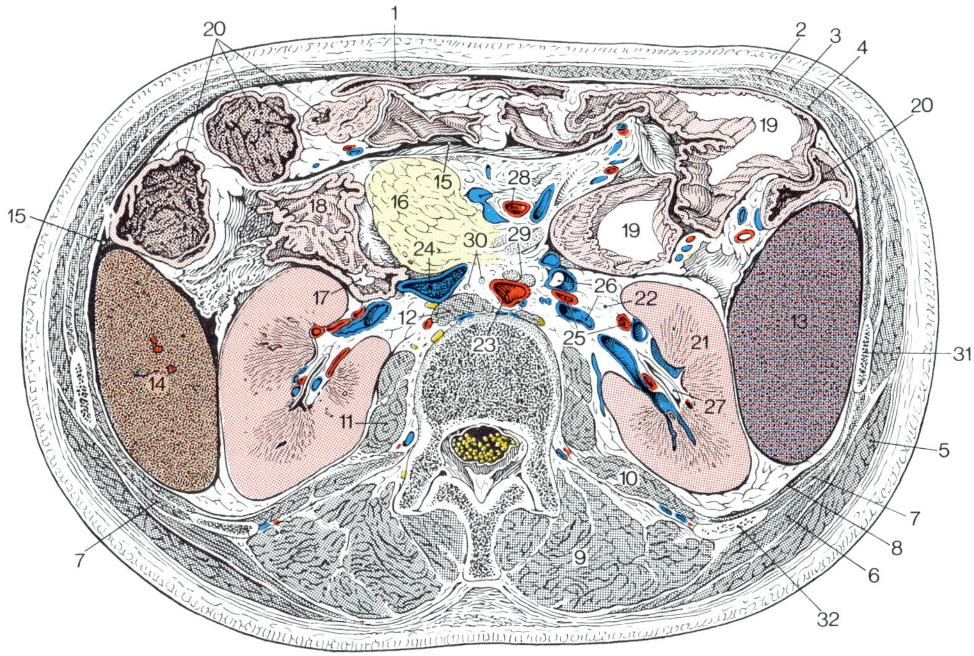

Abb. 217

Becken

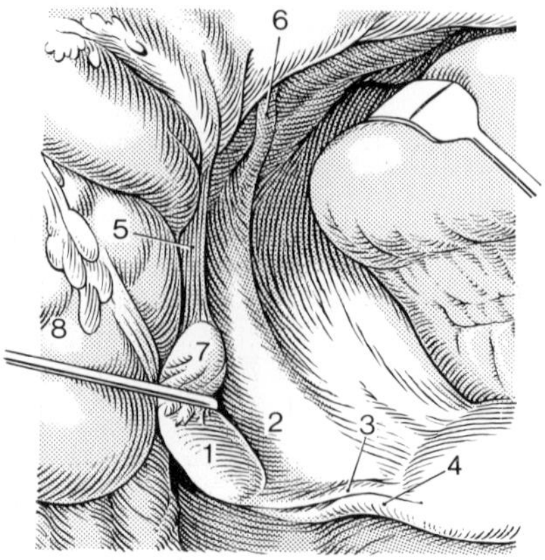

Abb. 218

Abb. 218 Fossa ovarica dextra
Das Ovarium ist nach lateral vorne gezogen, wodurch die im Teilungswinkel der A. iliaca communis befindliche Vertiefung, die Fossa ovarica, sichtbar wird. In dieser Fossa ovarica liegt bei der Nullipara das Ovarium. Am Hinterrand der Fossa ovarica steigt der Ureter ab, während lateral, der Beckenwand direkt anliegend, der N. obturatorius und die A. und V. obturatoria verlaufen.

1 Ovarium dextrum
2 Fossa ovarica
3 Lig. ovarii proprium
4 Tuba uterina
5 Lig. suspensorium ovarii
6 Peritonealfalte, durch Ureter aufgeworfen
7 Fimbriae tubae
8 Caecum

Abb. 219 Beckenorgane der Frau 1. Ansicht von oben
Die vordere Bauchwand ist eröffnet, die Organe sind in situ belassen. Lediglich das Colon sigmoideum ist mit einem Haken verzogen, um das Ovarium sinistrum zur Ansicht zu bringen. Die Appendix vermiformis ist retrozäkal gelegen und daher nicht sichtbar.

1 Vesica urinaria
2 Plica umbilicalis mediana (mit Chorda urachi)
3 Uterus
4 Rectum
5 Fossa paravesicalis
6 Lig. teres uteri
7 Tuba uterina
8 Ovarium
9 Mesosalpinx
10 Mesovarium
11 Lig. latum uteri
12 Plica recto-uterina
13 Fossa inguinalis lateralis
14 Plica „epigastrica“ (umbilicalis lateralis)
15 Fossa inguinalis medialis
16 Plica umbilicalis medialis (mit Chorda a. umbilicalis)
17 Fossa supravesicalis
18 Colon sigmoideum
19 Caecum

Abb. 220 Beckenorgane des Mannes 1. Ansicht von oben
Die vordere Bauchwand ist eröffnet, das Colon sigmoideum zur Seite gezogen, um die Beckenorgane sichtbar zu machen. Die Appendix vermiformis liegt deszendierend der vorderen Bauchwand an.

1 Vesica urinaria
2 Excavatio rectovesicalis
3 Rectum
4 Caecum
5 Appendix vermiformis
6 Colon sigmoideum
7 Plica vesicalis transversa
8 Plica umbilicalis mediana (mit Chorda urachi)
9 Plica umbilicalis medialis (mit Chorda a. umbilicalis)
10 Plica „epigastrica“ (umbilicalis lateralis)

Praktischer Hinweis

In manchen Fällen kann das Ovarium auch hinter der Fossa ovarica, also dorsal vom Ureter gelegen sein.

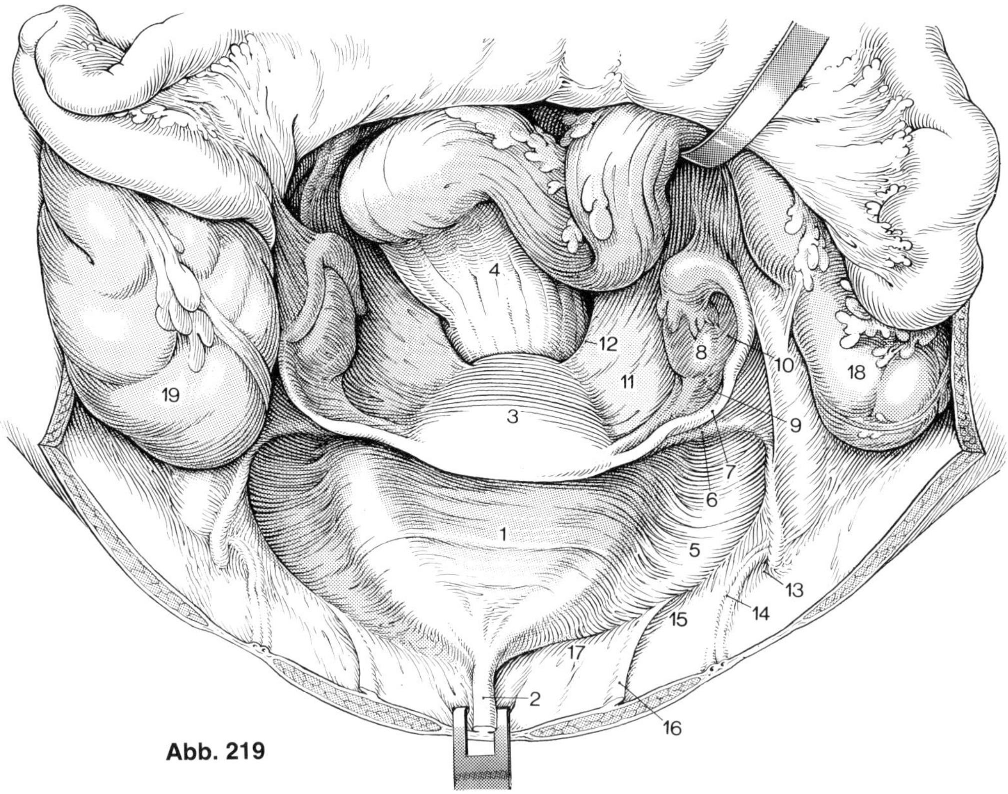

Abb. 219

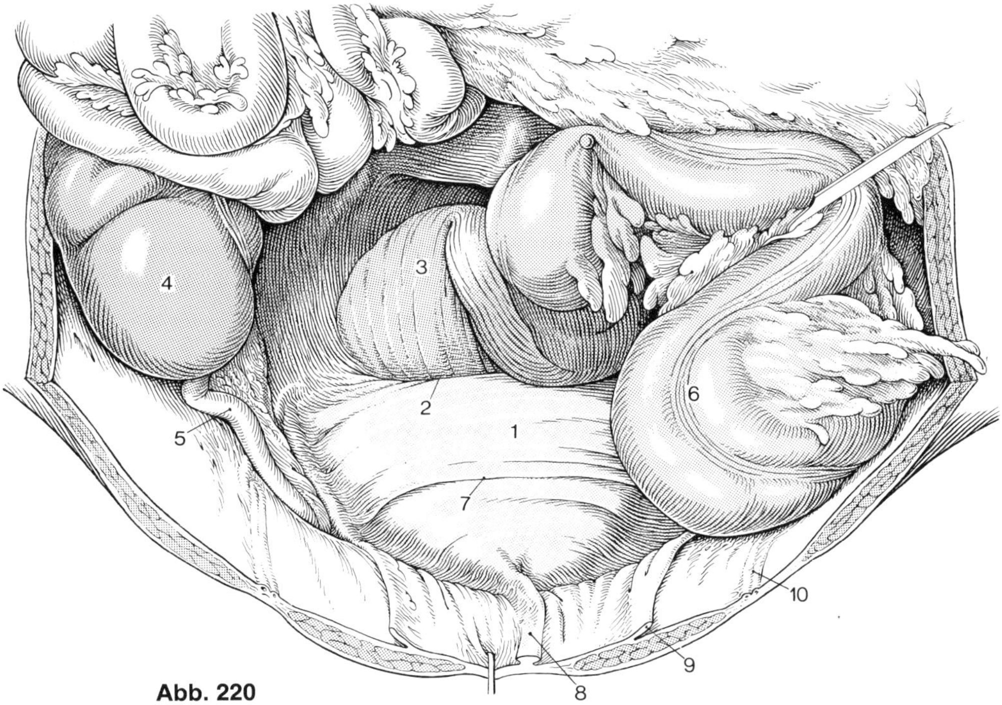

Abb. 220

Abb. 221 Beckenorgane des Mannes 2. Ansicht von oben
Das Peritoneum ist teilweise entfernt, die Gefäße und Nerven sind dargestellt.

1 Aorta, Pars abdominalis
2 Plexus hypogastricus superior
3 A. mesenterica inferior
4 Colon sigmoideum
5 Vesica urinaria
6 A. und V. epigastrica inferior
7 Anulus (Annulus) inguinalis profundus
8 Ductus deferens
9 A. testicularis mit Plexus pampiniformis
10 N. ilioinguinalis
11 Nodi lymphatici iliaci externi laterales
12 A. iliaca communis dextra
13 R. uretericus aus der Aorta abdominalis (VAR.)
14 V. cava inferior
15 A. und V. iliaca externa
16 Ureter
17 A. sacralis mediana
18 N. hypogastricus dexter
19 A. rectalis superior
20 R. uretericus aus der A. iliaca interna
21 Rectum

Abb. 222 Beckenorgane des Mannes 3. Ansicht von oben
Darstellung der viszeralen Äste der A. iliaca interna dextra, und durch Verdrängen des Ductus deferens Darstellung der Vesicula seminalis dextra.

1 Vesica urinaria
2 Rectum
3 Vesicula seminalis
4 Ductus deferens mit A. ductus deferentis
5 A. iliaca externa
6 V. iliaca externa
7 A. iliaca interna
8 R. uretericus aus der A. iliaca interna
9 A. vesicalis inferior
10 A. vesicalis superior
11 Chorda a. umbilicalis
12 A. rectalis media
13 Ast der A. rectalis media zur Vesicula seminalis
14 A. und V. epigastrica inferior
15 A. testicularis mit Plexus pampiniformis
16 Anulus (Annulus) inguinalis profundus
17 Nodi lymphatici iliaci externi laterales
18 N. obturatorius
19 Plexus hypogastricus inferior
20 Ureter

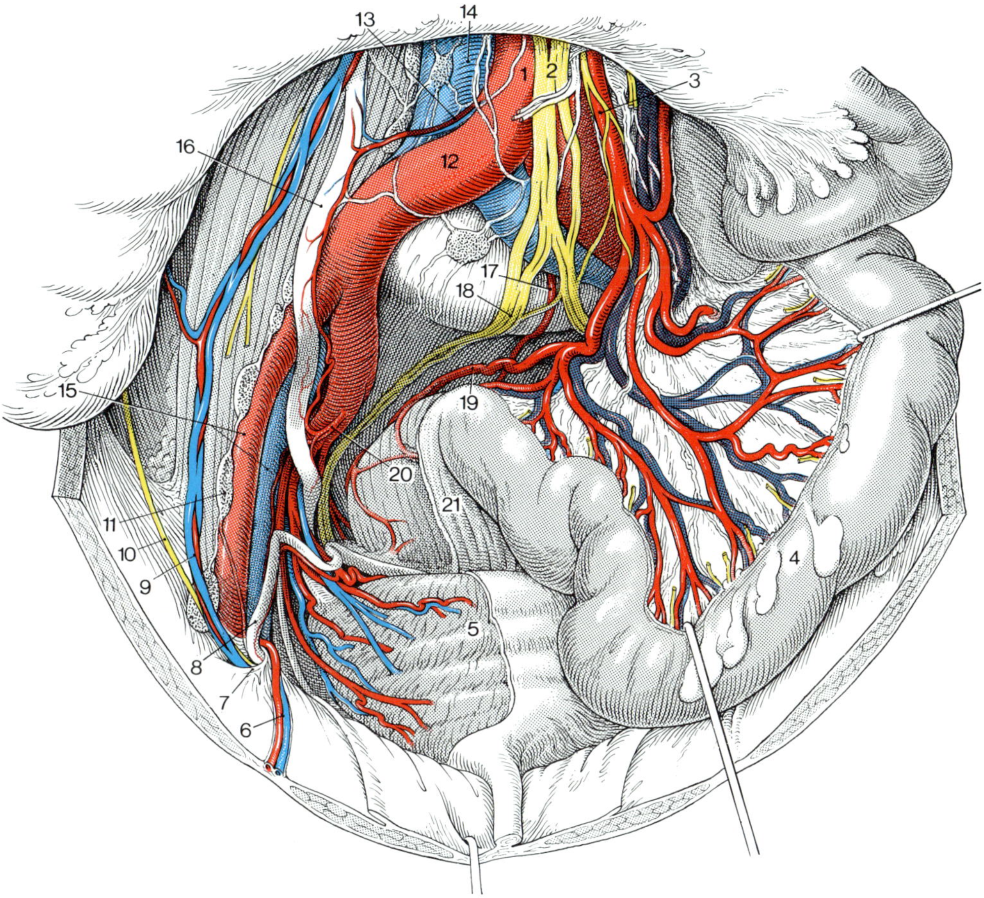

Abb. 221

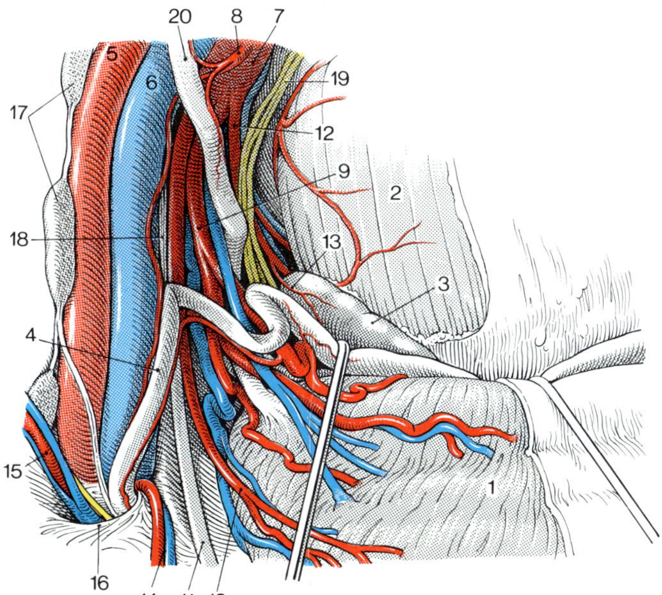

Abb. 222

Abb. 223 Beckenorgane der Frau 2. Ansicht von oben
Das Peritoneum ist teilweise entfernt, die Gefäße und Nerven sind dargestellt. Das Ovarium dextrum ist nach vorne und lateral verzogen.

1 Vesica urinaria
2 Uterus
3 Rectum
4 Ovarium und Infundibulum tubae uterinae
5 Colon sigmoideum
6 A. iliaca communis sinistra
7 A. rectalis superior
8 Aa. sigmoideae
9 A. iliaca externa dextra
10 V. iliaca externa dextra
11 A. und V. circumflexa ilium profunda
12 A. und V. epigastrica inferior
13 A. vesicalis superior
14 A. vesicalis inferior
15 A. uterina
16 A. und V. ovarica
17 R. muscularis der A. iliaca externa
18 N. femoralis
19 Plexus hypogastricus superior
20 Plexus uterovaginalis
21 N. genitofemoralis
22 Lig. teres uteri
23 Ureter

Abb. 224 Beckenorgane der Frau 3. Ansicht von oben
Die Tuba uterina und das Ovarium der rechten Seite sind entfernt. Damit werden die Gefäße und Nerven von Uterus, Vesica urinaria und Ureter sichtbar.

1 Vesica urinaria
2 Uterus
3 Tuba uterina (abgeschnitten)
4 Lig. teres uteri (abgeschnitten)
5 Lig. ovarii proprium (abgeschnitten)
6 Rectum
7 A. iliaca interna dextra
8 A. iliaca externa dextra
9 V. iliaca externa dextra
10 R. uretericus der A. iliaca interna
11 A. umbilicalis
12 A. vesicalis superior
13 Chorda a. umbilicalis
14 A. und V. obturatoria
15 R. pubicus der A. obturatoria
16 A. epigastrica inferior mit R. obturatorius und V. epigastrica inferior
17 A. uterina
18 A. vesicalis inferior
19 R. uretericus der A. uterina
20 A. vesicalis inferior accessoria aus der A. uterina (VAR.)
21 R. ovaricus der A. uterina
22 A. pudenda interna
23 A. vesicalis inferior accessoria aus der A. pudenda interna (VAR.)
24 A. rectalis media
25 N. hypogastricus dexter
26 Nn. splanchnici pelvini (aus S2–S4)
27 Plexus pelvinus
28 Plexus vesicalis
29 Plexus uterovaginalis
30 N. obturatorius

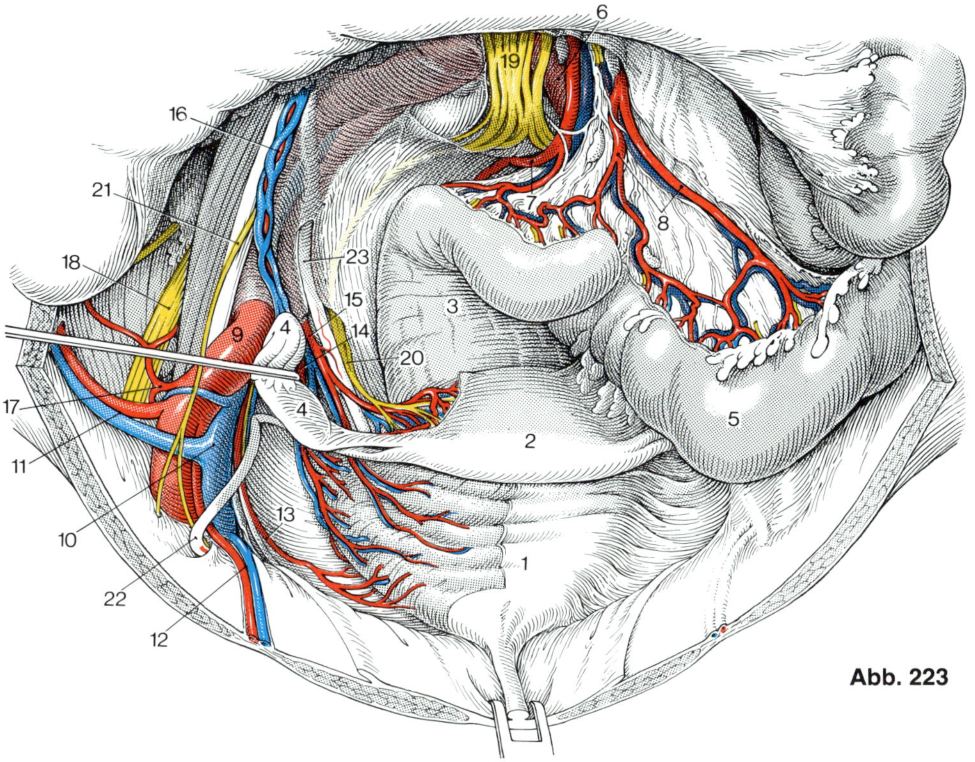

Abb. 223

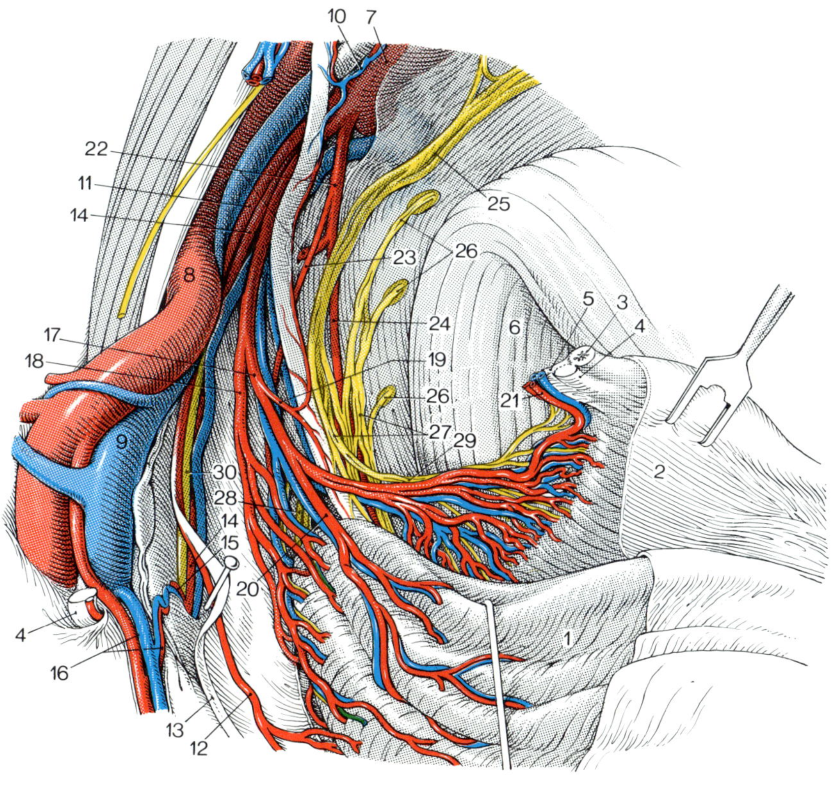

Abb. 224

Abb. 225 Lymphknoten im Becken und Lymphabflüsse von Uterus und Vagina

1 Fundus uteri
2 Corpus uteri
3 Cervix uteri
4 Vagina
5 A. iliaca communis
6 A. iliaca externa
7 A. iliaca interna
8 A. glutaea superior
9 A. glutaea inferior
10 A. obturatoria
11 Nodi lymphatici iliaci externi laterales
12 Nodi lymphatici iliaci externi mediales
13 Nodi lymphatici interiliaci
14 Nodi lymphatici glutaeales superiores
15 Nodi lymphatici glutaeales inferiores
16 Nodi lymphatici iliaci communes laterales
17 Nodi lymphatici iliaci communes mediales
18 Nodi lymphatici prae-aortici
19 Nodi lymphatici sacrales

Praktischer Hinweis

Die **Lymphe** von Fundus und Corpus uteri benützt jederseits drei Wege. Ein Teil der Lymphe vom Fundus gelangt entlang des R. ovaricus a. uterinae und weiter über das Lig. suspensorium ovarii direkt zu den Nodi lymphatici (l.) praeaortici. Eine zweite Abflußbahn vom Fundus und vom Corpus uteri erreicht über das Lig. teres uteri (Pfeil) die Nodi l. inguinales superficiales (nicht gezeichnet). Die dritte Abflußbahn vom Corpus uteri gelangt durch das Lig. latum zu den Nodi l. interiliaci.
Von der Cervix uteri gelangt die Lymphe meist über 8–11 Lymphgefäße im Bereich des „Lig. cardinale" zu einer Reihe von Lymphknoten der Beckenwand. Ein Teil gelangt am Oberrand des „Lig. cardinale" zu den Nodi l. interiliaci, zu den Nodi l. iliaci communes laterales und zu den Nodi l. iliaci externi laterales. Im mittleren Teil des „Lig. cardinale" gelangen Lymphgefäße zu den Nodi l. interiliaci. Ein dritter Teil von Lymphgefäßen verläuft am Unterrand des „Lig. cardinale" und erreicht die Nodi l. glutaeales superiores et inferiores sowie die Nodi l. sacrales.
Schließlich gibt es noch direkte Abflußwege zu rektalen und verschiedenen aortalen Lymphknoten.
Die Lymphe der oberen Hälfte der Vagina gelangt einerseits mit den Lymphbahnen der Cervix zu den Nodi l. interiliaci, andererseits direkt zu den Nodi l. iliaci externi mediales. Aus der unteren Hälfte der Vagina gibt es drei Abflußwege. Der erste Abflußweg gelangt entlang der A. vaginalis zu den Nodi l. iliaci externi mediales, zu den Nodi l. glutaeales inferiores und zu den Nodi l. glutaeales superiores. Der zweite Abflußweg führt zu den Nodi l. inguinales superficiales (nicht gezeichnet). Der dritte Abflußweg erreicht die Nodi l. rectales (nicht gezeichnet).
Die gesamte Lymphe erreicht unter Einschaltung lumbaler Lymphknoten den Truncus l. lumbalis.

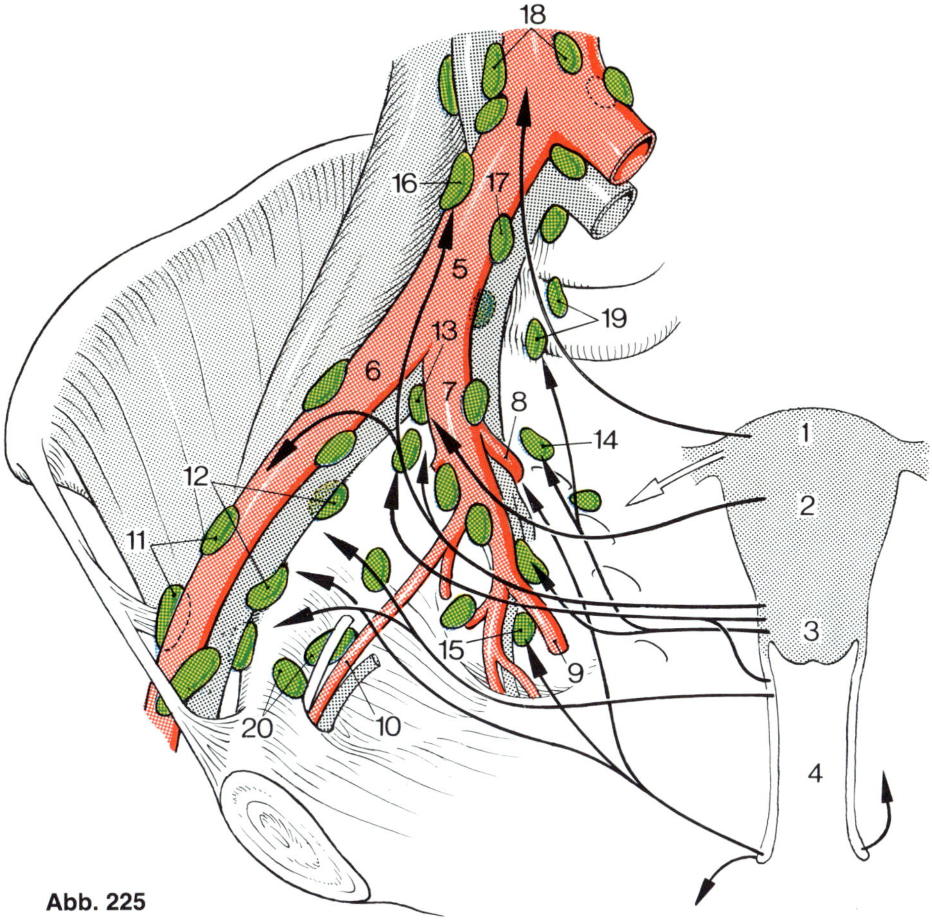

Abb. 225

Abb. 226 Schematischer Schnitt durch das Becken der Frau. Ansicht von oben
Darstellung des Beckenbindegewebes und seiner Beziehungen zu den Beckenorganen. Die festen Bindegewebszüge, die Beckenbindegewebspfeiler, bilden die Leitschienen für die Gefäße und Nerven. Das lockere Bindegewebe dient als Füllgewebe und bildet die Grundlage der einzelnen seitlich der Organe gelegenen Vertiefungen des Peritonealraumes.
dunkelblau: Beckenbindegewebspfeiler
hellblau: lockeres Bindegewebe

1 Vesica urinaria
2 Cervix uteri
3 Vagina
4 Rectum
5 Ureter
6 „Lig. cardinale" (Paracervix, „Zervixpfeiler")
7 „Blasenpfeiler"
8 medialer Teil des „Blasenpfeilers" („Lig. vesicouterinum")
9 lateraler Teil des Blasenpfeilers (enthält Gefäße und Nerven)
10 „Rektumpfeiler"
11 lateraler Teil des Rektumpfeilers (enthält Gefäße und Nerven)
12 medialer Teil des Rektumpfeilers („Lig. rectouterinum", M. rectouterinus)
13 lockeres Bindegewebe zwischen Vagina und Vesica urinaria
14 lockeres Bindegewebe im Blasenpfeiler
15 lockeres Bindegewebe im Rektumpfeiler

Abb. 227 Schema der Blutversorgung der Beckenorgane des Urogenitaltraktes bei der Frau. Ansicht von der Seite
Am blasennahen Ureterabschnitt bildet sich ein Arteriengeflecht in der Adventitia, das von der A. uterina, der A. vesicalis superior und der A. vesicalis inferior gespeist wird.

1 A. uterina
2 R. uretericus a. uterinae
3 A. vesicalis superior
4 A. vesicalis inferior
5 A. vaginalis
6 Ast aus der A. pudenda interna
7 Ureter
8 Uterus
9 Vagina
10 Vesica urinaria
11 Urethra

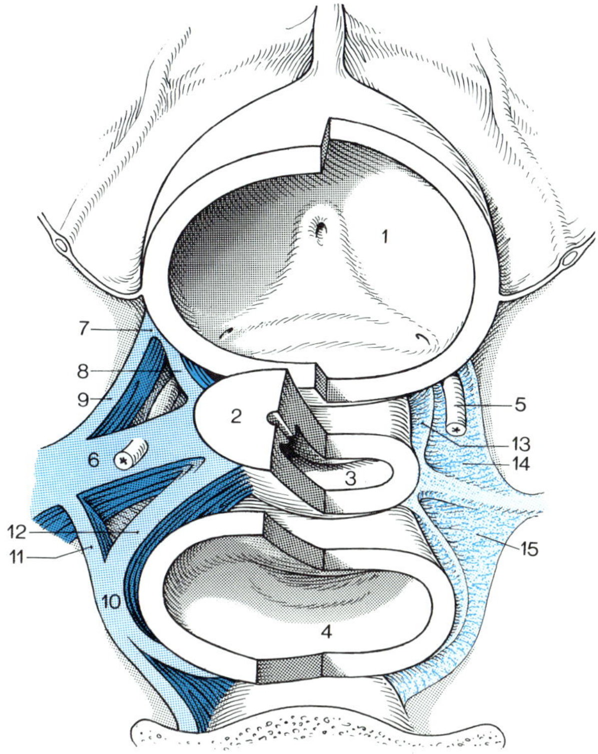

Abb. 226

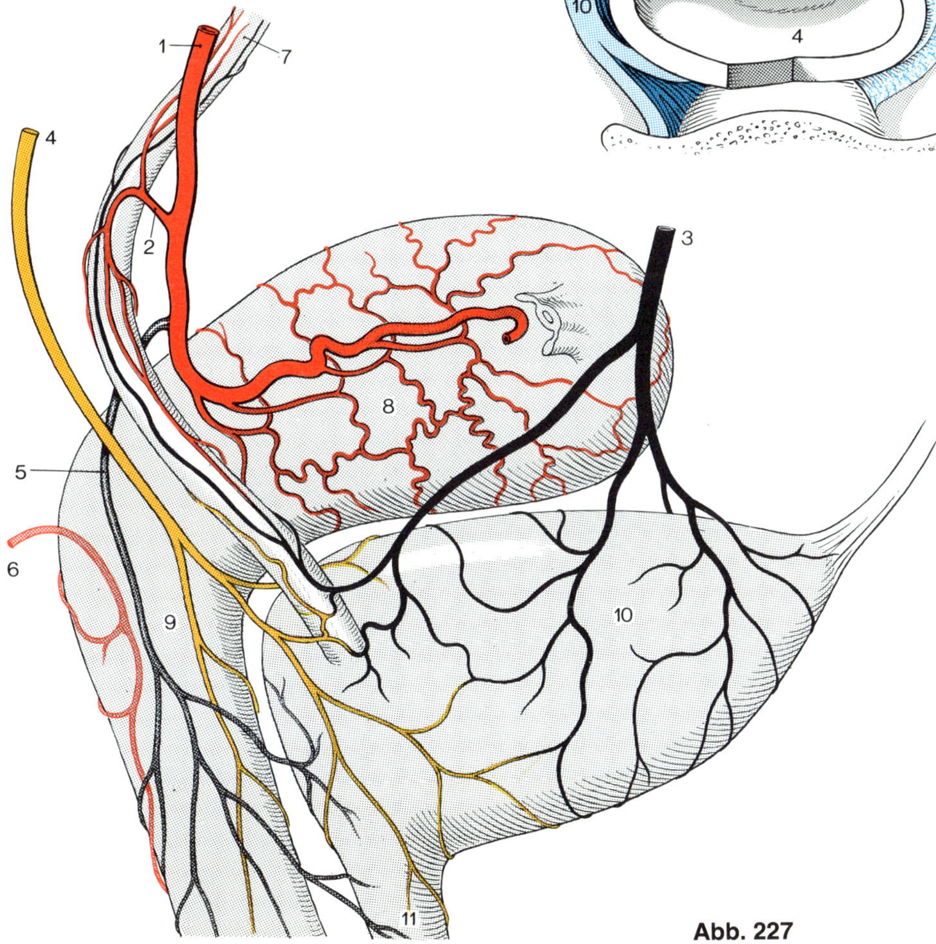

Abb. 227

Abb. 228 CT-Bild durch das Becken des Mannes in Höhe der Hüftgelenke.
Schichtdicke 8 mm, Ansicht von unten. Gleiches Präparat wie in Abb. **229.**

Abb. 229 Transversalschnitt durch das Becken des Mannes in Höhe der Hüftgelenke und im Bereich des Hiatus canalis sacralis.
Der nach dem Original gezeichnete Schnitt stammt vom gleichen Präparat, an dem vorher die CT-Aufnahme gemacht wurde. Ansicht von unten.

1 M. glutaeus maximus
2 M. obturatorius internus
3 N. ischiadicus
4 A. und V. glutaea inferior, N. glutaeus inferior
5 Rectum (mit Faeces gefüllt)
6 Vesica urinaria am Ostium urethrae internum
7 Vesiculae seminales
8 Ductus deferentes
9 A. und V. pudenda interna
10 V. femoralis (mit postmortalem Blutgerinnsel gefüllt)
11 A. femoralis
12 N. femoralis

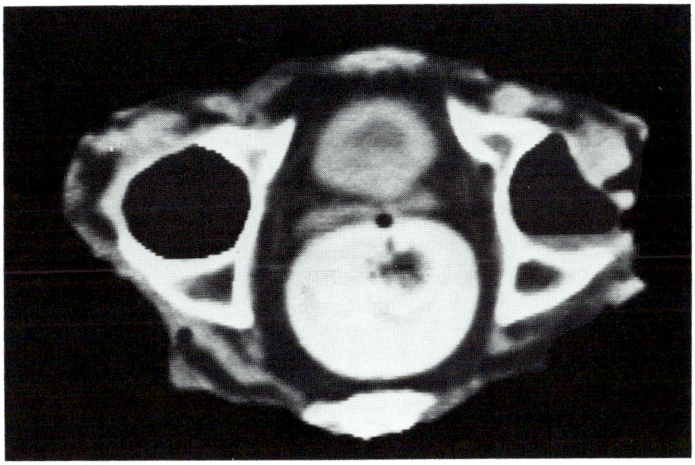

Abb. 228

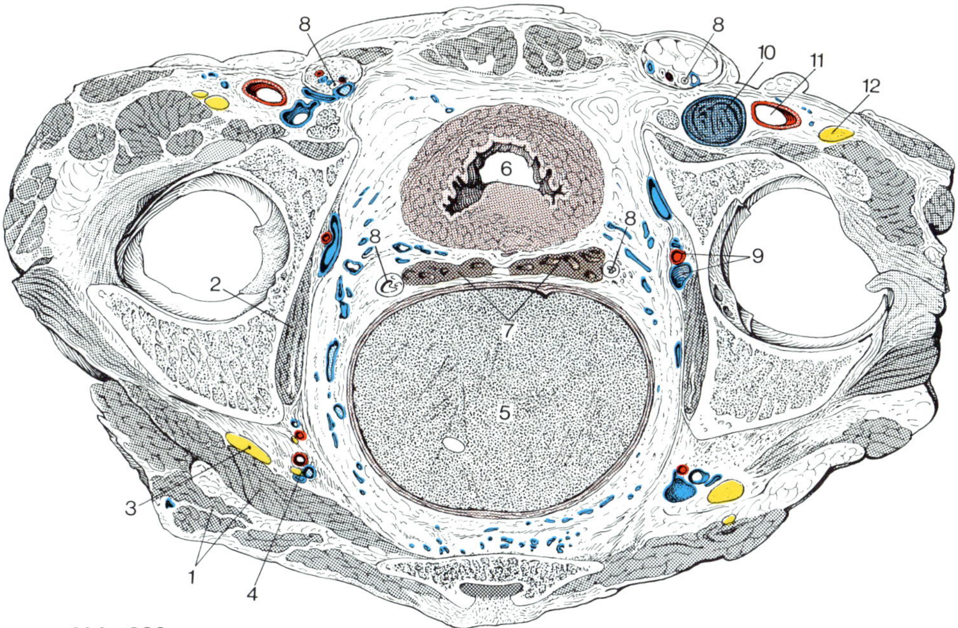

Abb. 229

Abb. 230 CT-Bild durch das Becken des Mannes in Höhe des Os coccygis.
Schichtdicke 8 mm, Ansicht von unten. Gleiches Präparat wie in Abb. **231.**

Abb. 231 Transversalschnitt durch das Becken des Mannes in Höhe des Os coccygis.
Der nach dem Original gezeichnete Schnitt stammt vom gleichen Präparat, an dem vorher die CT-Aufnahme gemacht wurde. Ansicht von unten.

1 M. obturatorius internus
2 M. coccygeus
3 Os coccygis
4 Discus interpubicus
5 Rectum (mit Faeces gefüllt)
6 Prostata
7 Pars prostatica urethrae
8 Ductus deferentes
9 V. femoralis
10 A. femoralis
11 N. femoralis

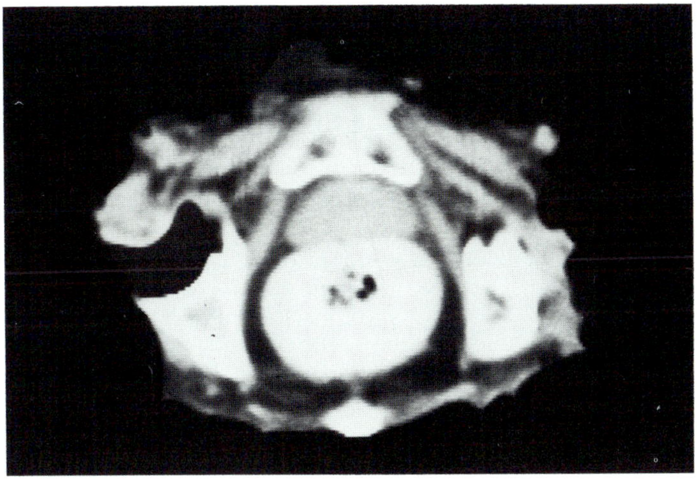

Abb. 230

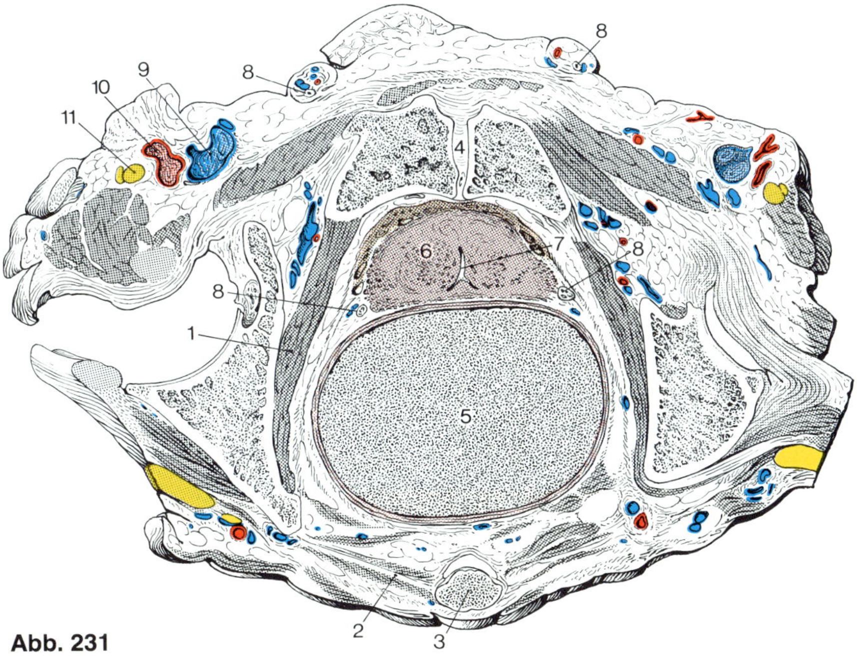

Abb. 231

Abb. 232 CT-Bild durch das Becken der Frau in Höhe der Hüftgelenke.
Schichtdicke 8 mm, Ansicht von unten. Gleiches Präparat wie in Abb. **233**.

Abb. 233 Transversalschnitt durch das Becken der Frau in Höhe der Hüftgelenke und der Spina ischiadica.
Der nach dem Original gezeichnete Schnitt stammt vom gleichen Präparat, an dem vorher die CT-Aufnahme gemacht wurde. Ansicht von unten.

1 M. glutaeus maximus (oberflächlicher Anteil)
2 M. glutaeus maximus (tiefer Anteil)
3 M. gemellus superior
4 M. piriformis
5 N. peronaeus communis (hohe Teilung des N. ischiadicus; N. peronaeus communis durchbricht den M. piriformis)
6 N. cutaneus femoris posterior (durchbricht M. piriformis)
7 N. tibialis
8 M. obturatorius internus mit Fascia obturatoria
9 A. und V. pudenda interna, N. pudendus
10 A. und V. glutaea inferior, N. glutaeus inferior
11 Os sacrum (unterhalb der Cornua sacralia)
12 Rectum (mit Faeces)
13 Cervix
14 Vesica urinaria
15 Dünndarmschlingen in der Cavitas peritonealis
16 „Lig. cardinale" (Paracervix)
17 „Lig. recto-uterinum" (M. rectouterinus, „medialer Teil des Rektumpfeilers")
18 „Lig. vesico-uterinum" („medialer Teil des Blasenpfeilers")
19 Ureteren
20 „lateraler Teil des Blasenpfeilers"
21 „Septum supravaginale"
22 Excavatio recto-uterina
23 ein Nodus lymphaticus inguinalis superficialis
24 V. femoralis (mit postmortalem Blutgerinnsel gefüllt)
25 A. femoralis
26 N. femoralis
27 M. iliopsoas

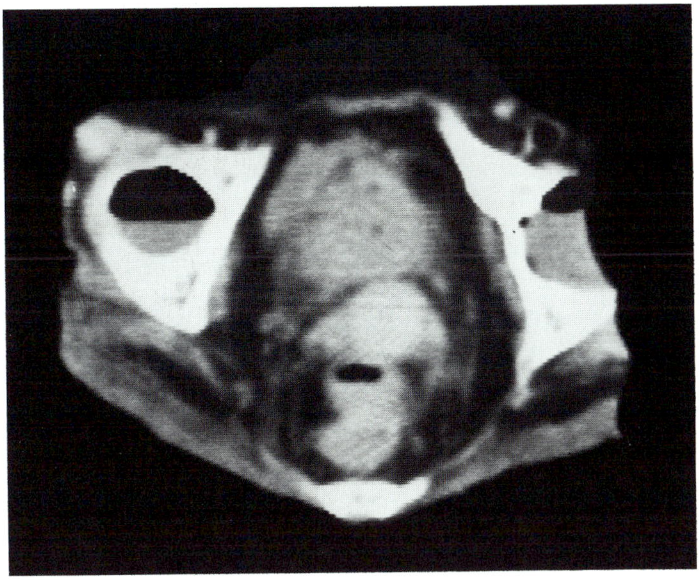

Abb. 232

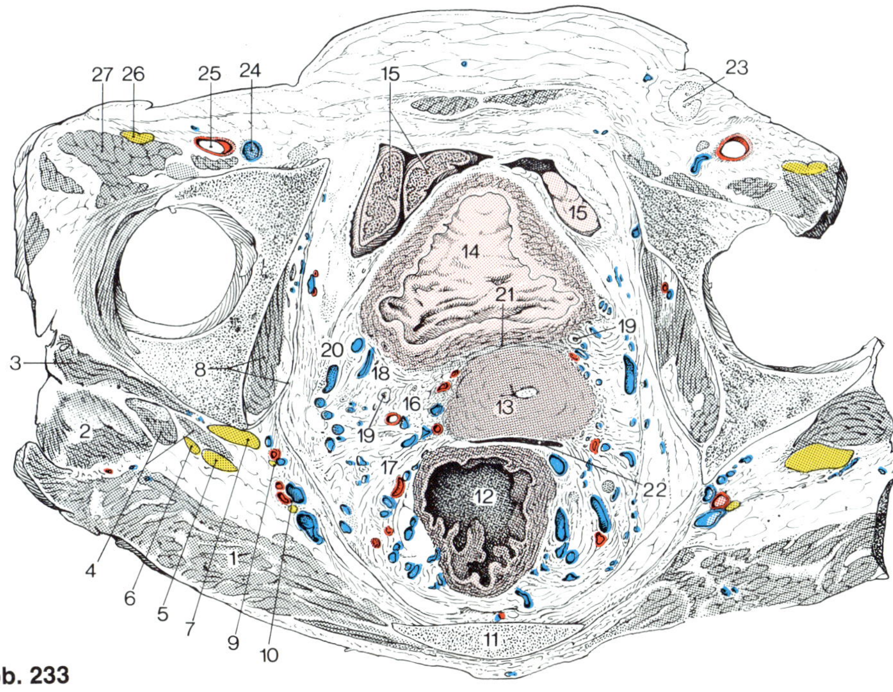

Abb. 233

Abb. 234 CT-Bild durch das Becken der Frau in Höhe des Foramen ischiadicum minus.
Schichtdicke 8 mm, Ansicht von unten. Gleiches Präparat wie in Abb. **235**.

Abb. 235 Transversalschnitt durch das Becken der Frau in Höhe des Foramen ischiadicum minus.
Der nach dem Original gezeichnete Schnitt stammt von dem gleichen Präparat, an dem vorher die CT-Aufnahme gemacht wurde. Ansicht von unten.

1 Discus interpubicus
2 M. glutaeus maximus
3 M. obturatorius internus
4 Lig. sacrotuberale
5 Fascia obturatoria
6 Fossa ischiorectalis (Corpus adiposum)
7 Rectum
8 Vagina
9 Urethra
10 Septum rectovaginale

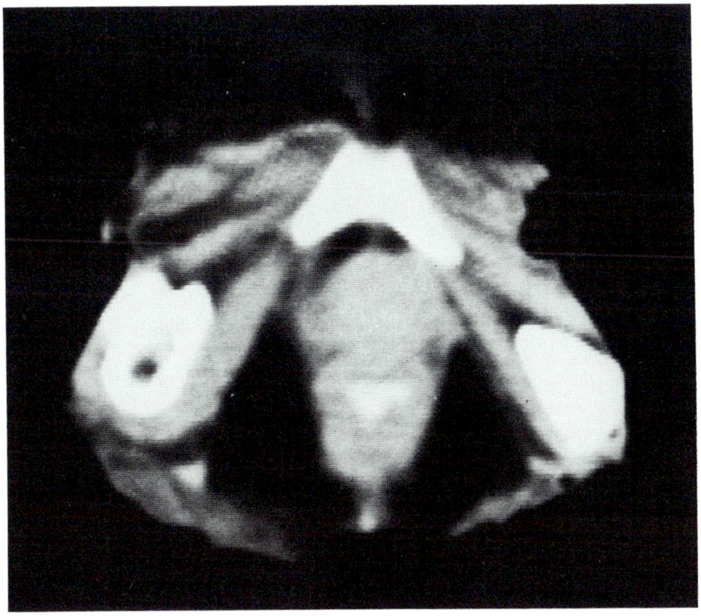

Abb. 234

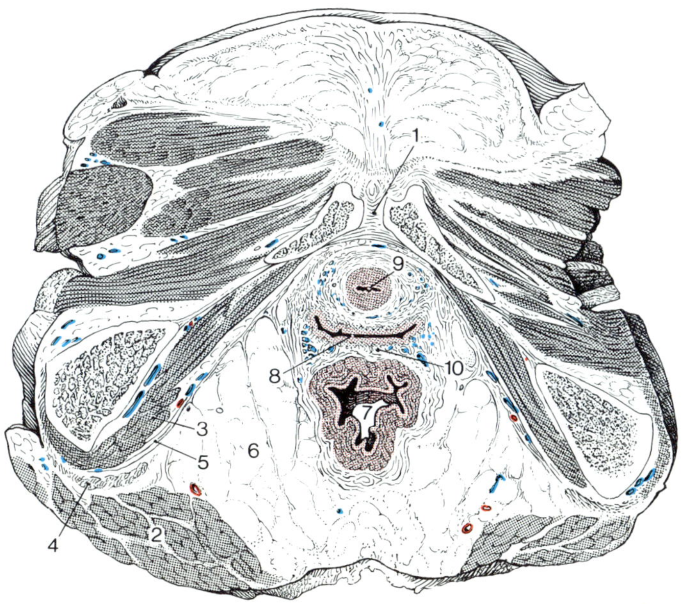

Abb. 235

Abb. 236 Mediansagittalschnitt durch das Becken der Frau
Das Becken wird nur teilweise vom Peritoneum ausgekleidet, sodaß prä-, sub- und retroperitoneale Räume zu unterscheiden sind. Der tiefste Punkt der Peritonealhöhle ist in der Excavatio recto-uterina (Douglasscher Raum) gegeben, in der der Fornix vaginae, Pars posterior, erreicht wird.
Blau: Peritoneum

1 Discus interpubicus
2 Vesica urinaria
3 Uterus
4 Vagina
5 Rectum
6 Ovarium sinistrum
7 Tuba uterina sinistra
8 Colon sigmoideum
9 Urethra
10 Fornix vaginae
11 Excavatio recto-uterina (Douglasscher Raum)
12 Excavatio vesico-uterina
13 Chorda urachi
14 Spatium retropubicum
15 „Spatium urethrovaginale"
16 „Septum supravaginale"
17 „Spatium rectovaginale"
18 Lig. pubovesicale

Abb. 237 Mediansagittalschnitt durch das Becken des Mannes
Das Peritoneum kleidet das Becken nur teilweise aus und reicht meist nicht so weit nach kaudal wie bei der Frau.
Blau: Peritoneum

1 Discus interpubicus
2 Vesica urinaria
3 Prostata
4 Rectum
5 Plicae transversales recti
6 Canalis analis
7 Colon sigmoideum
8 Dünndarmschlingen
9 Diaphragma urogenitale mit Pars membranacea urethrae
10 Pars spongiosa urethrae
11 Fossa navicularis urethrae
12 Bulbus penis
13 Corpus spongiosum penis (urethrae)
14 Glans penis
15 Praeputium penis
16 Corpus cavernosum penis mit Septum penis
17 Septum scroti
18 Spatium retropubicum
19 Chorda urachi
20 Excavatio rectovesicalis
21 „Spatium rectovesicale"
22 Lig. anococcygeum

Praktischer Hinweis

Excavatio rectouterina (Douglasscher Raum)

Grenzen: Fornix vaginae, Pars posterior (kaudal)
Uterus, Cervix (ventral)
Rectum (dorsal)
Ligg. recto-uterina (lateral)

Bedeutung: tiefster Punkt der Cavitas peritonealis.
Blut- oder Eiteransammlung bei Erkrankungen bzw. Rupturen (z. B. Extrauteringravidität) der intraperitonealen Gebilde.
Punktion: transvaginal oder transanal.

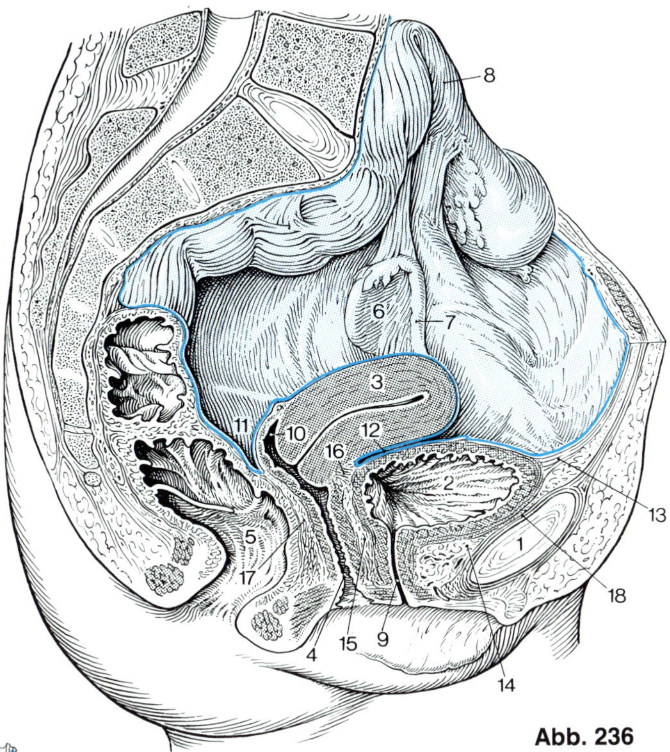

Abb. 236

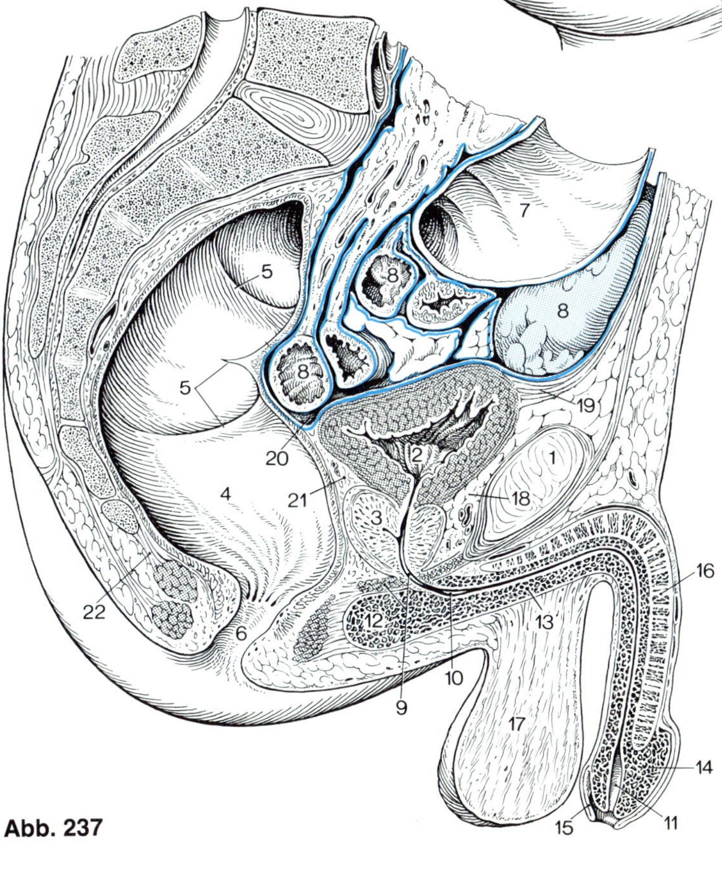

Abb. 237

Genital- und Dammbereich

Abb. 238 A, B Regionen im Genital- und Dammbereich

A Regionen im Genital- und Dammbereich der Frau

B Regionen im Genital- und Dammbereich des Mannes

1 Regio pubica
2 Regio urogenitalis } Regio perinealis
3 Regio analis } Regio perinealis
4 Regio femoralis anterior
5 Regio femoralis posterior
6 Regio glutaealis

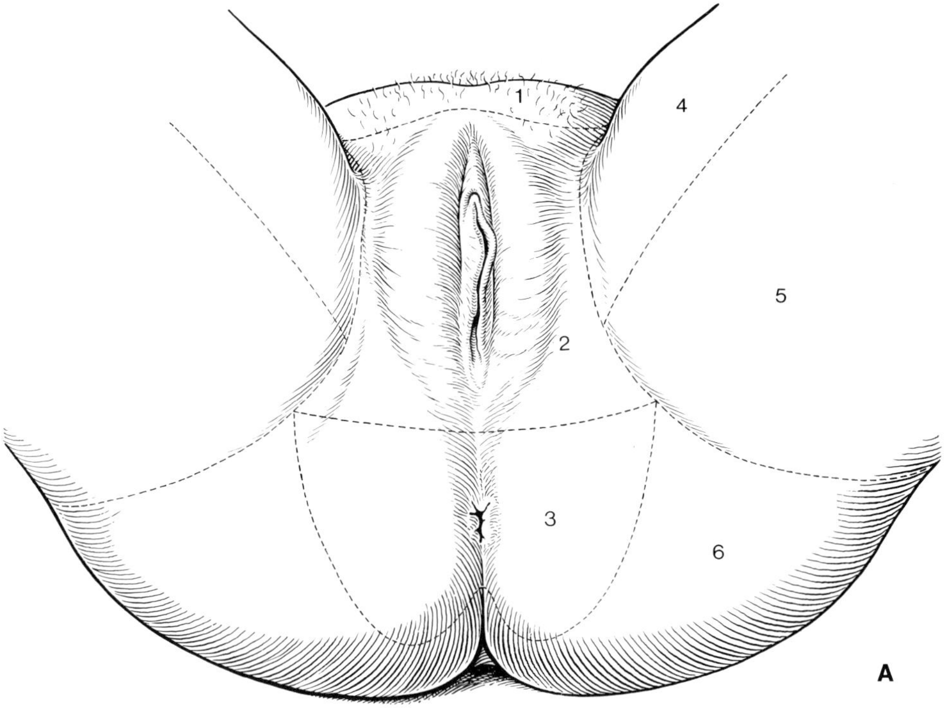

A

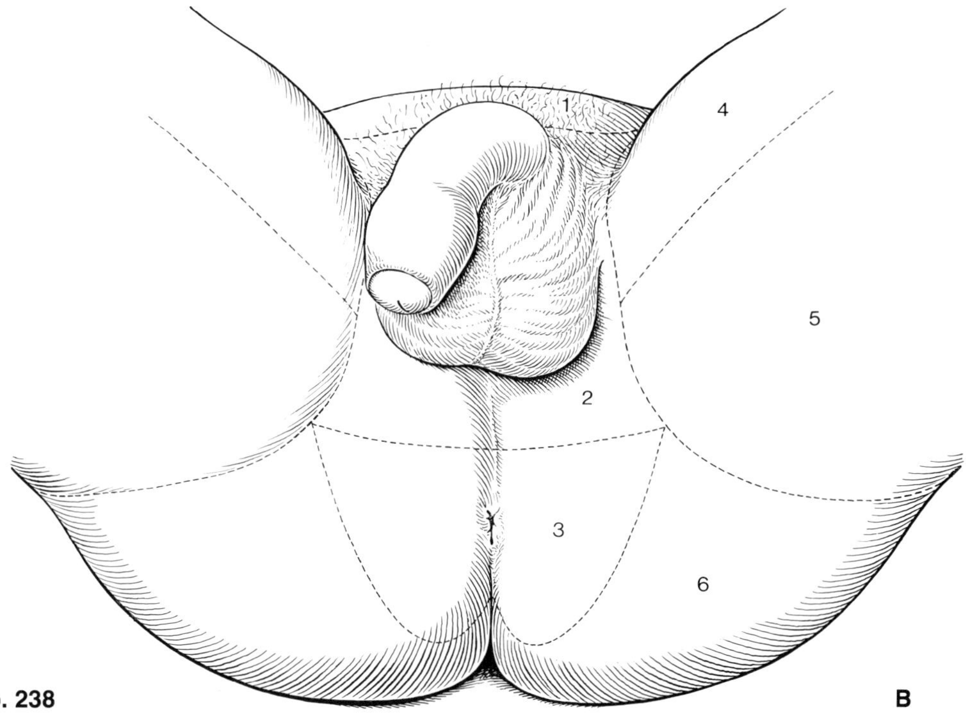

Abb. 238

B

Abb. 239 Regio perinealis der Frau 1 und 2

Die Regio perinealis wird durch Faszien und Muskeln in mehrere Schichten gegliedert. In der Subkutis (rechte Präparatseite) sind die oberflächlich gelegenen Gefäße und Nerven sichtbar. In der zweiten Schichte (linke Präparatseite) kommen das Diaphragma pelvis und das Diaphragma urogenitale mit den angelagerten Muskeln sowie die zugehörigen Gefäße und Nerven zu Ansicht.

1 M. glutaeus maximus
2 M. levator ani
3 M. sphincter ani externus
4 M. transversus perinei superficialis
5 M. bulbospongiosus
6 M. ischiocavernosus
7 Fascia perinei superficialis (Lamina externa und Lamina interna)
8 Fascia diaphragmatis pelvis inferior
9 Fascia diaphragmatis urogenitalis inferior
10 Centrum tendineum
11 Lig. anococcygeum
12 Ostium vaginae
13 Anus
14 Ostium urethrae externum
15 Glans clitoridis
16 Praeputium clitoridis
17 Labium minus pudendi
18 Canalis pudendalis (durchscheinend)
19 Fascia obturatoria
20 A. und V. pudenda interna
21 N. pudendus
22 R. muscularis n. pudendi
23 A. und V. rectalis inferior
24 N. rectalis inferior
25 N. perinealis
26 A. perinealis
27 Rr. labiales posteriores (Arterien, Venen und Nerven)

Abb. 240 Regio perinealis der Frau 3

Nach Entfernung des M. bulbospongiosus und des M. ischiocavernosus werden die Clitoris, der Bulbus vestibuli und die Glandulae vestibulares majores (Bartholini) sichtbar.

1 M. transversus perinei superficialis
2 M. levator ani
3 M. sphincter ani externus
4 M. ischiocavernosus (durchtrennt)
5 Bulbus vestibuli
6 Crus sinistrum clitoridis
7 Corpus clitoridis
8 Glans clitoridis
9 Glandula vestibularis major dextra
10 Mündung des Ausführungsganges der Glandula vestibularis major dextra im Vestibulum vaginae
11 A. und V. pudenda interna
12 N. pudendus

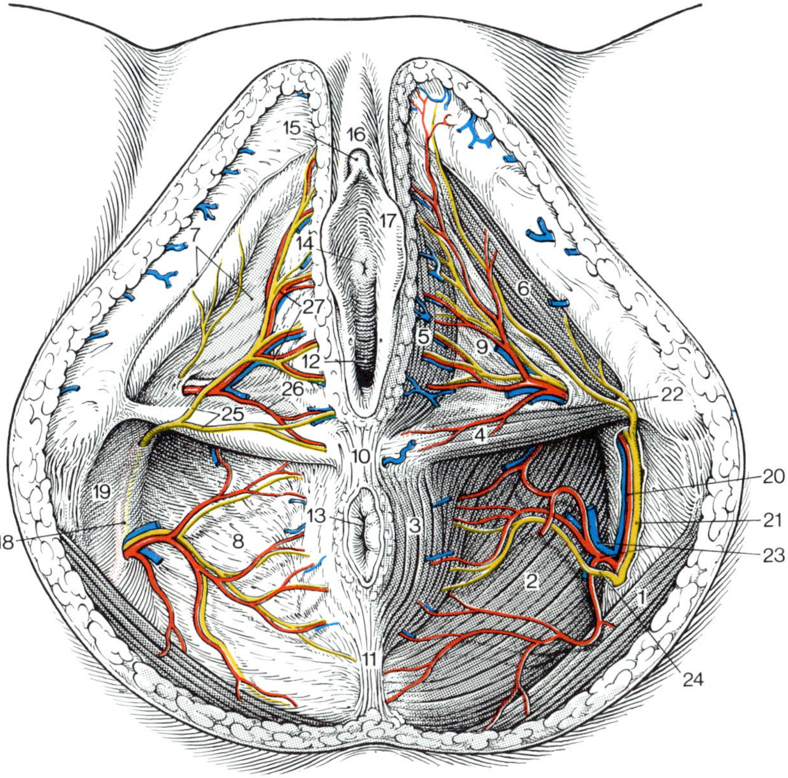

Abb. 239

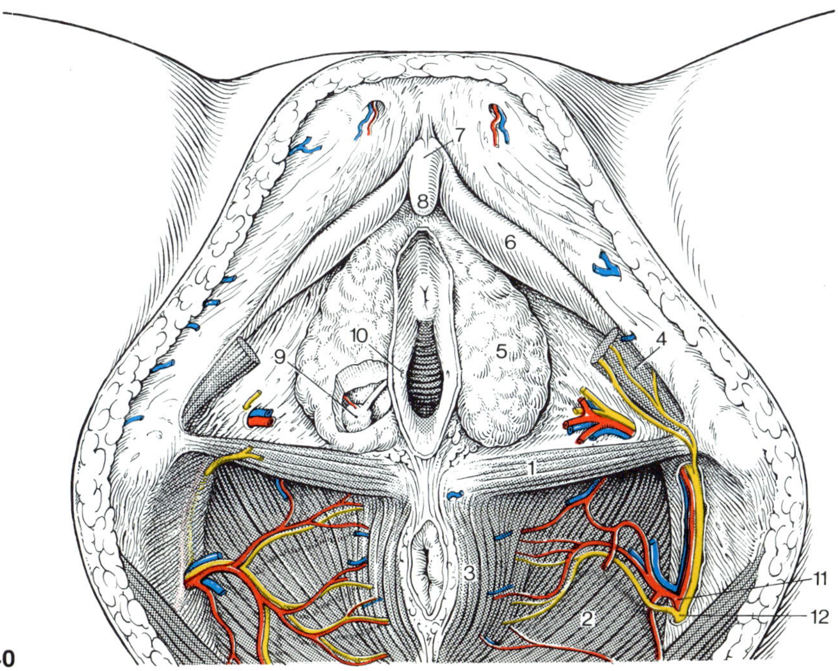

Abb. 240

Abb. 241 Regio perinealis des Mannes 1 und 2
Auf der rechten Präparatseite sind die in der Subcutis verlaufenden Gefäße und Nerven dargestellt. Nach Entfernung der Faszien werden auf der linken Präparatseite die Muskeln sichtbar.

1 M. bulbospongiosus
2 M. ischiocavernosus
3 M. transversus perinei superficialis
4 M. levator ani
5 M. sphincter ani externus
6 M. coccygeus
7 M. glutaeus maximus
8 Centrum tendineum perinei
9 Anus
10 Fascia perinei superficialis (Lamina externa und Lamina interna)
11 Fascia diaphragmatis pelvis inferior
12 Fascia penis superficialis
13 Fascia obturatoria
14 Fascia diaphragmatis urogenitalis inferior
15 Canalis pudendalis (durchscheinend)
16 Lig. anococcygeum
17 Fascia lata
18 Testis mit Fascia spermatica externa
19 Funiculus spermaticus
20 Nn. clunium inferiores
21 Rr. perineales des N. cutaneus femoris posterior
22 A. und V. pudenda interna
23 A. und V. rectalis inferior
24 Nn. rectales inferiores
25 Nn. perineales
26 Vv. scrotales posteriores
27 N. pudendus
28 Rr. scrotales anteriores der A. und V. pudenda externa

Abb. 242 Frontalschnitt durch die Regio urogenitalis hinter der Symphyse. Urethra zusätzlich eröffnet. Ansicht von vorne
Darstellung der Faszienverhältnisse.
Faszien blau gezeichnet.

1 Fascia perinei superficialis (Lamina externa und Lamina interna)
2 Fascia diaphragmatis urogenitalis inferior
3 Fascia diaphragmatis urogenitalis superior
4 Fascia diaphragmatis pelvis inferior
5 Fascia diaphragmatis pelvis superior
6 Fascia obturatoria
7 „Fascia vesicalis"
8 „Spatium paravesicale"
9 Spatium perinei superficiale
10 M. transversus perinei profundus im Spatium perinei profundum
11 M. levator ani (M. puborectalis)
12 M. bulbospongiosus
13 M. ischiocavernosus
14 Tunica muscularis vesicae
15 M. obturatorius internus
16 M. obturatorius externus
17 Membrana obturatoria
18 Prostata
19 Pars prostatica urethrae
20 Pars membranacea urethrae
21 Corpus spongiosum penis (urethrae)
22 Crura corporis cavernosi penis

Praktischer Hinweis

Spatium perinei superficiale des Mannes (Collesscher Raum)

Grenzen: Lamina interna der Fascia perinei superficialis, die klinisch auch als „Fascia perinei profunda" bezeichnet wird (kaudal).
Fascia diaphragmatis urogenitalis inferior (kranial)

Inhalt: Corpus spongiosum penis (urethrae)
Crura corporis cavernosi penis
Mm. bulbospongiosi
Mm. ischiocavernosi
Mm. transversi perinei superficiales
Pars membranacea urethrae
Äste der A. und V. pudenda interna
N. dorsalis penis

Spatium perinei profundum des Mannes

Grenzen: Fascia diaphragmatis urogenitalis inferior (kaudal)
Fascia diaphragmatis urogenitalis superior (kranial)

Inhalt: M. transversus perinei profundus (hinten)
M. sphincter urethrae (vorne)
Pars membranacea urethrae
Glandulae bulbo-urethrales

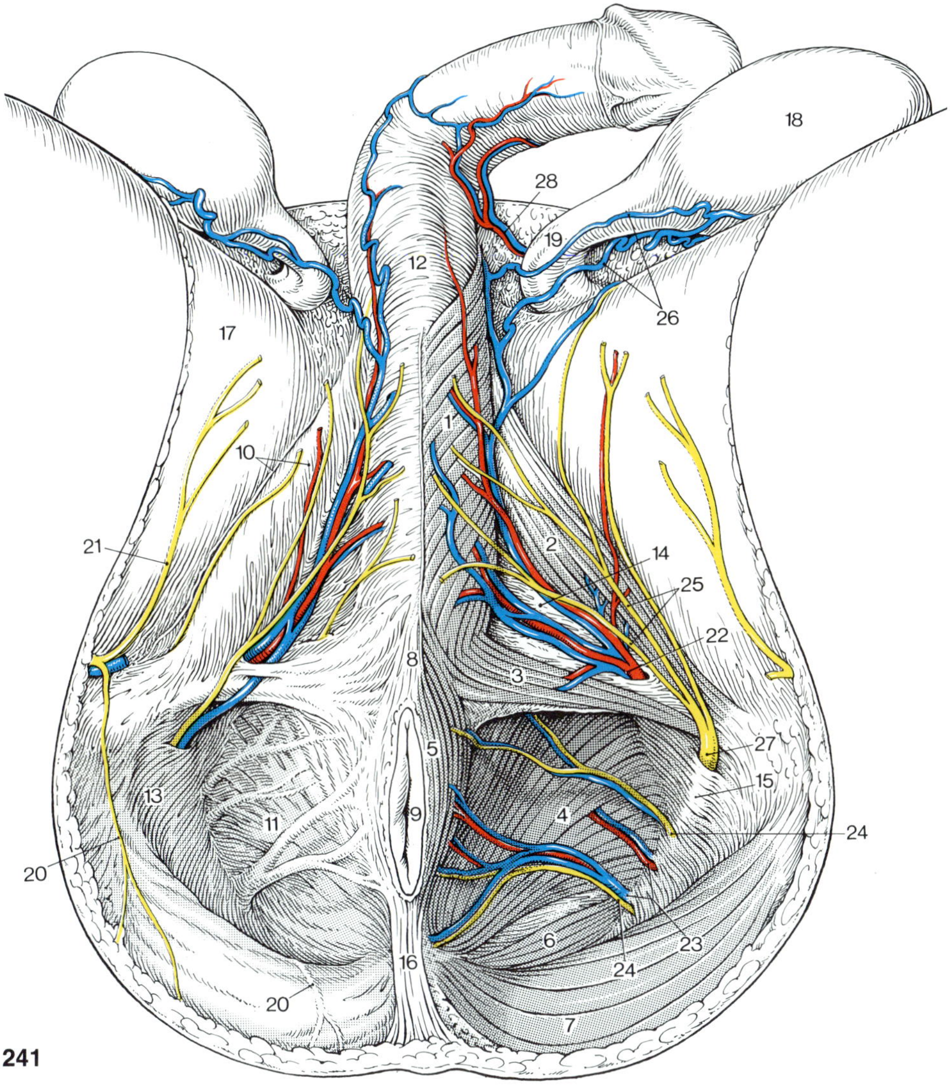

Abb. 241

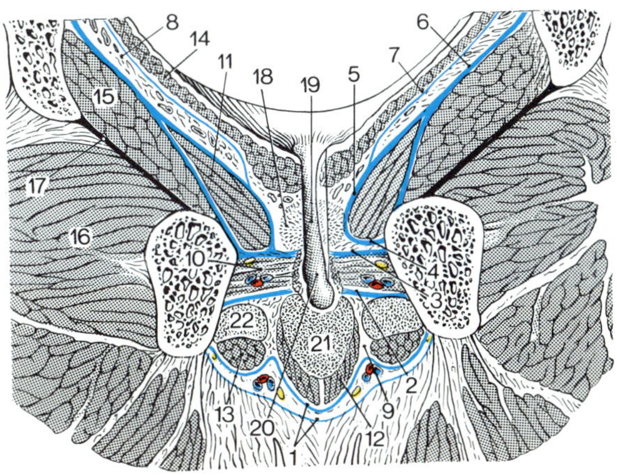

Abb. 242

Abb. 243 Regio perinealis des Mannes 3 und 4

Auf der rechten Präparatseite sind sowohl die Fascia diaphragmatis pelvis inferior als auch die Fascia diaphragmatis urogenitalis inferior abgetragen.

Auf der linken Präparatseite ist nach Durchtrennung des Diaphragma urogenitale das Diaphragma pelvis bis zum Levatortor sichtbar. Durch die Entfernung der Fascia obturatoria wird der Canalis pudendalis eröffnet.

1 M. levator ani
2 Fibrae praerectales
3 M. coccygeus
4 M. glutaeus maximus
5 Fascia obturatoria
6 M. transversus perinei profundus
7 M. bulbospongiosus
8 M. ischiocavernosus
9 Crus dextrum corporis cavernosi penis
10 Corpus spongiosum penis (urethrae)
11 Diaphragma urogenitale mit Fascia diaphragmatis urogenitalis superior (zurückgeschlagen)
12 Glandula bulbo-urethralis sinistra
13 Centrum tendineum perinei
14 M. sphincter ani externus
15 Lig. anococcygeum
16 M. obturatorius internus
17 Arcus tendineus m. levatoris ani
18 Tuber ischiadicum
19 Lig. sacrotuberale
20 N. pudendus
21 A. und V. pudenda interna
22 A. und V. rectalis inferior, N. rectalis inferior
23 Vv. scrotales posteriores

Abb. 244 Regio perinealis des Mannes 5

Darstellung des Levatortores nach teilweiser Entfernung des Diaphragma urogenitale.

1 M. iliococcygeus des M. levator ani
2 M. pubococcygeus des M. levator ani
3 M. puborectalis des M. levator ani
4 Fibrae praerectales des M. levator ani
5 Levatortor
6 Prostata
7 Bulbus penis
8 Glandulae bulbo-urethrales
9 A. und V. pudenda interna
10 N. pudendus
11 A. und V. bulbi penis
12 M. obturatorius internus
13 Diaphragma urogenitale (z. T. reseziert)
14 M. sphincter ani externus

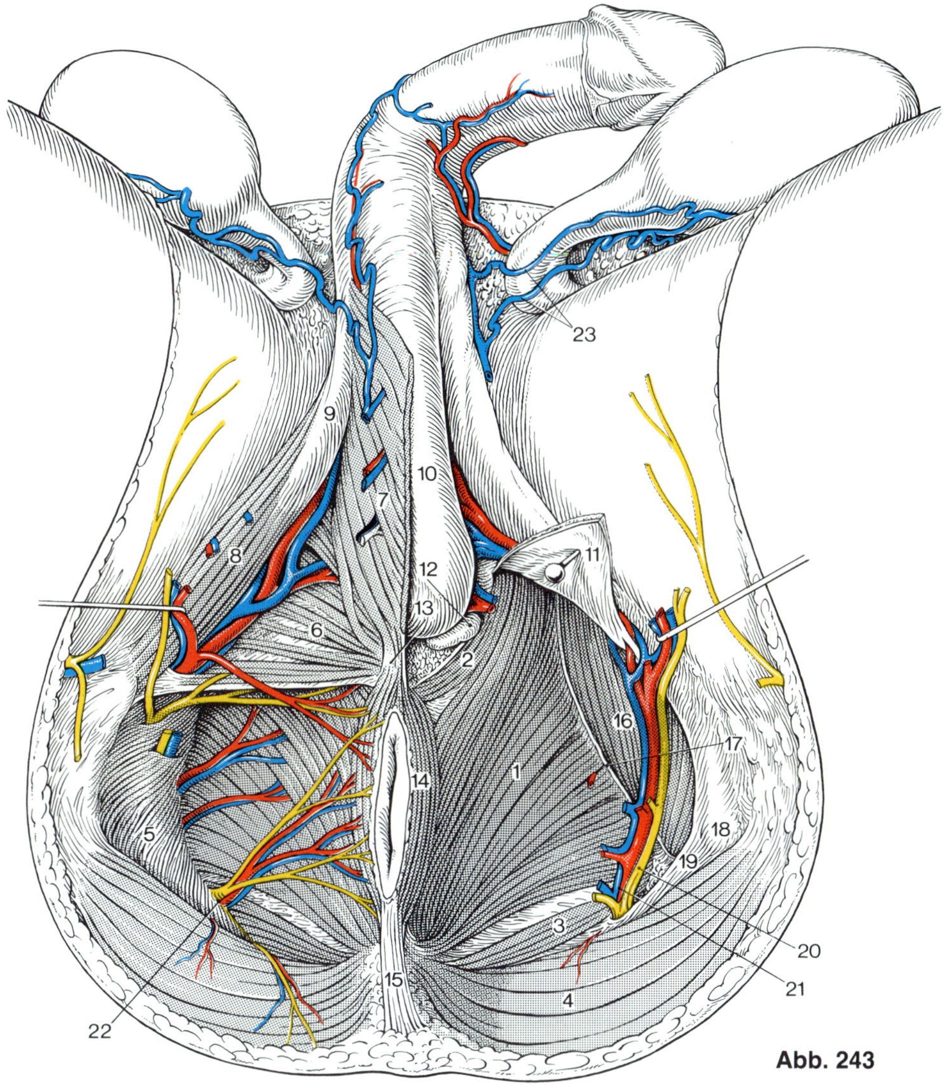

Abb. 243

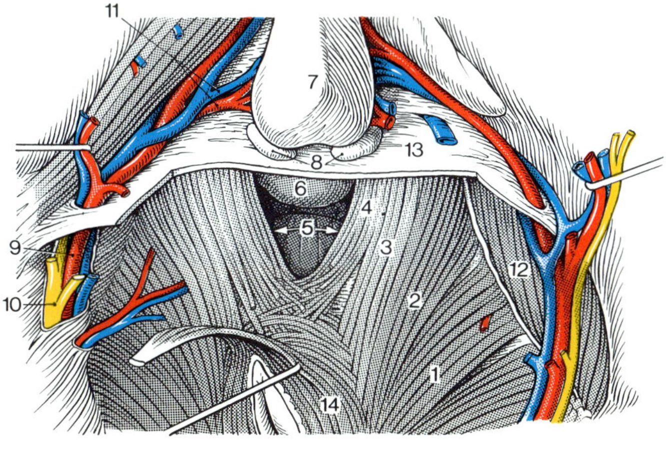

Abb. 244

Untere Extremität

Abb. 245 A, B Regionen der unteren Extremität

A Ansicht von vorne

B Ansicht von hinten

1 Regio subinguinalis
2 Trigonum femorale
3 Regio glutaealis
4 Regio femoralis anterior
5 Regio femoralis posterior
6 Regio genus anterior
7 Regio genus posterior
8 Regio cruralis anterior
9 Regio cruralis posterior
10 „Regio retromalleolaris lateralis“
11 Regio calcanea
12 Dorsum pedis
13 Planta pedis

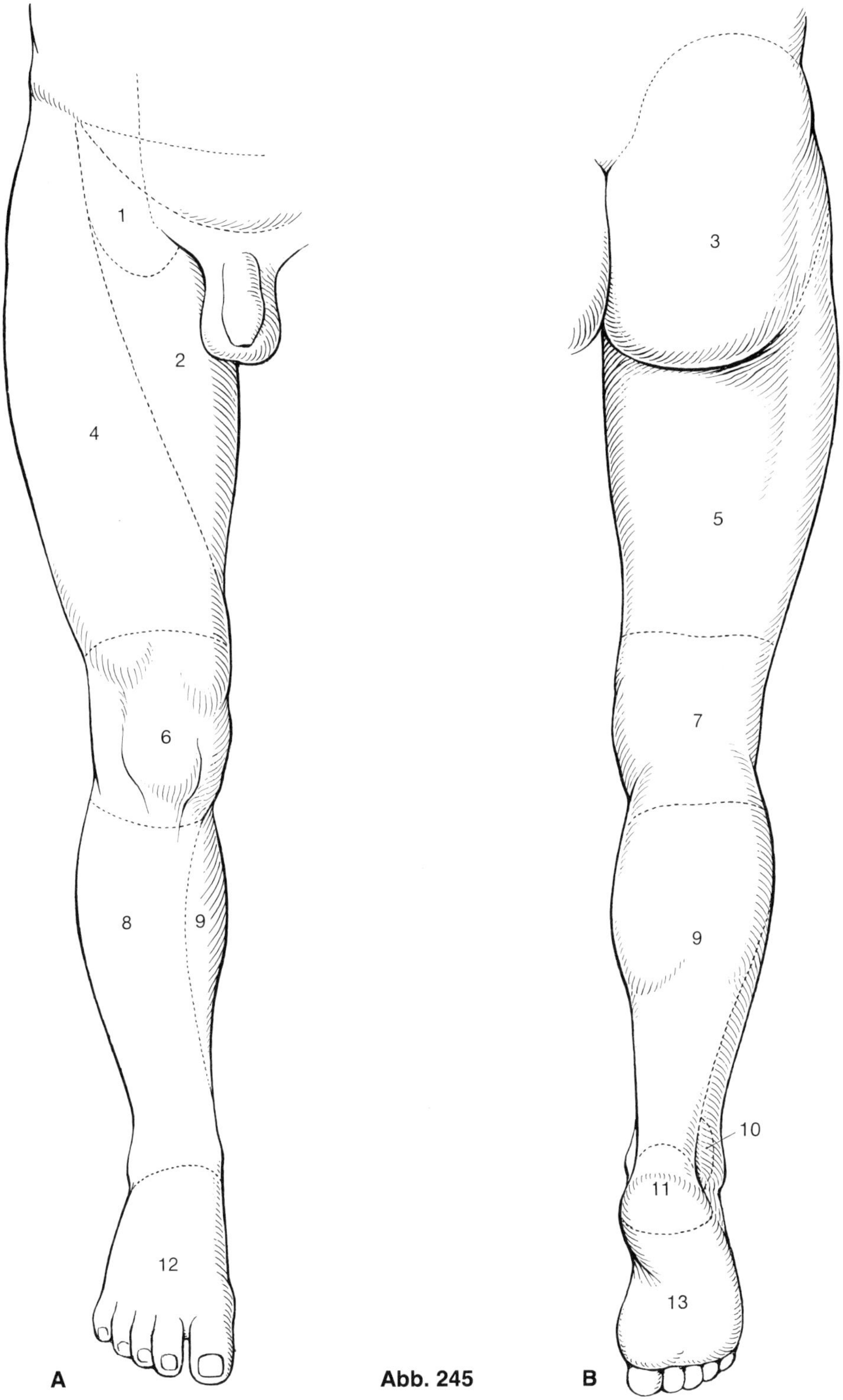

A **Abb. 245** **B**

Abb. 246 Regio subinguinalis 1
Nach Entfernung der Haut werden Bindegewebslamellen, die früher als Fascia superficialis femoris (Fascia Scarpae) bezeichnet wurden, sichtbar.

1 Bindegewebslamellen
2 Nodi lymphatici inguinales superficiales, „Tractus verticalis"
3 R. femoralis des N. genitofemoralis
4 V. saphena magna
5 V. saphena accessoria lateralis
6 Vv. pudendae externae
7 V. epigastrica superficialis
8 V. circumflexa ilium superficialis
9 A. pudenda externa
10 A. epigastrica superficialis
11 A. circumflexa ilium superficialis

Abb. 247 Regio subinguinalis 2
Nach Entfernung der Bindegewebslamellen werden die Fascia cribrosa und die Fascia lata sichtbar. Damit können auch alle oberflächlichen Lymphknoten der Leistengegend dargestellt werden.

1 Fascia lata
2 Fascia cribrosa
3 Anulus (Annulus) inguinalis superficialis (durchscheinend)
4 V. saphena magna
5 V. saphena accessoria lateralis
6 Vv. pudendae externae
7 V. epigastrica superficialis
8 V. circumflexa ilium superficialis
9 A. pudenda externa
10 A. epigastrica superficialis
11 A. circumflexa ilium superficialis
12 Nodi lymphatici inguinales superficiales, „Tractus horizontalis"
13 Nodi lymphatici inguinales superficiales, „Tractus verticalis"
14 R. femoralis des N. genitofemoralis
15 Funiculus spermaticus
16 N. ilioinguinalis

Praktischer Hinweis

Durchführung der **intraarteriellen Injektion** in die A. femoralis.
Aufsuchung der A. femoralis: knapp unterhalb des Lig. inguinale (ca. 1 cm), etwa ½ cm lateral des Halbierungspunktes zwischen Spina iliaca anterior superior und Tuberculum pubicum. Die Nadel wird nach Tasten des Pulses bei richtiger Lage (vertikale Bewegung der Nadel) senkrecht eingeführt.

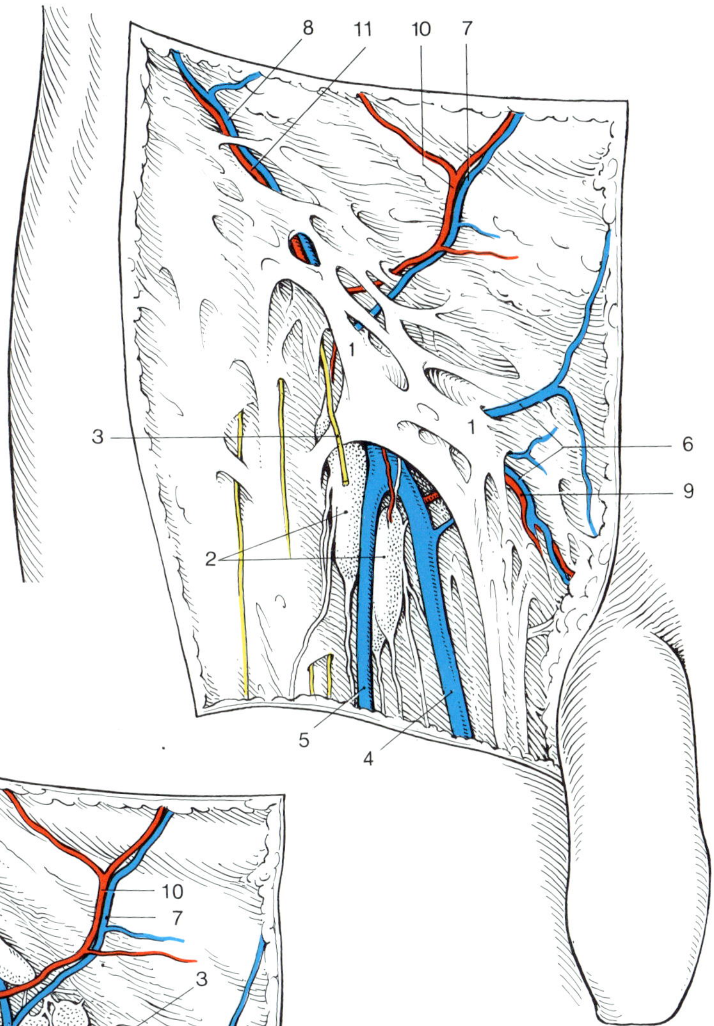

Abb. 246

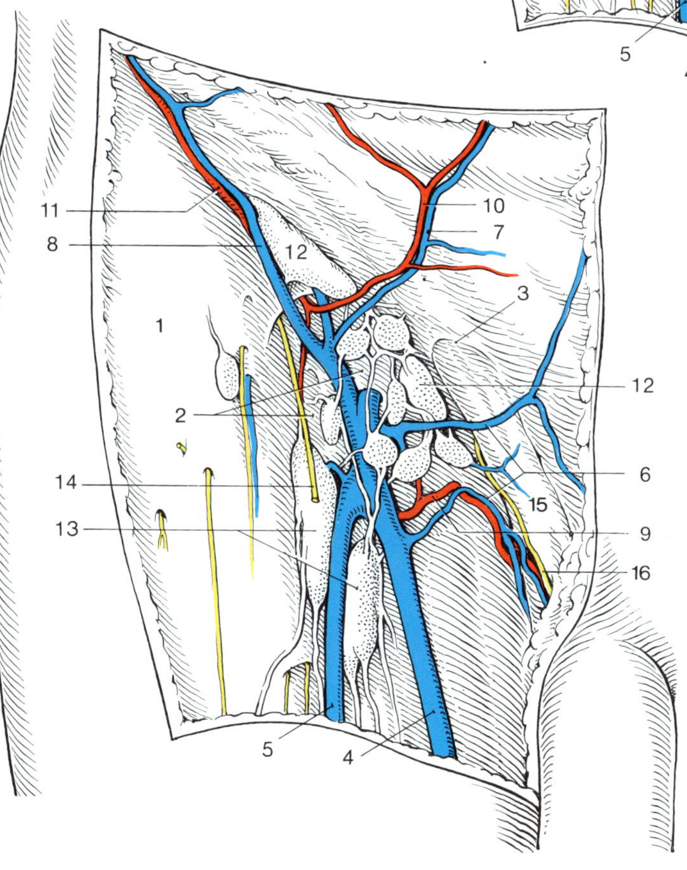

Abb. 247

Abb. 248 A–R Regio subinguinalis 3

Darstellung des Hiatus saphenus nach Entfernung der Fascia cribrosa. Die oberflächlichen Gefäße und Nerven sind sichtbar. Innerhalb des Hiatus saphenus werden die A. femoralis, die V. femoralis und die Nodi lymphatici inguinales profundi dargestellt.

A Häufigste Einmündungsform der subkutanen Venen in die V. femoralis innerhalb des Hiatus saphenus (37%)

B–R Variationen der subkutanen Venen

V. saphena accessoria lateralis

B Einmündung der V. saphena accessoria lateralis proximal des Hiatus saphenus in die V. femoralis (1%)

C Die V. saphena accessoria lateralis vereinigt sich mit einer aus V. circumflexa ilium superficialis und V. epigastrica superficialis gebildeten V. communis, bevor sie im Hiatus saphenus in die V. saphena magna mündet (9%)

D Die V. saphena accessoria lateralis vereinigt sich mit der V. circumflexa ilium superficialis, bevor sie im Hiatus saphenus in die V. saphena magna einmündet (9%)

E Die V. saphena accessoria lateralis vereinigt sich mit der V. epigastrica superficialis, bevor sie im Hiatus saphenus die V. saphena magna erreicht

V. saphena accessoria medialis

F Die V. saphena accessoria medialis mündet distal des Hiatus saphenus in die V. saphena magna ein. Diese durchbricht das Cornu inferius (1%)

G Die V. saphena accessoria medialis mündet in Höhe des Cornu inferius in die V. saphena magna ein

Vv. pudendae externae

H Die Vv. pudendae externae münden innerhalb des Hiatus saphenus in eine V. saphena accessoria medialis (1%)

I Die Vv. pudendae externae münden in einem gemeinsamen Stamm mit der V. epigastrica superficialis innerhalb des Hiatus saphenus in die V. femoralis (2%)

V. epigastrica superficialis

J Die V. epigastrica superficialis vereinigt sich mit den Vv. pudendae externae und erreicht innerhalb des Hiatus saphenus die V. saphena magna

K Die V. epigastrica superficialis durchbricht das Cornu superius und mündet proximal des Hiatus saphenus in die V. femoralis ein (1%)

L Die V. epigastrica superficialis bildet mit der V. circumflexa ilium superficialis eine V. communis, die sich mit einer V. saphena accessoria lateralis vereinigt (9%)

M Die V. epigastrica superficialis, die V. circumflexa ilium superficialis, die Vv. pudendae externae und eine V. saphena accessoria lateralis bilden einen Truncus communis. Dieser mündet innerhalb des Hiatus saphenus in die V. saphena magna ein

N Die V. epigastrica superficialis und die V. circumflexa ilium superficialis vereinigen sich, bevor sie im Hiatus saphenus in die V. saphena magna einmünden (6%)

V. circumflexa ilium superficialis

O Die V. circumflexa ilium superficialis bildet mit der V. epigastrica superficialis eine V. communis, die sich mit einer V. saphena accessoria lateralis vereinigt (9%)

P Die V. circumflexa ilium superficialis vereinigt sich mit einer V. saphena accessoria lateralis und mündet mit dieser im Hiatus saphenus in die V. saphena magna ein (9%)

R Die V. circumflexa ilium superficialis vereinigt sich mit der V. epigastrica superficialis, bevor sie im Hiatus saphenus in die V. saphena magna einmündet (6%).

1 Margo falciformis
2 Cornu superius
3 Cornu inferius
4 Nodi lymphatici inguinales profundi
5 V. femoralis
6 A. femoralis
7 R. femoralis des N. genitofemoralis
8 Rr. cutanei anteriores des N. femoralis
9 V. saphena magna
10 V. saphena accessoria lateralis
11 V. circumflexa ilium superficialis
12 V. epigastrica superficialis
13 Vv. pudendae externae
14 V. saphena accessoria medialis

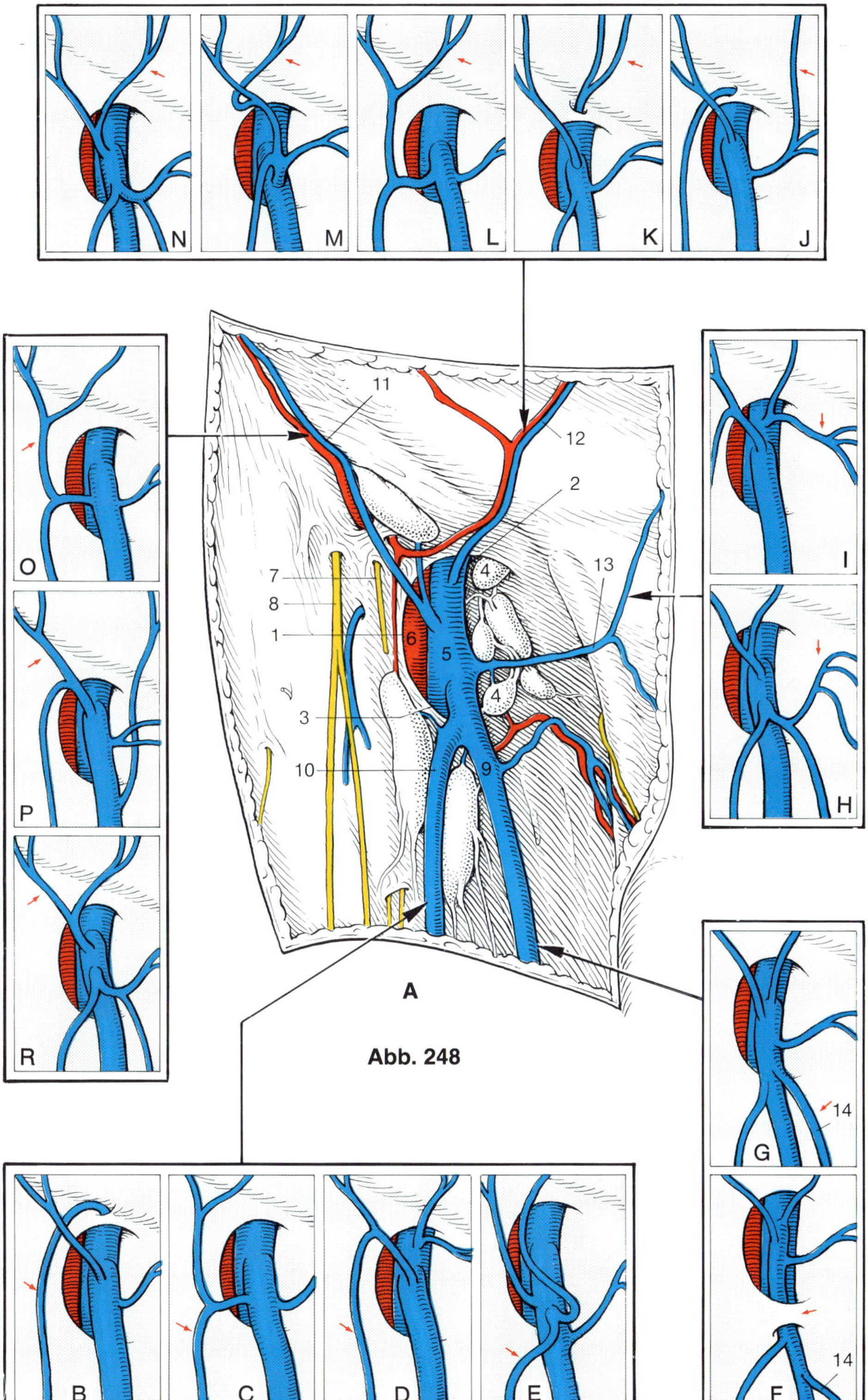

Abb. 248

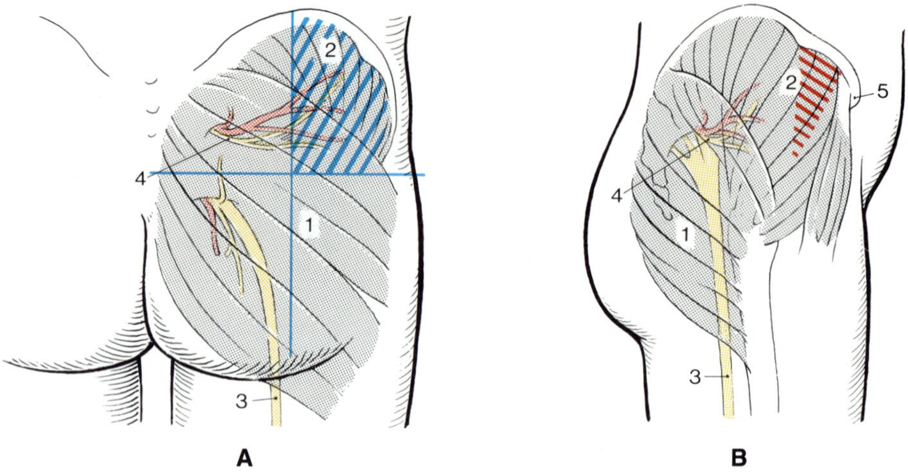

Abb. 249 A, B Felder der intraglutäalen Injektionen

A Schema der Gefäße und Nerven, die bei der intraglutäalen Injektion von dorsal gefährdet sind
B Schema der Gefäße und Nerven bei der intraglutäalen Injektion von lateral (nach A. v. Hochstetter)

1 M. glutaeus maximus
2 M. glutaeus medius
3 N. ischiadicus
4 N. glutaeus superior
5 Spina iliaca anterior superior

blau schraffiert: oberer äußerer Quadrant; Injektionsfeld bei der intraglutäalen Injektion von dorsal
rot schraffiert: dreieckiges Injektionsfeld bei der intraglutäalen Injektion von seitlich

Abb. 250 Regio glutaealis 1

Darstellung der Fascia glutaea und der Nerven, die die Haut innervieren.

1 Fascia glutaea
2 N. iliohypogastricus, Zweig des R. cutaneus lateralis
3 Nn. clunium superiores
4 Nn. clunium medii
5 Nn. clunium inferiores
6 Crista iliaca
7 Fascia thoracolumbalis

Abb. 251 Regio glutaealis 2

Nach Entfernung der Fascia glutaea werden der M. glutaeus maximus und distal von diesem die ischiokrurale Muskelgruppe sowie der N. ischiadicus und der N. cutaneus femoris posterior sichtbar.

1 Crista iliaca
2 Faszie, den M. glutaeus medius bedeckend
3 Corpus adiposum fossae ischiorectalis
4 Nn. clunium superiores
5 Nn. clunium medii
6 M. glutaeus maximus
7 M. adductor magnus
8 M. semimembranosus
9 M. semitendinosus
10 Caput longum m. bicipitis
11 N. cutaneus femoris posterior
12 N. ischiadicus
13 A. und V. perforans prima
14 M. adductor minimus

Praktischer Hinweis

Intraglutäale Injektionen sollen nicht von dorsal durchgeführt werden, da dabei entweder das subkutane oder das intermuskuläre Fettgewebe zwischen M. glutaeus maximus und M. glutaeus medius erreicht wird. Außerdem ist der N. glutaeus superior gefährdet. Eine Schädigung dieses Nerven führt zu Lähmungen der Mm. glutaeus medius, minimus und tensor fasciae latae.

Die Injektion von der Seite wird bei entspannter Muskulatur schmerz- und gefahrlos in den M. glutaeus medius und den M. glutaeus minimus durchgeführt.

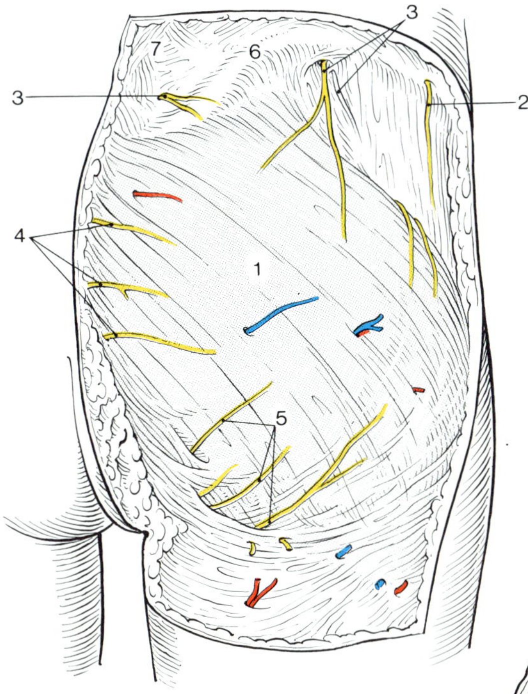

Abb. 250

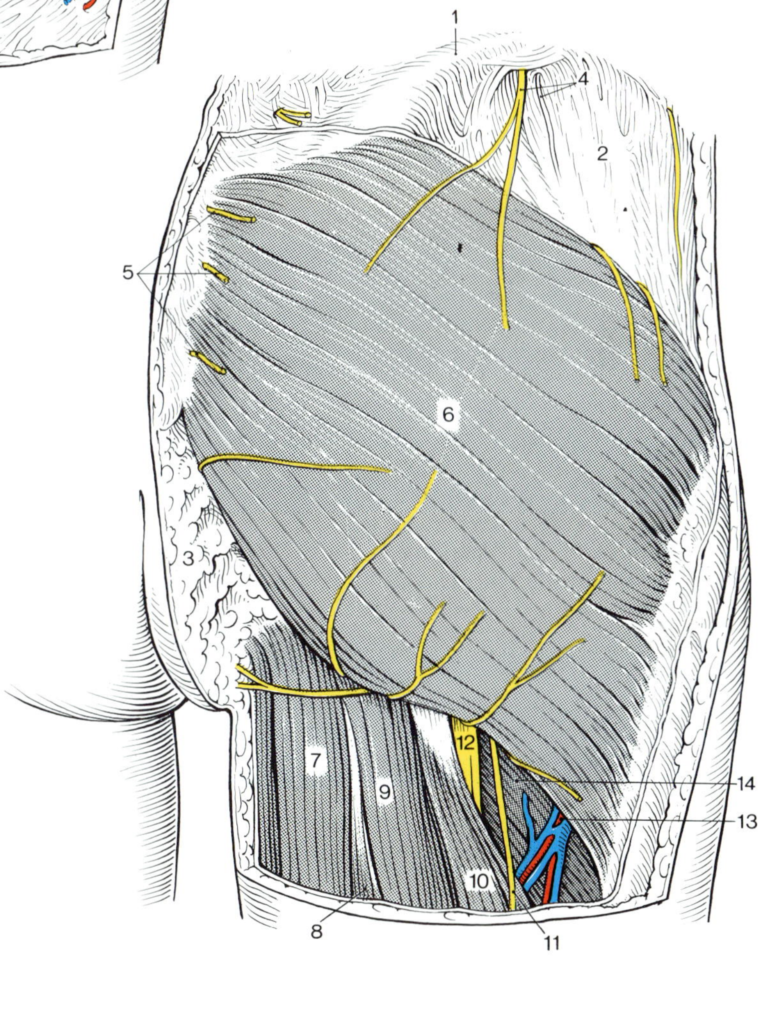

Abb. 251

Abb. 252 Regio glutaealis 3

Die tiefe Schichte der Regio glutaealis wird nach Durchtrennung des M. glutaeus maximus sichtbar. Damit können die durch die Foramina ischiadica durchtretenden Gebilde dargestellt werden.

1 M. glutaeus maximus
2 M. glutaeus medius
3 M. glutaeus minimus
4 M. piriformis
5 M. gemellus superior
6 M. obturatorius internus
7 M. gemellus inferior
8 M. quadratus femoris
9 M. adductor magnus
10 M. semitendinosus
11 Caput longum m. bicipitis
12 M. adductor minimus
13 Tuber ischiadicum
14 Lig. sacrotuberale
15 Bursa trochanterica m. glutaei maximi
16 A. und V. glutaea superior
17 Äste der A. und V. glutaea superior zum M. glutaeus maximus
18 A. und V. glutaea inferior
19 A. und V. pudenda interna
20 R. profundus der A. circumflexa femoris medialis
21 N. glutaeus superior
22 N. glutaeus inferior
23 N. pudendus
24 N. ischiadicus
25 N. cutaneus femoris posterior
26 Nn. clunium inferiores

Abb. 253 Schema der Foramina ischiadica

1 Foramen suprapiriforme
2 Foramen infrapiriforme
3 Foramen ischiadicum minus
4 Lig. sacrotuberale
5 Lig. sacrospinale
6 M. piriformis
7 M. obturatorius internus
8 Incisura ischiadica major
9 Incisura ischiadica minor
10 A. und V. pudenda interna, N. pudendus

Praktischer Hinweis

Die Foramina ischiadica stellen wichtige Verbindungen zwischen dem Becken auf der einen Seite und der Extremität sowie dem Perineum auf der anderen Seite dar.

Foramen ischiadicum majus

Grenzen: Incisura ischiadica major
Lig. sacrotuberale
Lig. sacrospinale
wird durch den M. piriformis in ein Foramen suprapiriforme und ein Foramen infrapiriforme unterteilt

Durchtretende Gebilde:

Foramen suprapiriforme
A. und V. glutaea superior
N. glutaeus superior

Foramen infrapiriforme
A. und V. glutaea inferior
N. glutaeus inferior
A. und V. pudenda interna
N. pudendus
N. ischiadicus
N. cutaneus femoris posterior

Foramen ischiadicum minus

Grenzen: Incisura ischiadica minor
Lig. sacrotuberale
Lig. sacrospinale

Durchtretende Gebilde: A. und V. pudenda interna
N. pudendus
M. obturatorius internus

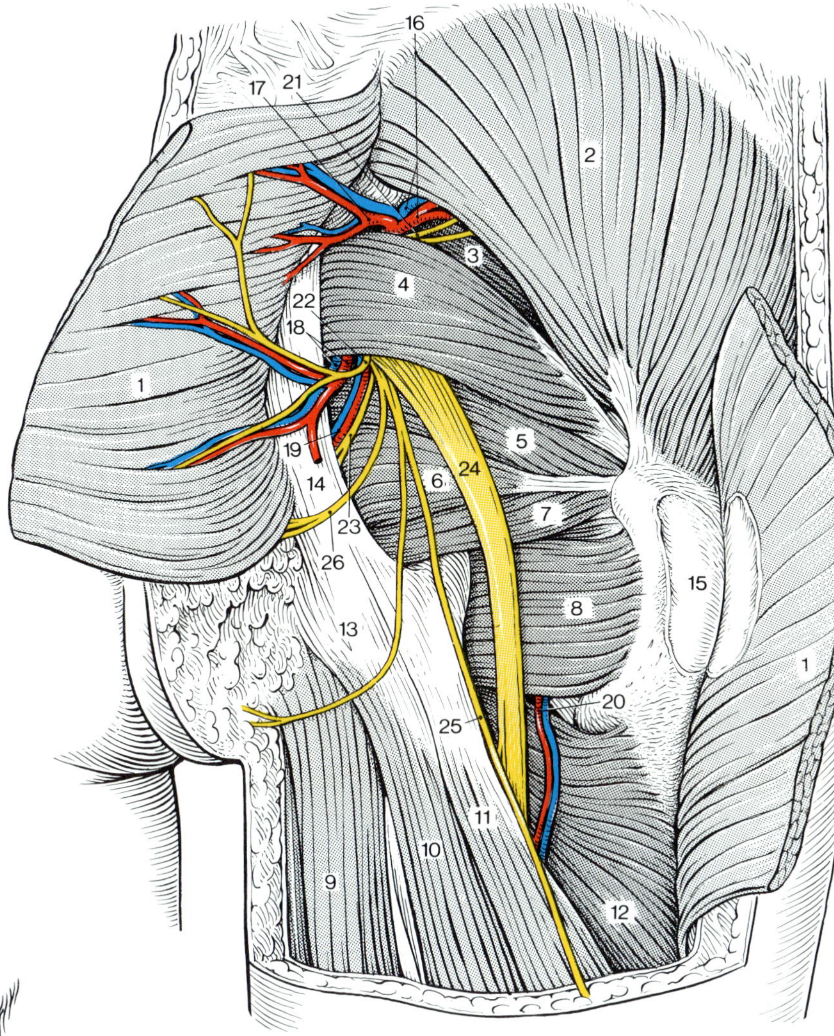

Abb. 252

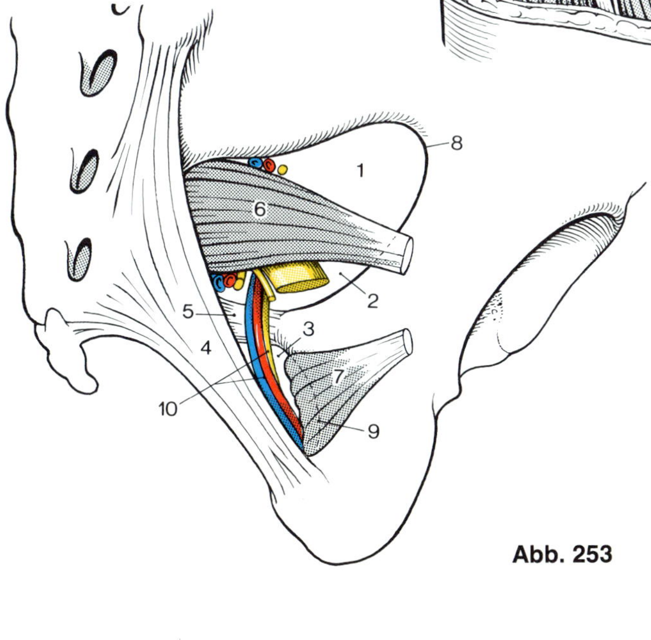

Abb. 253

Abb. 254 Lymphknoten und Lymphabflüsse im Bereich des Oberschenkels

1 Nodi lymphatici inguinales superficiales, „Tractus horizontalis"
2 Nodi lymphatici inguinales superficiales, „Tractus verticalis"
3 Nodi lymphatici inguinales profundi
4 Nodi lymphatici popliteales
5 V. saphena magna
6 V. circumflexa ilium superficialis
7 V. femoralis
8 Uterus

Abb. 255 Regio femoralis anterior 1
Darstellung der Fascia lata und der subkutan gelegenen Gebilde. Die Fascia cribrosa ist bereits entfernt, und dadurch ist der Hiatus saphenus sichtbar.

1 Hiatus saphenus
2 Fascia lata
3 Tractus iliotibialis
4 V. saphena magna
5 V. saphena accessoria lateralis
6 V. saphena accessoria medialis
7 N. cutaneus femoris lateralis
8 Rr. cutanei anteriores n. femoralis
9 R. femoralis n. genitofemoralis
10 N. ilioinguinalis
11 Nodi lymphatici inguinales superficiales
12 Nodi lymphatici inguinales profundi
13 V. femoralis
14 A. femoralis
15 A. und V. epigastrica superficialis
16 A. und V. circumflexa ilium superficialis
17 A. und V. pudenda externa

Praktischer Hinweis

Die **Lymphe** der vorderen Bauchwand unterhalb des Nabels, des äußeren Genitales, des Dammes sowie bei der Frau die Lymphe des Fundus uteri und des angrenzenden Teiles des Corpus uteri erreichen die Nodi lymphatici inguinales superficiales („Tractus horizontalis"). Von diesen Knoten gelangt die Lymphe zu den im Hiatus saphenus und der Lacuna vasorum (Canalis femoralis) gelegenen tiefen Leistenlymphknoten. Diese führen die Lymphe zu den Nodi lymphatici (l.) iliaci externi.
Die Lymphe der unteren Extremität erreicht oberflächlich die Nodi l. inguinales superficiales („Tractus verticalis"). Von diesen gelangen sie zu den tiefen Leistenlymphknoten (s. oben). Neben diesen oberflächlichen Lymphbahnen verlaufen auch tiefe Lymphgefäße (strichliert gezeichnet), die unter Einschaltung der Nodi l. popliteales entlang der V. femoralis zu den tiefen Leistenlymphknoten gelangen.
Die Lymphe vom Hüftgelenk kann neben Abflußbahnen zu den tiefen inguinalen Knoten auch die Nodi l. obturatorii und die Nodi l. glutaeales erreichen. Die Nodi l. obturatorii, die durch den Canalis obturatorius erreicht werden, geben die Lymphe an die Nodi l. iliaci externi ab, während die Nodi l. glutaeales die Lymphe zu den Nodi l. iliaci interni transportieren.

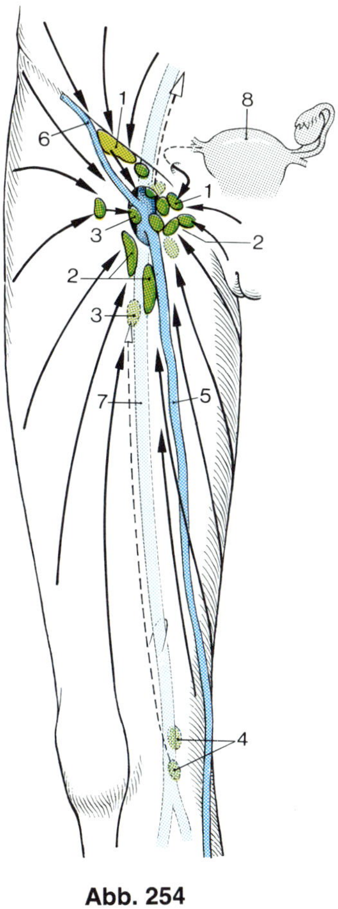

Abb. 254

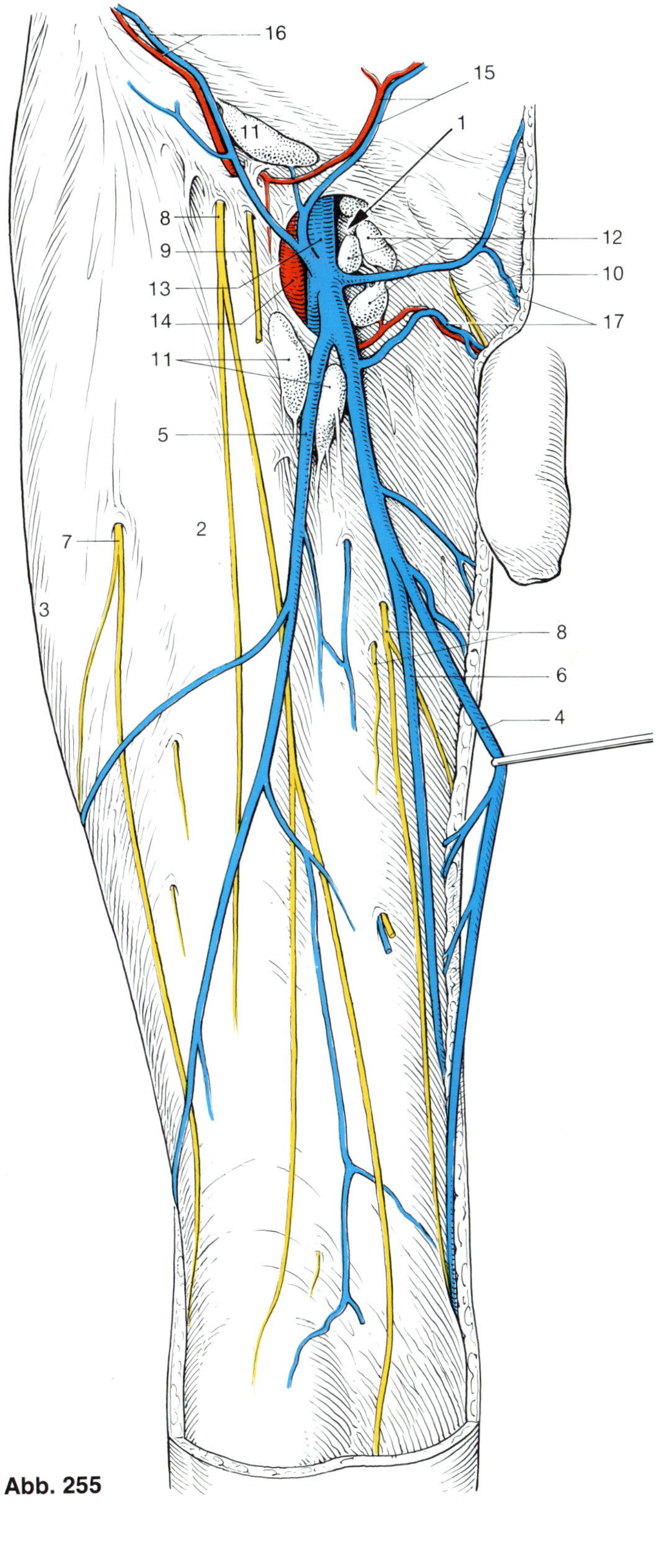

Abb. 255

Abb. 256 Regio femoralis anterior 2
Nach Entfernung der Fascia lata werden die Gefäße und Nerven der tiefen Schichte sichtbar. Dabei werden das Trigonum femorale und der Canalis adductorius dargestellt.

1 M. sartorius
2 M. adductor longus
3 M. iliopsoas
4 V. femoralis
5 A. femoralis
6 N. femoralis
7 A. profunda femoris
8 A. circumflexa femoris medialis
9 A. circumflexa femoris lateralis
10 R. ascendens der A. circumflexa femoris lateralis
11 R. descendens der A. circumflexa femoris lateralis
12 M. quadriceps femoris
13 M. rectus femoris
14 M. vastus lateralis
15 M. vastus medialis
16 M. adductor magnus
17 Membrana vastoadductoria
18 N. saphenus
19 A. genus descendens
20 M. pectineus
21 R. superficialis n. obturatorii

Abb. 257 A–D Variationen des N. saphenus (nach Sirang)

A Abgang des N. saphenus vom N. femoralis proximal von der A. circumflexa femoris lateralis; der R. infrapatellaris verläuft oberflächlich vom M. sartorius

B Der N. saphenus umfaßt mit zwei Wurzeln die A. circumflexa femoris lateralis; der R. infrapatellaris verläuft oberflächlich vom M. sartorius

C Abgang des N. saphenus vom N. femoralis distal der Überkreuzung der A. circumflexa femoris lateralis; der R. infrapatellaris unterkreuzt den M. sartorius

D Abgang des N. saphenus wie im Bild C. Der R. infrapatellaris durchbricht den M. sartorius und erhält Fasern aus dem R. superficialis n. obturatorii

1 A. femoralis
2 A. circumflexa femoris lateralis
3 Membrana vastoadductoria
4 M. sartorius
5 N. femoralis
6 N. saphenus
7 R. infrapatellaris
8 R. superficialis n. obturatorii

Abb. 258 A–C Variationen der Astabgänge aus der A. femoralis in der Regio subinguinalis (nach Lanz-Wachsmuth)

A Gemeinsamer Ursprung der A. circumflexa femoris lateralis und der A. circumflexa femoris medialis aus der A. profunda femoris (58% nach Lippert)

B Nur die A. circumflexa femoris lateralis entspringt aus der A. profunda femoris (18% nach Lippert)

C Nur die A. circumflexa femoris medialis entspringt aus der A. profunda femoris (15% nach Lippert)

1 A. femoralis
2 A. profunda femoris
3 A. circumflexa femoris lateralis
4 A. circumflexa femoris medialis

Praktischer Hinweis

Trigonum femorale

Grenzen: Lig. inguinale (kranial)
M. sartorius (lateral)
M. adductor longus (medial)

Inhalt: V. femoralis
A. femoralis
N. femoralis
V. profunda femoris
A. profunda femoris
tiefe Lymphgefäße

Canalis adductorius

Begrenzung: M. adductor longus (dorsal)
M. adductor magnus (medial)
Membrana vastoadductoria (ventral)
M. vastus medialis (lateral)

Inhalt: A. femoralis
V. femoralis
N. saphenus (durchbricht die Membrana vastoadductoria gemeinsam mit A. genus descendens)

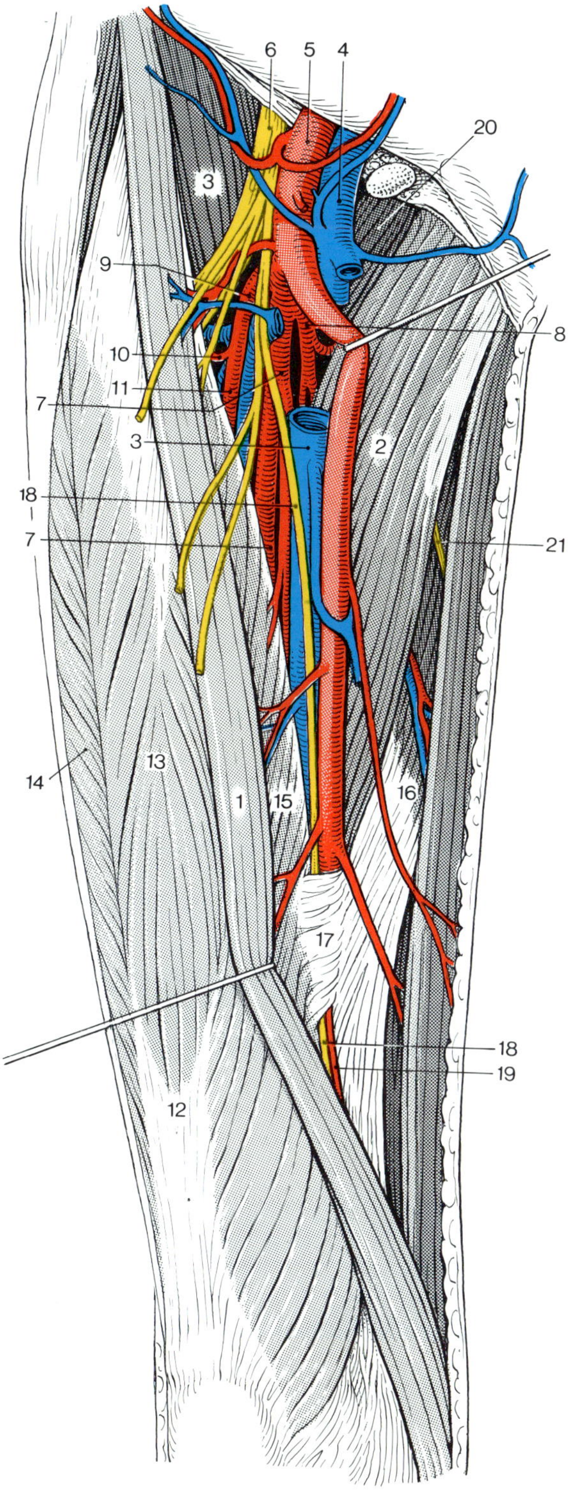

Abb. 256

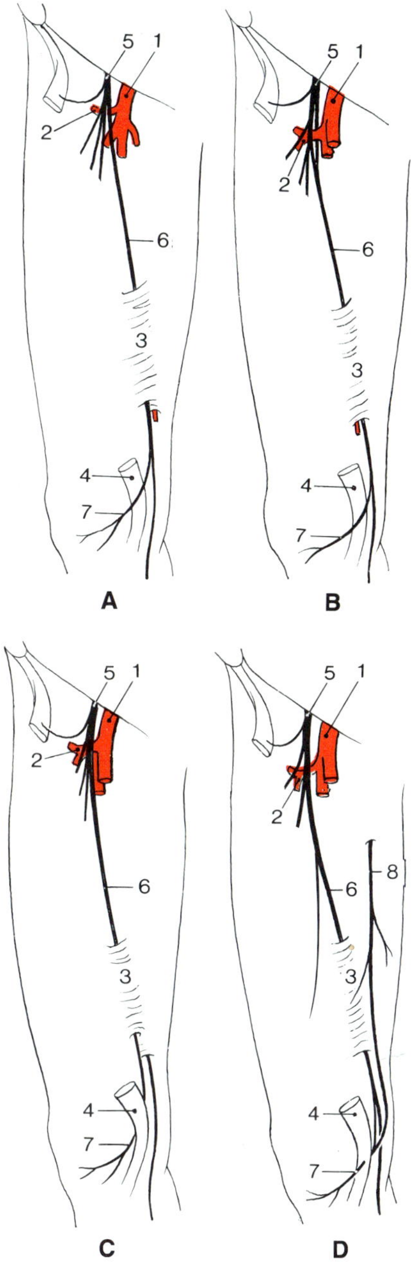

Abb. 257

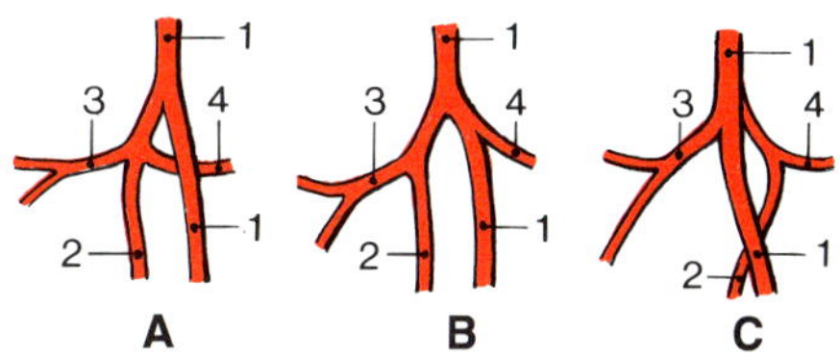

Abb. 258

Abb. 259 Regio femoralis posterior
Nach Entfernung der Faszie können die Muskeln, Gefäße und Nerven dargestellt werden.

1 Tractus iliotibialis
2 M. glutaeus maximus
3 Caput longum m. bicipitis
4 Caput breve m. bicipitis
5 M. gracilis
6 M. adductor magnus
7 M. semimembranosus
8 M. semitendinosus
9 M. gastrocnemius, Caput mediale
10 M. gastrocnemius, Caput laterale
11 M. biceps femoris
12 A. und V. perforans prima
13 A. perforans secunda
14 N. cutaneus femoris posterior
15 N. ischiadicus
16 R. muscularis n. ischiadici
17 N. tibialis
18 N. peronaeus communis

Abb. 260 Hiatus tendineus adductorius
Nach Verdrängung des M. semimembranosus wird der Hiatus tendineus adductorius sichtbar. Er wird begrenzt von den beiden Anteilen des M. adductor magnus. Der eine Anteil setzt am Labium mediale der Linea aspera an, der andere am Tuberculum adductorium des Epicondylus medialis femoris.

1 Hiatus tendineus adductorius
2 M. adductor magnus
3 Caput breve m. bicipitis
4 Caput longum m. bicipitis
5 M. semitendinosus
6 M. semimembranosus
7 M. gracilis
8 M. biceps femoris
9 M. gastrocnemius, Caput mediale
10 M. gastrocnemius, Caput laterale
11 A. poplitea
12 Vv. popliteae
13 N. tibialis
14 N. peronaeus communis

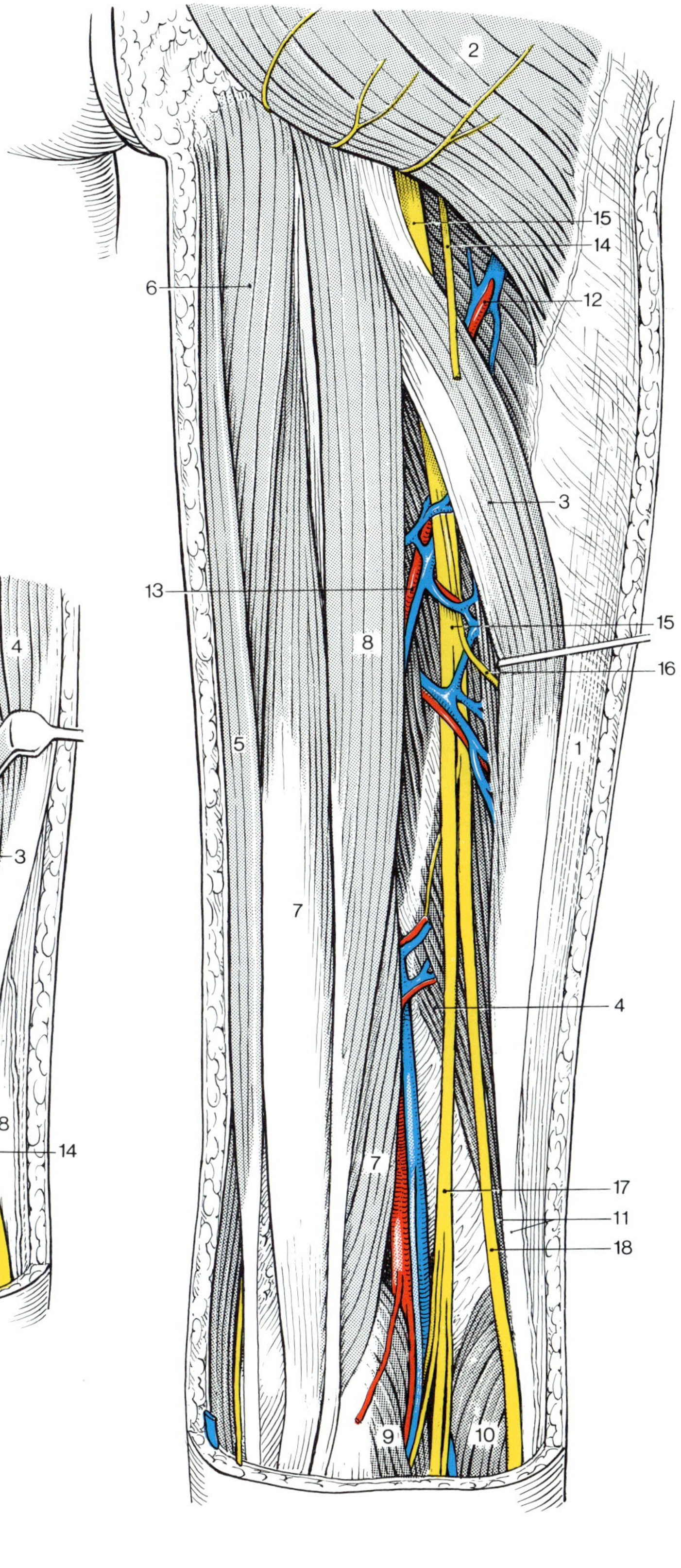

Abb. 259

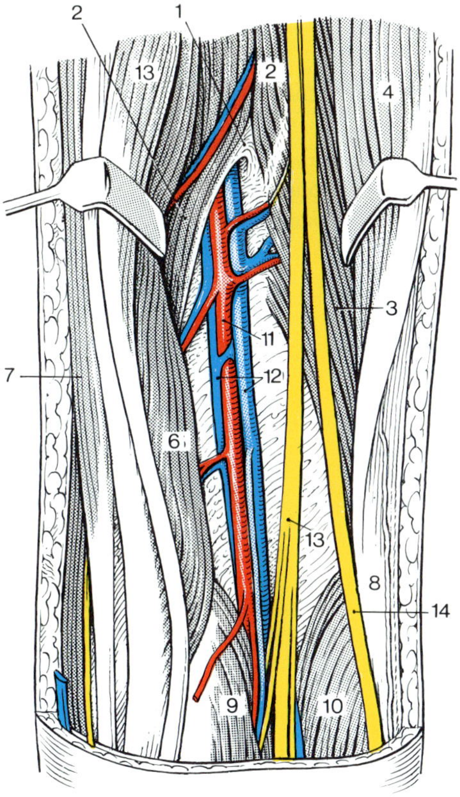

Abb. 260

Abb. 261 Regio genus posterior 1
Die oberflächlich verlaufenden Venen und Nerven der Fossa poplitea sind in der Subcutis sichtbar.

1 V. saphena magna
2 N. saphenus
3 V. saphena parva
4 N. cutaneus surae medialis
5 Äste des N. cutaneus femoris posterior

Abb. 262 A–D Variationen der Durchtrittstellen der V. saphena parva durch die Faszie (nach Moosmann u. Hartwell)

A Die V. saphena parva durchbricht die Fascia cruris im distalen Drittel des Unterschenkels und erreicht die Fossa poplitea subfaszial (7%)
B Die V. saphena parva durchbricht die Fascia cruris im mittleren Drittel des Unterschenkels (51,5%)
C Die V. saphena parva durchbricht die Fascia cruris im proximalen Drittel des Unterschenkels (32,5%)
D Die V. saphena parva durchbricht die Faszie in der Regio genus posterior (9%)

1 V. saphena parva
2 V. poplitea

Abb. 263 A–F Variationen der Einmündung der V. saphena parva (nach Mercier u. Mitarb.).

A Einmündung der V. saphena parva in die V. poplitea
B Einmündung der V. saphena parva in die V. poplitea und in die V. saphena magna
C Einmündung der V. saphena parva in die V. femoralis und in die V. saphena magna
D Einmündung der V. saphena parva nur in die V. saphena magna
E Einmündung der V. saphena parva nur in die V. femoralis
F Deltaförmige Einmündung in die V. femoralis

1 V. saphena magna
2 V. saphena parva
3 V. poplitea
4 V. femoralis

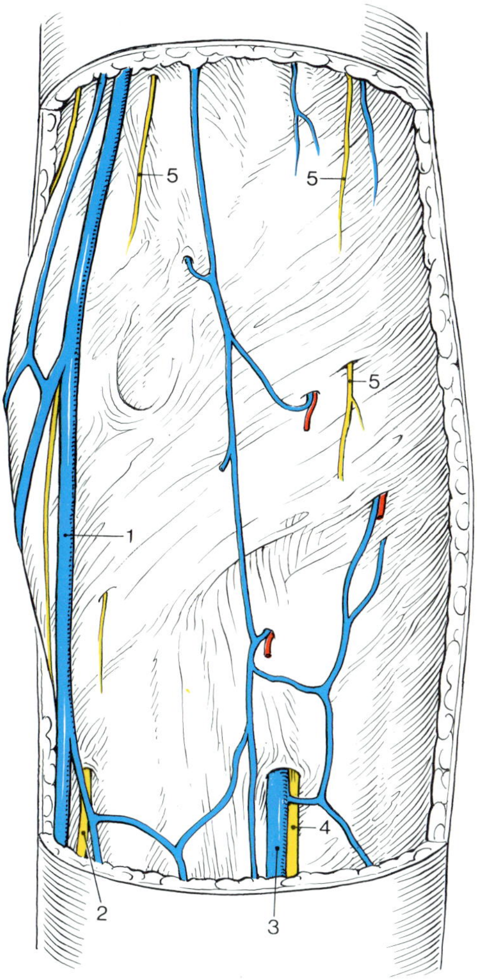

Abb. 261

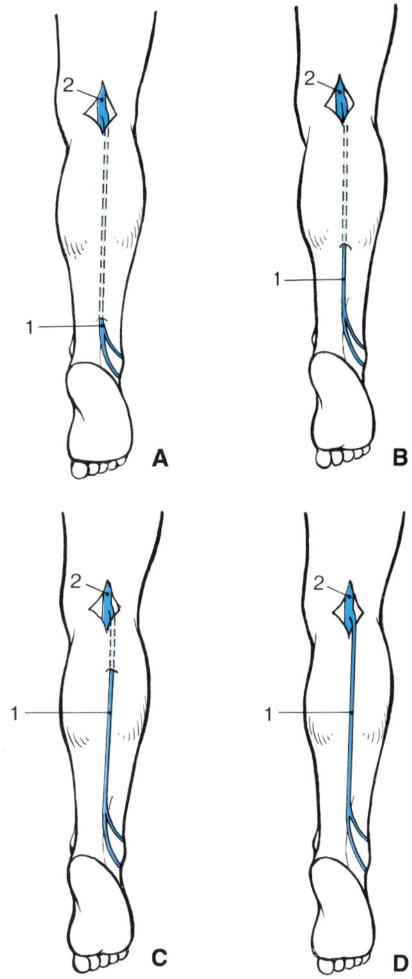

Abb. 262

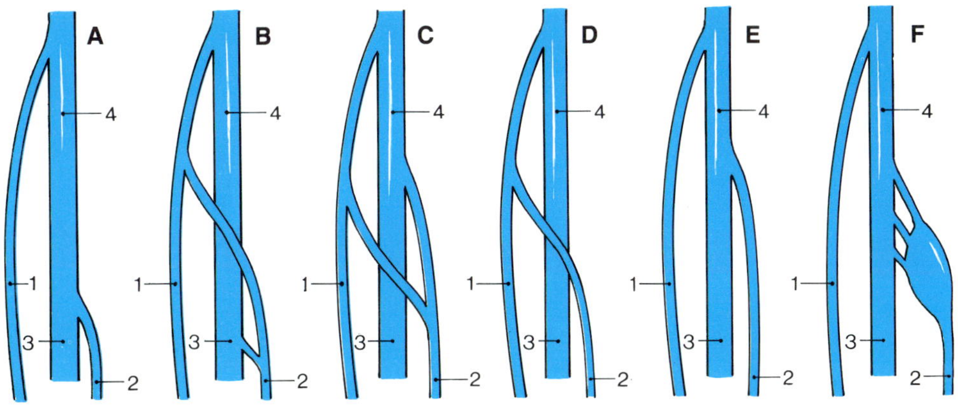

Abb. 263

Abb. 264 Regio genus posterior 2
Nach Entfernung der Faszie wird die Fossa poplitea sichtbar.

1 M. semimembranosus
2 M. biceps femoris
3 Caput laterale m. gastrocnemii
4 Caput mediale m. gastrocnemii
5 N. peronaeus communis
6 N. tibialis
7 Rr. musculares des N. tibialis
8 N. cutaneus surae medialis
9 Vv. popliteae
10 A. poplitea
11 A. tibialis anterior
12 V. saphena parva (mündet hier mit einem kleinen Ast in die V. poplitea, der Hauptstamm erreicht die V. saphena magna, s. Abb. **263 B**).

Abb. 265 A–F Teilungsmöglichkeiten der A. poplitea

A Dorsal des M. popliteus gibt die A. poplitea als ersten Ast die A. tibialis anterior und distal des M. popliteus die A. tibialis posterior und die A. peronaea ab (Regelfall, 90%)
B Gemeinsamer Ursprung aller drei Arterien dorsal des M. popliteus aus der A. poplitea (4%)
C Aufteilung der A. poplitea am distalen Rand des M. popliteus in einen Truncus peronaeotibialis anterior und in die A. tibialis posterior (1%)
D Die A. tibialis anterior entspringt aus der A. poplitea proximal des M. popliteus (3%)
E Aufteilung der A. poplitea am proximalen Rand des M. popliteus in einen Truncus peronaeotibialis anterior und in die A. tibialis posterior (1%)
F Die A. tibialis anterior entspringt aus der A. poplitea proximal des M. popliteus und zieht zwischen diesem Muskel und der Tibia nach distal (1%)

1 A. poplitea
2 A. tibialis anterior
3 A. tibialis posterior
4 A. peronaea
5 Truncus peronaeotibialis anterior
6 M. popliteus

Praktischer Hinweis

Fossa poplitea

Grenzen:
M. biceps femoris (lateral proximal)
M. semimembranosus (medial proximal)
Caput laterale m. gastrocnemii (lateral distal)
Caput mediale m. gastrocnemii (medial distal)

Inhalt:
N. tibialis
N. peronaeus communis
A. poplitea
Vv. popliteae
Lymphgefäße und Nodi lymphatici popliteales profundi.

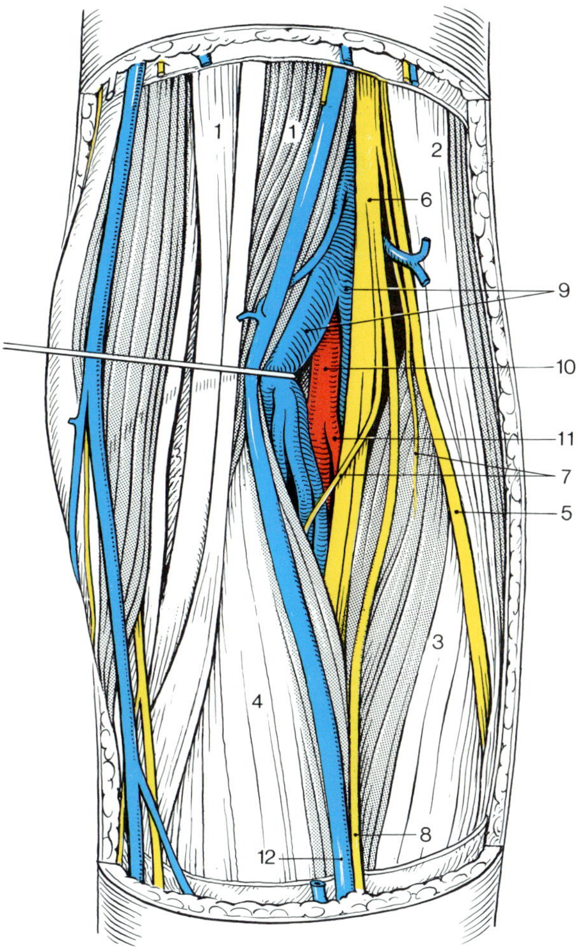

Abb. 264

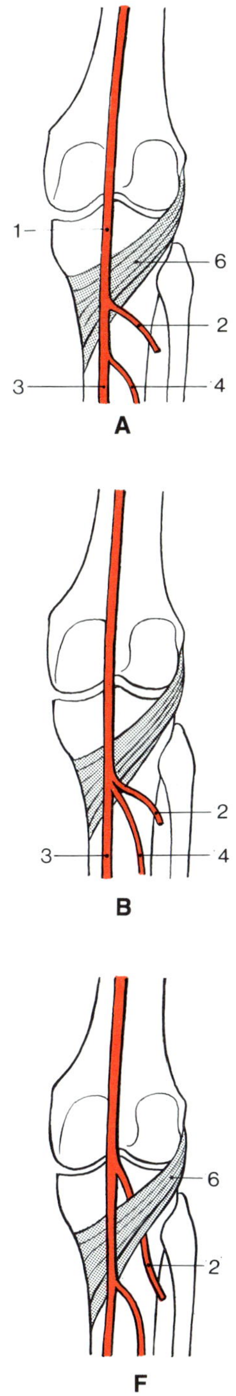

Abb. 265

Abb. 266 Regio cruralis anterior 1
Darstellung der gesamten Region nach Entfernung der Fascia cruris.

1 V. saphena magna
2 N. saphenus
3 R. infrapatellaris
4 Rr. cutanei cruris mediales
5 M. tibialis anterior
6 Tibia
7 M. extensor digitorum longus
8 Sehne des M. extensor hallucis longus
9 Sehne des M. peronaeus longus
10 M. peronaeus brevis
11 N. peronaeus superficialis
12 Sehne des M. peronaeus tertius

Abb. 267 Regio cruralis anterior 2
Unter Verziehung des M. extensor digitorum longus können die in der Tiefe liegenden Gebilde zur Ansicht gebracht werden.

1 V. saphena magna
2 N. saphenus
3 Tibia
4 N. peronaeus superficialis
5 M. tibialis anterior
6 M. extensor hallucis longus
7 M. extensor digitorum longus
8 A. tibialis anterior
9 Vv. tibiales anteriores
10 N. peronaeus profundus

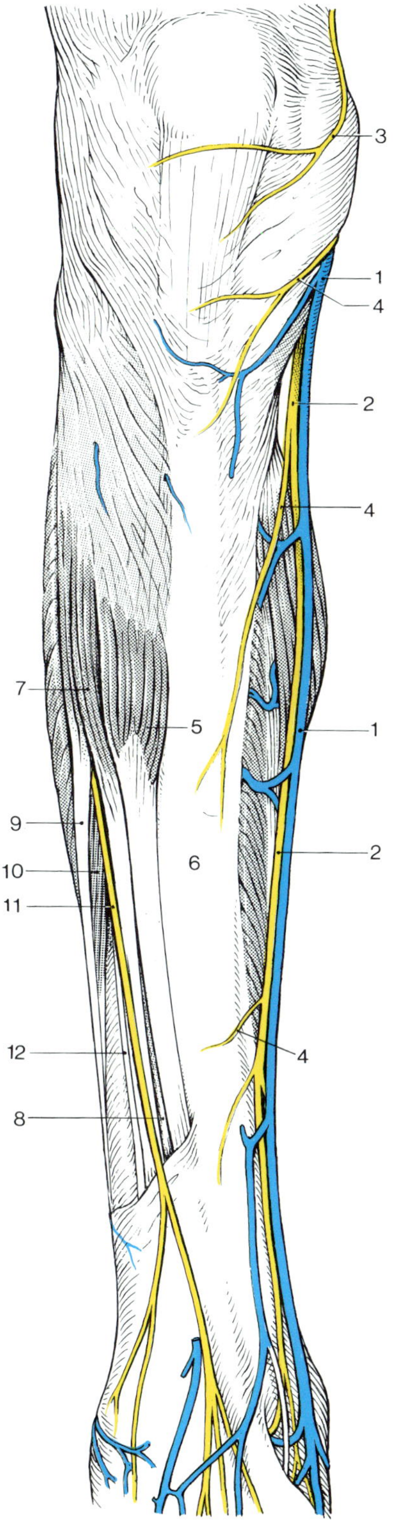

Abb. 266

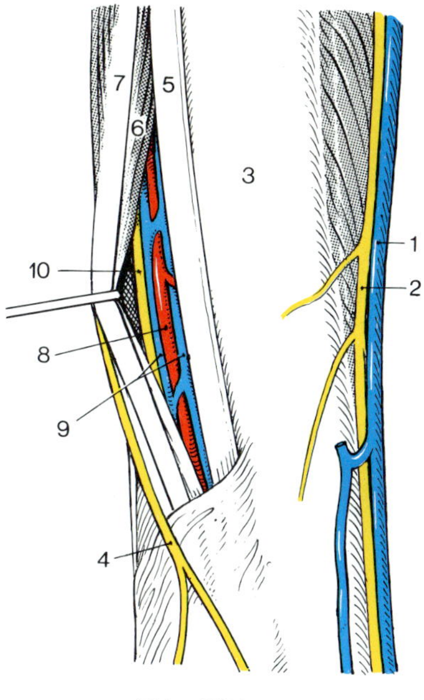

Abb. 267

Abb. 268 Regio cruralis posterior 1
Darstellung der subkutan verlaufenden Venen und Nerven. Nach Entfernung der Fascia cruris wird der M. triceps surae sichtbar.

1 M. triceps surae
2 M. gastrocnemius mit Caput mediale und Caput laterale
3 M. soleus
4 Achillessehne
5 N. saphenus
6 V. saphena magna
7 V. saphena parva
8 Vv. perforantes (verbinden oberflächliche mit tiefen Venen)
9 N. cutaneus surae medialis
10 R. communicans peronaeus
11 N. suralis
12 N. cutaneus dorsalis lateralis
13 Rr. calcanei laterales
14 Rr. calcanei mediales des N. tibialis
15 N. peronaeus communis

Abb. 269 Regio cruralis posterior 2
Nach Abtragen des Caput mediale m. gastrocnemii wird der Eintritt der A. und V. poplitea und des N. tibialis in den Arcus tendineus m. solei sichtbar.

1 M. triceps surae
2 Caput laterale m. gastrocnemii
3 Caput mediale m. gastrocnemii (teilweise reseziert)
4 M. soleus
5 M. plantaris
6 M. popliteus (von Faszie bedeckt)
7 A. poplitea und Vv. popliteae
8 N. tibialis
9 Rr. musculares
10 N. cutaneus surae medialis
11 N. peronaeus communis
12 N. saphenus
13 V. saphena magna

Abb. 270 A–C Variationen der A. tibialis posterior und der A. peronaea (nach Lanz-Wachsmuth)

A A. tibialis posterior verläuft an der Hinterfläche der Tibia nach distal und endet mit den Aa. plantares (Regelfall)
B A. tibialis posterior ist nur schwach ausgebildet und die A. peronaea (phylogenetisch älter) übernimmt deren Versorgungsgebiet
C A. tibialis posterior fehlt vollständig

1 A. poplitea
2 A. tibialis posterior
3 A. peronaea
4 A. tibialis anterior
5 R. perforans a. peronaeae

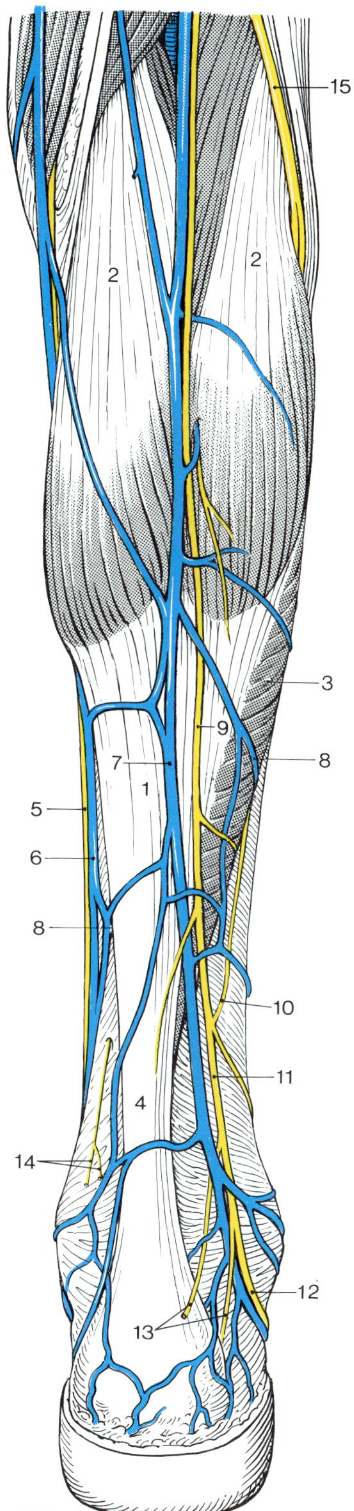

Abb. 268

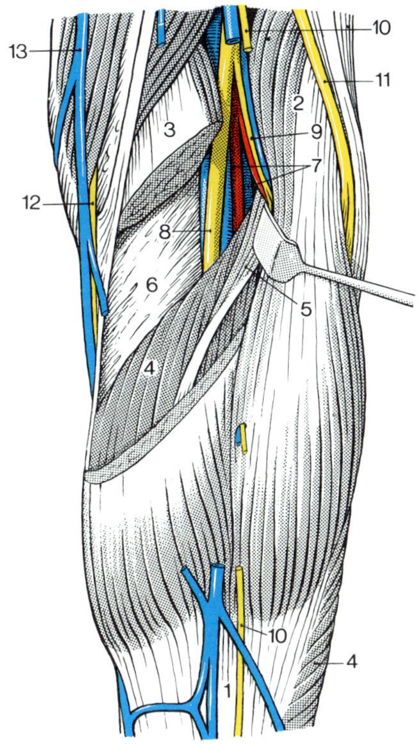

Abb. 269

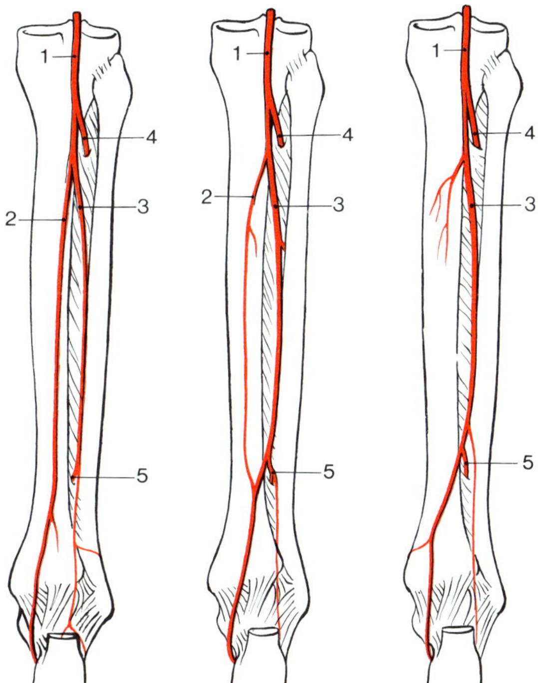

Abb. 270

Abb. 271 Regio retromalleolaris medialis 1
Die in der Subcutis gelegenen Venen und Nerven sind sichtbar, ebenso kommt das Stratum superficiale des Retinaculum mm. flexorum (Lig. laciniatum) zur Ansicht.

1 Stratum superficiale des Retinaculum mm. flexorum
2 Fascia cruris
3 V. saphena magna
4 Vv. perforantes (verbinden oberflächliche mit tiefen Venen)
5 Endzweige des N. saphenus

Abb. 272 Regio retromalleolaris medialis 2
Nach dem Entfernen der Fascia cruris, wobei das Stratum superficiale des Retinaculum mm. flexorum erhalten bleibt, werden das Stratum profundum, die Sehnen der langen Muskeln der Planta pedis, die Gefäße und die Nerven sichtbar.

1 Stratum superficiale des Retinaculum mm. flexorum
2 Stratum profundum des Retinaculum mm. flexorum
3 V. saphena magna
4 Vv. perforantes
5 Endzweige des N. saphenus
6 Achillessehne
7 Sehne des M. tibialis posterior
8 Sehne des M. flexor digitorum longus
9 M. flexor hallucis longus
10 A. tibialis posterior
11 Vv. tibiales posteriores
12 N. tibialis

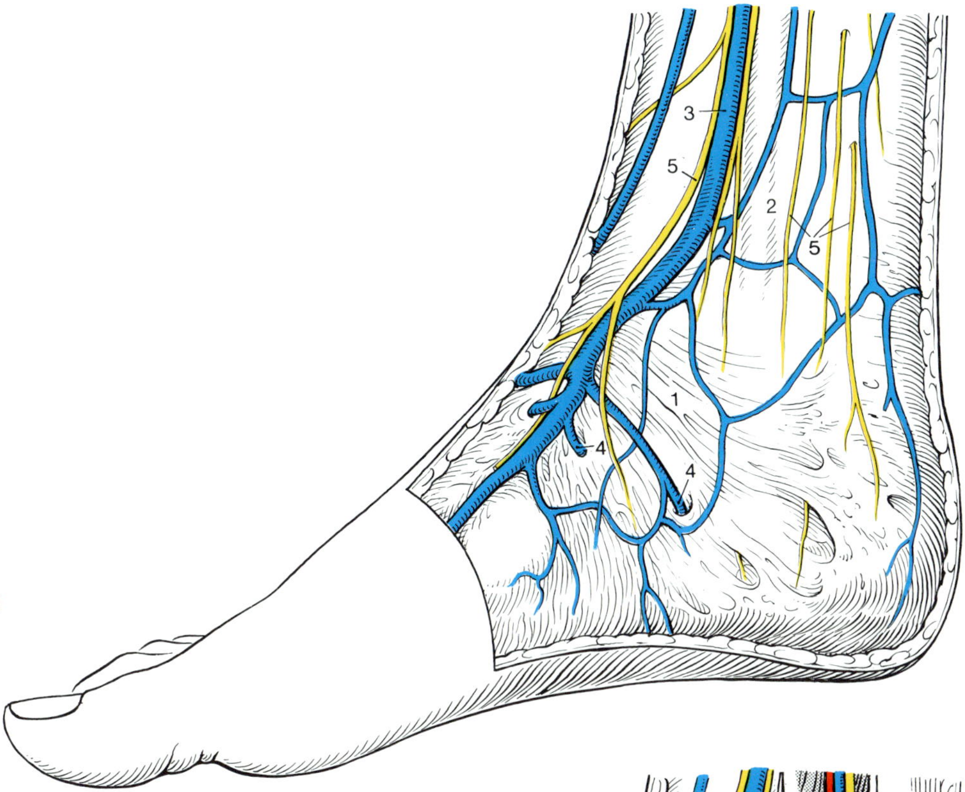

Abb. 271

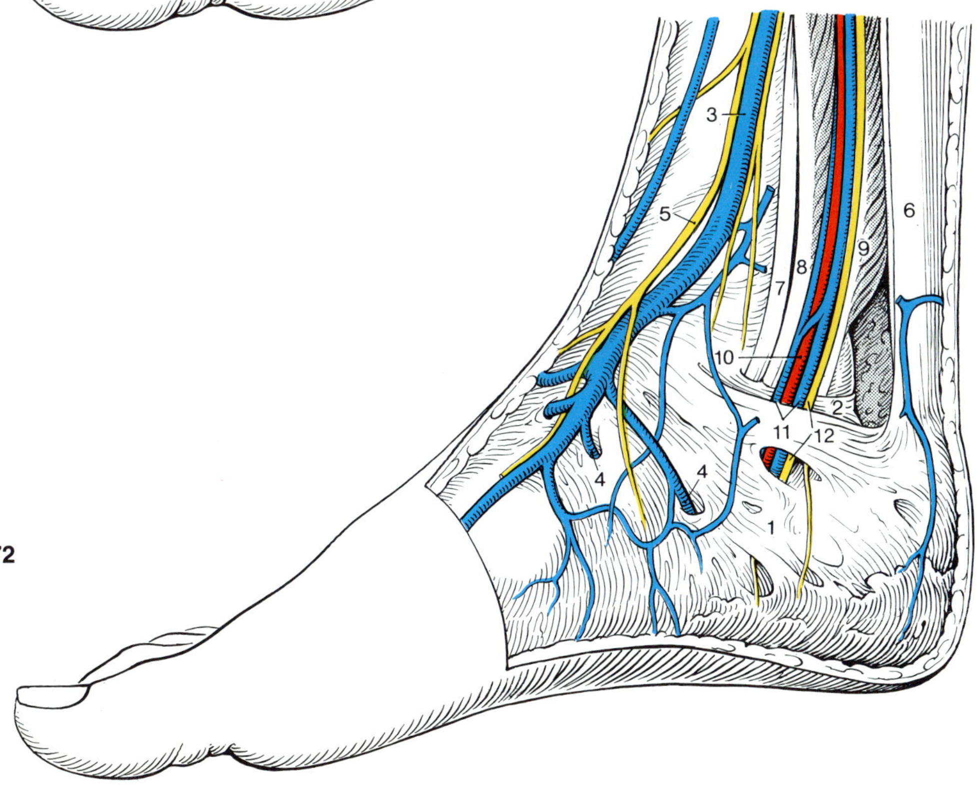

Abb. 272

Abb. 273 Regio retromalleolaris lateralis
Nach Entfernung der Haut werden die subkutanen Gebilde sichtbar. Dabei sind die in die Faszie eingelagerten Retinacula zu beachten.

1 Fascia cruris
2 Retinaculum mm. peronaeorum superius
3 Retinaculum mm. peronaeorum inferius
4 V. saphena parva
5 Rr. calcanei laterales
6 N. cutaneus dorsalis lateralis
7 Rr. calcanei
8 N. cutaneus dorsalis medialis
9 N. cutaneus dorsalis intermedius
10 Malleolus lateralis

Abb. 274 Sehnenscheiden am Dorsum pedis und im Bereich der Regio retromalleolaris lateralis
Sehnenscheiden finden sich im Bereich der Retinacula. Variationen treten kaum auf.

1 Sehnenscheide des M. tibialis anterior
2 Sehnenscheide des M. extensor hallucis longus
3 Sehnenscheide des M. extensor digitorum longus
4 Retinaculum mm. extensorum superius (Lig. transversum cruris)
5 Retinaculum mm. extensorum inferius (Lig. cruciatum cruris)
6 gemeinsame Sehnenscheide der Mm. peronaei in der Regio retromalleolaris lateralis
7 plantare Sehnenscheide des M. peronaeus longus als Fortsetzung der gemeinsamen Sehnenscheide
8 Retinaculum mm. peronaeorum superius
9 Retinaculum mm. peronaeorum inferius

Abb. 275 Sehnenscheiden im Bereich der Regio retromalleolaris medialis
Die Sehnenscheiden der beiden langen Zehenbeuger erreichen die Planta pedis.

1 Retinaculum mm. flexorum mit dem Stratum superficiale und dem Stratum profundum
2 Malleolus medialis
3 Sehnenscheide des M. tibialis posterior
4 Sehnenscheide des M. flexor digitorum longus
5 Sehnenscheide des M. flexor hallucis longus
6 Achillessehne

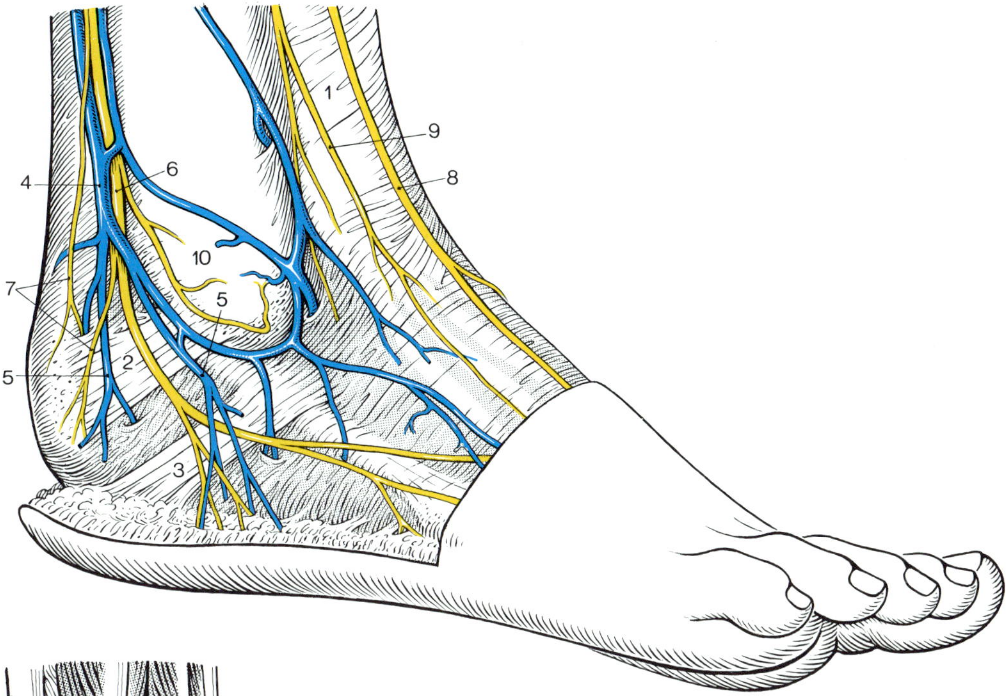

Abb. 273

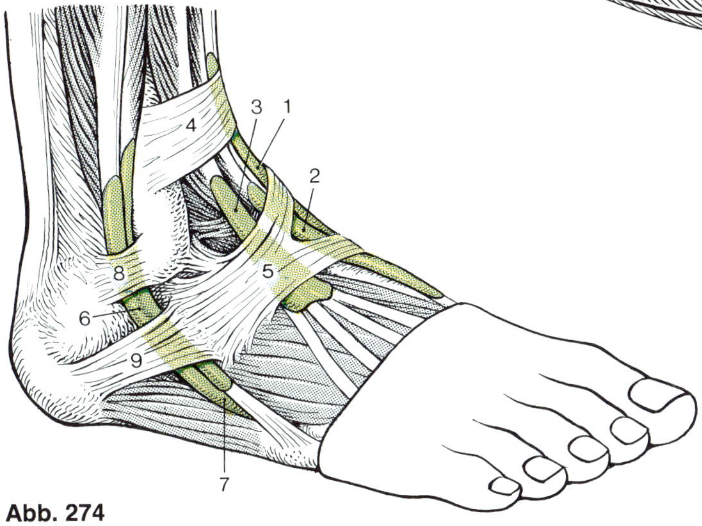

Abb. 274

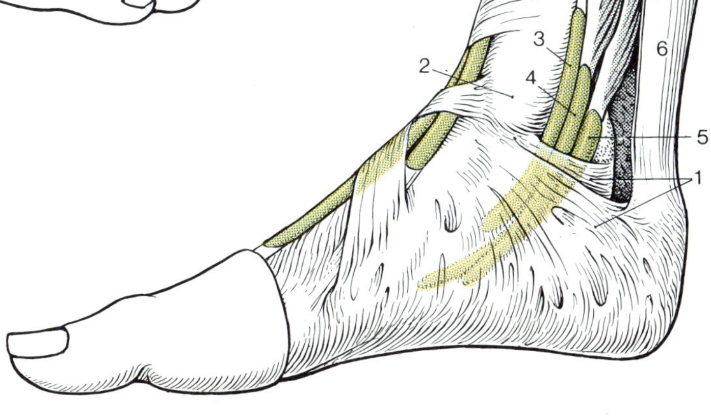

Abb. 275

Abb. 276 Dorsum pedis 1
In der Subcutis sind die oberflächlich verlaufenden Gefäße und Nerven sichtbar.

1 Rete venosum dorsale pedis
2 Arcus venosus dorsalis pedis
3 Vv. metatarseae dorsales pedis
4 Vv. perforantes
5 Vv. digitales dorsales pedis
6 V. saphena magna
7 Rete malleolare laterale
8 A. metatarsea dorsalis prima
9 N. cutaneus dorsalis medialis
10 N. saphenus
11 N. peronaeus profundus
12 Anastomose zwischen N. peronaeus profundus und N. cutaneus dorsalis medialis
13 N. cutaneus dorsalis intermedius
14 N. cutaneus dorsalis lateralis

Abb. 277 Dorsum pedis 2
Die Fascia dorsalis pedis wird unter Erhaltung des Retinaculum mm. extensorum inferius entfernt. Damit werden die A. dorsalis pedis und die Muskeln des Fußrückens sichtbar.

1 Retinaculum mm. extensorum superius
2 Retinaculum mm. extensorum inferius
3 N. cutaneus dorsalis medialis
4 N. cutaneus dorsalis intermedius
5 N. saphenus
6 V. saphena magna
7 A. dorsalis pedis
8 A. arcuata
9 Aa. metatarseae dorsales
10 Aa. digitales dorsales
11 R. plantaris profundus
12 N. peronaeus profundus
13 M. extensor digitorum longus
14 M. extensor hallucis brevis
15 M. extensor hallucis longus
16 M. tibialis anterior

Abb. 278 A–E Variationen der Arterien des Dorsum pedis (nach Lippert)

A Alle Aa. metatarseae dorsales stammen aus der A. dorsalis pedis (20%)
B Die ersten der drei Aa. metatarseae dorsales stammen aus der A. dorsalis pedis, die letzte Metatarsalarterie erhält über einen R. perforans ihr Blut von der Planta pedis (6%)
C Die A. metatarsea dorsalis prima stellt allein die Fortsetzung der A. dorsalis pedis dar, während die übrigen Metatarsalarterien von der Planta pedis ihren Zufluß erhalten (40%)
D Alle Aa. metatarseae dorsales werden von den Aa. plantares gespeist (10%)
E Die A. metatarsea dorsalis prima stammt von einer plantaren Arterie, während alle anderen Metatarsalarterien Zweige der A. dorsalis pedis sind (5%)

1 A. dorsalis pedis
2 A. arcuata
3 A. metatarsea dorsalis prima

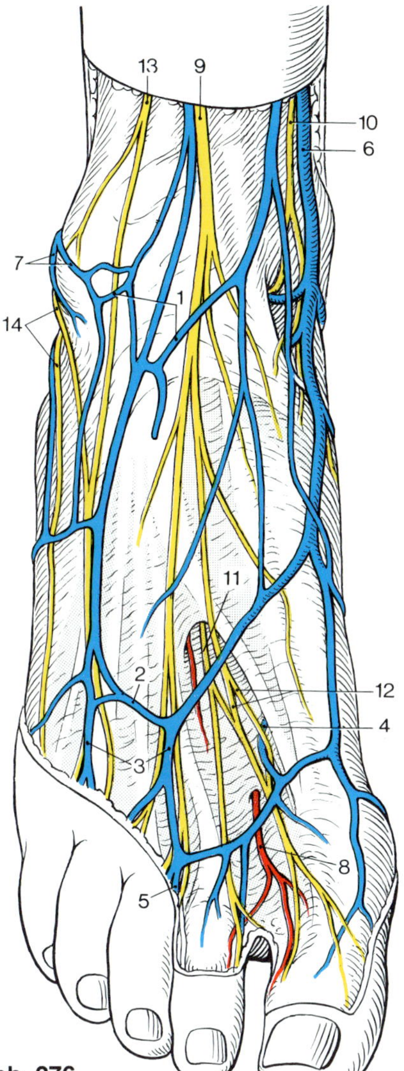

Abb. 276

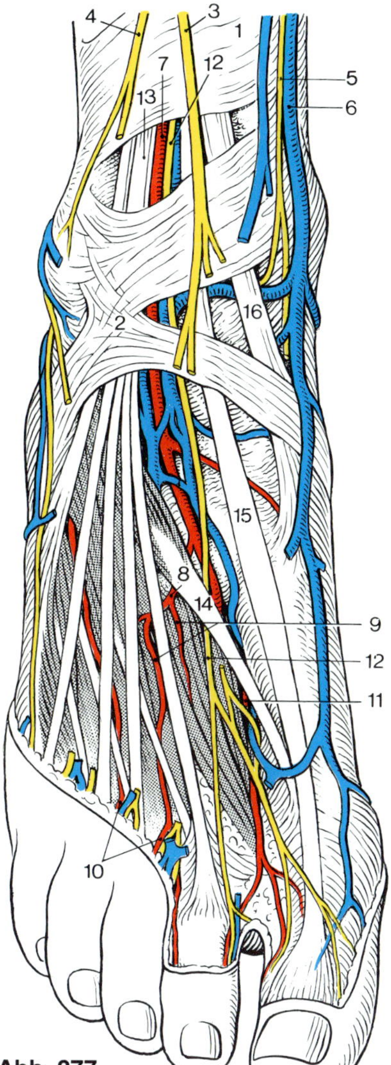

Abb. 277

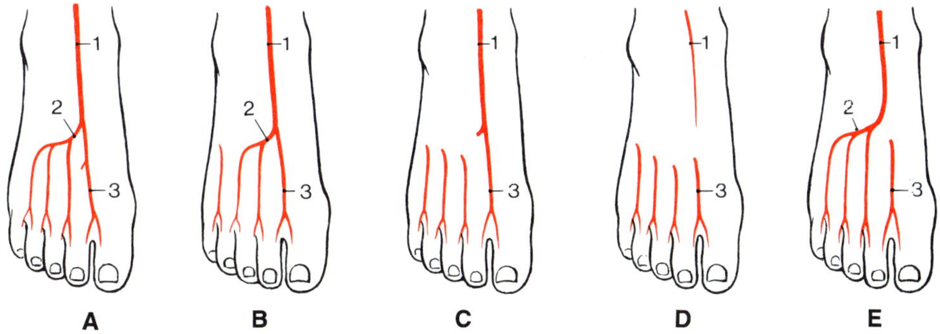

Abb. 278

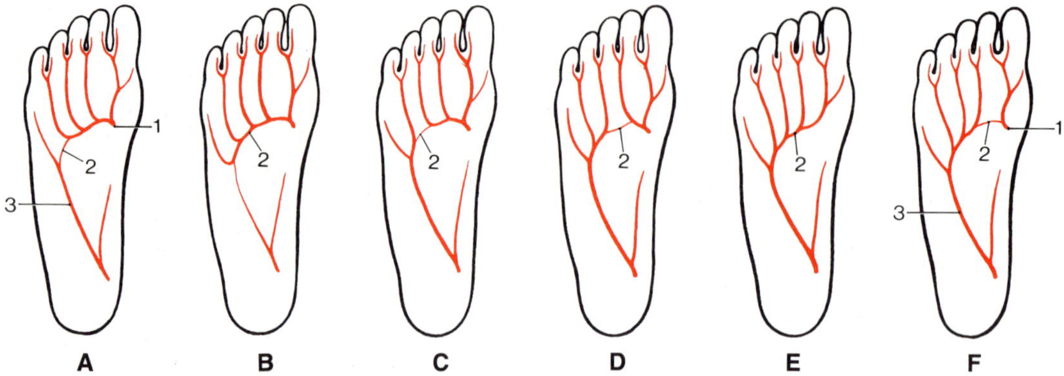

Abb. 279

Abb. 279 A–F Variationen der Arterien der Planta pedis (nach Lippert)

A Die vier Aa. metatarseae plantares erhalten das Blut über den R. plantaris profundus der A. dorsalis pedis (27%)

B Der Arcus plantaris wird vollständig vom R. plantaris profundus der A. dorsalis pedis gebildet (26%)

C Die A. metatarsea plantaris quarta wird vom R. profundus der A. plantaris lateralis gespeist (19%)

D Die dritte und vierte plantare Metatarsalarterie werden vom R. profundus der A. plantaris lateralis mit Blut versorgt (13%)

E Die vier Aa. metatarseae plantares entspringen aus dem Arcus plantaris, der nur vom R. profundus der A. plantaris lateralis gebildet wird (7%)

F Die zweite bis vierte plantare Metatarsalarterie entspringen aus dem Arcus plantaris, während die erste Metatarsalarterie aus dem R. plantaris profundus der A. dorsalis pedis stammt (6%)

1 R. plantaris profundus der A. dorsalis pedis
2 Arcus plantaris
3 R. profundus der A. plantaris lateralis

Abb. 280 Sehnenscheiden an der Planta pedis

Neben den fünf Sehnenscheiden für die Zehen finden sich drei plantare Vaginae tendinum, die den Mittelfuß erreichen.
Variationen sind, abweichend von der Hand, sehr selten.

1 Sehnenscheide des M. flexor hallucis longus
2 Sehnenscheide des M. flexor digitorum longus
3 Sehnenscheide des M. peronaeus longus
4 Vaginae synoviales digitorum pedis
5 Vaginae fibrosae digitorum pedis
6 Pars anularis vaginae fibrosae
7 Pars cruciformis vaginae fibrosae

Abb. 281 Planta pedis 1

Darstellung der Aponeurosis plantaris.

1 Aponeurosis plantaris
2 „Aa. cutaneae plantares"
3 „Vv. cutaneae plantares"
4 R. superficialis der A. plantaris medialis
5 N. digitalis plantaris proprius primus
6 Ast der A. plantaris lateralis
7 N. digitalis plantaris proprius für den Außenrand der kleinen Zehe
8 Aa. digitales plantares communes
9 Nn. digitales plantares communes
10 Aa. digitales plantares propriae
11 A. digitalis plantaris propria prima
12 Nn. digitales plantares proprii

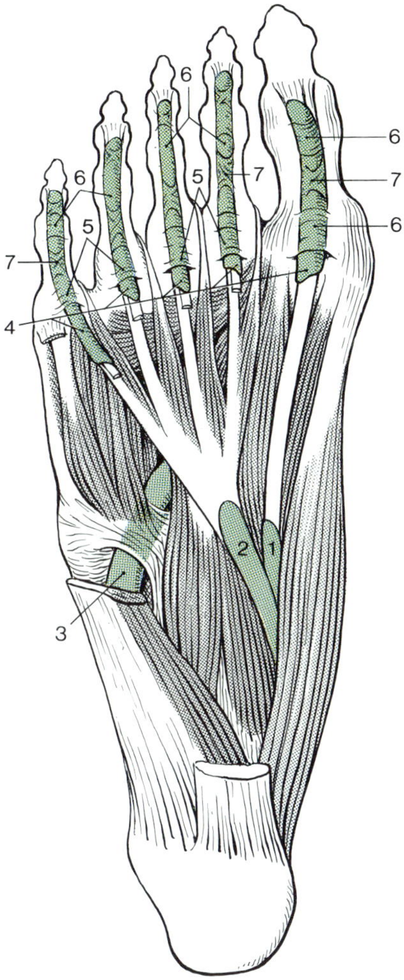

Abb. 280

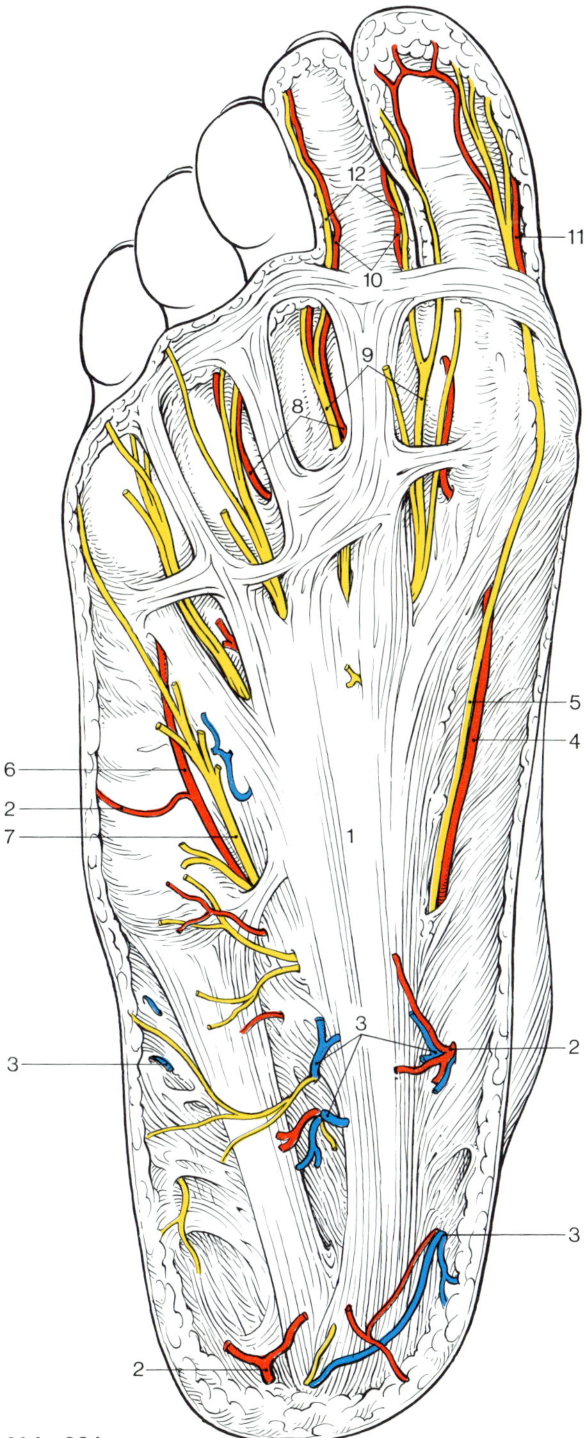

Abb. 281

Abb. 282 Planta pedis 2

Der mediale und der laterale Gefäß-Nerven-Strang der Planta pedis werden nach Entfernung der Aponeurosis plantaris und des M. flexor digitorum brevis sichtbar.

1 Schnittfläche des M. flexor digitorum brevis
2 M. abductor hallucis
3 A. plantaris medialis mit Begleitvenen
4 R. superficialis der A. plantaris medialis
5 N. plantaris medialis
6 M. flexor hallucis brevis
7 A. digitalis plantaris propria prima
8 N. digitalis plantaris proprius primus
9 Nn. digitales plantares communes des N. plantaris medialis
10 Zweige für die Mm. lumbricales
11 Nn. digitales plantares proprii
12 N. digitalis plantaris proprius für die laterale Seite der 4. Zehe vom N. plantaris medialis (selten)
13 M. abductor digiti minimi
14 N. plantaris lateralis
15 A. plantaris lateralis
16 Vv. comitantes
17 R. superficialis der A. plantaris lateralis
18 R. profundus der A. plantaris lateralis
19 Arcus plantaris
20 Aa. metatarseae plantares
21 Aa. digitales plantares communes
22 Aa. digitales plantares propriae
23 R. superficialis des N. plantaris lateralis
24 R. profundus des N. plantaris lateralis
25 M. flexor digiti minimi brevis
26 Mm. lumbricales
27 Nn. digitales plantares communes des N. plantaris lateralis
28 Nn. digitales plantares proprii
29 M. adductor hallucis

Abb. 283 Planta pedis 3

Nach Entfernung der Sehnen des M. flexor digitorum longus und des M. quadratus plantae wird das Caput obliquum des M. adductor hallucis abgetragen. Damit wird der Arcus plantaris sichtbar.

1 Sehnen des M. flexor digitorum longus (durchtrennt)
2 M. quadratus plantae (durchtrennt)
3 Sehne des M. flexor hallucis longus
4 Sehnen des M. flexor digitorum brevis (durchtrennt)
5 Mm. lumbricales (durchtrennt)
6 Caput obliquum des M. adductor hallucis (durchtrennt)
7 Caput transversum des M. adductor hallucis
8 Mm. interossei plantares
9 Os metatarsale primum
10 A. plantaris medialis mit Vv. comitantes
11 A. plantaris lateralis mit Vv. comitantes
12 R. superficialis der A. plantaris lateralis
13 R. profundus der A. plantaris lateralis
14 Arcus plantaris
15 R. plantaris profundus der A. dorsalis pedis
16 Aa. metatarseae plantares
17 Aa. digitales plantares communes
18 Aa. digitales plantares propriae
19 N. plantaris medialis
20 N. plantaris lateralis
21 R. superficialis des N. plantaris lateralis
22 R. profundus des N. plantaris lateralis

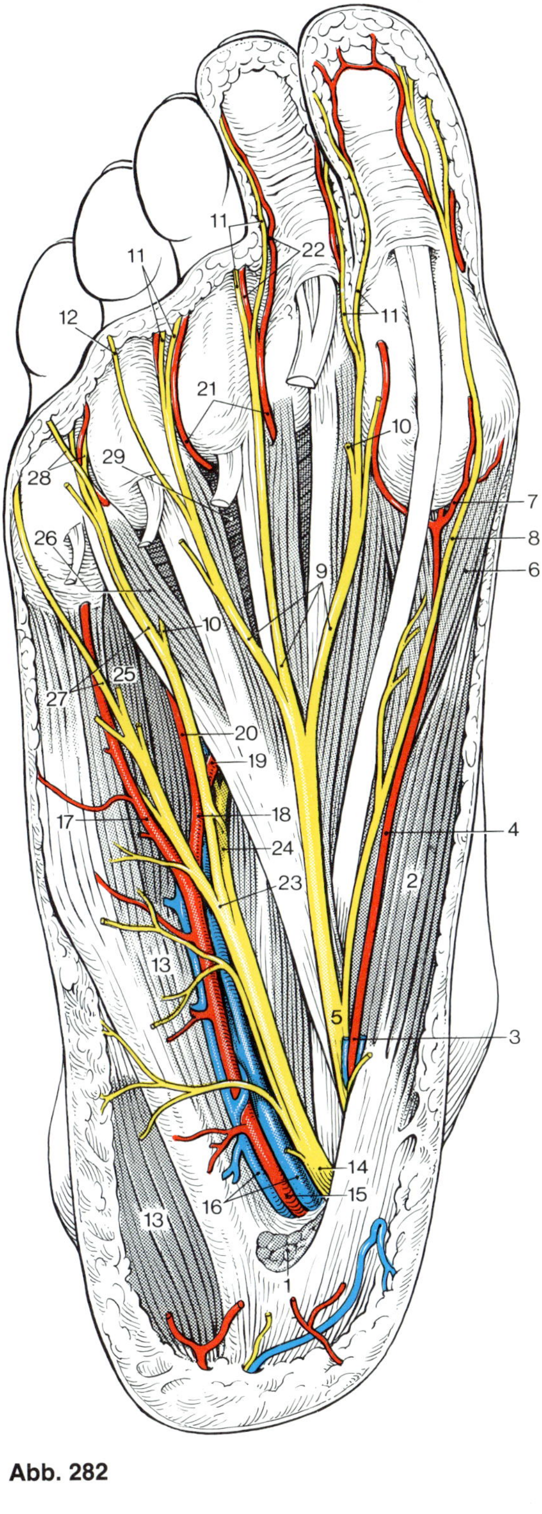

Abb. 282

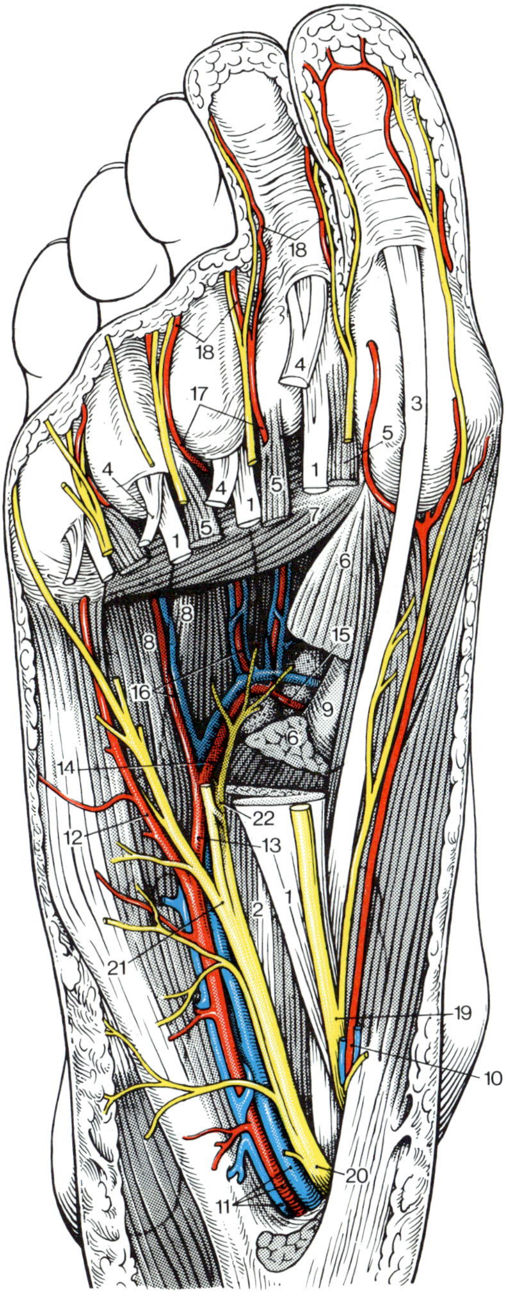

Abb. 283

Abb. 284 Schnitt durch die Hüftregion (Schnittebene s. Abb. **286**). Ansicht von distal

1 M. iliopsoas
2 Sehne des M. piriformis
3 M. glutaeus minimus
4 M. glutaeus medius
5 M. tensor fasciae latae
6 M. glutaeus maximus
7 Sehne des M. obturatorius internus
8 Mm. gemelli
9 M. quadratus femoris
10 M. obturatorius externus
11 M. pectineus
12 M. gracilis
13 M. adductor brevis
14 M. adductor longus
15 M. adductor magnus
16 M. adductor minimus
17 Sehne des M. rectus femoris
18 M. sartorius
19 M. biceps femoris
20 M. semitendinosus
21 M. semimembranosus
22 Fascia lata
23 Collum femoris
24 A. und V. glutaea superior, N. glutaeus superior
25 A. und V. glutaea inferior, N. glutaeus inferior
26 N. cutaneus femoris posterior
27 N. ischiadicus
28 N. femoralis
29 A. femoralis
30 V. femoralis
31 V. saphena magna

Abb. 285 Schnitt durch die Mitte des Oberschenkels (Schnittebene s. Abb. **286**). Ansicht von distal

1 V. saphena magna
2 Fascia lata
3 Membrana vastoadductoria
4 N. saphenus
5 A. femoralis
6 V. femoralis
7 Septum intermusculare femoris laterale
8 M. gracilis
9 M. adductor longus
10 A. profunda femoris
11 N. ischiadicus
12 Corpus femoris
13 M. adductor magnus
14 M. semimembranosus
15 M. semitendinosus
16 M. biceps femoris
17 M. rectus femoris
18 M. vastus intermedius
19 M. vastus medialis
20 M. vastus lateralis

Abb. 286 Schema der Schnittebenen

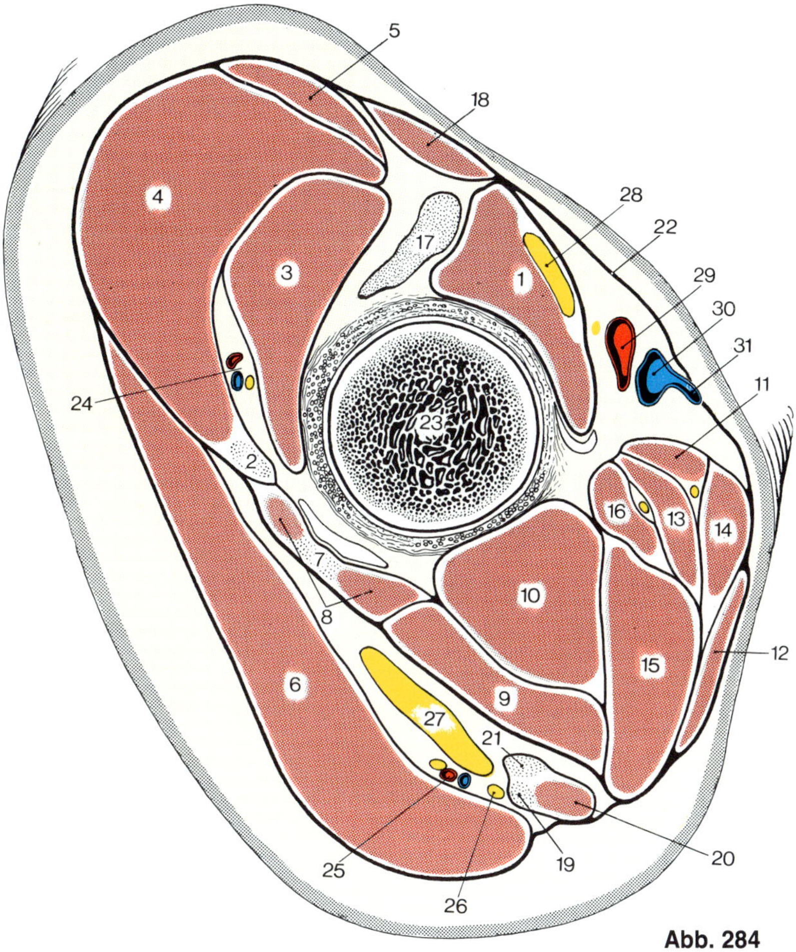

Abb. 284

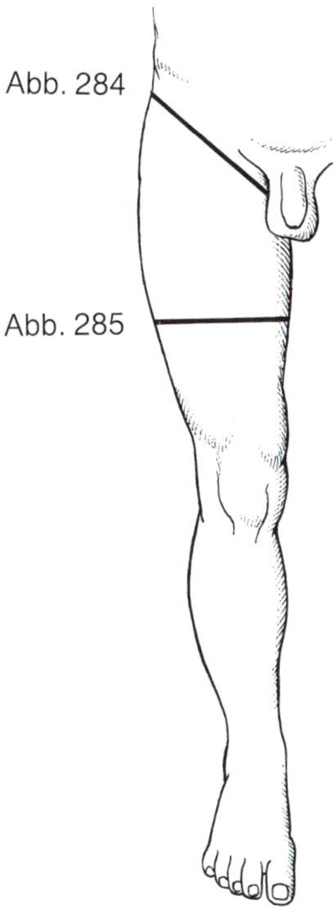

Abb. 286

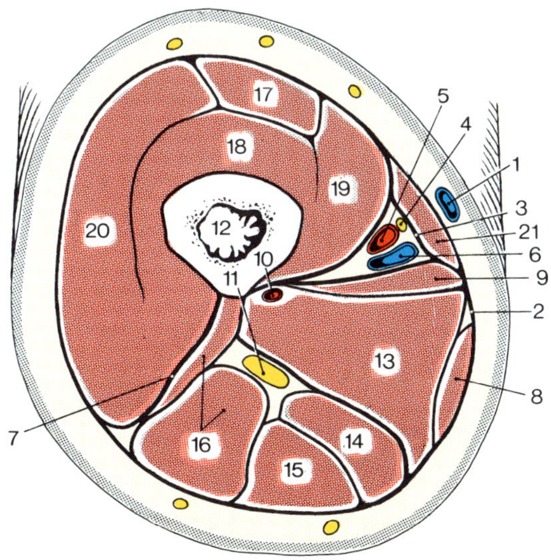

Abb. 285

Abb. 287 Schnitt durch das proximale Drittel des Unterschenkels (Schnittebene s. Abb. **290**). Ansicht von distal

1 M. tibialis anterior
2 M. extensor digitorum longus
3 M. peronaeus longus
4 Tibia
5 Fibula
6 Membrana interossea
7 M. soleus
8 M. gastrocnemius, Caput mediale und Caput laterale
9 M. plantaris
10 M. popliteus
11 Sehne des M. semitendinosus
12 Sehne des M. gracilis
13 Sehne des M. sartorius
14 Sehne des M. semimembranosus
15 V. saphena magna
16 N. saphenus
17 N. cutaneus surae lateralis
18 A. und V. poplitea
19 N. tibialis
20 N. peronaeus communis
21 V. saphena parva
22 A. und V. tibialis anterior

Abb. 288 Schnitt durch das mittlere Drittel des Unterschenkels (Schnittebene s. Abb. **290**). Ansicht von distal

1 M. tibialis anterior
2 M. extensor digitorum longus
3 M. extensor hallucis longus
4 M. peronaeus longus
5 M. peronaeus brevis
6 Membrana interossea
7 M. soleus
8 M. gastrocnemius
9 Sehne des M. plantaris
10 M. tibialis posterior
11 M. flexor hallucis longus
12 M. flexor digitorum longus
13 Tibia
14 Fibula
15 Septum intermusculare anterius cruris
16 Septum intermusculare posterius cruris
17 Fascia cruris
18 A. tibialis posterior und Vv. tibiales posteriores
19 N. tibialis
20 A. und V. peronaea
21 V. saphena magna
22 V. saphena parva
23 N. saphenus
24 N. peronaeus superficialis
25 N. peronaeus profundus
26 A. und V. tibialis anterior
27 N. suralis

Abb. 289 Schnitt durch das distale Drittel des Unterschenkels (Schnittebene s. Abb. **290**). Ansicht von distal

1 Sehne des M. tibialis anterior
2 M. extensor digitorum longus
3 M. extensor hallucis longus
4 M. peronaeus longus
5 M. peronaeus brevis
6 Achillessehne
7 Sehne des M. tibialis posterior
8 M. flexor digitorum longus
9 M. flexor hallucis longus
10 Tibia
11 Fibula
12 Syndesmosis tibiofibularis mit Lig. tibiofibulare anterius und Lig. tibiofibulare posterius
13 V. saphena parva
14 V. saphena magna
15 N. peronaeus superficialis
16 N. suralis
17 N. saphenus
18 A. tibialis anterior und Vv. tibiales anteriores
19 N. peronaeus profundus
20 A. tibialis posterior und Vv. tibiales posteriores
21 N. tibialis

Abb. 290 Schema der Schnittebenen

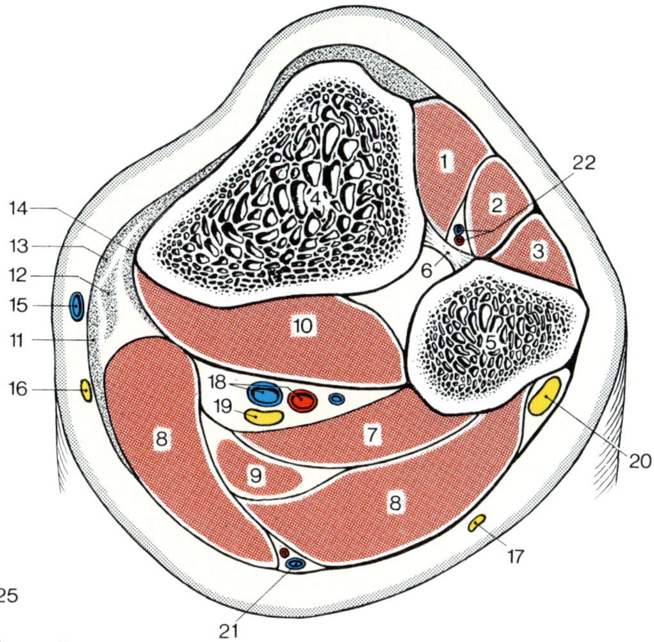

Abb. 287

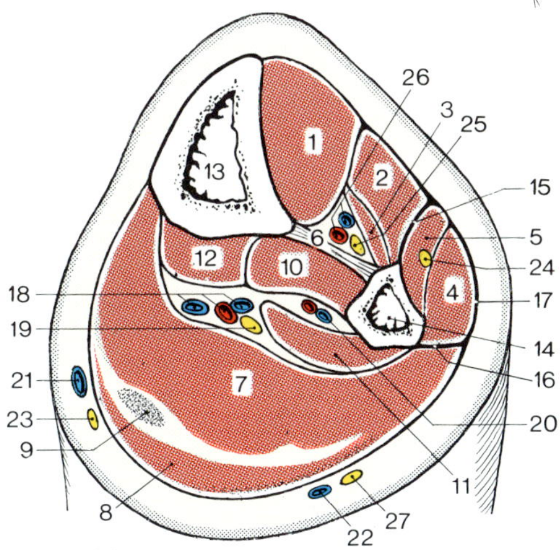

Abb. 288

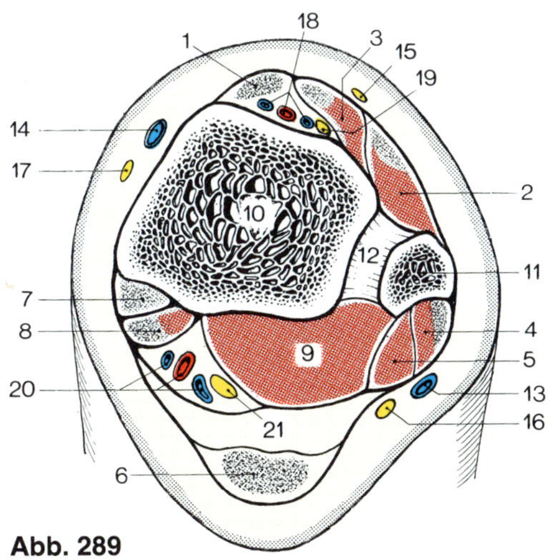

Abb. 289

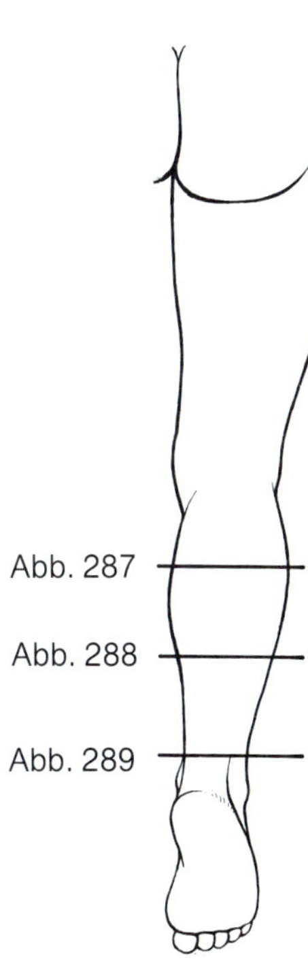

Abb. 290

Verwendete Abkürzungen

A.	= Arteria	N.	= Nervus
Aa.	= Arteriae	Nn.	= Nervi
Lig.	= Ligamentum	R.	= Ramus
Ligg.	= Ligamenta	Rr.	= Rami
M.	= Musculus	V.	= Vena
Mm.	= Musculi	Vv.	= Venae

Verwendete Eigennamen

Bartholinsche Drüse = Glandula vestibularis major. Bartholin Caspar jun., 1655–1738, Physiker, Anatom und Physiologe, Kopenhagen.

Calotsches Dreieck = Trigonum cystohepaticum. Calot Jean-Francois, 1861–1944, französischer Chirurg.

Campersche Faszie = Fascia subcutanea abdominis (alte Bezeichnung). Camper Pieter, 1722–1789, Anatom, Groningen.

Collesscher Raum = Spatium perinei superficiale. Colles Abraham, 1773–1843, Chirurg, Dublin.

Cloquetscher Knoten = Nodus lymphaticus inguinalis profundus. Cloquet Jules Germain, 1790–1883, Anatom und Chirurg, Paris.

Déjerine-Klumpkesche Lähmung = Untere Armplexuslähmung. Déjerine-Klumpke Augusta, 1859–1927, Neurologin, Paris.

Douglasscher Raum = Excavatio recto-uterina. Douglas James, 1675–1742, Anatom und Chirurg, London.

Duchenne-Erbsche Lähmung = Obere Armplexuslähmung. Duchenne Guillaume B. A., 1806–1875, Neurologe, Paris. Erb Wilhelm Heinrich, 1840–1921, Neurologe, Heidelberg.

Rosenmüllerscher Lymphknoten = Nodus lymphaticus inguinalis profundus. Rosenmüller Johann Christian, 1771–1820, Chirurg und Anatom, Leipzig.

Fascia Scarpae = Fascia superficialis femoris (alte Bezeichnung). Scarpa Antonio, 1752–1832, Anatom und Chirurg, Modena.

Virchow-Troisiersche Lymphdrüsen = Nodi lymphatici supraclaviculares sin. Virchow Rudolf, 1821–1902, Pathologe und Sozialpolitiker, Würzburg und Berlin. Troisier Charles Emile,1844–1919, Arzt, Paris.

Literatur

Lehr- und Handbücher mit weiterführender Literatur

Benninghoff, A., K. Goertller: Lehrbuch der Anatomie des Menschen, hrsg. von H. Ferner und J. Staubesand, Bd. 1–3, 10. u. 11. Aufl. Urban & Schwarzenberg, München 1975–1977

Frick, H., H. Leonhardt, D. Starck: Allgemeine und spezielle Anatomie. Taschenlehrbuch der gesamten Anatomie, Bd. 1 u. 2, 2. Aufl. Thieme, Stuttgart 1980

Gabka, J.: Injektions- und Infusionstechnik, 2. Aufl. de Gruyter, Berlin 1978

Gardner, E. J., D. Gray, R. O'Rahilly: Anatomy, 4th ed. Saunders, Philadelphia 1975

Hafferl, A.: Lehrbuch der topographischen Anatomie, 3. Aufl., hrsg. von W. Thiel. Springer, Berlin 1969

v. Hayek, H.: Normale Anatomie. In: Handbuch der Thoraxchirurgie, hrsg. von E. Derra. Bd. I. Springer, Berlin 1958 (S. 1–199)

v. Hochstetter, A., H. K. v. Rechenberg, R. Schmidt: Die intragluteale Injektion. Thieme, Stuttgart 1958

Hollinshead, W. H.: Anatomy for Surgeons. Vol. 1–3, 2nd ed., Harper & Row, New York 1968–1971

Kahle, W., H. Leonhardt, W. Platzer: Taschenatlas der Anatomie. Bd. 1–3, 3. Aufl. Thieme, Stuttgart 1979

Kyrle, E.: Fortschritte bei Eingriffen an Gallenwegen und Leber II. Teil in Chirurgische Operationslehre. Begründet von B. Breitner, hrsg. von L. Zuckschwerdt und H. Kraus, Bd. III. Urban & Schwarzenberg, München 1969

Lang, J., W. Wachsmuth: Praktische Anatomie, Bein und Statik, Bd. I/4, 2. Aufl., Springer, Berlin 1972

v. Lanz, T., W. Wachsmuth: Praktische Anatomie, Bd. I/2, Hals. Springer, Berlin 1955

v. Lanz, T., W. Wachsmuth: Praktische Anatomie, Bd. I/3, Arm, 2. Aufl., Springer, Berlin 1959

May, R.: Chirurgie der Bein- und Beckenvenen. Thieme, Stuttgart 1974

Mumenthaler, M.: Neurologische Differentialdiagnostik. Thieme, Stuttgart 1980

Netter, F. H.: Digestive System, Vol. 3/Part III. In: The Ciba collection of Medical Illustrations, ed. by E. Oppenheimer, Ciba, 1957

Pernkopf, E.: Topographische Anatomie des Menschen, Bd. I–IV. Urban & Schwarzenberg, Berlin 1937–1960

Platzer, W.: Morphologie der Kreislauforgane im Handbuch der Zoologie. Bd. 8/50, 1–106, de Gruyter, Berlin 1974

Platzer, W.: Anleitung für Präparierübungen an der ganzen Leiche, 2. Aufl., Urban & Schwarzenberg, München 1980

Reiffenstuhl, G., W. Platzer: Die vaginalen Operationen. Urban & Schwarzenberg, München 1974

Töndury, G.: Angewandte und topographische Anatomie, 5. Aufl. Thieme, Stuttgart 1981

Waldeyer, A., A. Mayet: Anatomie des Menschen, Bd. 1 u. 2, 14. Aufl. de Gruyter, Berlin 1980

Einzelarbeiten, auf die im Buch Bezug genommen

Faller, A.: Zur Kenntnis der Gefäßverhältnisse der Carotisteilungsstelle. Schweiz. med. Wschr. 76 (1946) 1156–1160

Lippert, H.: Arterienvarietäten. Klinische Tabellen. Beilage in Med. Klin. 1967–1969

Mercier, R., Ph. Fouqües, N. Portal, G. Vanneuville: Anatomie chirurgicale de la veine saphene externe. J. Chir. 93 (1967) 59

Mossman, D. A.: Structures of the Cysto-hepatic angle encountered in Cholecystectomy. Anat. Rec. 100 (1948) 698.

Mosmann, A., W. Hartwell jr.: The surgical significance of the subfascial course of the lesser saphenous vein. Surg. Gynec. Obstet. 118 (1964) 761

Platzer, W., H. Maurer: Zur Segmenteinteilung der Leber. Acta anat. 63 (1966) 8–31

Poisel, S., H. P. Spängler: Über aberrante und akzessorische Nierenarterien bei Nieren in typischer Lage. Anat. Anz. 124 (1969) 244–259

Poisel, S., H. P. Spängler: Die Verästelungstypen der Arteria renalis im Hinblick auf die arterielle Blutversorgung des Parenchyms der Niere. Ein Beitrag zum Problem der sogenannten Nierensegmente. Acta anat. 76 (1970) 516–529

Poisel, S., D. Golth: Zur Variabilität der großen Arterien im Trigonum caroticum. Wien. med. Wschr. 124 (1974) 229–232

Sirang, H.: Ursprung, Verlauf und Äste des N. saphenus. Anat. Anz. 130 (1972) 158–169

Wakeley, C. P. G.: The position of the vermiform appendix as ascertained by an analysis of 10.000 cases. J. Anat. 67 (1933) 277–283

Sachverzeichnis

A

Achillessehne 262, 264
Achsellücken 132
Angulus venosus dexter 64, 66
– – sinister 54, 68
Ansa cervicalis „profunda“ 52, 54, 62, 66
– – „superficialis“ 58
– subclavia 68
– thyroidea 66, 68
Antrum mastoideum 30
Anulus inguinalis profundus 164, 166, 210
– – superficialis 162, 164, 242
– tendineus communis 26
Aorta, Arcus aortae 94, 98, 100, 104
– – – Variationen 100
– Pars abdominalis 196
– – – Ramus uretericus 210
– – ascendens 104, 108, 114
– – descendens 114
– – thoracica 94, 110
Aponeurosis m. bicipitis brachii 138
– palmaris 142, 144
– plantaris 270, 272
Appendices epiploicae 192
Appendix vermiformis 190, 194, 208
– – Lagevariationen 190
Aquaeductus mesencephali 38, 42, 44
Arcus aortae s. Aorta
– iliopectineus 170
– palmaris profundus 146
– – superficialis 146
– – – Variationen 146
– plantaris 272
– tendineus m. levatoris ani 236
– venosus dorsalis pedis 268
– – juguli 52, 56
Arteria (-ae) alveolaris inferior 12
– angularis 4, 22
– appendicularis 192
– – Variationen 192
– arcuata 268
– – Ramus plantaris profundus 268
– auricularis posterior 8
– – profunda 12
– axillaris 80, 114, 122, 124, 126, 130, 150
– – Variationen 124
– basilaris 38, 40
– brachialis 124, 126, 130, 138, 140, 150, 152
– – superficialis 130
– – Variationen 130
– bronchiales 94, 96, 98
– buccalis 12, 14
– bulbi penis 236
– caecalis anterior 192
– – posterior 192
– callosomarginalis 36
– carotis communis 54, 62, 64, 66, 68, 100
– – externa 8, 14, 20, 54, 62, 66
– – – Variationen 62
– – interna 14, 20, 38, 40, 46, 48, 62
– – – Variationen 62
– centralis retinae 26
– cerebelli inferior anterior 40
– – – posterior 40
– – superior 38, 40
– cerebri anterior 36, 38, 40
– – media 34, 36, 38, 40
– – posterior 38, 40
– cervicalis profunda 18, 68
– – superficialis 58, 60, 66, 68
– circumflexa femoris lateralis 252
– – – medialis 252
– – humeri anterior 124
– – – communis 124
– – – posterior 124, 126, 132, 150
– – ilium profunda 212
– – – superficialis 158, 160, 162, 242, 250
– – scapulae 82, 124, 132
– colica dextra 192
– – media 192
– – sinistra 194
– collateralis media 134
– – radialis 134
– – ulnaris superior 130
– communicans anterior 38, 40
– – posterior 38, 40
– coronaria dextra 108
– – sinistra 108
– cystica 182
– – Variationen 182
– digitales dorsales manus 148
– – – pedis 268
– – palmares communes 142, 146
– – – propriae 142, 146
– – plantares communes 270, 272
– – – propriae 270, 272
– dorsalis nasi 4, 22
– – pedis 268, 272
– – – Ramus plantaris profundus 272
– epigastrica inferior 160, 166, 168, 172, 210, 212
– – superficialis 162, 164, 242, 250
– – superior 80, 160
– ethmoidalis anterior 24, 46
– – posterior 24
– facialis 4, 6, 8, 10, 12, 14, 62
– femoralis 170, 244, 250, 252
– – intraarterielle Injektion 242
– – Variationen 252
– gastrica dextra 184
– – sinistra 184, 186
– gastroduodenalis 184, 186
– genus descendens 252
– glutaea inferior 214, 248
– – superior 214, 248
– hepatica communis 184
– – propria 174, 184
– hypoglossica 48
– hypophysialis superior 40, 48
– ileocolica 192
– iliaca communis 196, 210, 214
– – externa 172, 196, 210, 212, 214
– – interna 172, 210, 212, 214
– – – Ramus uretericus 212
– iliolumbalis 172
– infraorbitalis 4, 22
– intercostales posteriores 84, 94, 98
– interossea communis 138, 152
– lacrimalis 24, 26
– labyrinthi 30, 40
– laryngea superior 52, 62, 70
– lienalis 178, 184, 186
– ligamenti teretis uteri 162
– lingualis 10, 62
– masseterica 12
– maxillaris 12, 14
– – Variationen 12
– meningea media 12, 14, 30, 34, 46
– mesencephalicae 38
– mesenterica inferior 192, 194, 210
– – superior 184, 186, 192
– metatarseae dorsales 268
– – plantares 272
– musculophrenica 110
– mylohyoidea 12
– obturatoria 212, 214
– occipitalis 16, 18
– ophthalmica 24, 26, 38, 48
– ovarica 196, 212
– palatina ascendens 10, 14

– pericardiacophrenica 96, 98, 110
– perinealis 232
– peronaea 258
– – Variationen 262
– pharyngea ascendens 14, 20
– phrenica inferior 110, 196
– – superior 110
– plantaris lateralis 272
– – medialis 272
– pontis 40
– poplitea 254, 258, 262
– – Teilungsmöglichkeiten 258
– princeps pollicis 146
– profunda brachii 126, 130, 132, 134
– – femoris 252
– pudenda externa 158, 162, 164, 242, 250
– – interna 212, 232, 234, 236, 248
– pulmonalis dextra 90, 94, 96
– – sinistra 88, 94, 98
– radialis 138, 140, 142, 146, 148, 152
– – Ramus carpeus dorsalis 148
– – – – palmaris 142, 146
– – – – superficialis 146
– rectalis inferior 232, 234, 236
– – media 210, 212
– – superior 194, 210, 212
– rectosigmoidea 194
– recurrens radialis 138
– – ulnaris 138
– renalis 196, 198
– sacralis mediana 210
– scapularis dorsalis 60, 66, 68
– sigmoideae 194, 212
– spinalis anterior 40
– – posterior 40
– sternocleidomastoidea 62
– subclavia 54, 60, 66, 68, 100, 126
– subscapularis 124
– supraorbitalis 4, 22, 24
– suprascapularis 54, 60, 68, 122
– supratrochlearis 4, 24, 26
– temporalis superficialis 4, 6, 8, 14, 28
– testicularis 166, 210
– thoracica interna 68, 80, 86, 100, 110
– – lateralis 78, 80, 124
– thoracoacromialis 122, 124, 126
– thoracodorsalis 124
– thymica 100
– thyroidea inferior 54, 66
– – – Varietäten 54
– – superior 52, 54, 62, 66
– tibialis anterior 258, 260
– – posterior 258, 264
– – – Variationen 262
– transversa colli s. Arteria scapularis dorsalis
– – faciei 4, 6, 8
– trigemina 48
– tympanica anterior 12, 14, 30, 50
– – posterior 28
– – superior 30, 50
– ulnaris 138, 140, 142, 144, 146, 152
– uterina 212, 216
– – Ramus uretericus 216
– vaginalis 216
– vertebralis 16, 18, 40, 48, 54, 66, 68, 100
– vesicalis inferior 210, 212, 216
– – superior 210, 212, 216
Arterien des Dorsum pedis 268
– – – Variationen 268
– der Planta pedis, Variationen 270
Articulatio incudomallearis 30
Atrium dextrum s. Cor
– sinistrum s. Cor
Auris media s. Mittelohr
Axilla 128

B

Becken der Frau, Mediansagittalschnitt 226
– des Mannes, Mediansagittalschnitt 226
Beckenbindegewebe 214
Beckenorgane 208, 212
– Urogenitaltrakt, Blutversorgung 216
Bifurcatio tracheae 92
Blasenpfeiler 216
Bogengänge 28
Bronchialbaum 92
Bronchus (-i) lobares 88, 90, 94
– segmentales 88, 92
– principalis dexter 92, 96
– – sinister 92, 94, 98, 114
Bruchpforte, innere 168
Brustdrüse, Lymphabflüsse 78
– Lymphknoten 78
Bulbus cornus occipitalis 36
– oculi 24
– olfactorius 38
– venae jugularis superior 42
– vestibuli 232
Bulla ethmoidalis 32
Bursa iliopectinea 170
– subdeltoidea 150
– subtendinea m. infraspinati 150
– trochanterica m. glutaei maximi 248

C

Caecum 190, 192, 194, 208
Calcar avis 36
Campersche Faszie 158, 162
Canaliculus lacrimalis inferior 22
Canalis adductorius 252
– caroticus 50
– carpi 144
– condylaris 50
– facialis 28
– femoralis 170
– hypoglossalis 50
– incisivus 50
– inguinalis 162, 164, 166
– opticus 26, 50
– semicircularis anterior 28, 30
– – lateralis 28, 30
– – posterior 28, 30
Caput pancreatis s. Pancreas
Cartilago arytaenoidea 70
– corniculata 70
– cuneiformis 70
– septi nasi 44
– thyroidea 52, 54, 56
Cava-Gallenblasen-Linie 178, 180
Cavitas epiduralis 18, 84
– pericardialis 106, 114, 116
– pleuralis 114, 116
– subarachnoidealis 18
Cavum tympani 28, 30
Cellulae ethmoidales 44
Centrum tendineum perinei 232, 234, 236
Chiasma opticum 44
Chorda a. umbilicalis 166, 168, 210, 212
– tympani 12, 14, 28, 30
Circulus arteriosus 38, 40
Cisterna chyli 196
Clavicula 58, 60
Clitoris 162, 232
Clivus 48
Cochlea 30
Colon ascendens 188, 192
– descendens 190, 194
– sigmoideum 190, 194, 208, 210
– transversum 190, 192, 194
Columnae fornicis 38
Commissura fornicis 36
Concha nasalis inferior 32
Confluens sinuum 40, 42, 46
Connexus intertendineus 148
Conus elasticus 70
Cor 106
– Apex 104
– Atrium dextrum 104, 108, 116
– Facies diaphragmatica 108
– – sternocostalis 104, 108
– Ventriculus dexter 108, 116
– – sinister 108, 116
Cornu frontale ventriculi lateralis 36, 42
– occipitale ventriculi lateralis 36, 42
– temporale ventriculi lateralis 36, 42
Corpus adiposum buccae 6
– – retrosternale 100
– amygdaloideum 44
– callosum 36
– fornicis 36
– geniculatum laterale 44
– mammae 78
– pineale 38
– spongiosum penis 236
– ventriculi s. Ventriculus
Crista transversa 30
Crus (-ra) clitoridis 162
– fornicis 36

CT-Bild, L2 204
– Th 4 112
– Th 6 112
– Th 10 200
– Th 12 202
– Becken der Frau, Höhe des Foramen ischiadicum minus 224
– – – – der Hüftgelenke 222
– – Höhe des Os occygis 220
– – des Mannes, Höhe der Hüftgelenke 218
– in Höhe des 1. Brustwirbels 72
– – des Ostium atrioventriculare sinistrum 116
– – der Rima glottidis 72
– Kopf 44

D

Deutsche Horizontale 34
Diaphragma 110, 196
– Gefäße 110
– Nerven 110
– pelvis 232, 236
– urogenitale 232, 236
Dorsale Thoraxregionen 82
Dorsum manus 120, 148
– pedis 240, 268
– – Sehnenscheiden 266
Douglasscher Raum s. Excavatio recto-uterina
Ductus choledochus 174, 176, 182, 184, 186
– cysticus 176, 182
– deferens 166, 210, 218, 220
– hepaticus accessorius 182
– – communis 176, 182
– parotideus 6
– submandibularis 10
– thoracicus 54, 68, 84, 94, 96, 110, 114, 116
Duodenum 174, 186, 190
Dura mater encephali 18
– – spinalis 18

E

Eminentia collateralis 36
– pyramidalis 28
Epiglottis 70
Excavatio recto-uterina 226
– rectovesicalis 208, 226
– vesico-uterina 226

F

Falx cerebri 36
Fascia abdominis superficialis 158, 162
– antebrachii 140, 142, 152
– axillaris 78
– brachii 128, 134
– cervicalis media 52, 58, 60
– – profunda 60
– – superficialis 52, 58
– clavipectoralis 78, 120
– cremasterica cum m. cremastere 164, 168
– cribrosa 242
– cruris 264, 266
– deltoidea 82, 134
– diaphragmatis pelvis inferior 232, 234
– – – superior 234
– – urogenitalis inferior 232, 234
– – – superior 234, 236
– dorsalis pedis 268
– glutaea 246
– lata 242, 250
– nuchae 16
– obturatoria 232, 234, 236
– pectoralis 78
– penis superficialis 234
– perinei superficialis 232, 234
– pharyngobasilaris 20
– spermatica externa 162, 164, 234
– – interna 164, 166, 168
– thoracica 82
– transversalis 160, 166, 168
– vesicalis 234
Fasciculus lateralis 122, 124, 126, 130
– medialis 122, 124, 126, 130
– posterior 122, 126
Fibrae praerectales 236
Fimbriae tubae 208
Fissura orbitalis superior 26, 50
– petrotympanica 50
Flexura duodenojejunalis 186, 190
Folium 40
Foramen (-ina) axillare laterale 132
– – mediale 132
– epiploicum 174
– infrapiriforme 248
– ischiadicum majus 248
– – minus 248
– jugulare 50
– magnum 50
– ovale 20, 50
– palatina minora 50
– palatinum majus 50
– rotundum 50
– spinosum 50
– stylomastoideum 50
– suprapiriforme 248
Fornix 36, 38
– vaginae 226
Fossa axillaris 120
– cubitalis 136
– – Variationen der subkutanen Venen 136
– infraclavicularis 120
– infratemporalis 12, 14
– inguinalis lateralis 166, 208
– – medialis 166, 208
– interpeduncularis 40
– ovarica 208
– paravesicalis 208
– poplitea 258
– retromandibularis 8, 10
– rhomboidea 40
– supravesicalis 166, 208
Foveola radialis 120, 148
Fundus meatus acustici interni 30
– ventriculi s. Ventriculus
Funiculus spermaticus 158, 162, 166, 234

G

Gallengänge, Variationen 182
Ganglion cardiacum 100
– cervicale medium 66, 68
– – superius 20, 62, 66
– ciliare 24, 26
– geniculi 30
– inferius n. vagi 20
– mesentericum inferius 196
– oticum 14
– pterygopalatinum 26
– spinale 84
– stellatum 56, 66, 68
– submandibulare 10
– trigeminale 26, 48
Gehirn, in situ von oben 34ff
Glandula bulbo-urethralis 236
– lacrimalis 22, 24, 26, 44
– mammaria (s. auch Brustdrüse) 78
– parathyroidea inferior 70
– – superior 20
– parotidea 6, 10, 64
– – accessoria 6
– submandibularis 10, 64
– suprarenalis 196
– thyroidea 20, 52, 54, 56, 70, 72
– vestibularis major 232
Glomus caroticum 20, 62
Granulationes arachnoidales 34
Gyrus angularis 34, 42
– frontalis inferior 34
– – medius 34
– – superior 34
– postcentralis 34, 42
– praecentralis 34, 42
– supramarginalis 34, 42

H

Halsrippensyndrom 68
Hepar (s. auch Leber) 188
– Lobi 174, 182
Hernia(-ae) femorales 170
– inguinalis lateralis 168
– – medialis 168
– supravesicalis 168
Hernien, Leistengegend 168
Herz s. Cor
Herzauskultationsstellen 102
Herzbeutel 104
Herzklappen 102
Herzkranzgefäße 108
Herzostien 102
Herzprojektionsstellen 102
Hiatus basilicus 128, 136

– canalis n. petrosi majoris 50
– – – – minoris 50
– saphenus 244, 250
– semilunaris 32
– tendineus adductorius 254
Hilum der linken Lunge 88, 94, 98
– der rechten Lunge 90, 94, 96
Hippocampus 36, 44

I

Ileum 190, 192, 194
Impressio trigemini 48
Incus 28
Infundibulum ethmoidale 32
Innenohr 30

J

Jejunum 190, 192, 194

K

Kleinhirnoberfläche 40
Koniotomie 56
Kraniozerebrale Topographie 42
Krönlein 34

L

Labium minus pudendi 232
Lacuna(-ae) laterales 34
– musculorum 170
– vasorum 170
Lamina affixa 36
– cribrosa o. ethmoidalis 50
– praetrachealis fasciae cervicalis s. Fascia cervicalis media
– praevertebralis fasciae cervicalis s. Fascia cervicalis profunda
– spiralis ossea 30
– – secundaria 30
– superficialis fasciae cervicalis s. Fascia cervicalis superficialis
Larynx 56, 70
Leber (s. auch Hepar), arterielle Versorgung 184
– Blutabfluß 180
– Hilum 182
Leberfeld 188
Leberpforte 182
Leistenbrüche s. Hernien
Leistenkanal s. Canalis inguinalis
– der Frau, Inhalt 162
Levatortor 236
Lien 174, 184, 186
Ligamentum anococcygeum 226, 232, 234, 236
– arcuatum laterale 172
– – mediale 172
– arteriosum 98, 100, 104, 106
– cardinale 216
– cricothyroideum 54, 56
– denticulatum 18, 40, 46
– falciforme 188
– fundiforme clitoridis 162
– – penis 162
– gastrocolicum 174, 188
– gastrolienale 174
– hepatoduodenale 174
– hepatogastricum 174
– inguinale 164, 170
– laciniatum 266
– lacunare 170
– latum uteri 208
– ovarii proprium 208, 212
– palpebrale (mediale) 22
– phrenicocolicum 186
– pubovesicale 226
– reflexum 164, 166
– recto-uterinum 216
– sacrospinale 248
– sacrotuberale 248
– sphenomandibulare 12
– stylohyoideum 14
– suspensorium ovarii 208
– – penis 158, 162
– teres hepatis 174, 182, 188
– – uteri 162, 208, 212
– venosum 182
– vesico-uterinum 216
– vestibulare 70
– vocale 70
Linea arcuata 160
Lobi pulmonis 86, 88, 90, 92, 94
Lunge 114, 116
Lungenlappen s. Lobi pulmonis
Lungensegmente s. Segmente, bronchopulmonale
Lymphabflüsse des Oberarmes 128
– der Regio sternocleidomastoidea 64
– des Trigonum submandibulare 64
Lymphknoten (s. auch Nodi lymphatici) 128
– der Axilla 128
– des Oberschenkels 250
– der Regio sternocleidomastoidea 64
– – thyroidea 54
– des Trigonum submandibulare 64
– des Uterus 214
– der Vagina 214

M

Magen (s. auch Ventriculus), Lymphknoten 178, 186
Magenfeld 188
Margo falciformis 244
Meatus acusticus externus 28
– nasi inferior 32
– – medius 32
– – superior 32
Mediastinum 86, 94, 96, 98, 100
– Einteilung 86
– Grenzen 86
Medulla spinalis 18
Membrana thyrohyoidea 52
– tympani 28, 30
Membrana vasto-adductoria 252
Mesenterium 190
Mesoappendix 190, 194
Mesocolon transversum 174, 190
Mesosalpinx 208
Mesosigmoideum 190
Mesovarium 208
Milz s. Lien
Mittelohr 30
Musculus (-i) abductor digiti minimi manus 146
– – – – pedis 272
– – hallucis 272
– – pollicis brevis 146
– – – longus 152
– aconaeus 152
– adductor hallucis 272
– – longus 252
– – magnus 246, 248, 254
– – minimus 246
– – pollicis 146
– arytaenoideus obliquus 70
– – transversus 70
– biceps brachii 126, 130, 138, 150
– – femoris 254, 258
– brachialis 138, 150
– brachioradialis 138, 140, 152
– buccinator 8, 12, 14
– bulbospongiosus 232, 234, 236
– coccygeus 234, 236
– constrictor pharyngis inferior 20
– – – medius 20
– – – superior 14, 20
– coracobrachialis 124, 150
– cremaster 164
– cricoarytaenoideus posterior 70
– cricothyroideus 52, 54, 56
– deltoideus 78, 82, 120, 132, 150
– digastricus 10, 62
– extensor carpi radialis brevis 152
– – – ulnaris 152
– – digiti minimi 152
– – digitorum 152
– – – longus 260, 268
– – hallucis brevis 268
– – – longus 260, 268
– – indicis 152
– – pollicis brevis 152
– – – longus 152
– flexor carpi radialis 140, 142, 144, 152
– – – ulnaris 140, 142, 152
– – digiti minimi brevis (manus) 146
– – – – – (pedis) 272
– – digitorum longus 264
– – – profundus 152
– – – superficialis 140, 144, 152
– – hallucis brevis 272
– – – longus 264
– – pollicis brevis 142, 146
– – – longus 142, 152
– gastrocnemius 254, 262
– gemellus inferior 248

– – superior 248
– geniohyoideus 10
– glutaeus maximus 246, 248, 254
– – medius 248
– – minimus 248
– gracilis 254
– hyoglossus 10, 62, 64
– iliacus 172
– iliococcygeus 236
– iliopsoas 170, 252
– infraspinatus 150
– intercostales externi 80
– – interni 80
– interossei dorsales manus 146
– – palmares manus 146
– – plantares 272
– ischiocavernosus 232, 234, 236
– latissimus dorsi 82, 124, 132, 150
– levator ani 232, 234, 236
– – – Fibrae praerectales 236
– – palpebrae superioris 22, 24
– – scapulae 60, 68
– levatores costarum 84
– longus colli 68
– lumbricales manus 146
– – pedis 272
– masseter 4, 8
– mylohyoideus 10, 64
– obliquus bulbi inferior 22, 26
– – – superior 22, 24, 26
– – capitis inferior 16
– – – superior 16
– – externus abdominis 160
– – internus abdominis 164, 168
– obturatorius externus 236
– – internus 236, 248
– omohyoideus 52, 60, 64
– opponens digiti minimi 146
– – pollicis 146
– orbicularis oculi 4
– palmaris brevis 142
– – longus 140, 152
– pectineus 252
– pectoralis major 78, 80, 122, 126, 150
– – minor 80, 122, 126
– peronaeus brevis 260
– – longus 260
– – tertius 260
– piriformis 248
– plantaris 262
– popliteus 258
– pronator quadratus 142
– – teres 138, 140, 152
– psoas major 172, 196
– pterygoideus lateralis 12
– – medialis 12
– pubococcygeus 236
– puborectalis 236
– pyramidalis 160
– quadratus femoris 248
– – lumborum 172
– quadriceps femoris 252
– recto-uterinus 216
– rectus abdominis 80, 160
– – bulbi inferior 26
– – – lateralis 24, 26, 44
– – – medialis 24, 26, 44
– – – superior 24, 26
– – capitis posterior major 16
– – – – minor 16
– sartorius 252
– scalenus anterior 54, 60, 64, 66, 68, 126
– – medius 54, 60, 66, 68
– – posterior 60, 66, 68
– semimembranosus 246, 254, 258
– semispinalis capitis 16, 18
– semitendinosus 246, 254
– serratus anterior 80, 124
– soleus 262
– sphincter ani externus 232, 234, 236
– splenius capitis 16
– – cervicis 60
– stapedius 28
– sternocleidomastoideus 16, 20, 52, 60
– sternohyoideus 52
– stylohyoideus 14, 64
– subclavius 80
– subscapularis 124, 150
– supinator 138, 140, 152
– supraspinatus 150
– suspensorius duodeni 186
– tarsalis superior 22
– temporoparietalis 28
– tensor tympani 30
– – veli palatini 14
– teres major 82, 132, 150
– – minor 82, 132, 150
– thyrohyoideus 52
– tibialis anterior 260, 268
– – posterior 264
– transversus abdominis 166
– – perinei profundus 234, 236
– – – superficialis 232, 234
– trapezius 16, 58, 60, 82
– triceps brachii 130, 132, 134, 150
– – surae 262

N

Nasennebenhöhlen 32
Nebenniere s. Glandula suprarenalis
Nervus(-i) abducens 24, 26, 38, 40, 46, 48
– accessorius (s. auch Ramus externus n. accessorii) 20, 40, 46, 48
– alveolaris inferior 12, 14
– ampullaris posterior 30
– auricularis magnus 6, 8, 10, 58
– – posterior 8
– auriculotemporalis 4, 6, 8, 12, 14, 28
– axillaris 124, 126, 132, 150
– buccalis 8, 12, 14
– cardiacus cervicalis inferior 68
– – – superior 68
– ciliares breves 24, 26
– – longi 24, 26
– clunium inferiores 234, 246, 248
– – medii 246
– – superiores 246
– cochlearis 30
– cutaneus antebrachii lateralis 136, 138, 140, 152
– – – medialis 124, 126, 128, 130, 134, 136, 138, 140, 150, 152
– – – posterior 152
– – brachii lateralis inferior 134
– – – – superior 132, 134
– – – medialis 124, 126, 128
– – dorsalis intermedius 266, 268
– – – lateralis 262, 266, 268
– – – medialis 266, 268
– – femoris lateralis 170, 172, 196, 250
– – – posterior 246, 248, 254
– – – – Rami perineales 234
– – surae medialis 256, 258, 262
– digitales palmares communes 142, 146
– – – proprii 142, 146
– – plantares communes 270, 272
– – – proprii 270, 272
– dorsalis scapulae 60, 126
– ethmoidalis anterior 24, 46
– – posterior 24
– facialis 8, 10, 12, 14, 20, 28, 30, 40, 46, 48
– femoralis 170, 172, 212, 252
– – Rami cutanei anteriores 244, 250
– frontalis 22, 24, 26
– genitofemoralis 166, 172, 212
– – Ramus femoralis 250
– glossopharyngeus 10, 20, 40, 46, 48
– glutaeus inferior 248
– – superior 248
– hypogastricus 194, 210, 212
– hypoglossus 10, 20, 46, 52, 66
– iliohypogastricus 158, 162, 164, 172, 196, 246
– ilioinguinalis 162, 164, 166, 172, 196, 210, 242, 250
– infraorbitalis 4, 22, 26
– infratrochlearis 22, 24, 26
– intercostales 158, 160
– intercostobrachiales 78, 124, 128
– ischiadicus 246, 248, 254
– lacrimalis 4, 24, 26
– laryngeus recurrens 52, 54, 56, 66, 68, 70, 96, 98, 100, 104
– – – Lagevarianten 54
– – superior 20, 52, 54, 70
– lingualis 10, 12, 14
– mandibularis 12, 26, 48, 50
– maxillaris 12, 26, 48, 50
– medianus 124, 126, 130, 138, 140, 142, 144, 146, 150, 152
– – Lagevariationen 138
– – Ramus palmaris 140, 142
– mentalis 4
– m. tensoris veli palatini 14

– musculocutaneus 124, 126, 150
– mylohyoideus 10, 12
– nasalis externus 4
– nasociliaris 24, 26
– obturatorius 172, 210
– – Ramus superficialis 252
– occipitalis major 16, 18
– – minor 16, 18, 58
– – tertius 16, 18
– oculomotorius 24, 26, 38, 40, 46, 48
– ophthalmicus 26, 48
– opticus 24, 26, 38, 40, 44, 46
– pectorales 122, 126
– petrosus major 30, 46, 48
– – minor 30, 46, 48
– perinealis 232, 234
– peronaeus communis 254, 258, 262
– – – Ramus communicans peronaeus 262
– – profundus 260, 268
– – superficialis 260
– phrenicus 60, 66, 68, 96, 98, 100, 104, 110
– plantaris lateralis 272
– – medialis 272
– pterygoideus medialis 14
– pudendus 232, 234, 236, 248
– radialis 124, 126, 130, 132, 134, 138, 140, 150, 152
– – Ramus profundus 140
– – – superficialis 140, 142, 148
– rectalis inferior 232, 234
– saccularis 30
– saphenus 252, 256, 260, 262, 264, 268
– – Variationen 252
– splanchnici lumbales 196
– – pelvini 212
– splanchnicus major 94, 98, 110
– stapedius 28
– subcostalis 172, 196
– suboccipitalis 16, 18
– subscapularis 124
– supraclaviculares 58
– supraorbitalis 4, 22, 24, 26
– suprascapularis 60, 68, 122, 126
– supratrochlearis 4, 22, 26
– suralis 262
– temporales profundi 12
– thoracicus longus 60, 68, 124, 126
– thoracodorsalis 114, 124, 126
– tibialis 254, 258, 262, 264
– transversus colli 58
– trigeminus 38, 40, 46, 48
– – Druckpunkte 4
– trochlearis 24, 26, 38, 40, 46, 48
– ulnaris 124, 126, 130, 138, 140, 142, 146, 150, 152
– – Ramus dorsalis 148
– – – palmaris 140, 142
– – – profundus 146
– – – superficialis 146
– utriculoampullaris 30
– vagus 14, 20, 40, 46, 48, 54, 56, 62, 66, 68, 94, 96, 98, 100, 104, 110
– vestibularis 30
– vestibulocochlearis 40, 46, 48
– zygomaticus 26
Niere 196
– Blutversorgung, Varietäten 198
Nierensegmente s. Segmente, renale
Nodus(-i) lymphaticus (-i) axillares 78, 128
– – bronchopulmonales 90, 94
– – „cardiae" 178
– – cavales laterales 196
– – cervicales profundi 60
– – – superficiales 58
– – coeliaci 178, 196
– – colici 192
– – cubitales superficiales 128, 136
– – gastrici 178
– – gastromentales 178
– – glutaeales inferiores 214
– – – superiores 214
– – hepatici 178
– – ileocolicus 192
– – iliaci communes laterales 214
– – – – mediales 194, 214
– – – externi laterales 210, 214
– – – – mediales 214
– – infraclaviculares 78, 128
– – infrahyoideus 54, 64
– – inguinales profundi 170, 244, 250
– – – superficiales 162, 164, 242, 250
– – interiliaci 214
– – interpectorales 78
– – jugulares 54, 64
– – jugulodigastrici 64
– – jugulo-omohyoideus 58, 64
– – lienales 178
– – mastoidei 58
– – mediastinales 54, 64
– – mesenterici 192
– – – inferiores 194
– – – superiores 178
– – occipitales 16, 58
– – pancreatici superiores 178
– – paramammarii 78, 128
– – parasternales 78
– – paratracheales 54, 96
– – parotidei 6, 58
– – popliteales 250
– – praeaortici 194, 196, 214
– – praelaryngeales 54, 64
– – retropharyngeales 14, 64
– – sacrales 214
– – submandibulares 64
– – submentalis 10, 58
– – subpylorici 178
– – supraclaviculares 78
– – tracheobronchiales 114
Nucleus caudatus 38
– ruber 38, 44

O

Oberbauchorgane 174, 186
Oesophagus 56, 68, 70, 94, 96, 110, 116
– Pars abdominalis 184
Omentum majus 188, 190
– minus 174
Orbita, von oben 24
– von der Seite 26
Os capitatum 144
– hamatum 144
– hyoideum 62
– lunatum 144
– pisiforme 144
– scaphoideum 144
– trapezium 144
– trapezoideum 144
– triquetrum 144
Ostium aortae 102
– atrioventriculare dextrum 102
– – sinistrum 102
– trunci pulmonalis 102
– urethrae externum 232
Ovarium 208, 212, 226

P

Palma manus 120, 142, 146
Pancreas 174, 186
Paracervix 216
Pars cardiaca ventriculi s. Ventriculus
– centralis ventriculi lateralis 36, 42
– laryngea pharyngis 70
– opercularis gyri frontalis inferioris 42
– oralis pharyngis 70
– pylorica ventriculi s. Ventriculus
– superior duodeni s. Duodenum
Pedunculus cerebellaris caudalis 40
cranialis 40
– – medius 40
– cerebri 40, 44
Pericardium 96, 98, 100
– Umschlagstellen 106
Pfortaderäste, Unterbindung 178
Pfortadersegmente 180
Planta pedis 240, 270, 272
Pleura costalis 86
– diaphragmatica 86
– mediastinalis 86
Pleuraumschlagstellen, Variationen 86
Plexus basilaris 42, 46, 48
– brachialis 54, 60, 126
– cardiacus 100
– choroideus ventriculi lateralis 36
– coeliacus 196
– hypogastricus inferior 210
– – superior 194, 196, 210, 212
– mesentericus inferior 194, 196
– – superior 196
– oesophageus 94, 158
– pampiniformis 166, 210

- parotideus 6, 8
- pelvinus 212
- rectalis 158
- thyroideus impar 52, 54
- uterovaginalis 212
- venosus canalis hypoglossalis 48
- – suboccipitalis 18
- – vertebralis externus 84
- – – internus 18, 84
- vesicalis 212

Plica aryepiglottica 70
- duodenalis inferior 190
- – superior 190
- epigastrica s. Plica umbilicalis lateralis
- gastropancreatica 174
- hepatopancreatica 174
- recto-uterina 208
- umbilicalis lateralis 208
- – medialis 188, 208
- – mediana 188, 208
- vesicalis transversa 208
- vestibularis 70
- vocalis 70

Portokavale Anastomosen 158
Porus acusticus internus 50
Prostata 226, 236
Punctum nervosum 58
Putamen 36, 38

R

Radix inferior ansae cervicalis profundae 62, 66
- oculomotoria 26
- superior ansae cervicalis profundae 20, 52, 62, 66

Ramus(-i) bronchiales n. vagi 94, 96, 98
- buccales 4, 6, 8
- cardiacus cervicalis inferior 66
- – – superior 66
- colli n. facialis 6, 8, 58
- communicans cum nervo zygomatico 26
- cutanei anteriores n. femoralis s. Nervus femoralis
- externus n. accessorii 58, 62, 68
- femoralis n. genitofemoralis s. Nervus genitofemoralis
- interventricularis anterior 108
- mammarii laterales 78
- – mediales 78
- marginalis mandibulae 4, 6, 8
- nasalis externus 22
- oesophageales aortae 94
- palmaris n. mediani s. Nervus medianus
- – – ulnaris s. Nervus ulnaris
- pharyngei n. glossopharyngei 20
- – – vagi 20
- profundus n. radialis s. Nervus radialis
- sinus carotici 20, 62
- superficialis n. obturatorii s. Nervus obturatorius
- – – radialis s. Nervus radialis
- temporales 4, 6, 8
- tentorii 48
- thyrohyoideus 52, 62, 66
- zygomatici 4, 6, 8

Raphe pharyngis 20
- pterygomandibularis 12, 14

Recessus cochlearis vestibuli 30
- duodenalis inferior 190
- – superior 190
- intersigmoideus 190
- piriformis 70
- spheno-ethmoidalis 32

Rectum 190, 194, 208, 210, 212, 226

Regio(-nes) abdominalis 156
- analis 230
- antebrachialis anterior 120, 140, 142
- – posterior 120
- axillaris 120, 124
- brachialis anterior 120, 128, 130
- – posterior 120, 134
- calcanea 240
- capitis 2
- cervicales 2
- cervicalis lateralis 2, 58, 60
- coxae 156
- cruralis anterior 240, 260
- – posterior 240, 262
- cubitalis anterior 120
- – posterior 120
- deltoidea 120
- epigastrica 156
- faciales 2, 4
- femoralis anterior 230, 240, 252
- – posterior 230, 240, 254
- genus anterior 240
- – posterior 240, 256, 258
- glutaealis 156, 230, 240, 248
- – intraglutäale Injektion 246
- hypochondriaca 156
- inguinalis 162, 164, 166
- lumbalis 156
- mediana cervicalis 2, 52
- nuchalis 2, 16
- occipitalis 2, 16
- orbitalis 2, 22
- perinealis 230, 234, 236
- pubica 156, 230
- retromalleolaris lateralis 240, 266
- – – Sehnenscheiden 266
- – medialis 264
- – – Sehnenscheiden 266
- sacralis 156
- scapularis 120
- sternocleidomastoidea 2, 64
- subinguinalis 156, 240, 242, 244
- thyroidea 54, 56
- – Lymphabflüsse 54
- umbilicalis 156
- urogenitalis 230, 234
- vertebralis 156

Region, paravertebrale, Lendenbereich 172

Regionen, Abdomen 156, 158, 160
- Dammbereich 230
- Genitalbereich 230
- Gesäßgegend 156
- Kopf und Hals 2
- obere Extremität 120
- Rücken im Lendenbereich 156
- Thorax 76
- untere Extremität 240
- vordere Thoraxwand 78, 80

Rektumpfeiler 216
Rektusscheide s. Vagina m. recti
Rete malleolare laterale 268
- venosum dorsale manus 148
- – – pedis 268

Retinaculum extensorum 148, 152
- flexorum 144, 146
- musculi extensorum inferius 266, 268
- – – superius 266, 268
- – flexorum 264, 266
- – peronaeorum inferius 266
- – – superius 266

Retroperitoneum 196

S

Saccus endolymphaticus 30, 46
- lacrimalis 22

Scalenus-anticus-Syndrom 68
Scalenuslücke 60
Schädelbasis 50
- Arterienvarietäten 48
- Durchtrittstellen der Gefäße und Nerven 50
- Sinus durae matris 46

Schenkelbrüche 170
Schenkelpforten 170
Schnitt durch die Hüftregion 284
- durch Mitte des Oberarmes 150
- – des Oberschenkels 284
- durch Schultergegend 150

Schnitte durch Unterarm 152
- durch Unterschenkel 286

Segmente, bronchopulmonale 92
- renale 198

Sehnenscheiden der Palma manus 144, 146
- – – Variationen 144
- Planta pedis 270

Seitenventrikel 36
Seitliche Gesichtsregionen 6
- Halsregion, Lymphknoten, Lymphabfluß 58

Septum femorale 170
- orbitale 20
- pellucidum 36
- supravaginale 226

Sinus caroticus 62
- cavernosus 42, 46, 48
- durae matris 42, 46
- ethmoidales 32
- frontalis 32
- intercavernosus anterior 46, 48
- – posterior 46, 48
- marginalis 46
- maxillaris 32

– obliquus pericardii 106
– occipitalis 42, 46
– paranasales s. Nasennebenhöhlen
– petrosus inferior 42, 46
– – superior 38, 40, 42, 46
– rectus 42, 44
– sagittalis inferior 36, 42
– – superior 34, 36, 42, 44, 46
– sigmoideus 42, 46
– sphenoidalis 32, 44
– sphenoparietalis 42, 46
– tentorii 38
– transversus 38, 40, 42, 46
Spatium parapharyngeum 20
– paravesicale 234
– perinei profundum 234
– – superficiale 234
– rectovaginale 226
– rectovesicale 226
– retropharyngeum 20
– retropubicum 226
– urethrovaginale 226
Stapes 28
Sternalpunktion 80
Subokzipitalpunktion 16
Substantia nigra 38, 40, 44
Sulcus bicipitalis medialis 120, 130
– centralis 42
– lateralis 34, 42
– temporalis superior 42
– tubae auditivae 20

T

Taenia thalami 38
Tarsus inferior 22
– superior 22, 44
Tectum mesencephali 40
Tegmentum mesencephali 40
Tentorium 38
Tonsilla lingualis 70
– palatina 70
Trachea 54, 56, 68, 96
Tracheotomia inferior 56
– superior 56
Tractus angularis fasciae cervicalis 10
– iliotibialis 250, 254
– olfactorius 46
– opticus 38, 44
Tränenapparat 22
Transversalschnitt, Becken der Frau, Höhe des Foramen ischiadicum minus 224
– – – – der Hüftgelenke 222
– – des Mannes, Höhe der Hüftgelenke 218
– – – – des Os coccygis 220
– Höhe des 1. Brustwirbels 72
– – des 10. Brustwirbels 200
– – des 12. Brustwirbels 202
– – des 2. Lendenwirbels 204
– – des Ostium atrioventriculare sinistrum 116
– Rima glottidis 72
– durch Th 4 114
– durch Th 6 114
Trigonum a. lingualis 10
– – vertebralis 16
– caroticum 62
– clavipectorale 76, 120
– femorale 240, 252
– scalenovertebrale 68
– submandibulare 2, 10, 64
Trochlea 22, 24, 26
Truncus bicaroticus 100
– brachiocephalicus 52, 54, 56, 94, 100, 104
– – sinister 100
– coeliacus 178, 182, 184, 196
– costocervicalis 68
– linguofacialis 62
– lymphaticus bronchomediastinalis dexter 64
– – jugularis dexter 64
– – subclavius dexter 64
– peronaeotibialis anterior 258
– pulmonalis 104, 106, 108, 114
– sympathicus 20, 56, 62, 66, 68, 96, 98, 110, 116
– thyrocervicalis 54, 68
– thyrolingualis 62
– thyrolinguofacialis 62
– vagalis posterior 94
Tuba uterina 208, 226
Tuberculum pharyngeum 20

U

Unterbauchorgane 188, 190, 192, 194
Ureter 190, 196, 210, 212, 216
Urethra 216, 226
Uterus 208, 212, 216, 226

V

Vagina(-ae) 216, 226
– tendinum digitorum manus s. Sehnenscheiden
– m. recti 160
Valva aortae 102
– mitralis 102
– tricuspidalis 102
– trunci pulmonalis 102
Vena(-ae) anastomotica inferior 34
– – superior 34
– angularis 4, 22
– axillaris 80, 114, 122, 124, 126, 150
– azygos 94, 96, 110, 114, 116
– – dorsi 82
– – nuchae 16, 18
– basalis 38
– basilica 128, 130, 134, 136, 138, 150
– – antebrachii 136, 140, 152
– brachiales 150
– brachiocephalica dextra 66, 100, 104
– – sinistra 54, 68, 100, 104
– bronchialis 94, 96, 98
– bulbi penis 236
– cava inferior 106, 108, 172, 174, 182, 194, 196
– – superior 54, 96, 100, 104, 114
– centralis retinae 26
– cephalica 78, 80, 122, 124, 126, 128, 130, 136, 138, 150
– – accessoria 148
– – antebrachii 136, 140, 152
– cerebri inferiores 38, 40
– – interna 38
– – media profunda 38, 40, 46
– – superiores 34
– cervicalis profunda 18
– – superficialis 58, 60, 66
– circumflexa humeri posterior 126, 132
– – ilium profunda 212
– – – superficialis 158, 162, 242, 250
– – scapulae 82, 132
– comitans n. hypoglossi 62
– cordis magna 108
– – media 108
– – parva 108
– digitales dorsales pedis 268
– dorsalis nasi 22
– – penis subcutanea 162
– – – superficialis 158
– epigastrica inferior 160, 166, 168, 210, 212
– – superficialis 158, 160, 162, 164, 242, 250
– – – Variationen 244
– – superior 80, 160
– facialis 4, 6, 8, 10, 14, 64, 66
– – communis 54, 62
– femoralis 170, 244, 250, 252, 256
– gastrica dextra 176, 186
– – sinistra 176, 186
– gastroepiploica dextra 176, 186
– – sinistra 176, 186
– glutaea inferior 248
– – superior 248
– hemiazygos 94, 98
– – accessoria 98
– hemispherii cerebelli inferiores 40
– – – superiores 40
– hepaticae 180
– ileocolica 192
– iliaca externa 210, 212
– iliolumbalis 172
– interossea communis 152
– jugularis anterior 52
– – externa 10, 58, 60, 66
– – interna 20, 52, 54, 60, 62, 64, 66, 68, 126
– laryngea superior 70
– lienalis 186
– mediana antebrachii 136
– – cubiti 136, 138, 140
– – – profunda 136
– meningea media 30
– mesenterica inferior 186, 194

– – superior 186, 192
– metacarpeae dorsales 148
– metatarseae dorsales pedis 268
– musculophrenica 110
– obliqua atrii sinistri 108
– obturatoria 212
– occipitalis 16, 18
– ophthalmica inferior 26
– – superior 24, 26
– ovaricae 196, 212
– paraumbilicales 158
– perforantes 262, 264, 268
– pericardiacophrenica 96, 98, 110
– petrosa 40, 46
– phrenica inferior 110
– – superior 110
– popliteae 254, 256, 258, 262
– portae 174, 176, 182, 184, 186
– – Äste 176, 182
– posterior ventriculi sinistri 108
– pudenda externa 158, 162, 242, 250
– – – Variationen 244
– – interna 232, 234, 236, 248
– pulmonalis inferior dextra 90, 94, 96, 104
– – – sinistra 88, 98, 104, 106
– – superior dextra 90, 96, 104
– – – sinistra 88, 98, 104, 106
– radiales 140, 142, 148
– rectalis inferior 232, 234, 236
– – superior 194
– renalis 196
– retromandibularis 6, 8
– saphena accessoria lateralis 242, 250
– – – – Variationen 244
– – – medialis 250
– – – – Variationen 244
– – magna 242, 244, 250, 256, 258, 260, 262, 264, 268
– – parva 256, 258, 262, 266
– – – Variationen 256
– scrotales posteriores 236
– subclavia 54, 60, 64, 66, 68
– suprascapularis 54, 60, 66, 68
– supratrochlearis 26
– temporalis superficialis 4, 6, 8, 28
– thalamostriata superior 36
– thoracica interna 68, 80, 86, 100, 110
– thoracoepigastrica 78, 158
– thyroidea inferior 100, 104
– – media 54, 66
– – superior 52, 54, 62, 66
– tibiales anteriores 260
– tibiales posteriores 264
– ulnares 140, 142, 144
Ventriculus 174, 178, 186, 188
– laryngis 70
– lateralis (cerebri) 36, 42
– quartus (cerebri) 42
– tertius (cerebri) 38, 42
Ventrikelsystem 42
Vesica fellea 174, 188
– urinaria 208, 210, 212, 216, 226
Vesicula seminalis 210
Vestibulum 30
– bursae omentalis 174

Z

Zervixpfeiler 216